U0536415

主编简介

董广芝 女，1963年1月生人，现任绥化学院党委书记、教授，其带领推进的社会实践教育工作被作为成功经验在全省得到推广。

佟延春 男，1968年2月生人，绥化学院学生工作部（处）长、副教授。

高校德育成果文库·教育部思想政治工作司组编

大学生情感实践教育

——绥化学院"五个关爱"实践模式探索

董广芝　佟延春◎主编

中国书籍出版社
China Book Press

图书在版编目（CIP）数据

大学生情感实践教育：绥化学院"五个关爱"实践模式探索/董广芝，佟延春主编. —北京：中国书籍出版社，2015.1
ISBN 978-7-5068-4719-3

Ⅰ.①大… Ⅱ.①董…②佟… Ⅲ.①大学生—情感教育—研究 Ⅳ.①B844.2

中国版本图书馆 CIP 数据核字（2015）第 012959 号

大学生情感实践教育：绥化学院"五个关爱"实践模式探索

董广芝 佟延春 主编

责任编辑	毕 磊
责任印制	孙马飞 马 芝
封面设计	中联华文
出版发行	中国书籍出版社
地　　址	北京市丰台区三路居路 97 号（邮编：100073）
电　　话	（010）52257143（总编室）　（010）52257153（发行部）
电子邮箱	chinabp@vip.sina.com
经　　销	全国新华书店
印　　刷	北京彩虹伟业印刷有限公司
开　　本	710 毫米×1000 毫米　1/16
字　　数	385 千字
印　　张	21.5
版　　次	2015 年 3 月第 1 版　2015 年 3 月第 1 次印刷
书　　号	ISBN 978-7-5068-4719-3
定　　价	78.00 元

版权所有　翻印必究

总 序

中发〔2004〕16号文件颁发以来,各地各高校充分认识高校德育工作的极端重要性,坚持育人为本,德育为先,坚持贴近实际、贴近生活、贴近学生,不断推进理论、内容、机制和方式方法的创新,在传承中发展、在改进中加强、在创新中深化,大学生思想政治教育的吸引力、感染力、针对性、实效性不断增强,科学化水平不断提高,基本形成全员育人、全方位育人、全过程育人的生动局面。

今年是中发〔2004〕16号文件颁发十周年,为深入研究总结和集中展示近年来各地各高校落实立德树人根本任务、推动高校德育创新发展的理论和实践成果,教育部思想政治工作司决定组织出版《高校德育成果文库》,旨在引导和鼓励思想政治教育工作者聚焦高校德育工作的重大理论和现实问题,系统总结梳理近年来各地各高校加强高校德育工作所取得的可喜成绩和宝贵经验,并对下一步工作进行系统设计和统筹谋划,切实提高高校德育工作的水平和质量。

《高校德育成果文库》坚持正确的政治方向和学术导向,围绕立德树人根本任务,收录了一系列事迹案例鲜活、育人效果显著的研究专著、工作案例集、研究报告等成果。入选《高校德育成果文库》的这些著作都是各地各高校在长期研究和探索过程中心血和智慧的结晶,他们着眼于高校德育领域的重要理论和现实问题,研究规律,总结经验,探索路径。这些作品从不同的角度反映了高校德育理论研究与实践探索的丰硕成果，是推动高校德育创新发展的宝贵财富。

希望在《高校德育成果文库》的引领和示范下，各地各高校继续坚持理论联系实际，以高度负责的态度、科学严谨的精神开展理论研究和实践创新，不断丰富路径载体、健全长效机制，坚持以社会主义核心价值观引领学校德育工作，为培养德智体美全面发展的中国特色社会主义事业合格建设者和可靠接班人做出新的更大贡献！

《高校德育成果文库》编委会

本书编委会

顾　问：顾建高　庄　严
主　编：董广芝　佟延春
副主编：刘晓霞　孙俊超
编　委：(以姓氏笔画为序)
　　　　万吉春　王子鸣　王东明　齐　岩
　　　　刘文文　杨凤霞　胡美玲　夏艳霞
　　　　梁广东　崔　茁　隋建华

前　言

在全国上下为实现伟大的中国梦而凝神聚力、拼搏进取的关键期,在思想政治教育学科设立三十周年和《中共中央国务院关于进一步加强和改进大学生思想政治教育的意见》颁布十周年之际,由教育部思政司组织的"全国高校德育成果文库"评选推介活动为全国高校思想政治教育工作注入了新的活力。这次活动对全国高校全面总结自身成果、系统梳理发展过程起到了积极的助推作用,更为我们高校德育工作者学习借鉴兄弟高校的优秀经验和成果,进一步提升高校思想政治教育工作实效性,搭建了平台、营造了氛围。

绥化学院大学生情感实践教育的成果是我们在学校60多年发展创业的过程中逐渐凝聚出来的,是绥化学院思想政治教育工作的浓缩掠影。这次能够获得"全国高校德育成果文库"的资助结集出版,是上级教育行政主管部门对我们多年来坚持工作的认可,更是在绥化学院发展转型的关键时期为我们注入的强心剂,我们备感欣喜,更感任重而道远。

大学生情感实践教育,是情感教育和社会实践教育的有机结合,是绥化学院结合身处经济欠发达农业地区的现实而推进的提升思想政治教育实效性的实践探索。事实证明,我们的实践探索和理论探讨取得了一些成效。虽然我们在科研能力、教学水平和创新创造方面与国内外高端大学还有很大的差距,但是我们立足实际提出的培养"三地"(立足于地方、有益于地方、扎根于地方)人才的目标定位却契合了党和国家建设一批应用技术大学的部署和要求,我们将按照党和国家的工作部署将我校打造成为特色鲜明的应用技术大学,为区域经济发展、地方社会建设发挥更大作用,培养更多人才。

大学生情感实践教育的过程,是他们内心受到涤荡的过程,是其"知、情、意、行"的蜕变过程。因此,我们要抓住这一过程中的育人突破点,充分地发挥其育人的有利时机和实效作用,做到"三个一体"。

一是情感与实践的一体。情感作为人的内质因素,是人言行举止的决定因素,体现了一个人世界观、人生观和价值观的本质。因此,在实践教育的过程中,我们必须抓住大学生的情感需求和内在共鸣点。这就要求我们必须让学生实现切身感受和立体认知,以实现教育的作用,而实践恰恰是这一切入点。开展情感实践教育,让学生以独立的主体身份去进行情感的共融,这样我们的学生才会真正受到教育,获得成长。

二是校园与社会的一体。我们的高等教育是为中国特色社会主义事业培养合格建设者和可靠接班人的高端教育,在一百多年的办学实践过程中,我国的高等教育事业取得了丰硕的成果,但不可回避的是,越来越多的高校从教育、科研、育人等多个方面相继走进了封闭的"象牙塔",闭门造车的现象越来越多,理论与实际的契合越来越缺失,这也导致社会上可用人才越来越紧缺,而高校毕业生就业压力越来越大。所以我们要主动地放下身段,把学生放到社会熔炉中去锤炼,这不仅能够让学生更好地适应社会需求,更能促进广大学生的品格锤炼、道德升华、思想进步。

三是理论与实践的一体。理论是实践的高度精练和科学总结,实践是检验真理的试金石。因此,无论在什么情况下,我们都不能人为地将理论与实践割裂开来,而应该不断地弥补理论与实践的缝隙,进而实现理论与实践的完美契合。在大学生思想政治教育工作中更应该重视这一问题,不能将思想政治理论课教学和思想政治教育活动相分离,要做到相辅相成、相互促进,通过情感实践的切身感受让我们的大学生坚定地树立起社会主义核心价值观,从个人层面积极地践行、主动地传播。

绥化学院的大学生情感实践教育模式在探索中不断完善,充分地挖掘学生情感实践的各种资源,无论是关爱空巢老人、关爱留守儿童、关爱残疾人、关爱大自然、关爱自我的"五爱实践",还是其他更多的社会实践项目,都是本着以学生为本、真正将学生作为一个独立的主体而开展的教育,这些教育内容都充分地调动了学生的主动性、积极性,实现了学生乐于参与的良性局面。这一探索也充分调动了全校教职员工参与育人的积极性,形成了全员育人的可喜局面。

立德树人是教育的根本任务,是党和国家赋予我们高等教育的神圣使命,无论何时我们不能或缺的正是这份使命感和责任心。因此,我们清醒地认识到自身发展中的育人能力还有待进一步提升,育人水平还有待进一步挖掘,我们也将秉持在实践中学习、在实践中探索、在实践中完善的心态,积极深入地应用好情感实践教育的新视角、新成果,教育更多的学生,培养更多的人才。

目录 CONTENTS

第一篇　研究报告篇 ………………………………………………… **1**
　第一章　绪　论 ………………………………………………… /3
　第二章　大学生情感实践教育基本理论 ……………………… /11
　第三章　国内外大学生情感实践教育概况 …………………… /22
　第四章　大学生情感实践教育模式理想构建和预期效果 …… /43

第二篇　理论探讨篇 ………………………………………………… **71**
　第五章　大学生情感实践教育的理论体系探讨 ……………… /73
　第六章　"五个关爱"大学生实践教育分项目探讨 ………… /110

第三篇　调查报告篇 ………………………………………………… **129**
　第七章　大学生情感实践教育情况调查报告 ………………… /131
　第八章　"五个关爱"实践教育情况调查报告 ……………… /178
　第九章　大学生情感实践教育典型案例 ……………………… /210

第四篇　成果收获篇 ………………………………………………… **219**
　第十章　学生实践成果选摘 …………………………………… /221
　第十一章　实践教育推广应用成果选摘 ……………………… /302
　第十二章　实践教育社会评价成果选摘 ……………………… /321

后　记 ……………………………………………………………… **331**

第一篇 01
研究报告篇

本篇主要围绕绥化学院开展的大学生情感实践教育工作进行理论叙述和探讨。文中具体叙述了大学生情感实践教育的理论依托、历史发展、国内外现状和理想模式的构建、实践效果的预想。文中既有对大学生情感实践教育国内外先进理论、经验的全面梳理、总结和借鉴,更有绥化学院在实践探索过程中结合自身实际的思考总结、理论补充和经验归纳。

第一章
绪　论

　　学校教育,育人为本,德育为先,这已经成为广大教育工作者的共识。从教育功能的视角来说,通过教育,应当促进每个人的全面发展,即身心、智力、敏感性、审美意识、个人责任感、精神价值等方面的发展。在现代大学的教育过程中,从培养人才的角度来说,教育过程中更为重要的是让学生学会如何做人、如何思考。对大学生人文素质的培养恰恰是大学教育中最为重要的内容之一,它不仅有助于大学生在专业领域里更具有创造性,还能使他们更加善于思考,更有追求,更有理想,更有洞察力,从而成为更完善、更成功的人。然而,长期以来,在我国高校课程设置中,普遍突出了对知识和能力的追求,人文传统被淡化、人文教育功能被削弱似乎已经成为普遍的现象,主要表现为科技教育取代了人文教育,单一专业教育取代了人格整体教育,"追求功利,淡于修养,实用第一"也成为当今大学生选择知识的标准。而与此同时,加强大学生人文素质修养却已经成为世界各国高等教育改革中普遍探索的热点问题。

　　在我国,大学生人文素养缺失的状况也已经引起了越来越多教育工作者的重视,教育的全面性、健全人格的培养已经成为我国教育工作者越来越强烈的呼声。人文素养的基本层面应该包括人文知识和技能,以及内在的人文精神和外在的行为习惯,而其核心内容是指人的世界观和人生观,包括人生的意义、追求、理想、信念、道德和价值观等。

　　中华传统文化蕴含着丰富的人文资源,传承优秀的中华传统文化,不仅是高校的使命,更是责任。为此,绥化学院结合大学生的现状,在学校教育中开展大学生情感实践教育活动,以"五个关爱"为核心内容,在优秀的中华传统文化精髓中发掘教育资源,力求体现教育的全面性,培养大学生的健全人格,提升大学生的人文素养。

一、大学生情感实践教育:时代的需要,教育的职责

人类具有生物性和社会性两重属性,人类文明的产生离不开教育,教育是人类永恒的需要,教育的首要功能就是促进个体发展,包括个体的社会化和个性化。从现代教育的视角而言,教育就是一种有目的、有组织、有计划、系统地传授知识和技术规范等的社会活动。教育的根本价值,就是给国家提供具有崇高信仰、道德高尚、诚实守法、技艺精湛、博学多才、多专多能的人才,培养经济与社会发展需要的劳动力,培养合格公民,为国家、为社会创造科学知识和物质财富,推动经济增长,推动民族兴旺,促进人的发展,推动世界和平和人类发展。

教书育人显然是大学的职责。20世纪初,美国著名的"威斯康星思想"(Wisconsin Idea)是世界高等教育史上具有划时代意义的思想,它主张高等学校应该为区域经济和社会发展服务,即在教学和科研的基础上,通过培养人才和输送知识两条渠道,打破大学的传统封闭状态,努力发挥大学为社会服务的职能。由此,世界高等教育的职能从教学、科研扩展到社会服务,形成了高等教育的三大职能,使大学担当社会服务站的角色备受重视。

大学教育在不同环境中会有不同作用,优秀的大学是最能够坚守教育本质的大学。中华民族历来有崇尚教育的传统,改革开放后,全社会迸发出急切的教育需求,大学得到发展的机会,邓小平先同志多次强调教育对国家发展的意义,他提出教育的"三个面向",指出了教育改革的方向,中共中央、国务院提出了优先发展教育、科教兴国、人才强国、素质教育等一系列重要思想和重大战略。

当前,以"90后"为主体的大学生具有鲜明的时代特征。有人评价"90后"大学生是集现代化、信息化、国际化、物质化于一体的新一代,他们具有强烈的自我意识,但缺少人文关怀情感。他们是在改革开放新时期特殊环境中成长起来的一代,他们中的大多数是在众多亲人的呵护下长大的独生子女。他们在物质上是丰富的,而在精神上是脆弱的;他们视野开阔,喜欢张扬个性,但内心却是孤独而矛盾的。他们想走出"温室",又惧怕外面的"风寒"。面对"90后"的个性特征,传统的大学教育难免有时会显得"苍白"而"无力"。如何让大学教育适应时代的发展需要,已经成为当前我国大学教育必须面对的一个重要课题。

随着时代的发展和社会的进步,人们对教育的需求必然也会与时俱进。目前,很多教育界人士已经结合实际情况形成了新的共识:即以"三C"教育(关怀、关切、关联)替代传统的"3R"教育(读、写、算),这是商业经济时代社会有识之士对教育的期待。因此,在当前我国的大学教育中,教育工作者应该积极关注当代大学生追求自由和独立的心理渴望,通过各种方式的关爱教育,引领大学生学会对人性的思考、对人类的关怀、对生命的尊重;通过创建关爱型校园文化,为大学生营建一个良好的环境和氛围,有效发挥大学教育功能的引导作用。

我国进入改革开放新时期以来,大学生所面临的社会、家庭和学校环境日益复杂,来自学习、就业、人际关系等方面的压力增大,影响学生发展的负面因素增多。大学教育应把学生培养成能够适应社会并促进社会发展的高层次人才,促使学生拥有健全人格,树立正确的世界观、价值观和人生观,理性地处理个人与他人的关系,面对竞争激烈的社会环境,具备百折不挠的奋斗精神和坚韧意志。加强大学生情感教育,是实现大学生心灵和谐发展的重要途径,对推动建设和谐校园具有重要意义,更是社会主义和谐社会发展的需要。

《中共中央国务院关于进一步加强和改进大学生思想政治教育的意见》中明确指出,大学生是十分宝贵的人才资源,是民族的希望,是祖国的未来。对于全面实施科教兴国和人才强国战略,确保我国在激烈的国际竞争中始终立于不败之地,确保实现全面建设小康社会、加快推进社会主义现代化的宏伟目标,确保中国特色社会主义事业兴旺发达、后继有人,具有重大而深远的战略意义。改革开放特别是党的十三届四中全会以来,党中央坚持"两手抓、两手都要硬"的方针,切实加强和改进对大学生思想政治教育工作的领导。高等学校认真贯彻落实党中央的要求,加强和改进思想政治教育工作,在培养高素质人才、推动高等教育改革发展、维护学校和社会稳定等方面发挥了重要作用。

随着对外开放的不断扩大、社会主义市场经济的深入发展,我国社会经济成分、组织形式、就业方式、利益关系和分配方式日益多样化,人们思想活动的独立性、选择性、多变性和差异性日益增强。这既有利于大学生树立自强意识、创新意识、成才意识、创业意识,同时也带来一些不容忽视的负面影响。一些大学生不同程度地存在政治信仰迷茫、理想信念模糊、价值取向扭曲、诚信意识淡薄、社会责任感缺乏、艰苦奋斗精神淡化、团结协作观念较差、心理素质欠佳等问题。社会实践是大学生思想政治教育的重要环节,对于促进大学生了解社会、了解国情,增长才干、奉献社会、锻炼毅力、培养品格、增强社会责任感具有不可替代的作用。

二、关爱教育:大学生成长的必修课

早在 20 世纪 90 年代初,我国一批有识之士,针对当时高校在人才培养方面重理轻文、缺乏人文教育的问题,提出了富有中国特色的文化素质教育理念,从此拉开了文化素质教育理论研究和实践的序幕。大学是实践文化、传承文化、创造文化的机构,承担着一个国家、一个民族文化传承和文化创新的使命。那么,如何使教育中有文化?如何践行文化育人?提高大学文化自觉,提高素质教育自觉,是两个必要的思想前提。提高学校的文化品位,提高教师的文化素养,提高大学生的文化素质,更是当今我国高等教育的现实需要。党的十八大提出,把立德树人作为教育的根本任务,育人先育德,育德先育魂。为此,我们在大学生情感实践教育活动中开展"五个关爱"活动,深度挖掘我国优秀传统文化的精髓,建构大学生德育的文化高地。

(一)关爱留守儿童

留守儿童问题是近年来出现的一个新名词。随着政治经济的快速发展,越来越多的青壮年农民走入城市,在广大农村随之产生了一个特殊的未成年人群体——留守儿童。由于父母外出打工后与留守儿童聚少离多,缺乏亲情之间的沟通,远远达不到其作为监护人的角色要求,绝大多数的留守儿童跟随祖辈生活或寄养在亲属家里,这种状况容易导致留守儿童的"亲情饥渴",使他们在心理健康、性格养成等方面都易出现偏差,让他们的学习和生活受到不利影响。据全国妇联抽样调查数据显示,目前,全国17周岁以下的留守儿童人数高达5800万,黑龙江省6~14周岁留守儿童约20万,绥化市留守儿童约2万余名。如此庞大的农村留守儿童群体在学习、生活和心理状况等方面存在的问题令人担忧,留守儿童问题如今已经成为一个社会性问题。为此,我们开展"关爱留守儿童"的情感实践教育活动,让大学生与留守儿童结成帮扶对子,走进留守儿童的家中,走进留守儿童的心里,给予他们适度的物质帮助和心灵慰藉,也让大学生在实践教育活动中感受到亲情的宝贵和奉献的可贵,感悟中华传统文化中的关爱教育思想。

(二)关爱空巢老人

空巢老人是指没有子女照顾、单居或夫妻双居的老人。目前,我国的空巢老人大致可以分为三种情况:一是无儿无女无老伴的孤寡老人,二是有子女但与其分开单住的老人,三是儿女远在外地,不得已寂守空巢的老人。从《中国人口老龄化发展趋势预测研究报告》中可以了解到,自2001年起,我国已正式进入到快速老龄化阶段;未来20年,我国老龄人口的年均增长速度将超过3%;到2050年,我国的老龄人口总量将超过4亿人,老龄化水平将超过30%。随着人口政策的影响和跨地域社会流动的加剧,我国"空巢老人"越来越多,进入空巢的年龄越来越年轻,空巢期也越来越长。"空巢老人"现象正在成为一个越来越引人关注的社会问题。据统计,目前我国已有2340多万65岁以上的"空巢老人";全国城市空巢家庭已经达到49.7%,个别老城区已经达到70%。空巢老人大多存在情感孤独、生活无人照料、缺少经济来源等状况,也因此出现了不应该出现的一些人间悲剧。为此,我们开展关爱空巢老人的大学生情感实践教育活动,让大学生走近独守"空巢"的老人,了解这些老人的生活经历,体味人生,培养关爱情感,感悟中华传统文化中的孝道与感恩思想。

(三) 关爱残疾人

根据全国人大常委会于 1990 年 12 月 28 日通过的《中华人民共和国残疾人保障法》第二条的界定:残疾人是指在心理、生理、人体结构上,某种组织、功能丧失或者不正常,全部或者部分丧失以正常方式从事某种活动能力的人。残疾人包括视力残疾、听力残疾、言语残疾、肢体残疾、智力残疾、精神残疾、多重残疾和其他残疾的人,扶残助残是社会文明进步的重要标志。

残疾人是社会上一个特殊的人群,我国目前正处在一个社会经济高速发展的时代,又是利益诉求表达多元的时代,残疾人同样应该分享社会的文明成果。《中国残疾人事业"十二五"发展纲要》中明确指出,全社会要进一步弘扬人道主义思想,广泛宣传"平等、参与、共享"的现代文明社会残疾人观,为残疾人社会保障体系和服务体系建设营造良好的社会环境。党的十八大确定了"两个一百年"奋斗目标,习近平总书记明确提出了实现中华民族伟大复兴的中国梦。中国梦,昭示着国家富强、民族振兴、人民幸福的美好前景,是包括 8500 万残疾人在内的每一个中国人的梦。为此,我们开展关爱残疾人的大学生情感实践教育活动,让大学生走进残疾人的生活,在了解、认识这个特殊群体的过程中,感悟中华传统文化中的仁爱精神,体味生命的价值,奉献自己的爱心,提升文明素质。

(四) 关爱大自然

人是自然界的产物,是自然界的一部分,人类的生存离不开自然界的滋养。人类所赖以生存的自然生态系统是一个由动物、植物、阳光、空气等组成的互利共生、环环相扣的循环链条。人只是自然生态系统中的一个链条,其生存和发展依赖于自然界,其生命过程要服从于自然规律。但是,人类又是自然界的最高级产物,能够通过劳动实践这一手段,实现人类与自然界的"物质变换"。作为具有能动性的社会存在物,人能够以自身的活动来引起、调整和控制人与自然之间的物质变换。而人类通过劳动实现"物质变换",其根本目的并不在于使自然物发生变化,而是要在自然物中满足自己的需求。

由此可见,人与自然的关系,不仅是一种人与自然界的物质、能量和信息交换的自关系,在本质上又是一种社会关系,是以自然为"中介"的人与人之间的利益关系。当前,人类社会的生态危机已经引起了广泛的关注,关爱自然就是关爱自我的理念逐渐成为共识。为此,我们开展关爱大自然的大学生情感实践教育活动,引导大学生正确认识中华传统文化中"天人合一"的文化理念,提升自身的文明素质和文化修养。

(五)关爱自我

人文精神是中国文化精神的突出表现,我们可以将之理解为一种普遍的人类自我关怀,表现为对人的尊严的维护、对人生价值的追求、对人生命运的关切、对人类历史上遗存的各种精神文化现象的高度珍视,以及对一种全面发展的理想人格的肯定和塑造。人文精神也是一个人、一个民族、一种文化活动的内在灵魂与生命,这种精神强调弘扬人的文化生命,开拓人的文化世界,促进人的进步、发展和完善。从个体的角度来说,人文精神又是人类不断完善自己、拓展自己、提升自己,使自己能够从自在的状态过渡到自为的状态,是一种关注人生真谛和人类命运的理性态度,其中包括对人的个性和主体精神的高扬,对自由、平等和尊严的渴望,对理想、信仰的执着追求,对生命和生存意义的探索等。《孝经》中有"身体发肤,受之父母,不敢毁伤,孝之始也"之语,表现的就是人类的自我关怀和对生命的尊重态度。常言道:"爱人"是帆,"爱己"是船,只有彼此的推动和支撑,才能使爱心常存,爱意永驻。

当前,以"90后"为主体的大学生具有鲜明的时代特征。如何让大学教育适应时代的发展需要,已经成为当前我国教育界必须面对的一个重要课题。为此,我们结合当前大学生的个性特征和现实状况,开展大学生"关爱自我"的情感实践教育活动,引导大学生树立正确的人生观、价值观,珍爱生命,珍惜自我成长的经历,正视生命的价值和意义。

关爱教育的精神力量,也正是人文精神的体现,表现为对人性的思考,对人类的关怀,对生命的尊重。为了更好地开展大学生情感实践教育活动,绥化学院先后出台了《绥化学院大学生实践教育纲要》《绥化学院思想政治理论课改革实施方案》等多个文件,组织编写了《大学生实践教育指南》《大学生思想政治教育教学模式——"三论式"教学法实践探索》《放飞学习——绥化学院大学生实习支教撷萃》《心手相牵,共享蓝天——绥化学院关爱留守儿童活动纪实》《关爱空巢老人——孝道与感恩教育》《传统美德与大学生人格修养》《孝文化与大学生感恩教育》等文集和教材,充分指导大学生的情感实践教育活动,起到了深化认识、提升修养的积极作用。

三、立足现实注重实效

大学教育,传授专业知识固然重要,但培养一个人的精神更为重要。美国教育家德怀特·艾伦认为:"如果我们使学生变得聪明而未使他们具备道德性的话,那么,我们就在为社会创造危害。"英国教育家艾里克·阿什比也曾指出:"任何大学都是遗传环境的产物。""环境"是促进大学改变的外部力量,"遗传"则是大学对自身道德与文化的传承。

2006年10月,党的十六届六中全会第一次明确提出了"建设社会主义核心价值体系"的重大命题和战略任务,明确提出了社会主义核心价值体系的内容,并指出社会主义核心价值观是社会主义核心价值体系的内核。

2007年10月,党的十七大进一步指出了"社会主义核心价值体系是社会主义意识形态的本质体现"。

2011年10月,党的十七届六中全会强调,社会主义核心价值体系是"兴国之魂",建设社会主义核心价值体系是推动文化大发展大繁荣的根本任务。提炼和概括出简明扼要、便于传播践行的社会主义核心价值观,对于建设社会主义核心价值体系具有重要意义。

2012年11月,中共十八大报告中明确提出"三个倡导",即"倡导富强、民主、文明、和谐,倡导自由、平等、公正、法治,倡导爱国、敬业、诚信、友善,积极培育社会主义核心价值观",这是对社会主义核心价值观的最新概括。

2013年12月,中共中央办公厅印发《关于培育和践行社会主义核心价值观的意见》,明确提出,以"三个倡导"为基本内容的社会主义核心价值观,与中国特色社会主义发展要求相契合,与中华优秀传统文化和人类文明优秀成果相承接,是我们党凝聚全党全社会价值共识做出的重要论断。

面对世界范围思想文化交流、交融、交锋形势下价值观较量的新态势,面对改革开放和发展社会主义市场经济条件下思想意识多元、多样、多变的新特点,积极培育和践行社会主义核心价值观,对于巩固马克思主义在意识形态领域的指导地位、巩固全党全国人民团结奋斗的共同思想基础,对于促进人的全面发展、引领社会全面进步,对于集聚全面建成小康社会、实现中华民族伟大复兴中国梦的强大正能量,具有重要现实意义和深远历史意义。

社会主义核心价值观是中国人的精神支柱和行动向导,对丰富人们的精神世界、建设民族精神家园,具有基础性和决定性的作用。一个人能不能把握好自己,很大程度上取决于核心价值观的引领。大学生是民族的希望,祖国的未来,如何培育和实践好社会主义核心价值观是大学教育必须要承担起的重要使命;如何完善好课堂教学、社会实践、校园文化多位一体的育人平台,不断完善中华优秀传统文化教育,是大学教育必须要面对的现实要求;努力培养德、智、体、美全面发展的社会主义建设者和接班人,是大学教育的社会使命。

  开展大学生情感实践教育活动,要以诚信建设为重点,加强大学生的社会公德、职业道德、家庭美德、个人品德教育,培养大学生修身律己、崇德向善、礼让宽容的道德风尚。绥化学院的大学生情感实践教育活动本着立足现实、注重实效的原则,从大学生的现实需要出发,通过研究国内外的相关成果,结合本校的实际情况,探寻大学生情感实践教育的有效途径;通过联动机制,深入大学生的学习和生活实际当中,及时把握大学生的思想脉络和心理渴望,掌握第一手材料和数据,探寻大学生情感实践教育活动的有效方法;通过阶段性的工作总结,及时发现大学生情感实践教育中存在的问题,保证大学生情感实践教育工作不断深入,收到实效。

参考文献:

1. 周海涛:《大学社会责任培育的历史嬗变、国际经验和中国探索》,载《北京师范大学学报:社会科学版》,2014年第1期。
2. 《中共中央国务院关于进一步加强和改进大学生实现政治教育的意见》(中发〔2004〕16号)。
3. 《〈中宣部教育部关于进一步加强和改进高等学校思想政治理论课的意见〉实施方案》,《中华人民共和国教育部公报》,2005年第6期。
4. 刘尧:《大学及其教授的使命》,《中国教育部》2013年4月19日。
5. 全国老龄办引发:《中国人口老龄化发展趋势预测研究报告》,《人权》2006年第2期。
6. 中共中央办公厅印发:《关于培育和践行社会主义核心价值观的意见》,新华网2013年12月23日。
7. 全国人大法规库:《中华人民共和国残疾人保障法》。

第二章

大学生情感实践教育基本理论

以我国进入新时期以来的改革开放和社会主义现代化建设为现实背景,以近代以来特别是 20 世纪中叶以来世界现代化历史进程以及人类的教育理论与实践为时代背景,研究我国当前教育改革的现实问题,以阐明我国教育现代化进程的重要规律,是现代教育思想的基本内容。现代教育事业的发展,离不开专门、系统的教育理论的指导。实践型教育思想是整个教育思想系统的有机组成部分,是教育思想能够指导和服务教育实践的功能与作用的基本形式和环节。古语有"世事洞明皆学问,人情练达即文章"之语,用现代的话语来阐释,即对于"世事"只有深入地去看、去分析、去探究,方能达到"明"的状态,明世理才是真正的长学问。同样,"人情"也是需要讲究的,人是社会关系的总和,人与人之间有亲情、爱情、友情等各种情感,人与人相处,如果要相处得好,"知情"是很重要的,只有"知情"方能"达理",在合情合理的状态下,才算是"人情练达"。大学生不是成长在真空的环境里,所以,大学生的成长教育也需要在社会实践中去洞明"事理",练达"人情"。作为大学,要克服功利性教育产生的不利影响,首先要回到"培养什么人""怎样培养人"这一基本问题上来。陶行知先生的"行是知之始,知是行之成""千教万教,教人求真;千学万学,学做真人"的教诲,对今天的大学教育仍具有指导意义。对传统文化的继承、对新文化的创造以及对国家与社会的服务是大学的真正使命。

一、大学生情感实践教育的概念界定

真教育是心心相印的活动,唯有从心里发出来,才能触动心灵。培养大学生的社会性情感,提高他们情绪情感的自我调控能力,帮助他们对自我、对亲人、对他人、对环境产生积极的情感体验,完善大学生的健全人格,是情感教育的终极目标。要完成这个目标,就必须认识清楚一些相关的问题。

(一)情感实践教育概念解析

情感是人对于客观现实的态度和体验,是由客观事物是否满足个体的需要而产生的,它反映了客观事物与个体需要之间的关系。情感教育,是一个与认知教育相对应的概念,它是把情感作为人的发展的重要领域之一,对其施以教育的力量,使人的情感层面不断走向新质,走向新的高度的过程。大学生情感实践教育,就是从大学生的情感需要出发,把培养大学生健全人格的教育理念落实到现实体验当中,帮助大学生在情感层面通过教育的影响不断产生新质,走向新高度,使他们的情绪机制与生理机制以及其他心理机制一道协调地发挥作用,以达到最佳的功能状态。

教育的根本问题是要培养什么样人的问题,因为它决定我们用什么去培养和怎样去培养。我国近代著名教育家蔡元培先生曾倡导过"五育"(军国民教育、实利主义教育、公民道德教育、世界观教育、美感教育)并举的教育方针,提出了"完全人格教育"的理论。蔡元培先生认为以上的五种教育尽管各自的作用不同,然而均是"养成共和国民健全之人格"所必需的,是统一的整体所缺一不可的。同时他又指出,这五种教育并不是平分秋色,没有重点的,而必须以公民道德教育为根本,即"五者以公民道德为中坚,盖世界观及美育皆所以完成道德,而军国民教育及实利主义,则必以道德为根本"。蔡元培先生"五育"并举的教育思想,是以公民道德教育为中心的德、智、体、美和谐发展的思想,这在中国近代教育史上是首创。虽然"五育"并举的教育思想有它产生的时代背景和时代要求,但是,它遵循了教育的原则,体现了教育的根本,因此,对后世教育思想的影响是深远的。教育是人们寻求解放、从狭隘走向广阔的过程,个性、独特性和多样性,既是教育的重要资源,也是教育追求的目标。

我国的传统教育以提高人的智能水平为主要目的,以评价人的智能水平为主要判断标准,因此,传统教育的基本理念存在严重的片面性、机械性、功利性,缺乏全面性、辩证性和非功利性。针对这种情况,我国教育界在20世纪90年代曾掀起过一场倡导"素质教育"的热潮,即主张依据人的发展和社会发展的实际需要,以全面提高全体学生基本素质为根本目的,以尊重学生主体和主动精神为原则,以培养学生的实践能力和创造力为核心,注重开发学生的智慧潜能,注重形成人的健全个性为根本特征的教育。素质教育有三大要义:第一是面向全体学生,第二是要全面发展,第三是让学生主动发展。虽然目前我国的素质教育理论仍然很不成熟,还没有建立一个完整的、科学的理论体系,所有的理论观点都建立在主观假定、经验判断和定性分析的基础之上,但是,很多教育工作者已经通过自身的认识和经历在不断深化认识、理性实践、科学总结,情感实践教育就是素质教育的一个体现,同时,大学生情感实践教育也是高校思想政治教育的主要内容之一,是实现大学生全人教育的实践检验。

(二)国外情感教育理论与思想

卡尔·兰塞姆·罗杰斯是美国心理学家,他提出的"人本主义情感教育"理论认为,教育的目的在于激发学生学习的动机,发展学生的潜能,形成积极向上的自我概念和价值观体系,最终使学生自己能够教育自己。他的教育理念突出了情感在教育中的作用。他认为教师应该用情感进行教育,而学生的认知过程与情感过程是有机的统一体,要创造一个师生情感交流的教育环境。他主张要构建一种让每个学生都面临非常真实的问题情境来引发学生的动机,让他们意识到真实的挑战;学生的学习方法是从做中学,要让学生直接体验到实际问题、社会问题、伦理和哲学问题、个人问题,并要学生学会最终解决这些问题的十分有效的方法。

苏联教育家苏霍姆林斯基研究的"和谐教育"理念,即主张通过丰富多彩的精神生活,保证个性全面发展,保证个人天赋才能的充分表现,使学习富有成效。和谐教育的内在、恒久的支柱在于建立学生学习的积极的"情感动力系统"。他从多角度论述了教育目的,提出了"培养共产主义建设者""培养全面发展的人""聪明的人""幸福的人""合格的公民"等。其中最集中的也最深刻的一个观点是要把青少年培养成为"全面和谐发展的人,社会进步的积极参与者"。而培养这种人需要实现全面发展的教育任务,即应使"智育、体育、德育、劳动教育和审美教育深入地相互渗透和相互交织在一起,使这几个方面的教育呈现出一个统一的完整的过程"。关于德育,他明确指出,"和谐全面发展的核心是高尚的道德"。他特别强调要使学生具有丰富的精神生活和精神需要,认为"精神空虚是人的最可怕的灾难"。他的"情感动力"思想贯穿着人的全面发展的教育理念。

此外,苏联教学论专家斯卡特金的"情感教学"思想认为,情感是学生认知能力发展的动力,他首次提出了"教学的积极情感背景原则",他主张要创造和谐的教学气氛。保加利亚的洛扎诺夫的"暗示教学"主张利用人的可暗示性,重视教学环境的情感渲染,实现理智与情感的统一,有意识功能和无意识功能的统一,特别是充分调动大脑无意识领域的潜能,使学生在精神愉快的气氛中、在不知不觉中接受信息。英国著名教育家尼尔(1883—1973)针对当时很多学校只重视知识的学习,忽视情感教育的情况,提出了以"尊重生命,尊重个体"为办学指导思想的"夏山快乐教育"。20世纪60年代在英国学校兴起的"体谅教育",是一种以培养道德情感为主的道德教育方式,其基本思想是多关心、少评价,认为道德教育不应仅仅分析规则和禁令。"体谅教育"实践的代表人物彼得·麦克费尔认为,道德靠理解和领会,主张富有成效的教育就是学会关心。

  情感教育的重要性已经被认为是教育过程不可忽视的教育环节,怎样发挥好情感教育的实效性、更好地体现优秀的教育思想,世界各国的教育工作者都进行了认真的尝试和探索。情感教育是一种精神成人教育、行为养成教育,更是一种唤醒教育,它从思想政治、心理教育和道德伦理等层面,融现实生活的真实案例、饱含真情的文本材料、师生自身的生活实践为一体。因此,大学的情感教育必须坚持"以学生为本"的教育理念,充分尊重学生的主体地位,达成心灵的互动,通过教育使大学生的身心得到和谐发展。大学生情感实践教育就是要通过把教育理论应用于教育实践当中,通过亲身触碰现实问题,引发大学生对问题的思考,通过大学生的自我反省和自我教育,唤醒他们的情感意识和情感关怀。

(三)大学生情感实践教育的现实意义

  《心理学大辞典》中关于情感的阐释是:"情感是人对客观事物是否满足自己的需要而产生的态度体验"。一个人的情感变化往往是通过情绪体现出来的。一般的普通心理学课程中对情绪和情感的阐释是:"情绪和情感都是人对客观事物所持的态度体验,只是情绪更倾向于个体基本需求欲望上的态度体验,而情感则更倾向于社会需求欲望上的态度体验"。所以,情感和情绪都与个体的心理状态有直接的关系。教育中的情感关怀,是针对学生的情感领域开展的关怀活动,情感关怀更多的是关注学生情感状态的生命存在、表现与价值,既包括对学生的生命关怀、生活关怀,还包括促进学生成长成才的精神关怀。而情感教育则是针对教育对象的情感领域开展的教育活动,大学生的情感实践教育就是把情感关怀、情感教育活动融于社会实践当中,通过大学生的社会体验实现心灵的互动,增强其对自我、对他人、对社会的关爱情感。

  我国著名教育家蔡元培先生曾坦言:"要看明日之社会,先看今日之校园"。大学生是国家的希望、民族的未来,大学的教育功能体现的是一种责任,更要担负起一个使命。大学生情感问题反映了大学生的社会适应性,重视情感和情感教育不仅是现代教育的一个重要特征,也是当前我国高校思想政治教育工作的重要方面。因此,大学生的情感实践教育既要体现时代性,又要尊重教育原则和大学生的客观需求,对推动高校的德育工作有着积极的现实意义。

  第一,大学生的情感实践教育有助于促进大学生认知能力的发展。人的认知能力与人的认识过程是密切相关的,人的全部认识活动可以分解为知、情、意三种相对独立的心理活动。其中"知"即指认知过程,通过多渠道的认知活动,能够提升人的智识;"情"即指思想情感,情感的熏染能够转化成信念;"意"即指意志,具备坚强的意志,是一个人成长成才必备的素质。在大学生思想品德的形成和发展过程中,认识是情感和行动的基础,只有有了正确的认识,才会有正确的情感和行为。每个人的成长历程都离不开情感教育,并只有通过情感体验才能学会使自己"情有节",陶冶情操,尽快成熟自己的情感。

马克思说:"良心是由人的知识和全部生活方式来决定的。"情感是一种主观体验、主观态度,属于主观意识范畴,情感实践教育有助于丰富大学生的主观体验,引导他们形成正确的主观态度,释放他们内在的潜能。正如西方哲学家黑格尔所说:"精神上的道德力量发挥了它的潜能,举起了它的旗帜,于是,我们的爱国热情和正义感在现实中均得施展其威力和作用。"

第二,大学生的情感实践教育有助于促进大学生潜能的开发。情感是人适应生存的心理工具,也是能够激发心理活动和行为的动机,而行为则是衡量一个人思想品德水平高低的主要标志。只有了解自己而且内心充实的人,才能达到充分发挥个人潜能的目的。世界著名的寓言家、俄国作家伊万·安德烈耶维奇·克雷洛夫有一句名言:"现实是此岸,理想是彼岸,中间隔着湍急的河流,行动则是架在河上的桥梁。"理想是彼岸的一座灯塔,它可以照亮我们脚下的路,告诉我们这个世界应该怎样,而现实生活却可能常常让我们感到"心向往之"而"遥不可及"。如何正确认识理想与现实的距离,关系到一个人的社会成熟度,也关系到一个人的潜能开发程度。

人的潜能开发要具备三大要素,即高度的自信、坚定的意志和强烈的愿望。高度的自信是一切成功的基础,信心是潜意识能量的精髓和灵魂,意志就是坚定的决心,强烈的愿望则是行动的最大动能。一个人在其梦想、意志、目标、表现和行为中显现出来的精力、能量、决心、毅力和持久的努力程度,主要是由其"愿望"的强烈程度来决定的。一个人的理想信念来自其自身的认识,也同样离不开外界的影响。思想品德习惯是通过行为经过反复实践而形成的一种动力定型,是自动化行为。大学生的理想信念教育就是要引导大学生通过理论认知和实践体验,树立正确的人生观和价值观。大学生的潜能开发既是提高大学生基本素质的重要途径,也是思想政治教育的良好方法之一。大学生的情感实践教育就是要让他们去接触自然,了解社会,搜集丰富的资料,扩大认识的范围,开阔眼界,提升境界,开发潜能。

第三,大学生的情感实践教育有助于提高大学生的审美能力。审美能力的高低对一个学生的观察力、想象力、创造力的培养和发展都有非常大的影响。从哲学的角度来看，审美是事物对立与统一的极好证明。审美的对立显而易见，往往直接体现在个体的差异性上，审美的统一则通过客观因素对人们心理的作用表现，即在每个时代或阶段，人们所处的环境，或多或少会对人们的审美观造成影响。人之所以需要审美，是因为世界上存在着许多的东西需要我们去取舍，我们要找到适合我们需要的那部分，即美的事物。正如诗人顾城的一句诗文所言："黑夜给了我黑色的眼睛，我却用它来寻找光明"，人的智慧从客观上决定了我们对美好事物的追求。相对而言，动物只是本能地适应这个世界，而人类则可以通过自己的智慧发现世界上存在的许多美好的东西，丰富自己的物质生活和精神家园，不断完善自己。

体验是一种生命活动的过程，体现为人的主动、自觉的能动意识。在体验的过程中，主客体融为一体，即人的外在现实主体化，人的内在精神客体化。在人类的多种体验当中，审美体验最能够充分展示人自身的自由自觉的意识，以及对于理想境界的追寻，因而可以称之为最高的体验。人在这种体验过程中获得的不仅是生命的高扬、生活的充实，还有对于自身价值的肯定，以及对于客体世界的认知和把握。人类的一切认知活动，都离不开对客观事物的反应。但是，我们人在认知不同对象的时候，每个人所经历的心理过程并不是完全一样的。情感活动是审美心理当中极为重要的组成部分。美源于生活，源于对事物的审美感知，源于人心灵深处的体验和无限创造力。大学生情感实践教育能够让青年大学生在实践体验当中产生感恩、同情、钦佩、昂奋等情感，这就是一种审美情感的体验和态度。

第四，大学生的情感实践教育有助于完善大学生的健全人格。"健全人格"是一个表达人的本质存在状态的新时代概念，概括来说，健全人格的理想标准就是人格的生理、心理、道德、社会各要素完美地统一、平衡、协调，使人的才能得以充分发挥。对于自身而言，其基本特征主要包括积极客观的自我认识，正视现实，对他人、对社会具有理性认知，有健康的体魄、愉快乐观的情绪体验和积极向上的人生目标，有良好、稳定、协调的人际关系，有独立的自我意识，有责任感和创造力，努力为自己的未来而奋斗，等等。反之，就可能面对现实问题采取逃避的做法。通常来说，缺乏协作意识的人，不能算作具有健康人格的人。而能够通过不断的自主学习，增长学识，广泛地培养情趣，才是一个人格健康的人的重要特点。一个具有健全人格的人，其价值取向是个人价值和社会价值两者的和谐统一，而不是对立。现代个性心理学创始人之一、美国人格心理学家奥尔波特(Gordon W. Allport,1897—1967)认为，具有健康人格的人是成熟的人。成熟的人会以一个真正的参与者的身份专注于某些活动，会对父母、朋友等具有显示爱的能力；会有安全感;能够客观地看待世界;能够胜任自己所承担的工作;能够客观地认识自己;有坚定的价值观和道德心。

使自己的人格变得更加完善是每一个人的愿望,每个人都可以通过社会实践来纠正人格特征的某些不良倾向。通过实践检验,能够使人客观地认识自我,接纳自我,提升自我的认知水平,增强自我意识的调节力,增进自知,培养自爱,养成良好的行为习惯。行为方式是人格的外在表现,良好的人格必然会具有良好的行为方式。正如日本森田疗法专家高良武久所说:"我们的行动造就我们的性格",通过不断地修正不良的行为习惯,能够培养和塑造一个人的良好人格。同时,人格的塑造和培养又是一个社会化的过程,人格的培养需要具有开放性和互动性的教育环境,人格的培养不是封闭的自我设计,要培养健全的人格就得跳出"自我"的狭小天地,走向丰富多彩、生机勃勃的大社会,在交往和活动中塑造自我健全的人格。大学生的情感实践教育,能够让青年大学生在参与实践活动的过程中,通过自身的实践体验和情感互动过程反思自我、认识自我、完善自我。

第五,大学生的情感实践教育有助于大学生的社会化发展。社会是由社会成员组成的,而作为社会成员必须具备一定的条件,也就是说,在人的成长、发展、完善过程中,都要经过一定的社会化过程才能实现。所谓人的社会化就是指生活在社会中的个人,在从生物人到社会人的成长和发展过程中,接受社会文化和规范,使自己逐步适应社会生活,取得社会成员的资格并形成个性化的自我发展和完善的过程。社会化是个人形成社会属性、适应社会生活的过程,是社会按照一定的标准培养、塑造自己的成员的过程,也是一个社会文化不断延续和发展的过程。洞察和理解社会,能够使人的智识不断增长,社会经验不断积累,会使自我更加自律、更加宽容、更加融合,情感更加成熟,能够在工作、学习和生活中学会自我管理。

大学生社会化过程问题,从社会学视角分析,可以综合成大学生处理自身社会化发展问题对社会的影响作用。大学生是一个特殊的社会群体,他们能够引领社会风尚,也应当承担社会责任。他们不仅是社会发展的希望,而且越来越成为现实社会的主体力量。大学生身处高等教育阶段,处于较高的文化层面,大学文化能够使大学生在更高的层次上完成社会化的过程,这一过程也正是他们的世界观、人生观、价值观由不成熟走向成熟发展的过程。同时,作为社会化的主体与客体,大学生既是社会化的对象,又是促进社会发展的重要力量,他们以自己的行为影响和推动着社会的发展,社会化是大学生阶段个人发展的重要内容,也是社会发展对大学生提出的要求。大学生是青年群体中的一支,他们的社会化具有青年社会化的一般内涵,也有独特的、只属于校园范围内的社会化特征。在大学生社会化过程中,生物性不是大学生的本质,逐渐摆脱生物性从而获得社会性才是他们追求的目标。融入社会是大学生发展的内在需要,而吸纳大学生也是社会发展的需要。学校教育是为大学生的发展而设定的,大学生情感实践教育就是为大学生了解社会、认知社会提供的一种社会实践体验。

二、大学生情感实践教育与相关概念辨析

大学生情感实践教育既是现代教育思想的重要内容,也是促进大学生健康成长重要的教育环节。重视大学生的情感教育是现实要求,也是高校实施素质教育的体现,培养大学生的关爱情感,也是大学思想政治教育的重要内容。

(一)情感与情感教育

情感是人对现实世界的一种特殊的反映形式,包含一定需要的主体和客体之间的关系。情感有广义和狭义之分。广义的情感是人对客观事物的态度体验;狭义的情感是和人的社会性相联系的一种比较复杂而又稳定的态度体验。例如道德感、审美感、理智感、爱和恨的体验等。在一定条件下,情感直接引发人们的行为。积极的情感能引起人的兴奋、激动、愉快的情智体验,使人充满活力,积极投身于自己感兴趣的各种活动当中;消极的情感则会使人感到痛苦、厌恶、烦躁、悲观、心神不定,无力从事正常的活动。而适当的情感教育能够使人克服消极情感,激发积极情感,从而使人的情感转化为人进行各种有益活动的强大动力。因此,在大学的思想政治教育工作中,充分发挥情感的动力功能,对于调动大学生的主观能动性,使他们精神愉快地自觉学习并转化为积极的行动,具有不容忽视的重要作用。

情感教育是一个与认知教育相对应的教育概念。情感教育指的是把情感作为人的发展的重要领域之一,对其施以教育的力量,主要表现为通过语言的劝导、形象的感染和行为的影响。在教育过程中不仅要注意诱发、激励受教育者的情感,使之处于最佳状态,而且把情感培养视为教育的目标之一。重视情感教育,就是关注人的情感层面如何在教育的影响下不断产生新质、走向新的高度,也是关注作为人的生命机制之一的情绪机制,如何与思维机制一道发挥作用,从而达到最佳的功能状态。情感教育是现代教育的重要内容之一,也是大学生成长成才教育过程中不能忽视的一个教育环节。

(二)情感实践教育与高校思想政治教育

思想政治教育是社会或社会群体用一定的思想观念、政治观点、道德规范,对

其成员施加有目的、有计划、有组织的影响,使他们成为符合社会所要求的、具有优良思想品德的社会成员。高校思想政治教育是针对大学生群体开展的一系列教育活动,其中既包括相应的理论教育,也包括相应的社会实践活动。

情感教育有着发展个体道德感、理智感、美感等社会性情感的功能。情感作为"智慧的高级组织者",它在思想政治教育及个体思想品德形成过程中始终具有特殊的功能和价值。因此,作为高校思想政治教育的重要组成部分的情感教育,是指在大学生思想政治教育中,教育者遵循一定的教育原则,有目的、有计划地对受教育者在思想政治教育中的情感体验进行激发、培养和调控,培育大学生健康、高尚的道德情感情操,使之养成良好的政治思想和政治品质,促进大学生思想政治教育目标实现的活动。在思想政治教育工作中,要想使大学生在思想上被触动,必须首先使学生在情感上受感动。由于情感的强烈震动,常常能激起学生"爱之欲其生,恨之欲其死"的意志驱动力,促使学生自觉接受某种思想,并表现出导向实践的趋向。因此,情感的感染功能对大学生的人生观、价值观的形成具有重要的影响。教育者的努力就是要将积极的情感迁移到被教育者的身上,实现"亲其师"而"信其道"的教育效果。从现实的需要出发,高校思想政治教育工作中的情感教育,意在情感,重在体验,体现情理结合原则,让大学生亲身参与、强化感受,从而达到影响、感染和培育的目的。

大学生的情感实践教育是通过多层次、多渠道、多方位、多形式的教育过程,引导大学生在实践活动中通过真实体验,进行自我分析判断,触发情感变化,实现自我教育。一首歌、一篇文章、一部电影或许就能让一个人发生变化,高校思想政治教育工作的经验表明,实践活动在情感教育方面有着其他教育形式所无法取代的重要作用。正如赞可夫所言:"教学法一旦触及学生的情绪和意志领域、触及学生的精神需要,这种教学法就能发挥高度有效的作用。"情感的产生具有情境性和针对性,人总是在一定的情境中能够触景生情,大学生情感实践教育过程,能够通过真实的情境,升华大学生的道德情感。

综上所述,绥化学院实施的大学生情感实践教育就是通过多种渠道、多种方式的教育活动,在理论教育中寻找支撑,在实践教育中收获成效。大学要承担文化传承与文化创新的社会使命,中华民族优秀的历史文化和人类文明发展的一切优秀成果中,具有厚重而丰富的教育资源。大学生的道德教育包括中华民族优良传统中的道德教育、社会公德教育和道德评判能力的培养、社会主义道德教育、职业道德和环境道德教育,其核心内容就是我国的社会主义核心价值观教育,即富强、民主、文明、和谐、自由、平等、公平、法制、爱国、敬业、诚信、友善。

大学担负着积淀与传承人类文明和民族文化的任务。这个任务决定了大学是世界上非常特殊的组织机构,大学也是民族性极强的教育和学术机构。大学生是文化传承的主要载体,因此,大学的教育内容不仅要传授专业技能,还要把人类优秀的思想和文化系统化、规范化,并将其转变为课程,传授给学生。相对而言,大学传授专业知识固然重要,但培养大学生的精神更加重要。美国教育家德怀特·艾伦就曾说过:"如果我们使学生变得聪明而未使他们具备道德性的话,那么我们就在为社会创造危害。"英国教育家埃里克·阿什比也曾指出:"任何大学都是遗传环境的产物。""环境"是促进大学改变的外部力量,"遗传"则是大学对自身道德与文化的传承。大学不仅不可以随波逐流,更不能为世风恶俗推波助澜。只有如此,大学才能排除纷繁和躁动的社会干扰,在稳定而宁静的环境中潜心钻研,学生也才能一心向学。此外,大学还应是社会思想的中流砥柱。尤其在民族危难和社会失范的时候,大学对精神的坚守显得尤为重要。大学不仅要回答现实生活中的诸多问题,更要为讨论提供思想和理论武器,因此,大学教师的一项重要任务就是为大学生提供分析这些问题的思想和理论方法,大学教师在大学生情感实践教育活动中的理论阐释和行为的引导作用十分重要。

我们的大学教育要研究讨论未来中国和人类发展的根本问题,并给出我们回答,这些研究能够为国家、民族、人类社会的发展与变革提供了新的精神资源,这就是大学"创造性"的一面。美国加州大学伯克利分校的前校长克拉克·科尔就曾在《大学之用》一书中写道:"今日之大学的主要功能不止于教学与研究,并且已经扩展到服务。"他认为,大学与其所处社会的关系,就是一种服务的关系。大学应当及时地就社会的需求做出反应,以满足那些不断变化的需求,并以各种方式对自身进行功能调整。大学生的情感实践教育既是当今社会的需求,也是大学育人功能和服务社会的要求。

参考文献:

1. 高平叔:《蔡元培全集》,北京:中华书局1984年版。
2. 高平叔:《蔡元培教育文选》,北京:人民教育出版社1980年版。
3. 雷颐:《蔡元培语萃》,北京:华夏出版社1993年版。
4. 张勤:《蔡元培"完全人格"教育与和谐发展》,载《教育与职业》,2008年第21期。
5. 赵慧、李化树:《蔡元培完全人格教育思想初探》,载《当代教育论坛》,2009年第10期。
6. 吴敏燕:《蔡元培教育思想初探》,载《北京行政学院学报》,2004年第5期。
7. 朱小蔓:《情感教育论纲》,南京:南京出版社1993年版。

8. 张耀灿、郑永廷等:《现代思想政治教育学》,北京:人民出版社 2001 年版。
9. 张俊超:《道德情感培养与思想政治教育有效性关系浅谈》,载《学校党建与思想教育》,2005 年第 10 期。
10. 柯小花:《情感培育与高校思想政治教育》,载《福建教育学院学报》,2005 年第 7 期。
11. 吴军、唐铂:《大学生思想政治教育要重视运用情感因素》,载《西安政治学院学报》,2001 年第 6 期。
12. 李其勋:《教育的情感效应与大学生的情感教育》,载《河南财政税务高等专科学校学报》,2001 年第 2 期。
13. 朱剑松、宋刚:《论高校日常思想政治教育的科学化》,载《思想理论教育导刊》,2012 年第 10 期。
14. 周海涛:《大学社会责任培育的历史嬗变、国际经验和中国探索》,载《北京师范大学学报》,2014 年第 1 期。

第三章

国内外大学生情感实践教育概况

情感实践教育是以情感教育为目的,以实践为主要途径的一种德育教育,是以大学生的情感基础——"爱"为出发点,让大学生在校期间通过一系列的实践活动真正走向社会、了解社会,让他们真正地知道学会爱、懂得爱、运用爱。世界各国都十分重视开展大学生情感实践教育活动,无论是课堂教育还是课下教育,都十分重视理论与实践的结合,把社会实践作为载体,贯穿于各种教育活动之中,真正做到在实践中提高适应社会的能力,在服务中培育大学生人生观、价值观、道德品性。

一、国外大学生情感实践教育概述

(一)国外大学生实践教育的理论依据

1. 亚里士多德的"实践智慧"

"德性"与"实践智慧"是古希腊哲学家亚里士多德阐释实践哲学的重要概念,也是现代美德伦理学的重要思想资源。善是人类道德的一个永恒话题,它伴随着人类社会的幸福而存有意义。亚里士多德在前人的基础上,将幸福论界定为"德性—实践—幸福"的道路。

亚里士多德实践哲学所说的德性主要是指人的德性。就是一个人的品质既好,又使他出色地完成其实现活动的品质。亚里士多德认为实践就是人的以善为目的和导向的行为,使"实践"成为一个反思人类行为的概念,赋予实践概念以哲学内涵,开创并奠定了西方实践哲学的基础,开辟了实践哲学广阔的领域。

亚里士多德的实践智慧是对善的谋划和实践,是实现善的一种能力。实践智慧是一种生活经验。实践智慧与人的经验相关,日积月累的经验使实践智慧成为可能。实践智慧是对善的谋划和实践。实践智慧是关于具体的特殊事物知识,这种知识不是一种普遍的、可学习的知识,因而只能靠日积月累长期形成的经验,才能形成这种知识,这种知识可以使人在面临一个特殊情境时,形成一种直觉,这种直觉能够告诉人们如何正确地行动。亚里士多德明确指出:理智德性的养成源自教导,它需要经验和时间的积累,伦理德性的养成源自风俗习惯的生成。所以,亚里士多德所谓的"教育',不仅指知识传授,还包括德性的熏陶。人是有理性、有情感的动物,"人类所不同于其他动物的特性就在于他对善恶和是否符合正义以及其他类似观念的辨认。"在人性教育的过程中,知识传授是基础,德性教育是核心。人的德性的形成是一个从自然德性经习惯与训练而达到完满德性的过程,这个过程既是知识增长的过程,同时更是道德发展的过程。

亚里士多德倡导的幸福观即是一种现实主义德行观:幸福在于善行,一个人没有理性就不会有善行,善行的最高境界是"至善",也就是个体功能达到了完美的状态,于是,个体"美德"就产生了。美德是个体美德的展开与实施需要由具有德行的个体进行"算计"和"思量"。思量的过程由个体的理性、传统风俗习惯及情感所左右。也就是说,美德实际上是以个体的理想和情感通过传统习惯而形成的一种自己内在的品格。

亚里士多德认为,人的实践活动本质上是一种指向终极的、完整的善的活动。是内在地蕴含于实践活动的。亚里士多德特别强调这种实现活动。认为最高善在于具有德性还是认为在于实现活动,认为善在于拥有它的状态还是认为在于行动。在善的实现活动中,人才能通过一种内在的超越、生成和完善获得自己的幸福。

2. 康德的"实践理性"

康德是欧洲哲学的集大成者,康德哲学的首要贡献就是看到了人的重要作用,从而把人的地位抬高,他从认识论出发,对人的主观思维进行了考察,但他又指出,人的直观理性是不能认识"物自体"的,认识所能到达的范围仅是"物自体"所投射的影像,即"现象世界"。康德所谓的"物自体"为对象,由对物自体的思考,理性进入超验领域,给人的自由和道德实践提供根据。康德指出,实践是一种伦理的活动,其中起指导作用的是意志,与感性无关。在康德看来,只有道德合理性才能规定人的理性特征。康德将先验演绎作为自己批判哲学的核心要素,他始终在寻找普遍有效性和绝对必然性,不仅是科学知识方面的,而且是道德实践方面的。

康德说,道德律是自由的认识理由,而自由是道德律的存在理由。康德认为,人既是感官世界的存在,也是理知世界的存在,他既有低级欲求能力,也有高级欲求能力。康德由自由与必然的二律背反中引出了先验自由,他认为先验自由地发现有其重要的意义:"这些先验的理念尽管不能正面地给我们增加知识,却至少有助于使我们铲除胆大妄为的、缩小理性范围的唯物主义、自然主义和宿命论等论断,并且从而在思辨的领域之外给道德观念提供了地盘。我们要悬置知识以便给信仰留下位置。"①在康德看来,只有道德合理性才能规定人的理性特征。康德将先验演绎作为自己批判哲学的核心要素,他始终在寻找普遍有效性和绝对必然性,不仅是科学知识方面的,而且是道德实践方面的。康德提出实践理性这一概念对上述道德哲学加以反对,认为实践理性的根据就在于道德合理性上。康德认为:"每一个人都必须承认,一条法则如果要在道德上生效,亦即作为一种责任的根据生效,它就必须具有绝对的必然性。"康德在《实践理性批判》中提出道德意志之实践的基本法则:"要这样行动,使得你的意志的准则任何时都能同时被看作一个普遍立法的原则。"在剔除一切经验性质料的条件下,道德自律成为实践理性唯一的根据。如此一来,康德在道德哲学领域之内将功利主义的一切可能排除殆尽,实现了其道德形而上学的纯粹性和先验性。康德专门以"实践理性的方法论"来论述如何使道德法则进入每个最普通人的内心。"纯粹实践理性"为人先天所禀有,藏于每个人的内心,需要我们做的是开启它、弘扬它。

3. 伽达默尔的"实践哲学"

现代解释学的奠基人,伽达默尔实现了传统解释学的创造性转换,实现了由理论解释学向实践解释学的转变,将解释学与实践哲学联系、统一起来,并把解释学从本质上看成实践哲学,从而在解释学基础上重建起久已失落的真正的实践哲学。

"实践哲学",力图从实践理性上对人类的实践行为形式和价值方向做出考察,是伽达默尔哲学解释学理论的根本理论落脚点,也是他的最大理论目标。这就是要在哲学解释学理论基础上,通过对实践哲学的研究,为人类生活的行为问题和现代文明的得失利弊做出深刻的哲学理解和理想性的展望。伽达默尔的"实践哲学"则从根本上回答了解释学的普遍性和有效性问题,把解释学理论与解释学实践联系起来,展开对现代文明、社会存在和人类生活意义的批判反思和理论重建工作,试图在现代这样一个"科学正把自己本身和自己的应用扩展于整个世界"②。在伽达默尔看来,"实践与其说是生活的动力,不如说是与生活相联系的

---

① [德]康德:《任何一种能够作为科学出现的未来形而上学导论》,庞景仁译,商务印书馆1978年。
② [德]伽达默尔:《科学时代的理性》,薛华、高地、李河等译,国际文化出版公司1988年。

一切活着的东西,它是一种生活方式,一种被某种方式所引导的生活"①,"'实践'意味着全部实际的事务,以及一切人类的行为和人在世界中的自我设定"②。实践是人类的最根本性活动,理解和解释本身就是一种实践过程,也一定是有着"实践性的意义"蕴含于其中的,因此,"实践固有的基础构成了人在世界上的中心地位和本质的优先地位,因为人固有的生活并不听从本能驱使而是受理性的指导。从人的本质中引出的基本倾向就是引导人的'实践'的理智性"③。伽达默尔建立起解释学的实践哲学,当然绝不是出于纯粹的理论兴趣,其根本目的是以此来透析现代生活问题,为人类存在提出在理解基础上的善、和谐、对话、交流与团结一致的理想形式和目标。在伽达默尔看来,"实践"的意义是十分广泛的,它不是指构成实践的行为模式,而是指"最广泛意义上的生活"④,是指人的行为和人在世界中的自我设定的"实践"的理智性。同亚里士多德一样,伽达默尔所主张的实践也不是一种基于专门能力的生产行为,而是根据实践理性的反思在具体生活实践中自由选择生活可能性的伦理政治行为或生存行为。

4. 马克思的实践理论

马克思完成了对实践的科学阐释,亦实践"是人们为着满足一定的需要而进行的能动改造和探索物质世界的活动。"马克思把实践看作不同于精神活动的现实的感性活动,实践可以与感性活动、实践活动、实际生活、物质生产等等概念互换使用。在马克思哲学中,理论与实践不是截然不同的两件事,二者分别代表了"想"和"做",它们在实践中相互贯穿,一方面实践是理论的来源、动力、检验标准,另一方面理论指导实践,是理论的应用和证实。实践现在马克思哲学中处于基础性地位,他把实践视为现实的感性世界、现实的人以及整个对象世界现实生成的客观基础,即马克思把实践观视为哲学把握对象世界的坚实的理论基石和基本方法。马克思的实践观从人的现实的、具体的实践活动出发,把物质生产实践看作是一切生产实践的基础,是"人感性的活动",这样就从认识上打开了实践活动的本质,即实践既是认识世界的前提又是改造世界与人实现自由活动的前提,具有以下特点:

马克思的实践观包含有两方面的内容:实践一方面是人类所特有的对象化活动,它以现实的人为主体把包括人在内的客观物质世界作为实践活动对象,它具

---

① [德]伽达默尔:《科学时代的理性》,薛华、高地、李河等译,国际文化出版公司1988年。
② [德]伽达默尔:《赞美理论——伽达默尔选集》,夏镇平译,上海三联书店1988年。
③ [德]伽达默尔:《赞美理论——伽达默尔选集》,夏镇平译,上海三联书店1988年。
④ [德]伽达默尔:《科学时代的理性》,薛华、高地、李河等译,国际文化出版公司1988年。

有人的本质对象化的许多力量,包含了人类所具有的许多特征,包括有目的有计划的主体自主性、能动的创造性以及与人类社会关系相关联的社会历史性,因而表现出与动物本能截然不同的方面;另一方面,实践作为人类把握世界的基本方式,它是人的物质活动或感性活动,它以生产劳动作为基本的形式,具有物质性、客观性的特点,因此它又和人类以观念的形式把握世界有本质的区别,把人的纯粹观念或精神活动,包括认识、理论活动等区分开来。

马克思实践观认为,实践是检验认识真理性的唯一标准。马克思在《关于费尔巴哈提纲》中指出,人的思维是否具有客观的真理性,这不是一个理论问题,而是一个实践的问题。也就是说,我们应该在实践中去检验自己的认识是否具有真理性,并且学会将理论转化为现实的力量。马克思的实践思想,主要进行的是人文主义的关怀,关怀人类的生存性焦虑问题,它着眼于人类物质生活实践本身,以及人类活动本身。马克思实践观力图寻找人类关于实践生活的价值理念。人的自由全面的发展必须将实践作为其首要途径。也就是说,实践决定着人的发展程度,实践是人进行生存和发展的前提和基础,人的生存方式和发展方式就是人的实践活动。

(二)国外情感教育的历史溯源

国外对于情感教育的研究起源于和谐发展教育思想,西方的道德情感教育经历了由爱理性—爱上帝—爱人的发展历程。最初认为情感培育受理性的指导,如古希腊的大哲学家苏格拉底的"知识即美德,无知即罪恶";亚里士多德认为以智慧、知识为主的智德高于以节制和宽容为主的行德,智德是一种最善的德等。

1. 卢梭的自然教育理论:卢梭的"自然教育"观,抨击理性及理性教育,将道德教育看作一种情感教育,强调以人的良心和情感去进行教育。卢梭崇尚"归于自然"的思想,认为人的天性是善良的。卢梭认为,自然教育的核心是教育必须遵循自然,顺应人的自然本性。卢梭认为,自然教育的目的是培养"自然人",即完全自由成长、身心协调发展、能自食其力、不受传统束缚、能够适应社会生活的一代新人。

2. 捷克教育家夸美纽斯的快乐教学主张:"教学要能使教师和学生全都得到最大的快乐",夸美纽斯认为人心如同树木的种子,树木实际已经存在种子里面。《大教学论》"阐明把一切事物教给一切人们的全部艺术",使青年们能够"迅速地、愉快地、彻底地"进行学习,因为既然人是一种"可教的动物",教育的力量又是十分巨大的,可见,教育办得不好的原因是教学方法不好,不是人的智力不够,也不是学科太难。夸美纽斯认为知识的应用是教学中的一个重要问题。德行只有通过实践才能真正获得。这个道理很简单,因为,"孩子们容易从行走学会行走,从谈话学会谈话,从书写学会书写",同样的道理,"他们可以从服从学会服从,从节制学会节制,从说真话学会真实,从有恒学会有恒"。

3. 罗杰斯的人本主义情感教育理论:20世纪初被称为"第三势力"的人本主义心理学的兴起为美国情感教育理论的发展打下了基础。以罗杰斯为代表的心理学家将人本主义心理学用于心理治疗的同时,也应用于教育领域。罗杰斯突出了情感在教育中的作用,首先,他认为教师应用情感进行教育;其次,学生的认知过程与情感过程是有机的统一体;最后,要创造师生情感交流的教育环境。美国的罗杰斯为代表的教育家,认为学生的认知过程与情感过程是统一的,强调了情感在教育中的重要作用。

4. 苏霍姆林斯基的"情感动力"思想:苏联教育家苏霍姆林斯基毕生实践、研究和谐教育,即通过丰富多彩的精神生活,保证个性全面发展,保证个人天赋才能的充分表现,使学习富有成效。"以人为本"是苏霍姆林斯基情感教育思想的核心。苏联教育家苏霍姆林斯基的情感动力思想,认为将情感运用到教学中,可以促进学生个性的全面发展,从而提高学习效率。苏霍姆林斯基把情感教育的重要性推向极致,他不仅仅把情感当成手段去提高教育、教学的效能,而更重视把情感品质的培养作为教育本身的目标,作为一个辐射教育全程、全域的教育意识和操作。苏霍姆林斯基认为,情感教育是学生全面发展的"内在"促进者。这种促进作用表现在德、智、体、美、劳等各个方面。可以说,情感教育是促进学生个性和谐全面发展的重要手段。

5. 英国的"夏山快乐教育"和"体谅教育":体谅教育是20世纪60年代在英国学校兴起的一种以培养道德情感为主的道德教育方式,其基本思想是多关心,少评价。夏山快乐教育和体谅教育是英国两种典型的情感教育模式,英国著名教育家尼尔在1924年创办了夏山学校,其教育理念是要把学生所学的知识运用到社会生活中,学习积极、生活愉快才是最终的目的;体谅教育则是到了20世纪60年代才在英国兴起的以培养道德情感为目的的道德教育方式,是以对学生进行关心、爱护和理解,而不是把重点放在评价一个学生的好与坏、对与错为理念,培育学生美好的道德情感,从而改正错误的言行。它的主要代表人物是彼得·麦克费尔,他认为"良好道德的培养不仅需要理论知识的教授,更重要的在于学生的理解和领会"。

6. 马克思主义人学理论:马克思主义人学理论是情感教育的重要理论依据。人的全面多样性存在是情感教育的存在依据;人的需要是情感教育的出发点;人的价值是情感教育的价值追求;人的实践性提供了情感教育的重要途径;人的全面自由发展是情感教育的最终归宿。情感教育的有效开展必须以马克思主义人学理论为指导。

(三)国外大学生情感实践教育活动的发展情况

1. 欧美国家的情感实践教育的发展情况

欧洲情感教育研究组织认为,"情感教育"是与认知教育紧密关联的,以促进学生的态度、信念、自尊、情绪等情感素质发展和人际关系能力、社会适应性技巧形成归依的教育过程。

(1)英国的情感实践教育:在一向推崇'"个人主义"和"自由主义"的英国,虽然英国政府并没有用"文件"的形式硬性规定,但从总体上看,促进大学生"情感性"素质发展,提高学生情感智慧水平的情感教育,一直是英国大学教育的重要组成部分。英国沃里克大学召开的一个世界性的情感教育学术研讨会上,来自世界许多国家和地区的学者出席会议并就情感教育的一些问题达成一致意见:"情感教育是教育过程的一部分,它关注教育过程中学生的态度、情绪、情感以及信念,以促进学生的个体发展和整个社会的健康发展。"[1]英国的情感教育主要通过P. S. H. E 课程(Personal, Social and Health Educa-tion)和精神关怀(Pastoral Care)课程,促进学生的"自尊"素质、"情绪能力"和"社会能力"的发展。

英国的PSHE情感教育指的是其开设的"个人、社会和健康教育",它是英国的基础课程之一,兴起于英国20世纪80年代,于2011年9月起成为英国所有学校的必修课程。这项课程在帮助学生形成良好的生活方式,培养学生的责任心、自信心、社会适应性,与人建立良好的人际关系,促进青少年身心健全发展和培养学生健康、自信的品质方面发挥了不可替代的作用。PSHE课程的内容包括:个人教育、社会教育和健康教育三个方面。既是健康教育,也是道德人格教育和公民教育。英国的PSHE在课程设置方面,分阶段分目标的设置教育内容,环环相扣,逐步推进。PSHE课程在设立教学目标时,将培养学生的责任感、自信心、充分发挥学生的能力作为重要内容,教育过程中注重个体发展与他人之间关系的联系,有效地培养社会生存能力以及自信心和责任心的培养。英国于1979年由英国皇家文学、制造和商业促进会颁布了"能力教育宣言",能力教育文化有助于学生将学习与实践有机结合,鼓励学生开展自主式、创造性的学习,达到了寓教于乐、寓学于做的目的。20世纪90年代中期,几乎所有的大学都已经进行了能力教育改

---

[1] 鱼霞:《情感教育》,北京:教育科学出版社1999年版。

革,并取得了显著的成绩。正如约翰·哈威—乔尼斯所说:"我们都清楚只有知识是不够的,重要的是掌握从事实际工作的能力,而能力的培养需要一种更广泛意义上的教育,而不只是考试成绩。我们国家与社会发展依赖于学校提供高水准的能力教育。"①

(2)美国的情感实践教育:美国大学的教育以高度重视实践著称,实用主义是美国高等教育的教育理念。"确保所有高等学校学生对国家经济和政治生活中的现象具有分析批判和解决实际问题的能力",以及"提高学生进行决策解决问题的技能",作为美国教育目的之一。② 为此,美国政府非常重视学生的社会实践活动。另外,美国的社会也很支持,特别是一些大企业都愿意资助大学生进行服务项目,进行实践活动。美国大学课时少,教师讲授少,学生独立活动多。因此,美国高校除了重视实习环节,普遍加强实践性教学环节在课程体系中的比重外,还积极鼓励各种形式的社会实践活动。美国大学生的社会实践活动形式多样,一般分为社会志愿活动、政治教育实践活动、校企联合实践活动、公民体验教育活动。20世纪80年代中后期兴起于美国的服务学习是一种结合课堂学习与社区服务的教育模式。美国服务学习从一开始就具有明确的理论依据,其中有两种理论对其产生了重要的影响:其一是约翰·杜威的经验学习思想。这一理论倡导服务观念,即将服务作为一种教学工具与教育哲学联系起来。在此基础上,他提出了经验学习的意义在于将学生的经验整合到课程学习中。美国服务学习的另一个重要的理论来源是社会学习理论。③ 这一理论认为,青年通过大量的接触、观察与模仿成年人,从而形成与人交往的态度和行为习惯,同时服务学习也有助于年轻人培养社会责任感和利他行为。美国非常重视青少年的思想政治教育。思想教育、政治教育和道德教育以"美国精神"的教育为核心,主要采取了社会实践的教育途径。美国加州大学高度重视大学生的社会实践工作,组织学生参与学校管理和社区服务,对大学生开放校内工作岗位,鼓励大学生在校外企业兼职。通过大学生的社会实践活动,从而加强大学生的思想政治教育,提高大学生的公民意识,培养大学生的职业素质,帮助大学生经济上自立。

(3)加拿大的情感实践教育:加拿大主张在道德教育实施途径上,将个人的自由理念寓教于隐形活动中,通过引导学生无忧无虑地表达内心活动,珍重自己的

---

① 张彦通:《英国高等教育"能力教育宣言"于"基于行动的学习"模式》,载《比较教育研究》,2000年第1期。
② [美]德里克·博克:《美国高等教育》,乔佳义译,北京师范学院出版社1991年版。
③ 赵希斌:《邹泓美国服务学习实践及研究综述》,载《比较教育研究》,2001年第8期。

价值选择,并付诸行动,作为生活方式反复出现。加拿大高校道德教育的实施主要通过学校、家庭和社区三个渠道来完成。加拿大学校德育基本都是在综合性较强的社会学科中进行,它要求学生积极参与社会实践活动,思考种族问题,让学生知道自己是谁,目标是什么,以及想要怎样的生活环境。加拿大是世界上教育经费最高的国家。在加拿大,没有教育部和类似的机构,这也说明一个国家的政府应逐渐放权给社会,让社会来自主进行教育。加拿大高校以服务社会为使命,其教育目的在于培养有责任感、道德感的人才以领导和服务当地社区及更多有需要的人。① 加拿大不列颠哥伦比亚大学通过多种的校园环境与校园传媒的影响,脱离了抽象并且空洞的道德教育,让学生通过广泛的各类具体活动去帮助他人,以自己的品行去影响他人。不列颠哥伦比亚大学每学年都会组织学生参观历史文化博物馆、历史遗迹和原住民文化公园等,学校也常组织学生为非洲难民国家及本国低保群体捐款捐物。他们认为通过这些行为可以培养学生对本国和本民族的自豪感与认同感,以及对人类的博爱与关怀精神。加拿大高校其总课时大约是我国高校的60%到66%,其中讲授课只占25%到33%,所以,加拿大高校十分注重课外活动。课外活动内容丰富多彩,不仅有校内活动,还有社会实践活动,让学生走出校门,到社会上开展不同形式的公益服务活动,拉近学生和社会的距离,增强学生的社会责任感,让他们进一步了解社会实际和国家状况,全面认识劳动价值意义。

2. 亚洲国家的情感实践教育的发展情况。

(1)日本情感实践教育:日本大学生的情感实践教育一般有社会兼职、社团活动和志愿服务三种主要形式,其参与社会实践的动机主要集中在自我兴趣和就业两个方面。日本大学生对社会实践形式的选择动机与日本的社会环境息息相关。日本社会的经济状况和就业形势提升了大学生参加社会兼职的必要性,而不同的家庭教育引导大学生不同的兴趣取向,从而选择参加自己感兴趣的社团活动和志愿服务。学校的教育则在学生的就业和兴趣两方面都产生了影响。日本的家庭教育一直很受重视,文部省也颁布了《家庭教育手册》,给父母提供教育孩子的指导。日本家庭从小就会培养孩子自立、自主的精神和进行抗挫折教育。日本家庭教育的这些特点使得日本学生更注重在社会实践中获得能力的提升,更强调社会实践对自身的发展。日本学校每年都要举行许多纪念性质的活动,如国民纪念日、敬老日、文化日、母亲日、父亲日等,有些则属于学校本身的例行活动,如校庆

---

① 冯益谦:《比较与创新:中西德育比较研究》,中央编译出版社2004年版。

日庆典、文艺会、展览会、远足、劳动生产活动等。通过这些活动,一方面可使学生综合运用发展在日常学习和生活中所获得的经验;另一方面也可使学生从中受到道德观念教育和道德行为训练;让学生增强对民族和集体的归属感,体验参与集体活动应具有的正确态度、情感方式,促进集体生活秩序和良好作风的形成。

(2) 韩国情感实践教育:韩国历来重视学校道德教育,把它作为塑造民族精神的重要渠道。中国儒学中的社稷、仁等观念与韩国苦难、屈辱的民族历程相交织,形成了韩国人独特的民族性格。20世纪60年代后,韩国历史上形成的这种民族特质被提升为"国民精神"。珍视传统,突出民族性成为韩国高校道德教育最为突出的特征,并且在韩国法律中也有明确的规定和体现。在韩国大学的国民伦理教育教科书中,极为偏重的是民族精神的培养。以《韩国伦理新讲》为例,该书由"韩国现代社会的伦理思想"和"国民精神教育与国家观的确立"两个部分构成。第一部分涉及民族精神的问题,第二部分是社会道德的问题。韩国高校很注意围绕社会需要的人才规格广泛开展课外活动,从而取得道德教育的最佳效果。学校不断增加学生参加校外活动的机会,丰富学生的课余生活,并不断提供形式多种多样、内容丰富、风格迥异的道德教育活动。如:举办各种不同的理论讨论会、演讲会、报告会、展览会;开展社会科学和自然科学论文成果的鉴定和各种类别的读书活动;进行各种社会问题调查;开展学生所关心问题的民意测验;举办关于反对种族歧视、性别歧视、暴力、吸毒的研讨会,以及开展体育、音乐、戏剧、舞蹈、摄影比赛、旅行考察等活动。

(3) 马来西亚的情感实践:马来西亚是一个多民族国家,为了维护国家统一,促进社会发展,1970年,马来西亚国家原则出台。马来西亚国家原则是国家发展的纲领性文件,为马来西亚接下来的各种改革提供了指导和参考,也为马来西亚学校道德教育大纲确定了基准。1976年10月,经过课程中心开会讨论后,教育部决定正式成立道德教育委员会。学校督察负责人被任命为道德委员会的主席,道德教育委员会主席是道德教育委员会的负责人。各种宗教团体、志愿者组织、中学、大专、本科学院以及其他各种教育委员会成员被任命为道德教育委员会的代表。马来西亚在学校德育课程建构中强化政府行为,以行政措施来推进德育改革,集中力量推行新的道德价值观体系,逐年推出全国统一的道德教育课程和德育课师资培训计划,规定所有教育学院全面开设道德必修课程,将最具有普遍意义的16个核心的价值观传授给学生。这些价值观包括:同情、自恃、谦虚、尊重、友爱、正义、自由、勇敢、讲卫生和心理健康、诚实、勤勉、合作、温和节制、感恩、理性、公益意识。核心价值观主要由个体和社会可观察到的道德价值观和知识构成。这些价值观确保学生在他们所属的家庭、学校和社区等机构或者社群中生活和交往时能进行积极的人际间互动。1993年,马来西亚开始对所有非穆斯林学生实施国家级的道德教育考试。一个是检测知识,另外一个是通过专题活动对学生的道德情感和道德行为进行评价。

二、我国高校大学生情感实践教育概述

(一)我国传统的道德情感理论依据

中国传统文化卷帙浩繁,博大精深,其中,伦理道德是对社会生活秩序和个人生活秩序的深层设计,是中国传统文化的核心,也是中国文化对人类最突出的贡献之一。中国传统的道德教育遵循的是一条以人性为基础,情性相依,情理合一,情意互通的道路。

1. 立足本源,修身善端

我国的传统道德思想是以儒家思想为主要依据。《大学》在一开头就说:"大学之道,在明明德,在亲民,在止于至善。"所谓"明明德",就是发扬光大人所固有的天赋的光明道德,这显然承认人天生即具有善。孟子的"性善论",立足人性中具有趋美向善的本源性情感,这种情感通过教育的引导和扩展,可以达成人的一定的道德品质,直至形成道德人格。在儒学史上,孟子首创性地把"善"界定为人性的主要内容,认为人性先天地具有了各种"善端",他说:"人之性善也,犹水就下也,人无有不善,水无有不下。"

中华传统文化中,十分注重对自身的道德品性和自我价值观的培养,认为只有通过个人的修身,达到自我完善,才能融入自然、融入社会,达致身心内外的普遍和谐,治国济世,从而达到家庭和睦、社会和谐,正所谓"修身、齐家、治国、平天下"。以孔子为代表的"性近论"指出:认为人在刚出生时,本性都很相近,但随着各自生存环境的不同变化和影响,每个人的习性就会产生差异。孟子提出的"性善论"认为人性本善,且人先天就具有四种心,即恻隐之心、羞恶之心、辞让之心、是非之心。这四心是仁、义、礼、智四种德性的开端,人只要顺应本性,其行为就会是善的。四心实际上是一种社会情感和社会意识的潜在状态,是人具有发展道德上的善的内在潜能。孟子认为道德情感的培养和修炼的步骤就是扩充这些善端,使人性中原有的美好的东西得以滋长。人性理论是中国古代儒家倡导修身的重要前提:人性若善,则需要通过修养来保持善性;人性若恶,也需要通过修身去除恶。

2. 仁孝为基,内化行为

儒家文化是中国传统文化的重要组成部分,它强调伦理道德在维系中国社会中所起的重要作用,其创始人孔子以"仁爱"作为君子的首要道德情操。孔子认

为,一个人在社会中行事为人,应遵守义务,这义务的本质就是"爱人",即"仁",在孔子看来,儒家思想的核心"仁"是根本,孝是仁的根基。作为孔子教育思想的核心理念,"仁爱"从对象上看,包括三个层次:爱亲、爱众和爱万物。"其为人也,孝悌而好犯上者,鲜矣;不好犯上而好作乱者,未之有也。君子务本,本立而道生。孝悌也者,其为仁之本与!"是基于血缘之爱的一种情感,孔子认为具备这种道德情感之人很少会去犯上作乱,"其为人也孝悌,而好犯上者,鲜矣;不好犯上,而好作乱者,未之有也。这种道德情感更被孟子等后人无限放大扩充,他们认为通过诸如"我善养我浩然之气"的道德修养,最终实现个体与外在道德准则的合二为一,最终实现"从心所欲不逾矩"的最高道德境界。"仁、孝"是孔子道德思想和道德学说中的核心概念,也是孔子对中国伦理道德思想最为突出的贡献,是中华传统道德的首要道德。这意思强调了情感过程中的动力方向、情感的性质和存在状态,使人的道德情感向着社会所要求的方向发展。克己复礼是仁的出发点,爱人是仁的终极关怀。儒家的仁爱观念源于家庭血缘亲情,又超越了血缘亲情,它要求在尊亲敬长的自然道德情感的基础上,由己推人,由内而外,由近及远,层层向外递进,最终达到仁者与天地万物为一体的境界。

3. 即知即行,知行合一

中国古代的思想家们十分重视道德行为养成能力的培养。孔子认为凡事都要亲身实践,并且高度赞扬那些不善言辞却躬行践履的人,强调先知后行,知行并重,知行统一。最后达到"天人合一""贵和尚中"的和谐精神,《中庸》中就将做道德之人的步骤规定为"博学之、审问之、慎思之、明辨之、笃行之"。王守仁更是明确提出"知行合一"的概念,他辩证地认为知与行是不能分割的,知是行的主意,行是知的功夫,知之真切笃实处便是行,行之明觉精察处便是知。这里所说的知包含着道德价值判断和道德情感体验的成分,这里的行包含了心性涵养省察克己的功夫。王守仁认为"心外无理,心外无意,心外无善",道德活动就是人的内心情意活动,离开了人的情意活动就无所谓道德,情意是实现知行合一的桥梁和纽带,没有这种联结作用,人的知行就无法贯通合一。这种知行合一的道德教育方式为我们处理道德教育活动中的认知与情感体验、理性与非理性的关系,对我们认识道德的实践意义都具有重要的启发作用。

4. 情意感通,实践化育

中国传统道德教育在个体道德情感的培养中注重人际间的情感互动,人与自然界的两情相应。孔子"仁者爱人"思想所体现的长幼之情、兄弟之情、朋友之情、夫妇之情既是人伦之情,又是人际间道德情意感通产生的基础,它通过爱护、同情、关怀、感恩等基本情感的互动作用，以人际间情感的认同与共鸣的方式来达到人类道德情感的同化，从而升华、培养起人类的社会情感。墨子说："夫爱人者，人必从而爱之；利人者，人必从而利之。"墨子主张不仅要在物质上帮助人，还要在精神上帮助人不断完善。老子"道"的本质特征即是：道恒无为，而无不为。"道"不依赖人们的主观意识而存在，它有自身的运动规律，所以称"自然无为"。"道"是世界总的本质，为体，是基本法则，统帅一切；"德"是"道"的显现和具体事物的有限本质的表露、征象，为用，有实践和行动，"和合"是"道"的最高境界，也是道德人格追求的终极目标，合于"道法自然"的宇宙法则是人修身养性的最高情感体验，它是人向自然的回归，是对人性的超越。这种与大自然融通相依的情感体验可以激发起人对自然的热爱、对生命的尊重、对万物的关怀。这种对人与自然和谐共生的追求和向往之情，饱含了人类丰富的道德情感。这些思想告诉我们，在生活中，人与人之间应相互关爱、互相帮助。

（二）中国近代以来的情感教育思想

1. 国外美育思想的译介和对传统的重视审视

在教育思想上首次引进西方美育、情感教育的人物是王国维。1904年王国维在《教育世界》上发表了《论叔本华之哲学及其教育学说》，第一次将西方美学理论介绍到中国。王国维在其文章中说："教育之宗旨何在？在使人为完全之人物而已。"而这完全之人是指身体能力和精神能力充分发达的人。其中精神能力又分为智力、感情和意志。完全之人物不可不备真善美之三德，欲达此理想，于是教育之事此。教育之事亦可分为：智育、德育（即意志）、美育（即情育）是也。

蔡元培在近代中国情感教育上，不仅仅在理论上加深了情感陶冶在教育上的重要地位，在实践上也身体力行，尤为关键的是蔡元培将美育、情感教育纳入到中国近代教育史上第一个资产阶级性质的教育方针之中，这使蔡元培的"以美育代宗教"之主张在制度上有了保障，在教育制度上专沿陶冶感情之术，则莫如弃宗教而易以纯粹之美育的理想。"夫道德之方面，虽各各不同，而行之则在己。知之而不行，犹不知也；知其当行矣，而未有所有行此之素养，犹不能行也。"蔡元培非常重视"行"在德育中的作用。"人人都有感情，而并非都有伟大而高尚的行为，这是由于感情推动的薄弱，要转弱而强，转薄为厚，有待于陶养。"蔡元培所倡导的公民道德教育的宗旨和大纲是"自由""平等""亲爱"，具有鲜明的前瞻性。他创造性地用中国儒家的传统道德思想去论证自由、平等、博爱的原则，把儒家的"义""恕""仁"与近代西方民主主义的"自由""平等""博爱"相对应，把两者结合起来为"自由""平等""亲爱"。

2. 以马列主义为指导原则的情感教育的实践尝试

从19世纪末20世纪初,马克思主义及其教育思想也开始传入中国。他的思想成为中国革命和中国教育的指导思想,并在与中国社会实际的结合中,逐步形成了具有中国特色的马克思主义革命学说和教育理论。其中以杨贤江为代表的教育家们以革命者的热情系统地将马克思主义原理运用于中国的教育实践,开创了崭新的教育局面。但由于该时期的特殊历史背景,有关情感教育的内容较少,且多是以革命人生观、人生态度、人生价值等方面的教育为主,注重于旧的人生观的改造。新中国成立以后,教育是以苏联为唯一样板借鉴来的,这一段时期的教育虽基本上扫除了封建残余的教育余毒,但对于情感陶冶、情感教育却仍处于人生观教育的政治范畴,将直接涉及情感的内容视为资产阶级的唯心论,是不科学的东西,一律否定。从新中国成立到十一届三中全会召开(除去"文革"十年),我国教育的发展由于刚从废墟中建立起骨架,肩负着为生产和建设服务的重担,它的发展是以掌握知识为主线,在教学实践中以"双基"为基本任务,在它的主旋律中没有情感的位置,这造成了几代人情感的过分闭塞和空虚。

3. 改革开放以后的情感实践和情感理论

改革开放以后教育界对学生情感领域进行了教育实践的重新尝试。到了90年代,随着国外情商理论的崛起及我国素质教育的实施的提出,我国情感教育理论得到了进一步的发展。1993年,南京师范大学朱小蔓教授出版了《情感教育论纲》,上海师范大学的卢家楣教授出版了《情感教学心理学》,1999年,学者鱼霞出版了《基础教育新概念——情感教育》等等。这表明情感教育思想正逐渐成为越来越多的教学理论工作者的共识。在进行情感教育理论研究的同时,这方面的实践探索也在积极进行,且已初具规模,其表现形式最突出的有"情境教学""愉快教育"等。

朱小蔓认为:"情感教育就是关注人的情感层面如何在教育的影响下不断产生新质,走向新的高度,也是关注作为人的生命机制之一的情绪机制,如何与生理机制、思维机制一道协调发挥作用,以达到最佳的功能状态。"[①]

鱼霞认为:"情感教育是完整的教育过程的一个组成部分,通过在教育过程中尊重和培养学生的社会性情感品质,发展他们的自我情感调控能力,促使他们对学习、生活和周围的一切产生积极的情感体验,形成独立健全的个性与人格特征,真正成为品德、智力、体质、美感、劳动态度和习惯得到全面发展的有社会主义觉

---

① 朱小蔓:《情感教育论纲》,南京出版社1993年版。

悟的有文化的劳动者。"①

曹松林认为:"情感教育即教育者在教育过程中尊重和培养学生的社会性品质,提高其自我、环境及两者之间关系产生积极的情感体验,形成独立健全的人格特征。它关注教育过程中学生的态度、情绪或情感以及信念,以促进学生个体和整个社会的健康和谐发展。"②

张志勇则认为:"情感教育即情感领域的教育。它是教育者依据一定的教育教学要求,通过相应的教学活动,促使学生的情感领域发生积极变化,产生新的情感,形成新的情感品质的过程。"③

宫艳丽认为:"情感教育是完整的教育过程的一个重要组成部分,通过在教育过程中尊重和培养学生的社会性情感品质,发挥他们的自我情感的调控能力,促使他们对学习、生活和周围的一切产生积极的情感体验,形成独立健全的个性与人格特征,真正成为品德、智力、体质、美感及劳动态度和习惯都得全面发展的人。"④

卢家楣的《情感教学心理学原理的实践与运用》中认为加强情感教学可提高学生思想政治课学习的积极性:以情动情,消除对立情绪;以理动情,激发求知欲望;以境动情,唤起成功自信;以诚动情,增进乐学情感。

(三)国内大学情感实践教育活动的发展过程

与国外的其他国家相比,我国的实践教育起步较晚,出现于改革开放初期,虽然经过了几十年的发展,但目前仍然存在一些待研究解决的问题,把情感理论纳入到实践当中又少而又少,因此高校要不断深入研究探索进一步解决大学生实践教育对情感教育的影响,践行新的理论,探索新的模式,开辟新的道路。1980年,清华大学提出"振兴中华、从我做起、从现在做起"的口号,到现在,大学生实践教育近30年来经历了一个从初起到发展到基本定型再到深入发展的过程,这主要表现在活动的内容和形式上已见成熟,从暑期"三下乡"活动拓展到了志愿服务、军事训练、专业实习、勤工助学等领域。特别是绥化学院的"五个关爱"系列活动,真正地把情感教育寓于实践之中。

1. 清华大学情感实践教育活动:清华大学校长周诒春是清华校风及人格教育的奠基人,周校长在清华的教育实践,其中之一就是:教育学生建立服务社会,热心公益的观

---

① 鱼霞:《新基础教育概念——情感教育》,教育科学出版社1997年版。
② 曹松林:《论情感教育及其实践》,载《凯里学院学报》,2007年第4期。
③ 张志勇:《情感教育论》,北京师范大学出版社1993年版。
④ 宫艳丽:《重视人文学科教育中的情感价值》,载《教育研究》,2003年第3期。

念。他说:"社会事业何谓乎? 以有余之时间,有余之财力,有余之心思,谋他人之幸福之谓也。"在周校长的倡导下,学校成立各种社会服务组织,如远在1913年,学校就成立了"社会服务团""通俗演讲团"等;1914年,"鉴于附近村民,衣食不给,无力入学,不为启牖,终成愚氓",于是他和全校师生一起,用各种方式募捐,在成府创办了一所"贫民学校",亲任"总董";同年,他又在校内首倡"校役夜课补习学校",并多次召集工警谈话,讲"夜课补习与将来职业之关系,以振作精神,从事修学"。①(资料来源:黄延复,《清华传统精神》,《周诒春校长时期的"三育并进"》,北京:清华大学出版社,2006年11月)这种实践活动传统帮助清华学子认识到,他们不仅是自主的个人,而且是他们对之负有责任的一个更大的公共社会的成员。

2. 深圳大学情感实践教育活动:深圳大学的社会实践把"脚踏实地,自强不息"的办学理念贯穿于大学生社会实践过程的始终,注重把大学生的社会实践做"实",使越来越多的大学生自觉、踊跃、积极地参加到社会实践中去,并在社会实践中历练自己,探索并实现个体价值。在社会实践中,深圳大学主张要充分调动学生的自主性,强调社会实践活动不同于校园生活,学生出门在外,一切靠自理,社会实践的一个重要目标是帮助学生更好地完成社会化过程,使其成为一个对社会有用有益的人。深圳大学还根据大学生心理特点和活动的内容,采取灵活多样具有吸引力的社会实践形式。主要的形式除了大规模的集中的暑期社会实践行动外,还有志愿服务:深圳大学有专门的义工联合会"萤火虫",成员涉及各个学院班级,进行各种义工志愿活动,主要有义务帮教、义务劳动、爱心社会援助、无偿献血、募捐及环保活动等。勤工助学:大学生利用课余和假期时间,通过参加学校组织的有偿服务活动,是帮助贫困学生自立自强、缓解经济困难的一种有效途径。为确保社会实践的有效运行,形成了环环相扣的五大环节,即"动员—招募—组队—启动—实施"。一般来说,每年6月初进行宣传动员,6月中旬进行招募,6月下旬组队完成,7月学生考试完后举行启动(出发)仪式,7—8月具体实施。整个运行过程,充分发挥党团、学生干部的主体性,以"三育人"(教学育人、管理育人、服务育人)和"三自"(自我管理、自我教育、自我服务)为中心。

3. 西南科技大学情感实践教育活动:2005年9月西南科技大学就在团委专门设置社会实践部教师岗位,派专职教师具体负责组织和实施社会实践活动。每年寒暑期社会实践活动,学校都要重点组织一批重点校级团队,突破、创新性地开展一系列有代表性的社会实践活动,如,"1+1"爱心社、支教、绿色营、法政策宣传等品牌活

---

① 黄延复:《周诒春校长时期的"三育并进"》,清华大学出版社2006年版。

动。在重点抓好集中性社会实践队工作的同时,学校还认真组织和指导广大同学的回家乡社会实践活动,做到以点代面,点面结合,从而正确把握好社会实践的主题和方向。西南科技大学还将社会实践纳入教学计划。西南科技大学社会实践活动按照"一次实践,两份答卷"的方式进行,每年假期的社会实践活动都是同学们的"两课实习作业",且有学分2分,必须完成。从2005年开始,西南科技大学在素质选修课中开设了一门"青年志愿者活动",将日常社会实践活动纳入了教学计划中。

4. 北京联合大学情感实践教育活动:北京联合大学对大学生社会实践非常重视,把暑期实践作为学生的一门德育课程进行考核,使学生认识到暑期实践的重要性,并在实践中锻炼能力,提升自身的思想道德素质。把"红色暑期社会实践"作为特色活动,"红色暑期社会实践"是"红色"和"暑期社会实践"的有机结合,"红色"是内涵,"暑期社会实践"是形式,通过学习党史、走访爱国主义教育基地等活动,使大学生接受爱国主义教育,理解社会实践的真正内涵。引导大学生在暑期走访全国红色教育基地、红色精品路线,寻访老革命,采访身边的党员,了解党史,增强社会责任感,在实践中增强大学生对革命传统精神的理解,实现爱国主义精神的升华,通过红色共建,使学生感受生活的艰苦,工作的不易,端正就业观,认识到一切工作都要从基层做起,培养他们艰苦奋斗的精神,使其为实现个人理想和价值做出自己的努力。红色社会实践是对大学生进行思想政治教育的重要途径,使教育不再拘泥于简单的说教,能够实现对大学生的爱国主义教育、艰苦奋斗教育和理想信念教育。以社会志愿服务为载体,贴近实际、贴近生活、贴近群众,创新内容、创新形式、创新手段,广泛开展社会实践活动和社会志愿服务活动。

5. 湖南工业大学情感实践教育活动:1997年以来,湖南工业大学已经连续17年开展了大学生暑期"三下乡"社会实践活动。湖南工业大学实践情感活动以明确的德育目标、科学的德育过程等举措或途径,收到了道德自主、自觉形成和内化等成效,发挥了重人的德育作用。湖南工业大学"三下乡"社会实践活动在设定德育目标时,充分考虑到大学生道德发展的需要,尊重大学生的需求,积极鼓励他们投身生产生活,把书本上的各种理论知识运用到实践中,以主体的心态独白与农民群众进行交往,一面使大学生在实践中逐步认识到社会对人的道德品质的要求,明确自身的道德定位;另一方面顺应大学生的道德发展需要,使学生在实践中"当家做主",由自己来选择适合自己的道德发展需要,并完善自己的道德需求,以主体实践的方式认识、理解、接受道德品质。学校的带队老师在明确了活动目标和要求后,放手让学生作为独立的主体参与到活动中去;学生由此需要独立地去思考问题,解决问题,而发生在实践过程中的道德品质很自然地就成为一种主体的自觉需求,从而做到德育对象道德品质的内化。

6. 绥化学院情感实践教育活动:情感教育是一种巨大的、潜移默化的精神力量。为了更好地把情感教育和实践教育有机地结合,绥化学院以关爱留守儿童、关爱空巢老人、关爱残疾人、关爱大自然和关爱自我等五项情感实践活动为切入点,大力弘扬优秀传统文化中的普适性文化元素和向上性文化思维,让各种隐性教育因子长期高频率出现,发挥其精神辐射力效能,对大学生的非智力因素进行锻炼,引导他们在做中学,在文化交流中寻求自身的文化定位与价值,同时也探索出了一条强化大学生传统文化教育的有效路径。关爱留守儿童,强化中华传统"仁爱"教育;关爱空巢老人,强化中华传统"孝道"教育;关爱残疾人,强化中华传统"善行"教育;关爱大自然,强化中华传统"和合"教育;关爱自我,强化中华传统"修身"教育。大学生通过亲身经历、亲自参与,通过关爱别人了解到了什么是爱,通过关爱空巢老人知道了什么是孝;通过关爱残疾人知道了什么善;通过关爱大自然知道了什么是和谐。爱是人类最美好的德性情感,是存在于人精神体质中的一种道德资本。为了强化大学生的爱心和责任感教育,绥化学院通过引导大学生与留守儿童"心手相牵,共享蓝天",使他们在持续的情感体验活动中体会到了爱心纯朴之美。

(四)我国高校开展情感实践教育的必要性

2004 年,《中共中央国务院关于进一步加强和改进大学生思想政治教育的意见》中强调提出:"社会实践是大学生思想政治教育的重要环节,对于促进大学生了解社会、了解国情,增长才干、奉献社会,锻炼毅力,培养品格,增强社会责任感具有不可替代的作用。"情感教育是实践活动过程的一部分。它关注实践过程中学生的态度、情绪、情感以及信念,以促进学生的个体发展和整个社会的健康发展。因此,可以说情感教育是使学生身心感到愉快的教育。通过在实践过程中尊重和培养学生的社会性情感品质,发展他们的自我情感调控能力,促进他们对学习、生活和周围的一切产生积极的情感体验,形成独立健全的个性与人格特征。

1. 情感实践教育有助于大学生综合能力的培养

(1)情感教育是一种巨大的潜移默化的精神力量。一名合格的大学生应该具有良好的文化内涵,积极向上的精神面貌,文明得体的言行举止,健康豁达的心理素质,懂得感恩的处世之道。大学生的生活和学习环境决定了他们社会活动较少,交往经验欠缺,为人处世、待人接物都不是很精明,有的学生连基本的交际规范和礼节都不懂。通过在实践过程中与不同的人接触,无形中就使他们的交际能力和社会适应能力得到培养和提高,同时也培养了大学生懂得感恩的处世之道。现在的大学生对家庭和学校的依赖性太强,独立活动能力比较差,尤其是独立解决问题的能力不足。通过实践教育,他们的独立思考能力、系统思维能力、独立活动能力都得到了较大提高。德育教育必须掌握学生的情感,才能从"动之以情"达到"晓之以理"。而对大学生进行思想政治教育工作,只凭单纯的说教已经无法顺利达到教育目的,建设良好的育人环境,开展贴近学生生活和学习的实践活动,营造健康快乐的教育氛围,将情感教育渗透到高校思想政治教育工作的各个环节,运用情感教育把德育寓于各种生动形象和美好的情境之中,尤其是寓于教育者自觉创设起来的教育情境之中,可以使学生潜移默化地受到环境中各种教育因素的感化,提高学生自身的精神力量。

(2)情感实践教育有助于培养大学生的各种能力。情感实践教育有利于培养大学生的开拓精神和研究精神,培养大学生的独立思考问题的能力和自我发展的能力。大学生在独立实践的过程中,学会了如何适应社会、适应生活,提高了社会适应能力。学生在实践过程中,结合实际,对事物有了自己的思考和重新认识,同时与所学的专业知识和学习积累相结合,会产生新的创造力。在社会化分工越来越细的当今社会,如果没有团体的协作,仅仅依靠个人的能力很难完成某项工作,任何一个大项目大多是由一个团队共同完成的。我国目前的大学生中,大多是独生子女,独生子女的一个显著特征就是自主意识比较强,与人合作意识比较弱,实践教育为大学生培养团体协作能力提供了很好的平台。比如要完成一篇高质量的调查报告,需要做大量的准备工作,包括前期的计划,问卷的设计、发放、回收、统计,调查报告的撰写等,尤其是涉及面比较广、跨越地域较大的调查,更需要大量的人力、物力才能完成,因此分工协作就显得尤为重要,通过分工,各司其职,提高了工作效率,同时也培养了大学生的团队协作能力。

2. 情感实践教育有助于大学生理论知识结构的完善和知识层次的深化

情感是人类生命的本质力量,是寻求人类真理的强大动力。古往今来,只有对自己事业热爱而执着的追求者,才可能成为一个杰出的人。反之,一个对一切事物冷漠和无所谓的人,是不可能为社会利益无私地奉献,更不可能有所建树的。学生学习也是如此,如果我们仅仅向学生传授知识,而不能从感情上培养他们吸纳知识和创新知识的兴趣,那么我们的教育就会处于被动地位。这个意义上说,高等教育的首要任务,应是培养学生对学习的感情和兴趣。在社会不断发展变化的今天,高校教育已经不能及时涵盖所有政治、思想、道德、科学等领域的内容。而大学生在实践中所从事的具体事物,都或多或少地与其中的一个或几个知识领域联系起来,可以在社会中认识和体验各个领域的丰富知识。在面对和解决某一具体问题的过程中,对学到的理论知识提出疑问,促使学生对所学知识进行思考,从而进一步完善了理论知识结构,拓宽了知识面。在实践中,他们在知识结构上主要得到了两个方面的收获:一是获取了关于社会现实生活的丰富的直接经验,加深了对国情、民情的了解。耳闻目睹了活生生的社会现实,接触和感受了纷繁复杂的社会关系,体验和了解了人民群众的甘苦和需要,因此,在丰富多彩的大千世界这个无限的课堂里,他们学到了许多在课堂上无法学到的知识,获取了更多更新的信息。二是在实际运用中消化了已学的知识,加强了理论知识与社会生活的联系,从而深化了知识层次。

3. 情感实践教育有助于引导大学生深入了解国情、民情,坚定社会主义信念,增强历史使命感

大学生不仅是学习者,而且是创新和奉献的主体,是宝贵的人力资源。社会实践架起了学校和社会之间的桥梁,实现了校外生活与情感教育之间的有效对接。在当前世界格局多极化的形势下,价值观念也日渐多元化,对大学生的思想意识也产生了深刻的影响,培养具有高尚道德情操的社会主义建设者和接班人,其首要的前提是要对我们国家和社会的现状有所认识和了解,了解我国社会主义初级阶段的基本情况和主要矛盾,提高对社会主义的认同感,牢固树立共产主义的理想信念。大学生在课堂学习的过程中,已经对我国的国情和社会发展状况有了一定的认识,但大学生在实践中,亲自感受祖国建设发展取得的成就和艰辛发展历程,在实践过程中与广大人民群众接触,通过在基层的实际了解,必然会对我国当前社会主义初级阶段的基本国情有更深刻的理解,如生产力发展水平不高,腐败问题、就业问题、社会保障问题等没能得到有效解决,尤其是对我国当前经济社会发展不平衡的现状有更加深刻的认识。大学生通过了解这些国情,会更加懂得知识的价值,必然会增强历史使命感和社会责任感,真正达到受教育、长才干、做贡献的目的,激发他们的爱国热情和学习动力,更好地服务社会,报效祖国。

思想政治教育的目的从某种意义上讲,是通过满足情感需要而激活人的行为动机,挖掘人的潜能,从而有效地驱动人的有效行为的活动。正确而有效的思想政治教育,引导着人们的精神走向,满足人们的情感需要,激励着人们朝着意义所指的方向不断前进。提高大学生思想道德素质的途径有很多种,包括课堂教学、校园文化活动等,而实践教育也是提高大学生思想道德素质的重要途径之一。实践教育对大学生道德品质的形成和发展有着巨大的推动作用,实践教育是意志形成的关键,人的道德品质也要在实践过程中才能体现,大学生深入社会,了解社会,有利于发展、完善学生的人格。实践同时也是一种志愿服务活动,条件相对较为艰苦,需要具有一定的吃苦耐劳精神和奉献精神,因此学生通过参与实践教育,可以拓宽视野,提高

思辨能力,学会对自身理想前途、人生价值、历史责任等问题的思考和分析,明确社会对人才的要求,从而树立科学的世界观、人生观和价值观。

4. 情感实践教育有利于弥补当代大学生爱与高等教育人文关怀的缺失

开展大学生情感实践教育,就是要让大学生在思想政治教育实践活动中体验到亲情、友情、爱情,从人与社会关系的角度体验正义和责任,体验关爱集体和忠于国家的情怀;就是要对大学生进行"爱"的教育,让大学生体验生活的美好、生命的可贵;就是要让新的情感经验推动大学生思想认识的变化发展,通过开展大学生思想政治教育丰富多彩、形象生动的实践活动,引发大学生新的情感体验,培养和改变大学生的情感世界,使学生产生爱国主义情感和民族自豪感,引导和帮助他们认清自己肩负的历史使命,培养他们的社会责任感,树立正确的世界观、人生观和价值观,真正激发大学生为国家建设事业学好文化科学知识的情感。随着物质世界的丰富,教育更多的是教人去追逐、适应、认识、掌握、发展外部物质世界。在这种教育理念的影响下,对在校大学生的教育更是深受科学主义、理性主义和功利主义的影响,从而忽视了大学传承和彰显人文精神的责任,忽视了对大学生的人文关怀和人文素质的培育,暴露出当代社会与教育的缺憾。现代高等教育一味地强调培养各种知识人才的教育目的,专注于知识的传授和技能的训练,从而忽视了学生的专业训练和全面发展,造成了高等教育理性与情感的脱离。"由于教学偏重于知识概念、逻辑推理、数理公式等,在价值、审美、情感、意志、信念、责任等方面缺乏对学生的引导,学生只获得一大套的知识,而缺乏对现代生活的真正理解,缺乏美感、责任感、情感等,造成了生活经验的欠缺和生活的片面化。这种教育的片面性与人的生活、精神的完整性的本质相悖,所以现代高校教育中必须迅速进行完整的教育,以帮助学生建构完整的经验和精神。"①情感实践教育的介入有助于提高大学生爱的教育与高等教育的人文关怀,使大学生的理性与感性需求得到平衡,帮助学生全面发展,健康成长。

参考文献:

1. 胡树祥、吴满意著:《大学生社会实践教育理论与方法》,人民出版社2010年版。
2. 刘晓东:《大学生社会实践理论与实务》,高等教育出版社2014年版。
3. 陈曦:《大学生志愿服务》,冶金工业出版社2013年版。
4. 张国栋:《大学生社会实践探索》,辽宁大学出版社2009年版。
5. 吴式颖:《外国教育史教程》,人民教育出版社1999年版。

---

① 陈丽影:《对高校学生情感教育的思考》,载《湖南商学院学报》,2005年第1期。

第四章

大学生情感实践教育模式理想构建和预期效果

一、大学生情感实践教育模式理想构建

情感是人的思想道德品质的重要组成部分,高尚的情感对大学生个体健康成长和社会和谐发展有着重要的意义。大学生情感教育是根据大学生的成长规律和现代社会对人的和谐发展的要求所实施的一种教育活动,它不仅是对智力教育的补充,而且对大学生个体成长具有重要的作用,培育大学生高尚的道德情感是思想政治教育的重要目标。情感教育把情感作为与理智相对应的人的全面发展不可或缺的重要内容,通过实践化的途径,消解或弱化个体的自卑、自私、冷漠、焦虑等负向情绪体验,触发及强化个体的自爱、利他、同情、悦纳等正向情绪体验,促进及巩固个体以爱为核心的情感能力,并使之自觉向情操(道德)的境界提升的一种教育活动。绥化学院"五个关爱"实践模式是在价值多元化、人的情感淡化的时代背景下,传承弘扬中华优秀传统文化,充分挖掘中华传统文化中蕴含的仁爱、孝道、合和、善行、修身等精神内涵,将其融入大学生的教育过程中,摸索出了一套大学生情感教育的实践模式,提高了大学生思想政治教育的针对性、实效性和吸引力、感染力。以关爱留守儿童、关爱空巢老人、关爱残疾人、关爱大自然和关爱自我等五项情感实践活动为切入点,将之与课堂教学、课外实践有机结合,构建了情感实践教育的课程化、系统化、规范化的实践教育模式,使社会主义核心价值体系融入高等教育人才培养的全过程。

(一)完善教育教学体系,推进情感实践教育课程化

《中共中央国务院关于进一步加强和改进大学生思想政治教育的意见》指出:社会实践是大学生思想政治教育的重要环节,对于促进大学生了解社会、了解国情、增长才干、奉献社会、锻炼毅力、培养品格、增强社会责任感具有不可替代的作用。实践是主观见之于客观的活动,是激发学生道德情感的主阵地,是塑造大学

生真、善、美人格较为有效的方式。目前,90后大学生的内心世界和情感被了解不够,他们内心闭锁,沉浸在虚幻的网络世界。而实践是认识大学生情感世界的有效方式。"五个关爱"实践教育模式贯彻落实《中共中央国务院关于进一步加强和改进大学生思想政治教育的意见》的要求,根据绥化学院地方性应用型大学的实际,深化人才培养模式改革,将情感实践教育贯穿于人才培养的全过程;结合思想政治理论课教学改革,构筑了完善的教学体系,制订教学计划、制定大纲、确定内容、设立学分,使实践育人真正成为学校教育的组成部分。将大学生社会实践纳入思想政治教学的课程体系,实行2:1教学模式,即理论教学与实践教育相结合,其中理论课教学占教学量的2/3,保证大学生接受全面、系统的思想政治理论教育。实践教育占教学量的1/3,要求每位学生在毕业前都至少参加过一学期的实践活动。通过讨论式、辩论式、研究式教学改革,将学科建设和专业教学与大学生情感实践教育有机结合。同时又保持实践活动自身的特色,让学生在实践中加深对理论的理解与感悟,真正实现从理论到实践的认知过程,从心灵深处对学生思想产生影响。通过课程化机制实现了把传授知识与思想教育结合起来,把系统教学与专题教育结合起来,把理论武装与实践育人结合起来,切实改革大学生思想政治教学内容,改进教学方法,改善教学手段。运行的项目化和管理的课堂化也是该实践模式富于特色的地方。

1. 运行项目化。实践育人项目化运作模式,是指将大学生社会实践活动按照科研项目申报立项的方式进行规划指导和管理的一种模式,是在新形势下进一步加强社会实践育人工作,引导大学生在社会实践中深入基层、认识国情,培养科学研究意识,提高实践创新能力而探索出的一项育人新模式。绥化学院将实践项目划分为爱国践履、专业实习、志愿服务、公益活动、社会调查、勤工助学、社团活动、自定义项目等八个模块,从大一到大四采取滚动式循环运作。学生个人或团体根据个人兴趣,结合实际自愿选择相关模块或项目,以个人或团队的形式申报并开展实践,使思想教育得以贯穿于整个实践教学活动始终。每学年开学第一周,在大学生思想政治教育理论课实践教育专题网站上申报。审批合格后,辅导员和思想政治理论课教师将共同对课题组成员进行培训、教育和指导,保障实践工作的顺利、有效开展。项目完成后,学生撰写项目结题申请书,由辅导员和思想政治理论课教师共同验收。考核结果分为:优、良、中、及格、不及格。考核及格者可获得相应课程学分。

(1)爱国践履项目是指大学生通过参观革命圣地、游览祖国大好河山等形式表达对祖国的忠诚和热爱。爱国践履活动实现了中华民族优良传统教育和中国革命传统教育、民族精神教育与以改革创新为核心的时代精神教育的有机结合，是个人或集体对"祖国"的一种积极和支持的态度，爱国践履是提高全民族整体素质的基础性工程，是引导人们特别是广大青少年树立正确理想、信念、人生观、价值观，促进中华民族振兴的一项重要工作。通过爱国践履活动，引导大学生在中国特色社会主义事业的伟大实践中，在时代和社会的发展进步中汲取营养，培养爱国情怀、改革精神和创新能力，始终保持艰苦奋斗的作风和昂扬向上的精神状态。一方面，大学生通过对自然风光的欣赏，对祖国的壮美山河产生自然的爱恋之情，培养团结统一、爱好和平、勤劳勇敢、自强不息的精神，树立民族自尊心、自信心和自豪感，并通过演化、提炼、升华而逐步形成和发展为对民族、对国家真挚、深厚的爱。另一方面，寓思想道德教育于参观游览之中，将革命历史、革命传统和革命精神通过旅游潜移默化地传输给广大青年学生，有利于提高青年人的思想道德素质，激发爱国主义情感，给大学生以知识的汲取、心灵的震撼、精神的激励和思想的启迪，从而更加满怀信心地投入到学习中去。因此，是思想政治教育的重要载体，在整个教学体系中该项目0.5～2学分。

（2）专业实习是学校教学工作的重要组成部分，其目的是使学生通过专业实习实践巩固和拓宽所学的理论知识，在实践中提高分析问题、解决问题的能力。实践教育强调的是利用专业实习的社会实践平台，有计划地组织大学生学习实习单位的企业文化、优良传统、先进人物事迹等。加强专业实习实践中的思想政治教育工作是培养高素质、高质量、有创新精神和实践能力的高层次人才的重要途径。其中顶岗支教是我校专业实习的特色（2～4学分）。

（3）志愿服务泛指一切利用自己的时间、技能、资源、善心为邻居、社区、社会提供非盈利、无偿、非职业化援助的行为。绥化学院的大学生志愿服务活动内容广泛，包括大学生在校期间的所有的以自愿、无偿帮助他人，回馈社会为目的一切行为，例如：环保行动、"三下乡"、义工等。志愿服务体现着欣赏他人、与人为善、有爱无碍、平等尊重的精神内涵，有利于在全社会形成团结互助、平等友爱、共同进步的社会氛围。在志愿服务活动中，能够在志愿服务社会和他人的过程中实现个人价值，在做好事、献爱心的过程中陶冶情操、提升境界。有利于激发大学生爱国、诚信、感恩、友善等美好的情感，提高自身的思想道德素质，自觉践行社会主义核心价值观（0.5～2学分）。

（4）公益活动是指一定的组织或个人志愿为公共利益和他人利益捐赠财物、时间、精力和知识等行为的活动。公益活动是思想政治教育的有效载体，体现了中华民族扶危济困、助人为乐的传统美德。绥化学院大学生社会实践活动的公益活动模块的主要形式包括:关爱留守儿童、关爱空巢老人、关爱残障群体、爱心救助、爱心帮扶、募捐、无偿献血等。通过参与这些活动,青年大学生更好的认识和接触社会,增强了社会责任感,营造了良好的社会氛围(2~4学分)。

(5)社会调查是人们有目的、有意识地通过对社会现象的考察、了解、分析、研究来认识社会生活的本质及其发展规律的一种自觉活动。社会调查是开展大学生思想政治教育的一种有效的手段。大学生通过参加社会调查活动,能够全面深入地了解国情民情,增强历史责任感,提高对改革开放迫切性、复杂性的认识,并增强对改革开放以及我国现代化建设的信心(0.5~2学分)。

(6)勤工助学是学生利用课余时间,通过劳动取得合法报酬,用于改善学习和生活条件的实践活动。勤工俭学可分为:①劳务型,如从事零工、散发宣传材料等体力劳动;②商业服务型,如到商场从事代销、促销服务;③技能、知识服务型,主要是与学业相结合的活动,包括科技咨询、培训讲座以及家教服务等工作。勤工助学活动有助于大学生养成吃苦耐劳的品质,在活动中能够正确认识个人的价值,懂得珍惜、感恩。同时,大学生能够正确运用所学的专业知识,提高个人的知识和技能水平(0.5~4学分)。

(7)社团活动:是指学生为了实现会员的共同意愿和满足个人兴趣爱好的需求,自愿组成的、按照其章程开展活动的群众性学生组织。这些社团可打破年级、院系以及学校的界限。团结兴趣爱好相近的同学,发挥他们在某方面的特长,开展有益于学生身心健康的活动(0.5~1学分)。

(8)自定义项目指以上实践模块以外的学生自己设计的各类实践教育项目(0.5~4学分)。

情感实践教育的项目化开展使大学生有机会深入社会主义建设的伟大实践中,深入爱国主义教育基地中,深入中华民族优秀的文化传统中,用事实说话,让他们在实践中用眼睛去观察,用情感去体验,用思想去碰触,用行动去践履,激发了他们深刻的爱国主义情感,树立了强烈的民族自尊心、自信心,坚定为实现中华民族伟大复兴而奋斗的信念。以绥化学院为例,实习支教项目自2007年7月开展以来,已先后有1530名师范生深入到232所乡村中小学校,此项目让学生受到了艰苦奋斗教育,锻炼了意志品质。公益活动包括关爱留守儿童项目和关爱空巢老人项目,关爱留守儿童项目自2008年4月全面推进以来,先后有4102名志愿者关爱了4742名农村留守儿童。此项目让大学生了解了农村和农民,懂得了珍惜,学会了关爱,明确了责任。关爱空巢老人项目自2009年4月在全校推行,已有1087名大学生志愿者走进316位空巢老人的生活。此项目让学生了解了孝道、学会了感恩,深刻地认识到了自身的社会责任和生命的价值。

2. 管理课程化。五个关爱实践教育的开展依托于思想政治教育教学改革,构建课堂教育与社会实践的教育结合的育人模式,突出实践环节在大学生思想政治教育中的重要作用。实践环节采取滚动式授课,学生在大学期间,须在辅导员和思想政治理论课教师的指导下,开展五个关爱活动,如:关爱城市空巢老人、关爱农村留守儿童、关爱大自然、关爱残疾人等实践项目,把思想政治理论课教学搬到社会大课堂中去,让学生在社会中接受教育,改造主观世界,将理想自我与现实自我有机结合起来,从而促进他们的全面发展。

具体实施过程中,学校总体层面进行顶层设计,在思想政治理论课总学分的14学分中拿出4学分为实践学分,纳入教学管理,学分由实践项目运作和实践成果两部分组成,成立由思政课教师和学生工作人员组成的实践教育教研室,教研室负责学生实践教育的总体设计、实施、审核、考核、总结等工作。

一是项目申报工作。学生个人或团体结合实际确立项目,项目学分为0.5~4学分,经院(系)实践教育教研室审核通过后,须在指导教师的指导下开展工作。

二是项目的执行管理工作。项目承担人在审批合格、计划通过、培训结束后,按照指导教师的具体要求及项目实际积极开展实践,定期向指导教师呈送实践环节阶段性总结和阶段成果佐证材料,并将项目的进展情况进行详细纪实。

三是项目的结题工作。实践项目由指导教师每学期对课题承担人进行考核,学年末汇总。项目承担人每学期需向指导教师呈报实践工作心得感言、实践日志、结题报告及其他项目结题佐证材料,经指导教师验收合格后,上报院(系)实践教育教研室审批,审批合格后可结题。

(二)构建全员工作格局,促进情感实践教育一体(系统)化

育人工作是一项系统工程,是全校各部门和全体教职员工的根本任务。高校的课堂教学、日常管理和生活服务工作涵盖了学生学习、生活、发展全过程,教师良好的敬业精神、严谨治学的态度、高尚的人格和情操、充分的精力投入无疑会言传身教给学生,教师自身的情感能力水平、指导水平也影响着学生的水平。在其成长过程中都起着十分关键的作用。广大教师要以高度负责的态度,率先垂范、言传身教,以良好的思想、道德、品质和人格给大学生以潜移默化的影响,把思想政治教育融入大学生专业学习的各个环节,渗透到教学、科研和社会服务各个方面,使学生在学习科学文化知识的过程中,自觉加强思想道德修养,提高政治觉悟。所谓构建全员育人的格局就是要将育人思想贯穿于教学、管理和服务工作中,把育人工作同个人履行岗位职责结合起来,强化学校的各项工作在育人过程

中的协同作用。为保证各项实践教育项目的落实,高校要注意整合队伍,融合资源。实现多支队伍合力推进这项工作,对学生进行全程化指导:一是思想政治理论课教师队伍。思想政治理论教研部全体教师要担任学生的兼职辅导员,按照院(系)学生比例分别编入各院(系)实践教育教研室,并同时担任一个班的班主任,从组织上保证他们能够更深入地了解学生,指导实践。二是专职学生工作人员队伍。学生政治辅导员要担任思想政治理论课兼职教师,定期与思想政治理论课教师开展活动,包括一起研究学生教育管理的具体案例,一起理解教材,一起备课,促进两者的有机联系,相互融合。三是关工委"五老"同志。高校要积极发挥关工委"五老"的"十大员"作用,聘请实践基地关工委老同志任该校学生校外辅导员,加强校地合作。四是全校的学生寝室导师和班主任。寝室导师和班主任会在学校的统一组织下,有计划地对新生进行思想引导、生活指导、心理疏导、就业向导,其中也包括社会实践教育的指导任务。

(三)加强机制建设,保障情感实践教育规范化

为了保证"五个关爱"情感实践教育工作扎实有效开展,必须建立完善的工作机制和保障体系。实践教育机制是根据高等学校的教育目标的要求所设计和构建起来的理论和实践模式,它契合了促进人类生命个体健康成长,实现生命个体由自然人向社会人的高度转化这一教育本质,对于提高人才培养质量,促进实践育人规范化、制度化、常态化、长效化有重要意义。

1. 高校党委要统一领导,党政要齐抓共管。高校成立实践教育活动领导小组,高校的校长担任学生社会实践活动领导小组的组长,主管教学和主管学生工作的副院长要担任副组长,教务处、学生处、团委、思想政治理论教研部的领导为小组成员。领导小组负责制订和出台实践育人工作的相关政策以及规划、组织、指导、协调实践育人相关工作的开展。校领导要高度重视大学生的实践教育,校长应亲自带领各部门、各院(系)对实践教育工作进行研究、规划,每学期都要组织专门的工作会议,研究新情况、部署新任务。通过真抓实干、强调责任意识,给全校师生作表率,积极调动全校师生的积极性和主动性,形成全校共同关注、共同参与的实践教育格局。

2. 各院(系)要成立大学生实践教育指导教研室。院系级单位是实践教育的具体执行部门,直接影响着实践教育的最终成果。在院系级层面成立大学生实践教育指导教研室,教研室由院(系)党总支书记任主任、思想政治理论课教师任副主任、辅导员和班主任及院(系)党团干部为成员,具体负责学生实践教育的具体设计、实施、考核、总结等工作。实践教育指导教研室确保实践教育落到实处,取

得实效,并及时反馈实践教育工作出现的新情况、新问题,为学校实践教育小组决策提供依据。教研室的设立,能促进两支育人队伍有机融合,形成合力,进一步增强育人效果,确保实践育人真正落到实处。

3. 要制订教学计划,编写参考教材。实践教育要一切从实际出发,依据地域特点、院校实际以及大学生身心发展的特殊性,制订教学计划,编写大学生能用、管用的教材。以绥化学院为例,围绕实践教育,学校先后出台了《绥化学院大学生实践教育纲要》《绥化学院思想政治理论课改革实施方案》等多个制度文件,为活动的开展提供了政策支持。组织一批思政领域学者,编写了《大学生实践教育指南》《大学生思想政治教育教学模式——"三论式"教学法实践探索》《放飞学习——绥化学院大学生实习支教撷萃》《心手相牵,共享蓝天——绥化学院关爱留守儿童活动纪实》《关爱空巢老人——孝道与感恩教育》等教材和文集,作为学校实践教育的统一遵循。

4. 要完善各项保障政策,为实践育人提供坚强保证。学校要制定有关实践教育的各项保障措施,一是划拨实践教育专项经费,用于学生立项课题运转和日常活动;二是建立客观、科学、规范的评估指标体系,具有可操作性,对社会实践过程和结果都提出明确的要求标准,对参与社会实践的学生的现实表现能做出客观、公正的评价。三是建立学生实践教育成绩档案,将学生参加社会实践情况与奖学金的评定、各类先进的评选等挂钩,以调动学生参与实践的积极性。四要在工作量上承认并体现指导教师的工作。五是每年要对各院(系)实践教育情况进行一次专项评估、奖励。这些措施无疑对实践教育起着巨大的推动和促进作用,使大学生真正在实践教育过程中受到教育,增长才干,做出贡献。

(四)加强具体实践项目建设,实现情感实践教育日常化

实践教育是引导大学生接触社会、了解社会、服务社会并从中接受教育、培养综合素质、获得丰富情感体验的一种行之有效的教育方式。实践教育应该贯穿于学生能力素质提升的全过程,绝不能将之简单等同为寒暑假的社会实践。大学生参加社会实践活动,可以在社会的实际接触中,进一步体验、感受道德规范,激发、唤起、深化更广泛的道德需要,可以更有利地整合校内外道德教育资源,深化对大学生道德情感的培养;社会实践活动弥补了纯理论教育的苍白无力和生硬训斥,深受大学生欢迎,有益于增强道德情感培养的实效性;社会实践活动内容鲜活生动,可以使大学生在参与过程中感受到课堂上和书本中体验不到的情感,从而深化他们的道德责任感、义务感、使命感、正义感、集体主义情感、爱国主义情感等。以绥化学院为例,通过设立学生乐于参与的、操作性的实践项目,实现了实践教育

日常化,也使大学生思想政治教育有了更多的载体,提升了思想政治教育的时效性,培养了大学生的丰富情感。下面分别就绥化学院开展的关爱留守儿童、关爱空巢老人、关爱自然、关爱残疾人、关爱自我等情感实践项目进行阐述。

1. 开展关爱留守儿童活动,实施中华传统仁爱教育

"仁爱"思想是中华民族的宝贵精神财富,其核心内容与马克思关于人的本质和人的价值的论述在精神上是一致的。今天,"仁爱"仍然是人类最美好的德性情感,是存在于人类精神体质中的一种道德资本,它所蕴含的道德追求完全契合新时期大学生的主体精神。对大学生进行"仁爱"教育,并把这种教育践行在关爱留守儿童的志愿服务活动中,是强化大学生社会责任感,让大学生懂得爱与奉献,实现大学生人格完善的有效途径。

通常情况下,留守儿童是指父母双方到外地打工,而自己留在原籍生活的孩子们。他们一般与自己的隔辈亲人,甚至父母亲的其他亲戚、朋友一起生活,极个别独自生活。随着我国现代化、工业化进程的推进和城乡经济体制改革的深入,大量农民工涌入城市,这些农民工中有相当数量是有孩子的父母,由于各种原因,他们很多人将孩子留在乡村,这样就形成了一个数量不断攀升、情况较为复杂的特殊群体——留守儿童。全国妇联抽样调查数据显示,目前全国17周岁以下的留守儿童人数高达5800万,我省6~14周岁留守儿童约20万,绥化市留守儿童约2万余名。如此庞大的农村留守儿童群体在学习、生活和心理状况等方面存在的问题令人担忧。同时新时代的大学生很多人都以自我为中心,对他人冷漠,对社会没有责任感,只知道无度索取,不知道付出回报,只想要接受爱,不知道付出爱,只知道爱自己,不知道爱别人。在这样的现实境况下,必须对大学生进行施爱教育,才能纠正大学生的认识和思想偏差。大学生加入到关爱留守儿童的志愿服务活动中来,既是对传统文化教育"仁爱"思想的一种实践,更是社会责任的一种担当和培养,是一项具有创新性和突破性的尝试。

(1)关爱留守儿童实施步骤主要包括以下几个方面

第一,深入调研,遴选培训。学生利用寒暑假社会实践时间深入到农村,了解农村的基本状况,摸清学校留守儿童的人数、思想、学习等各方面的情况,上报学校,掌握留守儿童基本情况的第一手材料,并建立留守儿童档案。只有充分掌握本区域的留守儿童数量、分布、特点,才能有的放矢,制定切实可行的关爱留守儿童工作的操作方案和工作程序。大学生参与农村留守儿童现状的调查,深入农村学校和留守儿童家庭,可以更多地了解农村的现状,了解中国农民的生活现状,了解乡村基础教育的现状,真切体会农村留守儿童的生活艰辛,这是对大学生最直

接的国情、省情、乡情思想教育实践。同时接受志愿服务知识以及如何关爱留守儿童等相关知识的培训指导,提高志愿者服务水平。以绥化学院为例,2008年4月11日,我校正式启动了该项活动,截至2011年11月,全校已有5000多名大学生志愿者关爱留守儿童5000多人。

第二,信函互动,相识对接沟通。志愿者以信函的形式与留守儿童互相认识、互相了解。通过信函有重点地、有针对性地帮助孩子解决学习、思想及生活上遇到的困难。在此基础上,志愿者可下乡与留守儿童见面相识,进行联欢或家访,给留守儿童观看其他志愿者的DV寄语,并录制留守儿童的"回语",进一步加深相互了解,感受亲情。从而更加有针对性地做好学习、思想、心理等方面的辅导工作。以绥化学院为例,截至2011年6月,全校大学生已发出两万多封信函,收到回信万余封。先后深入到青冈县劳动二中、明水县崇德中学、海伦市东林一中等100余所乡村中小学组织大学生与留守儿童对接,融洽了感情。

第三,拓宽渠道,沟通培训监护人。在信函沟通的基础上,志愿者通过电话、信函、网络、致家长一封信等形式经常与留守儿童的老师、父母、监护人进行联系,赢得支持,共同对留守儿童进行精神上的关爱、心理上的引导、学业上的帮扶和生活上的指导。

第四,请进校园,探亲回访增进情感。组织部分学校留守儿童代表和父母以及监护人到学院参观,让留守儿童感受大学校园里浓郁的学习氛围,优雅的学习环境,激发他们努力学习,奋发向上的热情。并把这个过程录制成DV,上传到学校关爱留守儿童工作网站上和邮寄给其他留守儿童的学校,让其他的对接对子观看了解,激发他们学习的动力,拓宽他们的眼界,感受到社会的关爱,增强他们的信心。并组织大学生到乡村探望留守儿童。几年来,绥化学院还先后将100余名留守儿童及临时监护人请进了校园,大学生与留守儿童同台演出、同吃食堂、同住宿舍。每逢节日还组织大学生为留守儿童送去月饼、汤圆和贺卡等小礼物。还先后在乡村学校建立了十个留守儿童图书室,2011年3月新学期开学,学校又为3000多名留守儿童送去了新书包、新文具。

在对接的基础上,绥化学院利用寒暑假组织30多支志愿者服务小分队,深入留守儿童家中,与留守儿童共度假期,先后组织了740余名大学生先后深入到910多户留守儿童家中走访1670余次,同时,学校还不断加强教育合力,适时地抽点了4名心理学、教育学教师深入到乡村为留守儿童临时监护人和家长做现场讲座和辅导。

第五,思想升华,自我教育。通过让大学生写心得感受和组织先进事迹报告等,使学生在活动中能够反思醒悟,懂得感恩,树立起正确的人生观、价值观,增强责任感和使命感,担负起社会赋予的责任。

(2)关爱留守儿童实践活动坚持的原则

一是坚持志愿奉献的原则。大学生要发扬"奉献、友爱、互助、进步"的青年志愿者精神,积极参与,真诚奉献,用爱心温暖童心,用真诚打开心扉,与留守儿童同进步、共成长。

二是坚持友情弥补亲情的原则。志愿者们要学习、掌握一定的心理、教育等方面的知识,了解留守儿童心灵的孤独和对亲情的渴望,在奉献爱心过程中,用友情弥补亲情,让友情带动亲情,并通过与留守儿童的监护人及其父母沟通,让孩子们感到亲情就在他们的身边。

三是坚持延伸关爱的原则。要不断地延伸关爱型校园建设的内涵和外延,把学校关爱型校园的成果转化为志愿者关爱留守儿童的动力,进而也使大学生更加深刻地懂得什么是关爱,与地方共同推进和谐社会的建设。

四是坚持互助共赢的原则。在关爱留守儿童的同时,要不断总结,用活动引导学生主动思考,用事迹教育大学生,提高他们的素质,增长他们的才干,树立他们的理想。

五是坚持与思想政治理论课相结合的原则。要牢固树立起思想政治理论课主教育渠道的作用,不断深化课程的改革,增强实践性、教育性和针对性,将此项实践活动作为思想政治理论课课程实践教育的重要内容,占总学分的1/3。从而实现课改的突破,保证关爱工作的课程化、规范化、实效化、制度化、常态化。

2. 开展关爱空巢老人活动,实施中华传统孝道教育

"百善孝为先",孝道是中华民族的传统美德,是人伦道德的基石。大学生群体是社会主义现代化的建设者和接班人,是知识水平、能力水平最高的群体,传承和弘扬孝道是他们的责任和义务。然而,相当一部分大学生对于传统文化了解甚少,在孝道的实施中有部分大学生出现了孝感意识淡漠、感恩意识匮乏、孝德践行弱化的现象。随着老龄化进程的加快,"空巢老人"正成为一个越来越受人瞩目的话题。大学生关爱空巢老人,可以让大学生志愿者潜移默化地进行孝道文化教育,以孝启善,以孝明德,最终实现孝道文化在大学生心中的内化和升华,完善人格,提升思想境界,最终实现人际和谐、社会和谐。

空巢老人现象是中国经济发展和家庭结构变化的产物,是当今中国社会不可忽视的社会问题。由于子女工作、学习、结婚等原因而离家后,便产生了独守"空巢"的老人。据统计,目前,随着我国社会老龄化程度的加深,我国已有2340多万

65岁以上的"空巢老人"。全国城市空巢家庭已经达到49.7%，个别老城区已经达到70%。空巢老人大多存在情感孤独、生活无人照料、没有经济来源等状况。关爱空巢老人是大学生以小组的形式定期上门帮助子女不在身边的老人料理生活、给老人以精神慰藉的关爱活动。关爱空巢老人实施步骤为：

(1)仔细调研，建立基地，触摸孝思。为了更好地让大学生志愿者参加关爱空巢老人活动，首先高校必须对空巢老人的情况进行调查，了解他们的生活状况、经济来源状况、健康状况、心理精神状况、子女扶助情况、社会救助情况、当前急需解决的问题等，并分别作好相关记录，记录老人的足迹，如何建立稳定的基地，选拔和培训有爱心的志愿者，通过活动的开展让大学生志愿者懂得了孝不仅仅是自己的父母，社会上还有需要帮助的老人，真正从源头明白关爱空巢老人的意义和社会价值。

(2)建立档案，亲情对接，了解孝行。按照大学生志愿者调研的情况，高校的每个院系也应该有自己的实践基地和空巢老人个体，按照实际情况，各院系按照问卷调查和随机个案座谈及老人的不同情况建立详细的老人档案库以及大学生志愿者档案库。由指导教师根据申请学生组合团队或由学生自由组合团队后，对志愿者进行系统的教育培训，尤其加强学生对传统美德"孝"的认识，加强学生对责任和使命的认识，在学生深入到实践岗位前，完成对志愿者的先期思想引导。

(3)细微入手，服务奉献，力行孝情。"关爱空巢老人"活动，志愿者要经常关心空巢老人的日常生活。经常去到空巢老人身边，及时发现问题、解决问题、落实责任，实行"谁对接，谁负责"。针对生活照料问题，志愿者定期上门开展家庭访问，帮助空巢老人进行简单的家务劳动：打扫卫生、拆洗被褥、缝补衣服、购买生活用品、预约生活设施维修等；针对精神慰藉问题，志愿者在家庭访问时，帮助老人做顿饭、陪老人看电视、聊天、散步、外出采购、表演文艺节目等，消除老人孤独感。同时与老人保持经常性电话联系；针对医疗健康问题，志愿者定期陪同"空巢老人"到医院检查身体、看病并协助买药。2008年9月，绥化学院启动了大学生志愿者关爱空巢老人活动，几年来，先后有1087名大学生志愿者与316位空巢老人对接。

(4)倾听历程，亲情关爱，做到孝敬。"出门一把锁，进门一盏灯"就是空巢家庭的真实写照，空空荡荡的家会让老人产生一种孤独、寂寞的心理，特别是很多空巢老人经历丰富，经常独处，很少与人交流往往产生悲观情绪，有的人甚至会产生自杀念头。大学生志愿者在与老人对接后，要经常利用业余时间与老人坐在一起拉拉家常，聊聊天，向老人讲讲外边的世界，听老人说说自己的故事和日常琐事，互相交流,沟通思想。经常陪同老人一起回忆人生经历,并把老人的经历记录下来,为每位老人建立个人传记,挖掘出老人的历史特点,既为下一批志愿者更好地了解、关爱老人留下有价值的参考资料,又为学生思想政治教育提供良好素材。尊老、敬老的关键是要有爱心、责任心和孝心,重在行动,贵在坚持,持之以恒,一以贯之。孝心行动不仅唤起了志愿者的孝心,志愿者的孝心也让老人们感到了温暖。

(5)总结教育,促进成长,践行孝道。通过关爱空巢老人活动,志愿者在自身参与、付出的同时,切实感受到了奉献爱心、服务社会的心灵富足,进一步增强了社会的责任感,更重要的是使老人得到了快乐和满足。学校和院系也要经常树立一批在关爱老人工作中做得好的志愿者,并以报告会、总结会、经验交流会、校园广播、报纸等形式在校内推广,激发志愿者们的工作热情。在开展关爱空巢老人活动的同时,学校还应坚持每年在校内开展"孝道与感恩教育"系列活动,并将每年的重阳节所在月定名为"孝道与感恩活动月",通过开展关爱空巢老人、"算比看"主题团活、"算算亲情账,感知父母恩"、导师进宿舍主题活动、"谢谢爸爸、妈妈"一封家书等等系列活动,形成了以"孝道"为核心的校园文化建设品牌,保证教育活动扎实推进,收到实效。孔子指出,尽忠尽职、报效国家,是孝的重要内容,更是孝的升华,大学生志愿者关爱空巢老人,主动承担社会责任,由对空巢老人的关爱责任延伸到对社会、对他人、对事业的责任感,养成良好的责任意识,使其走上工作岗位,能够更好地服务社会,勇于承担责任,以良好的状态投入到社会主义现代化建设中。

3. 开展关爱残疾人活动,实施中华传统善行教育

自古以来,教育的发展都充满着向善性,汉代许慎《说文解字》中对"教育"的解释是:"教,上所施,下所效也;育,养子使作善也。"《礼记·学记》中也说:"教也者,长善而救其失者也。"可以说,从古至今,教育的目的都不曾离开教人如何以"善"作为道德标准,从而更好地与自然、他人、社会和谐相处。当前,我们倡导构建和谐社会,实质上更多地需要依靠这种道德力量作为价值引导,更加关注每个道德主体的心灵和谐。

残疾人是社会中的弱势群体,孤独感、自卑感是残疾人普遍存在的一种情感体验。残疾人在生理上或心理上有某种缺陷(如聋哑人言语障碍、肢残人和盲人行动障碍),在社会上常常受到歧视,甚至遭到厌弃或歧视,活动的场所太少,不得不经常待在家里,久而久之,孤独感、自卑感就会产生。关心残疾人是社会文明进步的重要标志。大学生关爱残疾人志愿行动是用中华传统善的思想引导大学生

开展"善行"情感体验实践,使大学生们拥有善良仁爱之心,提升大学生道德素质。

(1)继承传统,深入调研,培养善心。残疾人是社会特殊群体,对他们的关爱是对中华民族善的传统的继承。在开展关爱活动之前,需要对残疾人基本状况开展调查,了解他们的生活状况、经济来源状况、健康状况、心理精神状况、子女扶助情况、社会救助情况、当前急需解决的问题等,并分别作好相关记录,然后根据残疾人的状况进行分类统计。通过调查,了解到残疾人的实际需求,注重针对不同层次残疾人的不同服务需求,提供多样化志愿服务。对于成年残疾人,志愿者会每天送去一个问候,每周看望他们一次,每月走访一次,每年为他们过一次生日。根据其生活需求,定期为其打扫房屋、读书读报,帮助残疾人了解时事,解除其精神空虚的状况。对于未成年的残疾人,志愿者通过深入特殊教育学校或是康复机构,在精神沟通的基础上辅助特殊教育教师对其进行康复训练。使其尽早走入社会,与社会零距离接触,过上普通人的生活。这些活动培养了大学生的善心。

(2)热心助残,真心关爱,做出善举。关爱残疾人是一项长期性的工作,贵在坚持。大学生志愿者要经常去到残疾人身边,对他们进行生活上的照料和精神上的抚慰,及时发现问题、解决问题,落实责任,实行"谁对接,谁负责"。组织具有心理学知识的志愿者,通过电话问候、上门慰问、读报、聊天等方式,定期或不定期为精神寂寞、有心理疾患的残疾人提供心理关怀志愿服务,随时了解残疾人的精神状态,有针对性地进行心理咨询和心理疏导,使残疾人摆脱孤独寂寞,保持健康的精神状态。每年节假日,志愿者们都会带着慰问品和社区内的残疾人团聚一起过节,他们陪同残疾人唱歌、猜谜语、说笑话、玩脑筋急转弯、给他们讲故事等,让社区的残疾人度过了一个个温馨的节日。大学生志愿者能够在关爱残疾人的过程中收获感动,感悟到生命的珍贵,懂得如何换位思考,从他人角度出发去理解他人。

(3)总结教育,共促成长,弘扬善行。志愿者在开展关爱残疾人的过程中,要根据工作开展情况撰写心得、总结经验、共同学习、定期交流。对实践活动中存在的不足及时总结和整改。在志愿者完成实践活动后,及时做好与下一批志愿者对接工作。通过丰富多彩的活动,让大学生志愿者在行动中萌发善心、表达善言、做出善举。比如,在关爱残疾人的活动过程中,大学生志愿者作为实践活动的主导者,在受助群体的认可中体验自身价值;作为实践活动的倡导者,会自觉发扬本性中为善的一面,并不断地将其发扬光大,接力式传递,这就形成一种实践主体乐善、行善的环境,最终促进了学生们善念的提升,进而实现善的教育。

4. 关爱自然实践，实施中华传统"和合"教育

"和合"思想是儒家文化的精神内核，是中华传统文化的重要组成部分，其理性价值体现在追求人与自然、人与社会、人与人以及自我身心方面的和谐发展。"天人合一"是"和合"文化追求的理想境界和根本要求。大学生关爱自然实践是对"和合"思想的继承与发展，通过开展关爱自然活动，能够使学生树立热爱大自然、善待大自然的思想观念，从而增强学生的环保意识和节约意识，培育生态情怀，增强大学生保护环境的自律意识和社会责任感，树立和谐发展的思想。关爱自然的情感教育实践活动包括三个阶段：

(1)深入调研，实地勘察，认知自然。大学生关爱自然生态志愿服务活动的开展需要建立一支高素质、高水平的关爱自然生态志愿者服务队伍。经过系统的培训后，组织动员大学生志愿者利用课余时间深入学校、周边、厂矿、社区等地调查生态状况，了解环境状况的历史、现状及未来，分析原因，并分别作好相关记录。掌握第一手材料，形成信息量大、数据完备、事实充分的调查报告，让学生在亲身感受中学会关爱。带动周围人、号召社会各界有识之士，广泛开展环保活动。通过开展大学生志愿者生态文明建设服务活动，能够使大学生志愿者不断增强建设生态文明的紧要性和迫切性，提高环保意识，增强环保观念，落实环保行动，加强生态建设，并在大学生志愿者带动下依靠广大群众保护好环境，努力在全社会营造人人参与节约资源、保护环境的良好氛围。

(2)大力宣传，广泛参与，营造氛围。针对大学生志愿者群体乐于奉献、乐于关爱的共同特点，以重大节日活动、生态环保纪念日，如"世界水日""世界地球日""世界气象日"、团队日等为契机，广泛开展各类生态文明主题教育活动，如：发放宣传资料、布置宣传橱窗、制作宣传展板、媒体报刊宣传先进经验和优秀典型等多种方式，加大生态文明理念宣传力度，营造浓厚校园关爱自然生态文明志愿服务氛围。把绿色生态理念渗透到大学生及大学生志愿者的日常学习、工作、娱乐和生活中，使参与关爱自然生态志愿服务工作成为每个大学生志愿者的固有观念和自觉行动。

(3)总结教育，促进成长，提高修养。志愿者在开展环保活动的过程中，要根据工作开展情况撰写心得、总结经验、共同学习、定期交流。对实践活动中存在的不足及时总结和整改。通过总结，使大学生志愿者认识到环境保护与我们的生产生活息息相关，不但人人有责任，而且时时有责。不但是我们每一个人的自觉行为规范，而且应成为我们的一种志愿服务美德。环保就在我们身边，存在于我们身上，近到你、我、他的举手投足之间，有很多在生活中看似十分细微的小事情，虽然只是举手之劳的事情,但其意义却十分重大,因为这些都事关我们节约能源,保护环境的问题。我们必须增强环保的社会责任意识,从我们每一个人做起,从身边的小事做起,从节约一度电、一滴水、一粒米开始,积极开展环保行动,自觉地做一些节约资源、保护环境有意义的事。

5. 关爱自我实践,实施中华民族修身教育

中华传统文化中十分注重对自身的道德品性和自我价值观的培养,认为只有通过个人的修身,达到自我完善,才能融入自然、融入社会,达致身心内外的普遍和谐,治国济世,从而达到家庭和睦、社会和谐,正所谓"修身、齐家、治国、平天下"。作为中华传统美德中独具特色的文化现象之一,在我国传统文化中占有重要地位,其中包含的慎独、自省、改过、重行等方法对于指导人们的思想行为有着借鉴意义。

大学生关爱自我教育是一种以生命为原点,以大学生自我身心和谐为目标的教育,吸收了中国传统文化中生命哲学思想以及马克思主义人本理论,对于促进大学生正确认识与理解生命从而树立健康的生命价值观是非常必要的。修身即:陶冶身心,涵养德性,是大学生关爱自我教育的重要组成部分。通过修身,提高自我的认知能力和人文素养,涵育健康的心态、保持稳定的情绪、磨炼坚强的意志,调动自我的情感、意志、直觉、信念等内在的精神力量,使学生拥有积极、乐观、向上的生活态度,形成健全的人格和健康阳光的心态。大学生志愿者作为祖国未来的建设者和接班人,继承中华修身传统,不断提高自身修养、完善自我,才能成为社会主义社会合格的接班人。大学生关爱自我实践的内容包括:

(1) 构建全程化的生命教育体系,传递关爱生命理念。在2006年,绥化学院建立大学生心理健康与咨询中心,属于科级单位,归学工部管理。中心设有心理减压实训室、沙盘游戏室、团体活动室、发泄室,结合个体心理咨询和团体活动、心理普查,开展面对学生的生命辅导、实证性研究以及相关的课程、教学安排。绥化学院将生命教育贯穿大学四年的始终。在新生入学之初,利用新生入学教育之机开展大学生适应教育、安全教育和心理健康普查,从生命认知教育入手,发放心理健康知识手册,指导学生学会心理危机预防、情绪控制。每学期开学之初进行心理排查,针对家庭变故、家庭困难、学院困难、情感危机的群体开展团体心理辅导,对于排查过程中发现的存在严重心理问题的学生,通过个体咨询、沙盘游戏治疗、心理减压等方式进行帮扶。在毕业生毕业之前,针对毕业生进行心理咨询,帮助其化解求职择业中出现的心理危机。每年的5月25日,学校组织为期一个月的"我爱我"心理健康活动月活动,通过发放传单、现场咨询、心语心愿墙、团体活动

等等,唤起大学生关爱生命的意识。此外,学校还构建了融宿舍、班级、年级、院系、学校五位一体,全员参与的心理危机排查体系。健全的机构和完善的体系有效地将珍爱生命、关爱自我的理念传递给了大学生,激发了大学生对生命的关爱之情。

(2)开展形式多样的生命教育辅导,呵护精神生命。生命教育不仅是传授知识、技能的教育,更是一种触及人的心灵、感染人的灵魂的教育。针对大学生复杂的心理诉求,绥化学院大学生心理健康中心开展了形式多样的活动。既有针对个性问题的个体咨询,又有针对共性问题的团体指导;既有针对地震、火灾等特定学生群体的团体辅导,又有针对日常事件的个案的辅导;既有通过电话咨询、网络咨询,引导指导学生进行减压放松,也有通过与老师面对面的交流来解疑释惑,实现心灵和心灵的交流,达到助人自助的目的。此外,绥化学院还开展了大学生朋辈辅导活动。以大学生朋辈辅导员为主体开展沙龙讨论、团体辅导。引导大学生在朋辈的环境中表达自己的看法与感受,在共鸣中增强了彼此深层次的生命交流,启发他们对生命的深入思考,提升对生命的认识,增强生命发展的适应和发展能力。通过这些活动,帮助很多大学生从困惑和迷茫中走出来,有效化解了生命危机事件,维护了校园的稳定。

(3)开展融入式生命教育活动,培育大学生的社会生命。人的价值在于对社会的贡献,生命教育的最终目标是培育其社会责任感和道德情操,自觉地把社会的发展与个体生命价值实现融为一体。为此,绥化学院以"育人为本,德育为先"为理念,以促进学生生命健康和谐成长为基本宗旨,通过关爱留守儿童、关爱空巢老人、关爱残疾人、关爱大自然等社会公益活动,将生命教育与孝道教育、感恩教育、生态文明教育有机融合。使学生在认识个体生命价值的同时,升华情感,学会理解、关爱、尊重生命,处理好人与人、人与自然、人与社会的关系。体验生命之趣,发现生命之真,感受人性之善,欣赏人生之美,发掘和展现自我的生命价值,促进其良好道德品格的养成。

二、大学生情感实践教育模式构建预期效果

思想政治教育的过程又包括知、情、信、意、行五个基本要素,其中"情"在从"知"到"行"的转化过程中起着重要的中介作用。苏联教育家苏霍姆林斯基说:"情感是道德信念、原则和精神力量的核心和血肉,没有情感,道德就会成为枯燥无味的空话,只能培养伪君子。"绥化学院从中华传统文化中汲取智慧,将传统文化仁爱、孝道、慈善、和合、修身等积极因素融入大学生社会实践之中,探索出"五

个关爱情感实践"教育模式,培育大学生的觉悟和信念,增强了大学生鲜明、生动、形象的情感直接体验,在一定程度上激发了学生的求知欲望,升华了大学生的人生境界。

(一)培养了大学生社会责任感,提高了道德素质,促进了人格完善

我们面对的教育对象都是90后,从小独生子女的教育环境,使他们自我意识强烈,习惯了"受爱",不懂得去爱别人,也不知道如何去爱别人;责任感淡化,感觉国家和社会的责任离他们很远,只关注自己的得失;衣来伸手,饭来张口的日子使他们不懂得节俭,认为这个时代还讲艰苦奋斗很可笑。教育专家朱小蔓说:"道德教育若要成为一种抵达心灵、发育精神的教育,一定要诉诸情感。"绥化学院在实践教育中抓住了大学生情感这根纽带,使大学生通过实践思想得以提高,情感得以升华。具体来说:

1. 认知国情,明晰责任与使命。社会责任感实质是个体对自己所承担的社会责任的自我意识,反映了个体的社会化和人格完善化的程度。大学生是当今社会的高知群体,是社会发展进步的新生力量,是中华民族伟大复兴的希望和主力军,所以,大学生有无社会责任感及强弱直接影响到社会的建设和发展,影响到中华民族的伟大复兴。社会责任感淡漠,在行动上疏离是当前我国大学生比较普遍存在的问题,也是目前高校思想政治教育理论和实践面临的难题,培养大学生的社会责任感有着相当重要的意义。正处于世界观、人生观、价值观形成时期的大学生,思想方法简单、片面,看问题比较偏激。通过关爱留守儿童等活动,青年学生知道了代表中国的不仅仅是每天电视里出现的北上广等大城市,我们还有更为广袤的农村;知道了代表中国人的不仅仅是从事脑力劳动的所谓社会精英,还有人数更加庞大的农民和农民工;知道了所谓产业不仅仅有教育、文化、金融这些不生产实物的行业,还有解决十多亿人吃饭问题的农业;知道了不是每个孩子都能得到父母的关爱,不是每个孩子都能接受到良好的教育;知道了中国的城镇化仍然是一项十分艰巨的任务,知道了缩小中国的贫富差距仍然是一个艰难曲折的进程。这对大学生来说,是最好的社会实践,是最真切的国情教育。城乡的巨大差距,理想和现实的反差,使大学生的思想和心理产生了碰撞,知道了自己现在生活条件的优越和幸福,逐渐地端正学习和生活的态度,树立起感恩父母、学校、社会的思想和珍惜意识,树立正确的奋斗目标和价值取向,学会无私奉献。在某种程度上提高了大学生认识社会、适应社会、改造社会的各种能力。此外,通过社会实践活动将理论与实际、教育与实践、知识与能力融为一体,填补知识与能力之间的鸿沟,并且激活大学生的创新意识和求知欲望,使其潜能得到最大限度的发挥,对

于促进大学生了解社会、了解国情,奉献社会、提升自我的社会责任意识有着推动作用。

　　面对由一块黑板、一支粉笔、几张桌子组成的贫瘠的乡村教育现状,支教生2008届毕业生金洪勇在经历半年的实习支教后说:"没有去过乡村中学的人,无法想象那里条件的艰苦、师资的匮乏、信息的闭塞;没有与乡村孩子接触过的人,无法感受他们知识的欠缺以及对知识的渴望。这个世界没有什么人是注定永远贫困的,我决心用我的爱心为乡村教育托起一片蓝天,用我们大学生内心的火种点燃乡村孩子们理想的火炬!"志愿者2009届毕业生张宏伟等因为关爱的空巢老人不与人沟通交流,长期失语,多次主动向学院的心理咨询室的老师请教方法,经过同学们几个月的努力,老人开口和大家说话了,同学们说:"看着老人家,让我们想起了自己的爷爷、奶奶,作为孙子、孙女,我们有责任、更有义务帮助他、关心他!"关爱留守儿童志愿者2008级学生黄天宇对接的是海伦东林一中的留守儿童张娜,张娜由于父母常年在外务工,亲情的缺失,使她成绩不断下降,成了班里的差生,并且变得不愿与人沟通,当黄天宇了解了张娜的情况后,积极地深入张娜家中,面对孩子的问题主动地去想办法、找对策,经历了这样一年多的交流,张娜的父母和老师反映,孩子的成绩进步了,朋友多了,也爱参加活动了,并于今年9月以优异的成绩考入了海伦市第七高级中学。黄天宇说:"虽然她现在上高中了,但是我们从来没断过联系,在我的眼里她早已不是那个留守儿童,而是我的妹妹,我有责任永远地照顾她,关心她,相信她。"关爱残疾人志愿者王明月同学对接的是一个患有自闭症的儿童,她说:"经过无数次的努力,终于有一天,孩子在我说完之后,模仿着我的话,含含糊糊地说出了'妈妈'。那一刻我的心一紧,有一种想哭的感觉,像是自己的孩子学会说话了一样,自己的付出终于得到了回报。后来,孩子的妈妈来了,孩子对着妈妈说出:'妈妈',他的妈妈竟然抱着孩子哭了,这一幕让我感动,也更加坚定了从事特殊教育专业的决心,不为别的,只为能够打开孩子们心灵上的那把枷锁,走进他们尘封已久的无言世界,让他们和正常孩子一样去体验真正的快乐!"

　　2. 促进个人成长,懂得感恩。在当今多元的社会,大学生是一个积极、健康、向上的群体,但不能否认大学生思想道德方面还存在一些的问题。如:理想目标问题、自我中心问题、交往问题、修养问题、诚信问题等等,在诸多问题中,"懂得感恩"是最为突出的一个问题。在家里,更是以自我为中心,不顾及父母的感受,事事只要自己开心就好。有的家庭条件并不是很好的孩子,在生活上要求吃好的、穿好的、用好的,追求品牌、追求时尚,没有钱就向父母要,根本不考虑父母的辛苦。只希望别人关心、关照自己，而很少想到自己去关心、关照别人。感恩是一种善良的道德意识与情感，是支配人实现道德的思想基础。学会感恩，不仅仅是善待他人，更是善待自己，它是一种提升幸福感的途径。"鸦有反哺之义，羊有跪乳之恩"，不懂得感恩，就失去了爱的感情基础。大学生志愿者活动的开展要涉及很多方面的内容，有父母的启蒙、长辈的榜样、师者的教诲、朋友的鼓励、生活的给予、社会的支持，凡是给大学生志愿者以关怀、爱护、帮助、照顾、支持、提携的一切人，都要对他们表示感恩。通过五个关爱实践，让大学生在付出爱的过程中，对于爱有了更深层次的理解，懂得了感恩，懂得了付出爱，具备了责任与担当。

数学系 2004 级学生李敏参与实习支教后，回到家的第一件事情就是亲手给爸爸、妈妈做了一顿饭，她说："20 多年来一直是父母无私地为我付出，从来没去想过父母的不易，通过支教，让我了解到了父母的艰辛，将来一定要努力回报父母的恩情。"关爱留守儿童志愿者中文系的崔海龙说："以前面对每天早晨那杯不爱喝的牛奶，对父母我更多的是抱怨，与那些留守儿童接触沟通后，我对家庭又多了一份感恩，对学校多了一份感谢。"关爱留守儿童志愿者 2007 级学生夏婉琦说："农村破旧的教室、食堂、潮湿的寝室都令我诧异，怎么现在还有这样贫困的地方。当我见到那个一直通信的小男孩时，他的瘦小也令我辛酸。曾经的我那么的不懂得珍惜，曾经的我那么吝啬付出，曾经的我肆意地挥霍家人的关心，曾经的我那么心安理得地承受家人的爱。现在我每天都告诉自己我是幸福的，因为还有那样的一些孩子，我们拥有的最平常的东西对他们而言可能都是一种奢望，一种羡慕，一丝心酸！想起这些，我学会了感恩，学会了回报！"同学们在关爱空巢老人的实践中懂得了父母的无私爱，理解了父母的辛劳与不易，很多同学主动给父母打电话了，日常花销也知道计划了，回家知道帮父母做家务了……家长们高兴地说："孩子长大了，懂事了。"

3. 提高思想认识，形成正确的世界观和人生观。《中共中央国务院关于进一步加强和改进大学生思想政治教育的意见》中指出，要坚持知行统一，积极开展道德实践活动，把道德实践活动融入大学生学习生活之中。引导大学生从身边的事情做起，从具体的事情做起，着力培养良好的道德品质和文明行为。现在的大学生绝大多数是独生子女，他们直接感受的是改革开放以来的发展变化和社会发展带给他们的幸福生活，对于艰苦奋斗缺乏亲身体验。通过关爱留守儿童活动，大学生各方面的看法在改变，一些观念在转变，比如通过了解国情，对外部世界有了更深层次的认识；比如通过了解留守儿童的生活，自己的消费观念有了改变；重新审视自己与父母的关系，更懂得孝道与感恩了；重新确立自己的人生目标，变得更加务实、更有责任感。同时,五个关爱实践活动作为思想政治理论课教学的延伸和第二课堂,拓宽了大学生的视野,提高了其思考能力、融通能力以及对事物真伪善恶的辨别能力,从而使其能够从理性的角度在潜移默化中提升道德境界,而这样形成的道德理念也必将更为持久和牢固。

2004级外语系孙丽颖假期实习支教回到学院的时候,面对学生用餐浪费现象,当场斥责说:"真不知道大学生是怎么心安理得地把那些饭菜倒掉的,让他们到乡村去看看那里的孩子每天都吃些什么,我想他们此刻就会自惭形秽!"当她看到洗手间的水龙头没关时,马上就关上,她说:"在农村每天都要自己顶着严寒到外面的辘轳井中打水,每次用水都要尽量节省。学校给我们的大学生提供了自来水这样的便捷条件,大家还不知道珍惜,真不知道将来如果仅剩一滴水,我们的同学们该会是什么样子!"中文系志愿者曹亮深入到留守儿童家中走访时,面对留守儿童家贫瘠破旧的茅草屋和拮据的生活问孩子的爷爷:"爷爷,您这么苦,没有向国家申请补贴吗?"老人说:"不苦,只要能喝上一口粥就是好日子了,新中国成立前咱老农民是连粥都喝不上的啊!"老人的话让曹亮大受震动,他说:"以前总是看着父母每天换着花样地为自己做好吃的,泰然受之,自己还不以为然。可当听到老爷爷那句话后,我感到了很惭愧。以往的我们是那样的奢侈、浪费,如果我们每个人都节约一点点,那样该会让多少人吃得饱啊!"

4. 实现了大学生的人生价值。人生自我价值的实现,在于正确认识、处理个人与社会和他人的关系,正确认识和处理贡献与索取的关系。一位哲学家说:"生存是一种伟大的使命,每一个人都不是'法定幸运的人'。"生命的价值在于奋斗,而奋斗使生命更具有价值。一个幸福的人应该是经过奋斗为社会做出贡献的人。的确如此,人生价值的核心是个人对他人、社会的奉献,因此,实现人生价值的条件,就是实现个人对他人、社会作奉献的条件。在关爱实践中,大学生们通过自己的努力使留守儿童、空巢老人、残疾人获得了帮助,弘扬了"奉献、友爱、互助、进步"的精神主旨,认识到了生命价值的意义在于奉献,思想境界得到了提高。关爱残疾人这一志愿服务活动中绥化学院教育系2010级特殊教育专业的大学生志愿者王蕾,在关爱残疾人志愿服务活动过程中这样写道:

作为当代的大学生,应把"锻炼自身,服务社会"作为一项必不可少的准则中的准则,就应该将知识运用于实践之中,融理论与实践之中,并造福于社会,为社会和人民做出自己的贡献和尽自己的一份力。同时,要号召社会更加地关注这些弱势群体,做出实际的事情来帮助这些需要帮扶的人。

随着年龄的增长,我逐渐清晰了自己的生命意义,拥有这么美丽的生命,四肢健全的我,更应该服务社会。帮助需要帮助的人,多做有意义的事,生命一次,美丽一次。为生活倾注活力,为别人奉献爱心。

我们今生如果只为自己而活,那么今生的快乐于充实只能达到十分之一,我们应学会互相关爱,而今人们之间的冷漠与自私处处可见,可是我相信,每个人内心都有一杆他们自己的道德标称,我们应关爱残障群体,热心服务社会。

五个关爱实践教育活动,一方面通过自身实现了传递传统文化、弘扬人与人之间和谐、友爱的精神,起到了引导、激励残疾人积极向上、融洽社会关系的作用。另一方面,大学生志愿者在这样的社会实践当中,也受到多方面的锤炼,加深了他们对生活的认识,增进了对生活的体验,这有利于大学生志愿者健全自我意识,进而不断净化自身,从个人实现人生价值的角度而言,大学生志愿者在服务的过程中提升了个人的精神境界,在奉献社会中寻求到个人价值的需求,实现了自己的人生价值。

(二)突破了思想政治教育瓶颈,提高了育人效果

马克思主义认为,内因是事物变化发展的根据,外因是事物变化发展的条件,外因通过内因起作用。在大学生中开展思想道德教育,既充分发挥学校教育对大学生的渗透教育作用,更要激发大学生的积极主动性,将其内化为他们自我学习与成长的动力。德育目标从本质上是实践的德育目标,归根结底是道德信念和道德行为的统一。思想政治教育既要促人学知识,又要育人正品行,追求做人与求知的统一。没有无目的的教育,更没有孤立的思想政治教育。只有将思想道德教育内化为大学生自身发展的一种需求,大学生思想道德教育工作才能真正落到实处,达到润物无声的效果。通过五个关爱实践活动,同学们用自己的双眼去观察,用自己的大脑去思考,用心去感受祖国发生的举世瞩目的变化,对国情、民情、乡情有了一定的了解。激发了他们潜在的使命感和责任感,他们学会主动地去承担、去体会,在帮扶的过程中无形地受到了教育、得到了提高,将学校的理论教育和自我的实践教育、道德教育和个人道德修养有机结合起来,促使他们在学习和生活中自觉学习理论,积极参加社会实践,实现从被动接受教育向主动自我教育、自我管理、自我约束、自我提高的转变,由他律向自律的转变,逐渐达到"自律""慎独"的道德境界。

1. 探索出了大学生思想政治教育的新渠道,找到理论教学与社会认知的连接点。长期以来,我们高校的思想政治教育一直处于理论教学和社会实践相分离的状态、教育载体多为教育者自我模拟构建的校内模式,对一些社会负面影响常常处在防和堵的层面,甚至采取回避的态度,所以我们的思想政治教育常常陷入"理

论至上、组织驱动、纪律约束"的境况。新形势下大学生思想政治教育工作该怎么做？大家一直在探索，也在实践。关爱活动的开展，让大学生走进鲜活生动的社会课堂，目睹大学生志愿者的变化与成长，真正感受到大学生思想教育的课堂不仅在学校，尤其在广阔的农村和丰富的社会。

大学生在深入地了解国情的过程中所产生的切实的热情，所引发的自我教育的强烈愿望是校园里的思想政治活动无法替代的。他们的视野、他们的思想、他们的情感都发生了巨大的变化。大学生志愿者康雪瑜通过"接力式"顶岗支教走进农村，切身感受到了城乡发展存在的一些现实性问题，更从老乡口中听到了多年来老百姓生活水平的明显提高，他感慨地说："没有关爱留守儿童活动，我就不能走出自己的金丝笼，就不能看到真实的世界，现在看到了真实的自己、真实的祖国，我们的祖国不是欧美国家煽动的那样，我们的社会主义制度是符合中国人实际的，我以后在网络上再看到一些低级的煽动，一定会用我看到的、听到的实际去反击他们，我们的祖国是一定会在我们党的带领下重新振兴的！"志愿者赵亮在深入对接留守儿童苏继超家中时，与苏继超的爷爷（一位参加过抗美援朝战争和越战的老战士）聊天中了解到我们的党和人民经过多少努力才取得了现在的成就，在座谈会上他说："这项活动与其说是我去关爱留守儿童，不如说是我去接受苏爷爷的教育，通过苏爷爷我更深刻地了解到了60年来中国大地所经历的一切，让我真正地知道了自己所承担的责任，作为学生党员我要用一生去捍卫祖国的尊严、去保持党的先进性、去完成先烈们没有完成的社会主义建设使命。"

当前绥化学院学生的入党动机进一步呈现可喜变化，入党动机端正，对党的执政地位和执政理念有着坚定信心。在对学生党员和入党积极分子的调查中，均有半数以上学生的入党动机为"追求理想和信念"或"对党的执政地位和执政理念有信心"。在对未加入中国共产党的学生进行的调查中，有84.60%的学生有入党的愿望。学生择业就业观念不断转变，2008年以后同比之前志愿到农场等艰苦地区、基层单位就业比例提高49%，涌现出一批基层就业先进典型。

调查结果表明，绥化学院绝大多数学生拥护中国共产党的领导，拥护社会主义制度，拥护党的改革开放的路线方针政策，充分肯定我国改革开放以来所取得的巨大成就。调查结果显示，有93.24%的学生认同"科学发展观是发展中国特色社会主义必须坚持和贯彻的重大战略思想"，有92.8%的学生认同"中国共产党是中国特色社会主义事业的领导核心"，有90.4%的学生认同"我国必须坚持改革开放不动摇，不能走回头路"，有92.85%的学生认同"社会主义核心价值体系是兴国之魂，是社会主义先进文化的精髓"。

通过与以往的数据对比发现,绥化学院学生的理想信念更加坚定,对坚持中国共产党的领导、坚持中国特色社会主义道路的认同度始终保持较高的水平,整体上有逐步提高的趋势。从政治制度来看,绝大多数高校学生对"我国必须坚持走中国特色社会主义道路,不能搞民主社会主义和资本主义"深信不疑。从政党制度来看,84.8%的学生认同"我国必须坚持中国共产党领导的多党合作和政治协商制度,不能搞西方的多党制";从经济制度来看,有87.95%的学生认同"我国必须坚持公有制为主体、多种所有制经济共同发展的基本经济制度,不能搞私有化和单一公有制",86.2%的学生认同"我国必须坚持走中国特色社会主义道路,不能搞民主社会主义和资本主义"。从中国共产党的执政水平和执政能力来看,有89.5%的学生认同"中国共产党有能力把自身建设搞好"。

绥化学院学生对2011年党和政府有关工作均给予了满意的评价。其中84.70%的学生对"以推动科学发展、促进社会和谐、服务人民群众为主题,开展创先争优活动"表示满意;82.90%的学生对"启动城镇居民社会养老保险试点工作,2011年试点范围覆盖全国60%地区,2012年基本实现全覆盖"表示满意;81.25%的学生对"中国共产党第十七届六中全会审议通过《中共中央关于深化文化体制改革、推动社会主义文化大发展大繁荣若干重大问题的决定》"表示满意;其中80.35%的学生对"国务院常务会议研究部署进一步做好房地产市场调控工作,全国开工建设保障房超过1000万套,建设规模创历史之最"表示满意;80.00%的学生对"中央扶贫开发工作会议研究决定率先在680个特困县市试点营养餐,实施农村义务教育学生营养改善计划"表示满意。由此看出,广大学生对过去的一年中,党的执政能力和执政水平建设、社会主义和谐社会构建历程的持续推进、社会保障体系建设、推动社会主义文化大发展大繁荣、保障民生工程建设、改善农村生活水平等方面所采取的具体措施和取得的一系列成就,均予以很高的赞扬并普遍表示认可。

2. 填充了社会体验的缺位空间,找到了大学生成长与高校德育的连接点。随着近年来绥化学院大力推进顶岗支教、关爱留守儿童、关爱空巢老人、关爱残疾人等志愿服务活动,志愿者服务工作得到了大学生的普遍认可。社会实践和志愿服务活动已成为大学生课外时间的主要活动之一。近年来,绥化学院着力于为学生创造更多的参与志愿服务工作机会,并注重正确引导,得到了学生的积极响应。有87.15%的学生表示经常参加或寒暑假参加志愿服务活动,其中经常参加学生比例呈逐年上升的态势(见表7-22)。积极参加志愿活动的最主要目的明确,47.45%的学生是为了奉献社会、14.95%的学生是为了磨炼意志、13.50%的学生是为了认识社会,10.75%的学生是为了开阔视野,9.45%的学生是为了增长才干(图7-47)。这说明广大学生积极参与社会志愿服务的愿望明显加强,奉献和服务社会的意识明显提高。

通过调研和座谈会显示,绥化学院大学生参加社会实践活动后,面对奉献中很多学习、生活、心理上的问题,尽管志愿者个人的能力有限,但是他们都无私地尽自己所能。志愿者郭思宇永远记得,有一天与他对接的孩子小佳的家长来了电话,那位家长感激地对他说:"真是谢谢你们这些学生,以前小佳和我的关系不好,怨我们离开她,不爱跟我说话,她也不爱学习,说初中毕业就不想念书了。可是昨天她竟然主动给我打电话,说绥化学院的姐姐对她很好,给她写信,以后她也要到绥化学院去。我想一定是你们的关心让她有了这些变化,谢谢你们啊。"郭思宇听完流下了激动的泪水,他说:"我从来没发现自己有什么重大价值,但是当小佳的家长和我说完这些话的时候,真的很激动,因为发现了自己的价值和应该承担的责任,关爱活动中我们大学生所做的仅仅是那么点滴,却换取了孩子们的成长,以后无论走到哪,我都要将这一责任履行下去。"

上了大学,尤其是在城里长大的90后,深层次的感受农村和农民,更多的是通过网络和媒体。与留守儿童牵手后,尤其是亲眼看见留守儿童拮据的家庭生活,他们的思想受到了震撼,对比自己现在优越的生活条件,志愿者们似乎第一次感觉了自己今天的幸福。外国语学院志愿者丁飞说:"以前从来没感觉到自己有什么社会责任或者使命,更加没有感觉到父母是多么爱护自己,但从我参加关爱留守儿童活动以来,发现自己身上肩负的太多,每当留守儿童告诉我成绩又提升了都会产生莫名的成就感,同时也让我想到了爸爸妈妈多年来对我的关爱是多么的伟大和无私。要感谢学校给了我这样一个重新审视自己的机会和平台,感受到父母给予我多年来的养育之恩和呵护之情。"很多学生家长反馈:参加了关爱留守儿童活动后,孩子回家比以前懂事多了。担当义工为社会做贡献的学生增多了,涌现出了全国自立自强之星梁丹凤、全省见义勇为道德模范徐有林等一大批优秀学生。

当代大学生出生在改革开放的新时期,在比较富裕的生活环境中长大,又多为独生子女。这种社会和生活背景赋予他们很多优势,同时又普遍缺乏艰苦环境的锻炼,缺乏对社会尤其是对农村生产生活的了解。通过关爱留守儿童,把他们带进了乡村基层的生活,为他们提供了在相对艰苦的环境中感受生活、锤炼意志的机会,提供了了解农村生产生活、向淳朴善良的农民群众学习的机会,提供了进一步了解社会,深化对诸如人生价值等问题认识的机会。近年来,乡村学校生活条件有了很大改善,但与大学的条件相比还是差了很多。很多乡村中小学距离县城较远,没有自来水,没有室内厕所,没有浴池和食堂,在深入乡村进行关爱走访和公益课堂辅导时,大学生洗不上一次澡,吃的是粗茶淡饭,住的是几张桌子临时搭成的"床",冬季没有暖气,靠烧炉子取暖。难能可贵的是,这样艰苦的环境并没有影响他们关爱留守儿童的热情,这项活动给大学生们上了一堂人生大课,锻炼了其意志品质,提高了应对艰苦生活的能力。通过绥化学院2007年至2011年连续五年的大学生消费情况调查显示,该校大学生年均人消费水平在综合物价上涨等因素情况下呈逐年下降状态,大学生年采购奢侈品比例降低37%,大学生对消费水平下降原因的反馈有76.3%认为是自己参加了关爱留守儿童、关爱空巢老人等社会实践活动,对自己产生了深刻影响。

学生自我发展方向更加明确,他们普遍认为学校应该加强对学生培养的主要方面依次为:"实践能力""思想道德素质""创新、创业能力""社会责任感""学习科研能力""人际交往能力""心理调适能力"等方面,其排序与往年调查结果比对基本一致。

3. 深化了高校思想政治理论课改革的问题,实现了大学生历练与成才的需求。高校的思想政治理论课往往存在着过于抽象,实际教育效果往往不大等问题,尤其是缺少实践教育环节,没有更多的实践教育的场地场所和实践机会。通过这项活动的系统组织实施,对学生实行了有效的考核和纳入了课程学分,可使高校的思想政治理论课有效地进行。同时,也使高校中的教育管理者、两课教师、学工部、学生处、团委等相关人员和部门在育人工作中有机融合,做到了共同规划,共同参与,共同考评,建立了体系,完善了机制,形成了合力。

通过大学生实践教育,真正的将学生投入到了火热的社会发展中,让他们既增强了自身的锻炼成长,又服务了他人和社会,进一步让大学生提升了陶冶情操、锤炼意志、服务社会的能力;也进一步提高了大学生自我教育、自我管理和自我服务的能力。学生主动递交入党申请书2009年以后同比增加3%,2009年学校大学生思想政治教育滚动调查学生入党动机同比从众心理等不良因素降低27%。学生择业就业观念不断转变,2009年以后同比之前志愿到农场等艰苦地区、基层单位就业比例提高49%,涌现出了张瑞光、莫青青、崔丽莎等一批基层就业先进典型;在校生、毕业生参军入伍人数近百人,志愿服务西部、参加农村大学生计划学生数240余人。

4. 丰富校园文化的内涵,凸显学校实践育人与服务奉献的特色。通过系列丰富的实践项目化的推进,寓教育于各项活动之中,不仅有利于学生的身心健康、有益于大学生成长成才,也加强了高校与地方的联系,促进了高校成果的地方产业化进程,随着实践活动的深入,绥化学院开始从科研、经济、农业、食品、旅游等多个角度参与到地方经济建设中,2007年以来已开展各项服务地方的科研、实践项目近百个。通过这些实践活动和服务地方措施的推行,使绥化学院与地方结合的更加紧密,参与到了地方社会发展建设中,也让学生通过这一过程真正的体验了社会、认知了社会,让勇于实践、务实创新、服务奉献的氛围在全校升腾。现在,绥化学院的教职工和大学生不仅对学校组织的各项服务地方的实践活动积极参与,很多人还积极主动地到社会中去了解、寻求社会与校园有机结合的实践项目。目前全校9600余名学生中有80%以上已修完实践学分的还在积极主动地参加各类实践项目,甚至按照实践学分的评价有的学生已经修到了16学分,是我们设定4学分的4倍。同时,我校的实践教育也结出了丰硕的成果,顶岗实习支教项目被评为国家级优秀教学成果二等奖。关爱农村留守儿童项目被评为全国高校校园文化建设二等奖,思想政治理论课的"三论式"教学模式改革与实践荣获2011年省教学成果一等奖;志愿者团队连续两年获感动龙江提名奖,2011年志愿者团队在全省志愿者服务活动"五个一百"评选中获得2个"十佳"、5个"百佳"荣誉称号。大学生在关爱自然方面成绩显著,我校因此被省环保厅授予"环境保护宣传教育基地",同时荣获全省环境保护"六进"先进单位。

(三)找到了实践育人与服务地方的切入点,促进社会和谐与美的传承

地方高校,不仅肩负着人才培养的重要责任,同时也肩负着服务地方、发展地方经济的使命。绥化学院作为新建地方本科院校,升本时就确定了"扎根绥化、面向龙江、服务地方经济社会发展"的办学目标,一直努力成为绥化发展的科研支持地、人才支援地、知识储备地。随着实践教育的不断深入,大学生们在实践中得到了锻炼,收获了成长,为高校的人才培养及思想教育开辟了更加广阔的空间,同时也在一定程度上为绥化的地方经济社会发展做出了贡献。

1. 传承了中华民族传统美德,营造和谐环境。尊老爱幼、扶危济困是中华民族几千年来的传统美德,在人格的塑造、思想品德的培养方面有独到的作用,影响了一代又一代的中国人。德育过程的本质就是在活动和交往中,教育者借助一定的教育手段,把一定的社会思想、道德转化为受教育者个体思想品德的过程。也就是说,德育过程主要是道德的社会继承过程,或道德的社会传递过程。而当代大学生是我们国家与社会发展的一支重要生力军,所以对大学生的道德教育问题不容小视,高校德育工作有着不可替代的重要性。古人常说:"老吾老以及人之老,幼吾幼以及人之幼",关爱活动作为一种道德实践活动,大学生志愿者通过自

己的爱心行动将中华美德传承下去,接受帮助的人在接受别人帮助的同时也逐渐塑造个人的品德,他们也会将自己的爱心传递下去。中华美德与文明,也只有通过一代代生生不息,星火相传才能发扬光大。

2. 解决了地方发展中的一些社会问题,提高了办学质量和社会声誉。中共十六大报告第一次将"社会更加和谐"作为重要目标提出。我们所要建设的社会主义和谐社会,应该是民主法治、公平正义、诚信友爱、充满活力、安定有序、人与自然和谐相处的社会。也就是说,社会主义和谐社会是一个全体人民各尽其能、各的其所而又能和谐相处的社会,是一个人与自然、人与社会、人与人之间关系和谐发展的社会。从某种意义上讲,构建和谐社会就是追求真、善、美,实现至真、至善、至美的过程。可以说善是和谐社会追寻的道德目标,而社会中每个善言、善行又是促成社会和谐的重要因素。因此,五个关爱活动是使人从善的一种道德实践,对构建和谐社会有着重要价值。

通过实践教育各个项目的深入推进,有效地解决了一些社会问题。关爱留守儿童让那些原本的"问题孩子"思想上得到了良好的引导,一些原本对社会的仇视心理得到化解,行为不再偏激,有效的维护了社会的安全稳定,同时留守儿童在志愿者的帮助下学习成绩普遍提高,截止到2010年中考期间,升入高中学习的留守儿童比例由未关爱前的不足20%上升到了近40%;空巢老人在与志愿者对接后普遍心理负担减轻,有效地缓解了家庭生活的苦闷,让老人对生活重新唤起了希望。一些残障人士与志愿者对接后,变得开朗乐观了,重新找到了生活的目标和希望,这些活动很好地帮助地方政府解决了一些民生问题,更好地推进了社会主义和谐社会建设。绥化学院的社会实践活动成功地找到了高校人才培养与服务地方的有机切入点,密切了学校与各个市县的联系。学校连续三年被绥化市授予"服务地方先进单位"的称号。

3. 推动地方经济社会的发展建设步伐,找到了实践育人与服务地方的切入点。实践教育不仅是大学生成长成才的有效途径,也是高校服务于地方经济社会发展的一种有效形式。2008年,绥化学院艺术设计学院和旅游与资源管理系两个院系志愿者联合帮助兰西县旅游局进行了民俗游资源开发、规划,帮助其撰写了十余万字的项目规划书,并有20余名志愿者在兰西县黄崖子村驻守两个多月帮助其完成了由十多尊民俗人物雕像组成的民俗景观大道。学校还建立了食用菌研究所,在研究所老师的带领下,食品专业学生深入到绥棱县农村一个多月帮助农民进行食用菌培养。这些结合专业特色进行的实践活动,有力地支撑了地方经济发展的科研需求,很好地促进了地方经济社会的发展建设。

通过绥化学院有效的实践教育活动，让我们认识到，脱离社会培养人才是我们应该总结的一个深刻教训，而绥化学院的成功在于他们拓展出一片新的思想政治教育空间——即让大学生思想政治教育走出校园、走向社会！大学生情感实践教育是一项综合性的系统工程，在高校教育中起到重要的作用，今后学校将继续全面推进大学生情感实践教育，以全面提高大学生素质为目标，以进一步创新实践教育模式为重点，以情施教、以情育情、以情引情、以情换情，互相交流，营造和谐的教学与教育环境，使大学生形成正确的人生观、价值观和世界观，塑造良好的性格、品质和情感素质。情感实践教育是新时期提高大学生思想政治素质、促进大学生全面发展的一条有效路径，面对新时期、新任务，我们要不断实现新突破，推动此项工作继续向前发展，为提高学校人才培养质量，推动龙江经济社会更好更快发展做出应有的贡献。

参考文献：

1. 《马克思恩格斯全集》，北京：人民出版社 1956 年版。
2. 朱小蔓：《情感教育论纲》，人民出版社，2007(5)。
3. 孔维民：《情感心理学新论》，吉林人民出版社 2002 年版。
4. 卢家楣：《以情优教——理论与实证研究》，上海人民出版社。
5. 庄严：《关爱残疾人——善教育理论与实践》，哈尔滨：黑龙江大学出版社 2012 年 5 月。
6. 张锡勤：《中国传统道德举要》，黑龙江大学出版社 2009 年版。
7. 卢利亚：《关注与关爱：农村留守儿童问题研究》，湖南人民出版社，2012 年 11 月。
8. 郭增花：《实践与至善——马克思在伦理学上的变革》，吉林大学博士论文。
9. 袁贵仁：《马克思主义关于人的本质和人的价值的理论》，载《求索》，1991 年第 1 期。
10. 白奚：《孟子对孔子仁学思想的推进及其思想史意义》，载《哲学研究》，2005 年 3 月。
11. 董广芝、夏艳霞：《大学生关爱留守儿童的德育实效性研究》，载《东北农业大学学报》，2011 年 4 月。
12. 庄严、刘晓霞：《开展情感实践活动，强化大学生传统文化教育》，载《中国高等教育》，2013 年 9 月。
13. 夏艳霞、丁晓燕：《生命教育视角下大学生关爱自我理论思考和实践探索》，载《继续教育研究》，2014 年 1 月。
14. 张耀灿、郑永廷：《现代思想政治教育学》，北京：人民出版社 2001 年版。
15. 孙红玖、连熙译：《情感的力量》，北京：中国青年出版社 2002 年版。

第二篇 02
理论探讨篇

  本篇主要是以论点形式选摘了绥化学院在大学生情感实践教育模式构建过程中，全校教职员工在理论构建和实践探索中梳理并公开发表的有关理论文章。文章包括总体模式构建的理论分析和总结、"五个关爱"情感实践分项目理论研究，既是绥化学院实践探索的理论结晶，更是国内高校情感实践教育结合高校实际的理论叙述，全方位、多视角地记录了高校教育工作者在育人中的积极思考和主动作为。

第五章

大学生情感实践教育的理论体系探讨

论点一、用社会主义核心价值体系引领大学生全面发展①

（一）社会主义核心价值体系是高等院校育人育才的根本

社会主义核心价值体系是全民族奋发向上的精神力量和团结和睦的精神纽带。其基本内容是马克思主义指导思想、中国特色社会主义共同理想，以爱国主义为核心的民族精神，以改革创新为核心的时代精神以及社会主义荣辱观。社会主义核心价值体系既是高等院校提高育人育才质量，实现历史使命的根本，也是大学生生存发展、成长成才、服务社会，为人民建功立业的动力源泉。把握和贯彻社会主义核心价值体系的基本内容和精神实质对于办好学校关系重大。

马克思主义指导思想。马克思主义就其原意来说，特指由马克思、恩格斯所创立和阐明的基本观点和学说体系。它确立了辩证唯物主义与历史唯物主义的世界观和方法论，揭示了人类社会历史发展的客观规律，力求运用现代社会发展的特殊规律，依靠人民群众自身的团结奋斗，实现解放全人类的最高目标，其基本原理是正确的，具有强大的生命力。我们习惯使用的"马克思主义""马克思主义指导思想""马克思主义者"等，是原来意义的马克思主义的延伸义与概括义。它既包括了原来意义的马克思主义，又包括了应用马克思主义于社会生活实践结合各国国情实际所发展、所创新的成果。如列宁主义、毛泽东思想等。在我国所称的马克思主义、马克思主义指导思想，概指马克思主义原意及其中国化的最新成果。实践证明，中国共产党领导和带领我国各族人民取得了新民主主义革命、社

---

① 庄严：《用社会主义核心价值体系引领大学生全面发展》，载《黑龙江高教研究》，2008年第2期。

会主义革命和社会主义事业的伟大胜利,就是以马克思主义为指导思想的结果。走中国特色社会主义道路也必须以马克思主义为指导思想。马克思主义指导思想是办好社会主义大学的生命线,现代人才的成长与成功也必须靠马克思主义指导思想。

中国特色社会主义理论。这是以邓小平为代表的中国马克思主义者在把握中国历史发展阶段主要特征及其主要矛盾的基础上提出来的重大战略任务和目标,反映了中国社会发展的客观要求,体现了全国各族人民的共同愿望。其内涵丰富又切合实际。十六届六中全会又把构建社会主义和谐社会,作为贯穿中国特色社会主义事业全过程的长期历史任务和全面建设小康社会的重大现实课题提了出来。这是共同理想的丰富和发展,具有重大的鼓舞作用和动员作用。当代大学生成长成才和今后创业时期,也正是我国人民建设小康社会、构建和谐社会的战略机遇期,各高等院校应以这一共同理想为宏伟目标,不失时机地教育鼓舞他们把个人的追求同实现民族振兴的共同理想紧密结合起来。

以爱国主义为核心的民族精神。在五千多年的历史长河中,我国各族人民在改造客观世界的实践中逐步形成了并为中华民族大多数人所认同、所接受、所追求、所践行的思想品格、价值取向、精神风尚和行为规范。这就是为数千年来的思想家所倡导并经过当代毛泽东和江泽民同志先后概括的,以爱国主义为核心的团结统一、爱好和平、勤劳勇敢、自强不息的中华民族的伟大精神。这种民族精神既同中华民族传统美德相承接,又同社会主义时代的经济、政治和文化建设相适应,具有丰富的内涵和强烈的感召力和凝聚作用,是中华民族屹立于世界先进民族之林生生不息的精神支撑。在高等院校弘扬与培育中华民族精神,可以使大学生保持昂扬向上的精神状态和艰苦奋斗勇于创造的英雄气概。

以改革创新为核心的时代精神。改革是适应社会发展要求的自我完善,是时代进步的动力。"改革开放是决定中国命运的一招",改革是发展的内在动力;开放,特别是对外开放,则是借助外在力量推动内在动力的进一步发展。社会主义条件下发展市场经济是前无古人的伟大创举,是中国共产党人对马克思主义做出的历史性贡献,体现了中国共产党坚持理论创新、与时俱进的巨大勇气。因此,必须坚持社会主义市场经济的改革方向,推动经济、政治、文化和社会等体制的改革。创新是民族进步的灵魂,是国家兴旺发达的不竭动力。随着经济全球化的推进,人类文明进一步传播和交融已成为时代潮流。必须借鉴人类文明的有益成果,在理论上不断开阔新视野,做出新概括。实践基础上的理论创新,历来是社会发展与变革的先导,通过理论创新带动制度、科技、文化以及其他方面的创新,才能在实践中不断前进。高等院校肩负着为改革创新培养人力、人才资源的任务，必须用改革创新的时代精神努力培养大学生的创造力。

社会主义荣辱观。即胡锦涛同志提出的"八荣八耻"，它涵盖了个人、集体、国家之间的关系，涉及政治方向、人生目的和态度、社会风尚、人们的道德操守和行为准则，明确了社会主义社会中的是非、善恶、美丑的界限，体现了正确的人生观、价值观、道德观和法治观的统一。社会主义荣辱观既是社会选用人才的基本尺度，也是高等院校育人育才的中心环节和根本要求。学校要创造条件，引导学生经过反复实践和切身体验，把"八荣八耻"的内容内化为学生的品德操守和安身立命、为人处事的准则。

（二）把社会主义核心价值体系融入高等院校教育的全过程

中共中央关于构建社会主义和谐社会若干重大问题的决定指出："坚持把社会主义核心价值体系融入国民教育和精神文明建设全过程，贯穿社会主义现代化建设各方面。"高等教育肩负着培养具有创新精神和实践能力的专门人才，发展科学技术和文化，促进社会主义现代化建设的神圣职责，必须贯彻国家的教育方针，使受教育者成为在德、智、体、美等方面全面发展的社会主义事业建设者和接班人。高等院校是社会主义精神文明的重要阵地，其首要任务是，以培养人才为中心，保证教育教学质量达到国家规定的标准。因此，只有把社会主义核心价值体系融入高等教育的全过程，引领大学生全面发展，才能完成这一任务。这既是高等院校自身发展的内在需要，也是服务于中国特色社会主义的标志。

坚持把社会主义核心价值体系融入课堂教学主渠道，贯穿各专业、各学科的教育教学始终。无论是文科、理科还是体育、艺术等学科都有各自的理论体系、知识体系、发展创新过程和历史传承，都有可挖掘的德育资源。都应本着"育人为本，德育为先"的原则，把民族精神、时代精神和中国人民的共同理想、道德规范同科学精神紧密结合起来，形成育人体系。这里关键在教师，教师教书育人自觉性程度越高，就愈会因势利导地、循循善诱地融社会主义核心价值体系的内容于课堂教学之中。

坚持把社会主义核心价值体系融入教学实践环节和社会性实践全过程。教学实践环节是课堂教学在新层次上的延伸，其功能在于通过学生动手动脑等系统验证学过的理论知识，强化技术规范训练，提升学生的观点见解，拓展认知领域。引入社会主义核心价值体系，有助于学生智能发展和科学的世界观、方法论的养成。有助于端正学习目的，培养独立思考和勇于创新的精神。社会性实践则是学生了解社会、认识国情、从人民群众创造历史伟大活动中吸取养分的课堂，爱国主义、社会主义、集体主义教育的内容丰富而生动。我们这里所说的"社会性实践"，特指学校为克服教育脱离社会发展实际而加强同社会发展实际紧密联系的一个途径，并非真正意义上的社会实践。因为学生不是以社会实践主体而是以受教育者的身份参加的。即使这样，学生在参加实践过程中所受到的教育和影响也是多方位、多层次、高频率的。所以，适当组织学生参加，有助于激发学生活力，坚定为祖国富强、人民幸福而奋发学习的理想信念。

坚持把社会主义核心价值体系融入校园文化建设全过程。校园文化是学校全体成员根据社会需要共同培育和努力形成起来的、共同享有的由物质层面、精神层面和制度层面所组成的一种微观文化现象。它包括有较共同的奋斗目标、较共同的科学知识体系、较接近的价值取向以及独具风韵的道德风貌和环境氛围。这种微观文化又同社会文化、民族文化息息相关并发生制约与反制约和辐射作用。良好的、向上的校园文化可以使学校全体成员保持昂扬向上的精神状态，使每个人得到全面自由的发展。各高等院校都是按照各自的科学文化知识体系和专业服务方向，努力建设各具风格的校园文化。诸如追求"人文性与科学性的统一"，倡导"清纯、诚信、致远"精神以及把"大楼、大师、大学"当作校园文化的构成等等。校园文化既受社会文化所制约，又易受社会积俗和不良潜规则所干扰。如果离开社会主义核心价值体系的引领，必然在育人育才质量上失之偏颇，甚至会毁掉学生的良知和学校的清誉。把社会主义核心价值体系融入校园文化建设全过程可以激发学生发展的内在动力，又可以引领社会思潮、抵制不良文化侵袭，体现尊重差异、包容多样，促进校园文化和谐发展。

坚持把社会主义核心价值体系融入高等学历教育全过程。高等学历教育分为专科(高职)教育、本科教育和研究生教育，其修业年限和学业标准国家有统一规定。融入社会主义核心价值体系，不能只靠入学教育，也不能限于阶段性教育，应贯穿高等学历教育全过程。随着学习年限按层次升级、知识积累的丰富，能力结构逐步改善，对他们以理想信念为核心的思想政治教育应适时强化，以提升他们的爱国主义情操，对共同理想的追求，对民族的向心力，对事物的创造力。同时要指导好学位论文的撰写，以及交往、择业、求职和就业等基本环节，为他们走向社会施展聪明才智提供新的动力和助力。

发展是一个由小到大、由简到繁、由低到高、由旧质到新质的前进与上升的运动过程。"每个人的全面而自由发展"是一项以社会的全面发展和全面进步为基础的一个历史任务和历史过程。高等教育只是这一历史过程的关键环节和为进一步发展的奠基工程。大学生的理想信念的坚定，价值目标的选定与明确，创新精神的养成,知识结构、能力结构的完善以及实践能力的形成也是一个反复实践的过程。因此,需要决心、耐心和反复强化。

能否自觉地把社会主义核心价值体系融入高等教育全过程并坚持不懈地引领大学生全面发展,是对高等院校使命感强弱的重要检测,也是高等院校在何种标位上育人育才的标志。

(注本文作者庄严系黑龙江省教育学院院长、原绥化学院院长)

论点二、开展情感实践活动,强化大学生传统文化教育①

要屹立于世界民族之林,必须具备自身鲜明的文化特色和生机勃发的精神内涵。作为中华民族的永恒血脉和精神家园,传统文化经由五千年文明的历史演进,凝聚成我们这个民族赖以生存和发展的思想道德基础,是一种反映民族特质与风貌的总体观念表征,其中融会丰富的独创性智慧、风骨、情趣与操守,不仅为当代国人提供了鲜活的文化滋养,更是"90后"大学生重塑人生信仰和价值根基的重要德育资源。基于这样的思考,绥化学院以关爱留守儿童、关爱空巢老人、关爱残疾人、关爱大自然和关爱自我等五项情感实践活动为切入点,大力弘扬优秀传统文化中的普适性文化元素和向上性文化思维,让各种隐性教育因子长期高频率出现!发挥其精神辐射力效能,对大学生的非智力因素进行锻炼,引导他们在做中学,在文化交流中寻求自身的文化定位与价值,同时也探索出了一条强化大学生传统文化教育的有效路径。

(一)关爱留守儿童强化中华传统"仁爱"教育

中华传统文化中的伦理思想是以"仁爱"为核心的,"仁为天地万物之源",也被视为诸德之总纲,是古代社会道德的最高理想准则。孔子曰:"仁者可以观其爱焉","泛爱众而亲仁"。韩非子曰:"仁者,谓其中心欣然爱人也"。这里讲求的"仁"内涵丰富,意思是人具有仁德才是真正的人,其根本核心就是乐于关爱他人。孟子又提出"仁者爱人""亲亲——仁民——爱物"等推己及人的施爱观点,认为仁者就要去关爱别人、帮助和体恤他人,这种爱是根据宗法血缘关系远近,从亲人之间的情与爱开始,扩展到爱朋友和周围更多的他人,进一步推广为对没有血亲关系的一般社会群体、国家乃至整个人类自然的普遍人间大爱。司马迁说:"爱施者仁之端也",生活的意义就体现在人将爱心情感从亲情之爱转化为具有自身意

---

① 庄严、刘晓霞:《开展情感实践活动,强化大学生传统文化教育》,载《中国高等教育》,2013年第19期。

志和信仰的人际之爱,并升华成具有"爱他之心"的仁爱精神,进而达到博爱大众即"泛爱众"的神圣境界。仁爱思想经过历代思想家的演绎和诠释,成为古代构建和谐人际关系的基本准则。

今天,爱仍然是人类最美好的德性情感,是存在于人精神体质中的一种道德资本,它所蕴含的这种道德追求在本质上完全契合于新时期大学生的主体精神,是青年学生成长发展、追求崇高理想应必备的道德品质和人格修养。但众所周知,当代大学生是在"受爱"环境中长大的一代,大多数同学遇事以自我为中心,习惯了被宠爱,不懂得珍爱与付出。为了强化大学生的爱心和责任感教育,绥化学院通过引导大学生与留守儿童"心手相牵,共享蓝天",使他们在持续的情感体验活动中体会到了爱心纯朴之美。一是真情牵手,结对帮扶,唤醒爱心。绥化学院充分发挥大学生与留守儿童年龄差距不大、充满青春活力、容易沟通交流等优势和特点,针对部分留守儿童存在精神上缺乏关爱、心理上缺乏疏通、学习缺乏帮助、感情缺乏寄托等问题,组织大学生通过信函沟通、电话交流等一系列持续情感互动活动,对留守儿童学习、生活、思想、情感等方面进行全方位指导,用友情弥补孩子们缺失的亲情,在与留守儿童持续的情感交流活动中,大学生体验到了自觉的关心、友爱的利他情感,逐渐懂得了关爱他人。二是见面相识,升华友情,主动关爱。经过一段时期的沟通与交流,留守儿童与大学生成了无话不谈的好朋友,愿意向大学生敞开心扉,倾诉烦恼,大学生也非常渴望去农村看一看与自己结对的留守儿童,还会自行编排文艺节目,带着礼物,到乡村学校去和留守儿童联欢、对接畅谈。大学生亲眼看见了农村孩子家境的贫寒、生活的拮据,亲身感受到了孩子们的纯真与刻苦,思想受到了极大的触动,发自内心地要为这些孩子做点事情,自觉将关爱意识转化为具体行动,在实践层次上做到了"仁者爱人"。三是请进校园,激发热情,自觉关爱。为了激发留守儿童自强进取的热情,大学生们还主动将留守儿童请进校园,组织各种参观联谊活动,这期间大学生与留守儿童同吃同住,大学生主动的关爱之情以及言谈举止,点燃了留守儿童奋发向上的理想和希望,大学生也在自觉担当爱的实践中由自爱走向友爱,并乐于施爱,美好的关爱情感进一步内化为自身的德性素养,养成了"仁爱之心永恒"的行为习惯和德性品格。

(二)关爱空巢老人强化中华传统"孝道"教育

在中华源远流长的文化长河中,独具特色的"孝道"作为中国人最鲜明的国民性表达蕴含着无穷的力量,它是儒家乃至整个中华民族伦理道德观念中最核心的基本元素,也是中国人立身处世必须遵循的第一行为准则。许慎的《说文解字》

曰:"孝,善事父母者,从老省从子,子承老也。"从字形来看,"孝"是老扶子头,子撑老身,意思是老人将子女抚养长大,晚辈有责任对老人进行赡养和照顾。千百年来视作金科玉律的儒家伦理教材《孝经》被誉为"使人高尚圣洁、传之百世而不衰"的不朽名著,上至帝王将相,下至平民百姓无不对其推崇备至,强调百善孝为先,"孝"是人伦之基,是衡量一个人品德修养的重要表现。《孝经》开宗明义指出:"夫孝,德之本也,教之由所生也。……夫孝,始于事亲,忠于事君,终于立身。"说明各种美好的德行都根源于人的孝心,所有的道德教化都是以孝为开端发生的,由尊长敬亲开始,然后勇于责任担当、励志忠诚报国,最终才能修身立世成就功名,这也体现出中国传统文化和伦理道德的总体特征。

　　古训今解,作为一种生活态度和感恩情怀,"孝"始终是每一个中国人所奉行的原初基因,已经融入到每个炎黄子孙的血脉之中。但面对个性张扬、崇尚自我的90后大学生,从小独生子女的成长环境,使他们孝亲意识淡薄,孝亲实践弱化,有的学生不仅无视父母含辛茹苦的养育,还对父母提出各种过高要求,埋怨父母无能,甚至嫌弃父母。绥化市作为一个农业大市,青壮年外出打工比较普遍,因此出现了大量独守"空巢"的老人,绥化学院抓住这个有利契机,从"孝"入手,对大学生进行孝道和感恩教育。首先是深入调研,建立档案,激活孝心。组织大学生对空巢老人的生活、经济、健康、心理、子女等情况进行调查,在掌握第一手资料的基础上,为每位老人建立信息档案,深入基层调研的实践,激活了大学生内在的孝道情感,使他们心理上对老人有一种亲近感。其次是亲情对接,服务奉献,践行孝道。由于老人的情况不同,绥化学院组织大学生以爱心小分队的形式与老人们进行了"一对一"的亲情对接,针对生活照料问题,大学生定期上门帮助空巢老人打扫卫生、拆洗被褥、购买生活用品等简单的家务劳动;针对精神慰藉问题,大学生在家庭访问时,经常帮助老人做饭、陪老人看电视、聊天散步、外出采购、表演文艺节目等,以消除老人孤独感;针对医疗健康问题,大学生定期陪同"空巢老人"到医院检查身体、看病并协助买药,同时与老人保持经常性电话联系。大学生在全方位关爱空巢老人的实践中,逐渐学会了照顾老人,懂得了父母无私的爱,很多同学主动给父母打电话了,日常花销也知道计划了,回家知道帮助父母做家务了。通过实践关爱体验,大学生真正理解了孝道的内涵,懂得了感恩和回馈。

　　除此之外,绥化学院还将每年的重阳节所在月命名为"孝道与感恩活动月",并评选校园"孝子孝女",开展"算算亲情账,感知父母恩""孝亲进行时"等系列深入人心的活动,使孝道与感恩意识进一步深入人心。同时,充分吸收传统文化的思想精髓,创建了富有孝文化内涵的校园环境,先后建立了重阳山、感恩亭、忠孝廊、九思湖等校园人文景观,使校园自然环境于无形之中育人,在潜移默化中对学生的思想和行为产生影响。

(三)关爱残疾人强化中华传统"善行"教育

人具有内在的善性,行善体现良好的行为和品质,"善"在古汉语中为"膳"的本字,它由膳食之美引申为美好之义,因为羊的性情温和柔顺,所以"善"又有善良、慈善的意思。"善"在我国古代备受推崇,是中华民族的传统美德,《国语》指出:"善,德之建也。"《三字经》曰:"人之初,性本善。"孟子主张要"与人为善","其所善者,吾则行之",古人云:"勿以恶小而为之,勿以善小而不为","择其善者而从之,其不善者而改之。"清代曾国藩指出:"思古圣人之道,以言诲人,是以善教人;以德熏人,是以善养人,皆为人与善之事。"循着历史足迹,我们看到,无论时代怎样变迁,"善"一直以一种淡淡的文化影响着人们的思想,沁入骨髓。但经过几千年的传承,由于受到多元文化的冲击,"善"的思想正在逐渐流逝,"善"的教育也出现了弱化,而教育的重要使命就是教人求真向善,善待他人和世界万物,并由小善发展为大善,使之达到尽善尽美的境界。正如《大学》开篇所说:"大学之道,在明明德,在亲民,在止于至善。"这种弘扬灵明的德性,教人以质朴善良的品性善待他人,充满着鲜活的时代张力,教人自觉为他人着想,将个人之善泽及天下万民,以至于做一个堂堂正正的"至善"好人。

《左传》云:"供养三德为善"。作为教育的本质,"善"是铸造完美心灵的第一要素,绥化学院引导大学生关爱残疾人,用感同身受的"善行"情感体验实践,使大学生们拥有了一颗"善"心。一是生活照料,传递"善"意。残疾人作为社会特殊群体,对他们的关爱不同于其他人,因此在启动关爱活动前,学院先组织大学生对社区残疾人基本情况进行了认真细致的入户调研,通过调查大学生亲身感受到了残疾人对外界扶持和帮助的渴望,他们内心深藏的善心被唤醒,针对残疾人大多行动不便的特点,志愿者进行了多样化的善行服务,对于成年残疾人,他们每天送去一个问候,每周看望一次,每月走访一回,每年为他们过一次生日,根据其生活需求定期为他们打扫卫生,给他们读书阅报帮助了解时事,消解其精神上的空虚寂寞,这些都是大学生心中善意的表达。二是心理抚慰,升华"善"念。针对多数残疾人与他人和社会沟通少、容易自卑和孤独等心理特点,学院组织具有心理学知识的大学生,通过电话问候、上门慰问、陪他们聊天等方式,不定期为精神寂寞、有心理疾患的残疾人提供心理关怀服务,每逢节假日大学生们都主动上门,陪他们唱歌、猜谜语、说笑话、讲故事、表演节目等,使残疾人在温馨的氛围中度过了一个个节日。长期义务关怀、精心服务社区残疾人的道德实践,使大学生心中的

"善"念一点点升腾,道德良知被唤醒,深化了对"真、善、美"传统美德的理解。三是康复训练,践履"善"行。对于未成年的残疾人,特殊教育专业的大学生常年坚持义务对他们进行系统的康复训练,"故有善迩而远至"。对于肢体残疾儿童,大学生们帮助做肌肉锻炼;对于聋哑儿童,大学生们帮助他们学习手语;对于视力残疾儿童,大学生们帮助他们学习盲人保障设施识别;对自闭症儿童,大学生们不厌其烦地对他们进行语言训练。在不求回报的为残疾儿童服务奉献、主动践行善举的过程中,体验到了"智者不仅独善其身而善天下",懂得了奉献和责任,使"善"心永驻心田。

(四)关爱大自然强化中华传统"和合"教育

作为中华文化的核心和精髓,"和合"是我国传统文化中最富有生命力的文化内核和因子,是我们民族追求天人之间和谐的独特思维方式和行为准则。在我国历史上,"和"的观念由来已久,在早期农耕文明的实践过程中,中国先人首先形成人与大自然的族群和谐感,"和"即"龢",从形制上看是由房屋、篱墙、庄稼组成的一幅早期农业社会氏族村落的景观图貌,"犹如一首形象化了的田园诗,其中洋溢着一种生活谐和感"。在此基础上形成了以自然和谐为美和对"天人合一"的不断追求,儒家认为"致中和,天地位焉,万物育焉",万物都是大自然的宠儿,是人生活中的伙伴,主张"仁民爱物","民胞物与",反对人类竭泽而渔、空山而居似的滥捕滥伐,破坏生态平衡的行为,倡导和则生美,朴素自然为大美的理想世界。大自然慷慨地馈赠给了人类最美好的一切,人应当感恩自然的造化,遵循"道法自然"的生命历程,与自然和谐相处。经过数千年的积淀和发展,"天人合一"审美观所蕴含的尊崇自然之道,启发人们顺应自然规律,追求和谐一致的生存境界,深深地扎根在我们民族的心里,成为中华文化的鲜明特性和基本取向。

人与自然的和谐相处,是人类文明顺利发展的基石。遗憾的是由于人类在发展中太注重于眼前利益,不断地向自然索取甚至掠夺的短视行为,使资源与环境问题越来越严重。作为高校也要自省:我们培养的人才是不是应当认识、尊重、热爱自然,并深刻理解人与自然和谐共处、和合发展的重要性而付之行动?绥化学院以组织大学生关爱自然为切入点,引导他们做人与自然和谐持续发展的践行者。一是深入社会,实地勘察,认知和谐。经过系统培训后,大学生按照事先拟好的调研提纲或问卷,以小分队的形式深入工厂、企业,全面掌握调研地资源和能源的短缺、浪费现象,以及环境污染等环保热点问题,并做好详细记录,同时查阅资料,走访专家,帮助研究解决问题的办法,深入社会亲身实践增强了大学生保护环境的自律意识和社会责任感,深化了对人与自然和谐发展的认识。二是做好总结,扩展影响,践行和合。在对掌握的资料系统整理后,大学生要写出系统全面的调研报告。从一定意义上说,撰写报告的过程就是大学生对和谐发展理念深化认识的过程。古人云:"纸上得来终觉浅,绝知此事要躬行。"亲自调研感受我国环境问题的现状,极大地激发了大学生参与环保行动的积极性,他们制作简洁生动的环保宣传栏、海报,在全校设立废电池回收箱,制作节水节电的温馨小提示等,号召校园人从小事做起,从节约一滴水、一度电做起,做环保的践行者。三是广泛参与,身体力行,宣传和合。大学生们还利用世界水日、气象日、环保日、土地日等,在校园及绥化市开展各种形式的宣传及实践活动,号召、带动社会各界有识之士,广泛参与环保行动。大学生们在发自内心关爱自然、保护环境的情感实践中,深刻理解了人与自然和谐发展的重要性,深化了对传统文化"天人合一"宇宙观的理解和认知,感受到了中国传统"和合"文化的魅力。此外,绥化学院还积极开展"和合"校园文化建设,建立"和合"广场,举办系列"和合"文化讲座和大讨论等,使传统"和合"理念进一步深入人心。

(五)关爱自我强化中华传统"修身"教育

作为东方文明的文化瑰宝,涵养心性的"修身"文化教育始终根植于历代国人心中,其中许多有关修身的格言警句和可以当作修身样板的人与事,内含着丰富的思维经验,是中华民族积极完善自我德性的重要修养方法之一。古代圣贤们主张修身养性与保持心理健康密切相关,"所谓修身养性在正其心者",这里的"正"按《说文》解即"正中",可理解成维护心理平衡。老子曰:"修之于身,其德乃真",《礼记·大学》要求:"自天子以至于庶人,一是皆以修身为本",墨子和荀子也各自著有《修身》篇章,儒家的孔子更是提出"君子有九思""吾日三省吾身""见贤思齐焉,见不贤而内省也"的身心修养统一论,劝诫世人正确认识自我,努力提高自身的品行和修养。"君子博学而日参省乎己",慎独自省"养吾浩然之气"的修身教育是一个道德提升与扩散的动态渐进过程,内含着适应环境变化和抗挫折承受力的优良传统,西伯拘而演《周易》,仲尼厄而作《春秋》,左丘失明厥有《国语》,屈原放逐乃赋《离骚》,这些折射出肯定人的生命意义和人性价值的自强不息精神,都是围绕修身这一基本立足点展开的。

世界卫生组织新近把人的道德品格纳入健康范畴,成为衡量健康的重要指数。那么当代大学生如何才能达致身心和谐呢?概括而言,传统文化强调通过个人修养"超越自我"更好地服务于社会的"修身"理论,为培养大学生健康的心理素质和人格精神提供了丰富素材和肥沃土壤。大学生相对缺乏实际生活的磨难,对环境的适应力和抗挫折的承受力不足,容易导致种种心理障碍和心理疾病,有的甚至发生一些不应有的恶性事件。因而教育引导他们从传统文化中汲取营养，懂得关爱自我，提高心灵的境界，培养健全人格是我们义不容辞的责任。一是认知自身，悦纳自我，珍爱生命。从中学到大学，生活环境、学习方式和个人角色等都发生了重大变化，一些大学生由于不能及时对自身做出调整改变，出现了各种不适应，有的甚至对自我产生怀疑。对此，绥化学院依托学校心理健康咨询中心，以学生为主体，以定期的心理健康知识讲座和日常团体或个体心理辅导为着力点，教育引导大学生正视自我，勇于了解自身的实际情况，认知自身的优点和弱点，愉快地接纳自我。同时以"5·25"心理健康月为契机，坚持开展以关爱自我为主体的珍爱生命教育，引导大学生"积极、快乐、阳光——发现最好的我"，深入理解"德之不修，学之不讲，闻义不能徒，不善不能改，是吾忧也"的内涵，懂得珍爱自我。二是正心内省，修养心性，完善人格。针对社会竞争激烈，生活节奏加快，大学生身心也感受到从未有过的压力的现状，绥化学院通过开设传统文化选修课、常年举办"传承经典，正己修身"传统文化讲堂、开展"传统文化大家谈"主题团日活动、"国学社"社团活动等，引导大学生从传统"修身"文化汲取精神营养，寻觅人生的智慧，重新审视自己的内心，用厚重的传统文化来改造、限制和修正内心的欲望，时刻提醒他们：常思贪欲之害、常怀律己之心，始终保持豁达、和谐、愉悦的精神状态，提高自身的心理承受力。这种润物无声的"修身"教育，潜移默化中塑造了大学生完美和谐的人格。

（注：本文作者庄严系绥化学院原院长、刘晓霞系绥化学院思想政治理论教研部主任）

论点三、基于高校思想政治理论课实效性的改革实践探索[①]

高校思想政治理论课是大学生思想政治教育的主渠道和主阵地，是高校教育的重要组成部分，是高校坚持社会主义办学方向的重要举措之一，它担负着树立青年学生科学的世界观、人生观和价值观的重要使命。新时期，面对多维度、多层面的社会因素的影响，我们的思想政治教育也面临着严峻的挑战，一些不足也亟待解决。作为新建地方本科院校，绥化学院坚持"建设应用型大学，培养应用型人才"的办学宗旨，高度重视思想政治教育，从2007年起，不断探索思想政治教育的新的有效渠道，注重实践育人的重要作用，先后开展了"接力式"顶岗支教、关爱留

[①] 庄严、刘绍武：《基于思想政治理论课实效性的改革实践探索》，载《中国高等教育》，2010年第19期。

守儿童、关爱空巢老人、社区公益课堂、公共事业义工、环保志愿者行动等实践育人活动。2009年,学院又将这些活动经过系统整理,将活动与思想政治理论课有机地进行了结合,对高校思想政治理论课的实效性进行了积极的实践探索,取得了良好的效果。

（一）明确育人使命,正确剖析当前思想政治理论课教学存在的不足

"培养什么人""如何培养人"是高校面对的重大课题,是我国社会主义教育事业发展中必须解决好的根本问题。多年来,思想政治理论课在育人中发挥了重要的、积极的作用,但面对新时期复杂多变的国际国内形势和大学生思想的复杂性、多变性、差异性等新特点,传统的教学模式的一些不适应已经逐渐显现:

1. 在功能取向上,忽视个体自我价值的实现。思想政治教育是一项教育人、培养人、塑造人的实践活动。传统的思想政治理论课强调社会政治生活的需要,注重对人的规范和约束,忽视受教育者作为个体的知识体系的构建、道德情感的提升、综合能力的培养、自由个性的发挥等全面而自由的发展,对大学生实现自我价值需求缺少引导、激励和尊重,挫伤受教育者参与教育活动的积极性在一定程度上影响了思想政治教育的实效性。

2. 在教学方式上,忽视学生主体功能的培养。大学生是思维活跃的群体,向往科学、民主、自由,渴望得到尊重、信任、理解。传统的思政课教师大多是采取"我说你听"的灌输和说教,注重单向信息传递,缺乏平等交流与互动,对受教育者的知识经验、思想认识、兴趣爱好、情感意志和内心认同缺乏应有的关注,忽视教育者的主体意识、主观能动性和主体创造性的开发,阻碍了主体能力的提高和主体价值的实现,使育人功能削弱。

3. 在教学内容上,脱离学生思想实际和社会状况。教师注重政策理论的宣讲,与客观实际联系不够密切,没有用理论知识解决社会实际存在的各种矛盾冲突和学生思想、道德认知上的困惑,不能引起学生的思想共鸣和情感触动,导致学生对教学内容没有亲近感,不能发自内心地去认同和信服,使思想政治教育失去了凝聚力和吸引力。

4. 在教师队伍建设上,没有形成多维互动的育人合力。辅导员是大学生思想政治教育的骨干力量,是高校学生日常思想政治教育和管理工作的组织者、实施者和指导者;思想政治理论课教师又是党的路线、方针、政策的宣讲者和传播者。两支队伍的工作性质、工作目标、工作任务是一致的,长期以来,却各自为战,没有形成学工部、团委、思政课教师、辅导员共同参与、多维互动、课内课外双管齐下的育人合力,在一定程度上影响了育人效果。

5. 在教学环节上,理论与实践缺少必要的相互结合。传统思想政治理论课以教师、教材、课堂为中心,课堂理论教学与社会实践活动相脱节,没有形成实践育人与理论育人的有机统一和良性互动,影响了学生运用理论知识分析问题和解决问题能力的培养。实践活动也多处于粗放状态,没有形成科学化、规范化的运行机制、保障机制、评价机制,严重影响了学生自我管理、自我发展、自我教育能力的提升和人格的完善。

(二)加强队伍建设,形成思想政治理论课多维互动的育人体系

坚持"党委统一领导下,党政齐抓共管",积极构建全员全方位的育人体系。大学生思想政治教育工作队伍主体是党政干部和共青团干部、思想政治理论课教师、辅导员和班主任。在思想政治理论课方面往往只是思想政治理论课教师自行完成,为了克服各支队伍缺少沟通、各自为战的现象,发挥广大教职工在育人中的重要作用,学院实施了系统的队伍建设工程。

1. 成立以系为单位的思想政治理论课实践教育教研室。思想政治理论教研部全体教师按照各系人数比例分别深入到各系教研室,由系党总支书记任主任、思想政治理论课教师为副主任、辅导员和班主任参加,具体负责学生实践教育的总体设计、实施、审核、考核、总结等工作。

2. 促进两支队伍的融合。思想政治理论课教师作为学生兼职辅导员,要求其必须坚持经常深入所在系学生中,了解学生思想政治状况;辅导员作为思想政治理论课兼职教师,要求其必须深刻理解教材,掌握教学规律,具有较高的理论水平和教育能力。

3. 建立导师队伍。选拔优秀的领导干部、专业教师担任导师,通过深入班级、寝室等方式,在加强对学生进行思想、心理、学业、就业等方面的教育引导的同时,帮助学生做好实践规划,指导学生开展好实践活动,引导学生在实践中升华思想、锤炼品格。

三支队伍的有机融合、加深沟通、互相配合,形成了思想政治理论课课上课下、课内课外的良性互动,实现了思想政治教育工作队伍的有机整合,形成了育人合力。

(三)创新实践模式,提升思想政治理论课实践教学的育人功能

按照"让学生从被动接受教育转变为主动参与教育,以独立的主体身份在实践中进行自我教育"的原则,推进了教育教学模式改革,在理论课总学分中单独设立4学分为实践学分,纳入教学管理,教育引导学生在实践中认知、在实践中感悟、在实践中提高,实现知行合一,形成了"以实践为本、以学生为本"的开放式实

践教学体系,调动了学生的主动性。加大了实践教育的组织和指导,实行模块式项目制管理。具体的实践项目包括八个模块,即:

1. 爱国践履。学生通过对祖国山河景观、红色基地、红色路线、历史文化古迹等的游历,感受祖国山河的壮美、历史的厚重,进而树立强烈的爱国主义情怀。

2. 实习实训。学生按专业参加学院组织的校内实训活动。如:师范生参加"五练一熟"训练;非师范类专业学院定期邀请民营中小型企业管理者到校做创业报告及定期组织学生深入到民营中小型企业见习、实习,让学生了解社会对专业的需求侧重,树立创业思想。另外,学生还要参加学院组织的教学实习,到学院实践教育基地进行为期半年的专业实习,加强实践操作能力训练,具备实践应用能力。

3. 志愿服务。大学生参与社会实践的重要形式之一,是志愿者的时间及精力在不为任何物质报酬的情况下,为改善社会、促进社会进步而提供的服务。在服务的过程中学生不仅锻炼了自身能力,也了解了社会、感知了民生,提升了自身道德修养,如:"接力式"顶岗支教。

4. 公益活动。公益顾名思义就是公共利益的含义,广义的公益活动是指一定的组织或个人志愿为公共利益和他人利益捐赠财物、时间、精力和知识等的行为活动。公益活动的内容包括社区服务、知识传播、公共福利、帮助他人、社会援助、紧急援助、慈善、社团活动、专业服务、文化艺术活动、国际合作等,如:关爱农村留守儿童、关爱城市空巢老人。

5. 社会调查。是指人们有意识有目的地对社会现象进行考察、了解、分析和研究,从而达到认识社会生活内在的本质及其发展规律的一种实践活动。它首先是一种自觉的认识活动;其次,社会调查的对象是社会本身;再次,社会调查的方法包括两方面,一方面包括考察、了解社会实际情况的各种感性认识方法,另一方面包括对搜集的感性材料进行分析的各种理性认识方法;最后,社会调查的目的是了解社会生活的真实情况,探索社会现象的内在本质及其发展的客观规律,从而寻求改造社会的方法。

6. 勤工助学。此活动鼓励学生利用课余时间和假期时间,在学校规定范围内通过参加科学技术、文化教育服务以及其他合法劳动开展有偿活动,是社会实践的有偿服务形式,是指"学生个人或者团体,以获得或改善学习条件为基本目的,将教育与学生社会实践紧密结合,全面培养学生素质和能力而进行的教育经济活动"。

7. 社团活动。学生为了实现会员的共同意愿和满足个人兴趣爱好的需求、自愿组成的、按照其章程开展活动的群众性学生组织开展的活动。这些活动打破年级、系科以及学校的界限。它团结了兴趣爱好相近的同学,发挥了他们在某方面的特长,开展有益于学生身心健康的活动。

8. 自定义项目。是针对以上七个模块中未能包含的项目模块,是对思想政治理论的系统补充,是发挥学生自身创造力、主动性的项目,另外也是针对拾金不昧、见义勇为等即时性思想道德品质的灵活性项目模块。

实践环节学生可以个人或团队形式申报项目,在指导教师的指导下开展实践活动。在实施过程中,采取项目制滚动式推进。一是做好项目申报工作,由学生个人或团体结合实际确立项目,项目学分为 0.5~4 学分,经系实践教育教研室审核通过后,在指导教师的指导下开展工作。指导教师对项目组成员进行培训、教育和指导,保障了实践项目的顺利开展。二是做好项目的执行管理工作。项目承担人按照指导教师的具体要求及项目实际积极深入开展实践。定期向指导教师呈送实践环节阶段性总结和阶段成果佐证材料。三是项目的结题工作。实践环节项目由指导教师验收,验收人每学期对课题承担人进行考核,学年末汇总。项目承担人每学期需向指导教师小组呈报实践工作心得感言、实践日志、结题报告及其他项目结题佐证材料,经指导教师验收合格后,上报系教研室审批,审批合格后可结题。学生须获得实践学分方能取得毕业资格。优秀的实践报告可作为学生毕业论文或毕业设计。

(四)改进课堂教学,增强思想政治理论课课堂教学的实效性

为提高思想政治理论课课堂教学的针对性、实效性,增强吸引力和感染力,经过深入研究探讨,进行理论课教学方法改革,在课堂教学中突出采用"三论式"教学方法,即:正论式、辩论式和讨论式教学。将抽象的理论知识转化为富有生机的时代话题,充分发挥学生的主观能动性和创造性,使学生真正成为教育的主体,学习的主人。

1."正论式"教学。依据教学大纲,按照马克思主义理论的丰富内涵和科学体系来整合、精选教学内容,使其集科学性和个性化于一体,结合实际以专题形式综合运用有关各种观点和原理、方法,对重点和难点问题进行正面阐述、讨论和挖掘,使学生在全面了解知识体系的前提下,掌握理论精髓,提高分析问题与解决问题的能力,实现教材体系向教学体系、教学体系向学生素质体系的飞跃。

2."辩论式"教学。根据教学内容,结合社会热点、焦点问题拟定正反两个观点,辩题既要贴近社会、贴近生活、贴近学生,引起共鸣,又体现教学重点、难点,促进学生开展科学研究和理论探索,澄清思想认识,明辨真伪善恶,树立正确的世界

观、人生观和价值观。要求学生利用课余时间查阅资料,搜集材料,自主获取信息,积极收集理论依据、事例和数据。教师作为辩论主席,可将不同专业、不同特点的学生相互结合分成学习小组,也可让学生自由选择学习伙伴,形成团队,在师生互动的情境中,实现知识与思维方面的融合。在辩论的形式上,可开展"群辩式""竞赛式"、文理科对抗、男女生对抗、单双号对抗等形式多样的大辩论,也可在课堂教学中结合当前社会热点随时捕捉辩题开展课堂小辩论。教师要通过摆事实、讲道理,有的放矢地引导学生从深层次、全方位、多角度分析看待各种问题,答疑解惑,增强了思想政治理论的说服力和感染力,使学生的思想观念、价值取向向积极健康的方向发展,并不断自我完善、自我升华。

3. "讨论式"教学。根据教学目标和学生知识储备、思想实际,针对理论难点、社会热点和学生困惑点,组织学生开展案例式讨论和问题式讨论活动,创设情境,使学生沉浸于对案例和问题的分析与解决之中,促进了学生积极主动探索,提高思想,深化认识。

(五)建立健全机制,保障思想政治理论课改革工作扎实有效

为全面扎实推进大学生思想政治理论课实践环节的改革,学院还不断完善大学生思想政治教育的保障机制,加强评估督查机制建设,出台了《绥化学院思想政治理论课改革实施意见》和《绥化学院实践教育纲要》等系列指导文件。各部门在分工负责的基础上,形成了合力。学院为开展大学生思想政治理论课实践环节提供必要的支持,不断改善条件,优化手段,加大投入。

加强了校本教材建设,组织专门人员编写了理论课程指南和实践教育指南。加强了理论研究,设立了专项研究资助资金,使理论研究与实践探索同步进行,不断深化,形成可依靠、可参考的理论成果。还加大了奖励力度,设立思想政治理论课改革专项奖励资金,对在推进思想政治理论课改革过程中的先进集体和个人进行表彰奖励。划拨专项课时补贴,将辅导员和思想政治理论课教师实践教育工作量纳入了教学课时量。加大了校内外培训,加强辅导员和思想政治理论课教师的学习提高,设立专项资金,组织校内讲座和经验研讨,每年分批次组织学习考察,拓宽视野,提升素质,使思想政治教育工作队伍能够更好地适应新时期工作需要,确保了思想政治理论课改革收到实效。

系列改革的实践探索,有效地激发了大学生的主体参与意识,活跃了课堂,丰富了载体,增强了实效,探索出了一条实效性、针对性较强的思想政治理论课教育教学的新模式。

(注:本文作者庄严系绥化学院原院长、刘绍武系绥化学院副院长)

论点四、新建本科院校学生思想素质培养的思考①

(一)新建本科院校在人才培养上面临的挑战

1. 内部因素

(1)生源质量先天不足给我们提出了新的课题。新建本科院校的人才培养模式与学术型、研究型院校的精英教育培养模式有所不同,新建本科院校由于多数是从专科起点升格而来,在知名度上逊于老本科院校,在招生生源质量上总体水平偏低,大多数学生在中学时期的学业水平往往居于中等层次。由于中学教育倾向于传授基础知识的应试教育,对学生的思想道德素质和人文素质重视和培养程度不够。从绥化学院的情况来看,大多数学生来自农村,在中学阶段由于学校条件有限,家庭和学校的人才培养意识淡薄,相关的信息渠道不畅,学生缺少人文知识的积淀与人文精神的熏陶,学生中存在着基础知识薄弱、道德缺失、社会责任感淡漠、奉献精神缺乏的现象,这些直接影响着他们的就业和发展。

(2)教师的知识结构和教学能力面临着新的挑战。从大专高职院校升入本科院校后,多数学校定位为应用型本科大学,主要职能是为地方经济社会发展培养应用型人才,很多专科时期的教师已不角色能够适应本科教育发展的需要。一方面,以往的教师专业知识单一,传授知识方法单调,知识传播通道单向;另一方面,很多应用性强的新建专业缺少有经验的教师,教师之间的合作也非常少,新的教育目标、理念需要更多的双师型的教师。

(3)思想政治教育队伍的素质有待提高。院校升格,社会转型,受改革开放浪潮冲击的"90后"出生,以独生子女占绝对优势的青年大学生,思想异常活跃,而且呈多元化倾向,而对这样的现状,思想政治教育队伍如何与时俱进,更新观念,探究方法,注重实效,这是考量我们每个从事思想政治教育工作者的严肃课题。

2. 外部因素

(1)市场经济的负面影响。市场经济体制的不完善所特有的法律和道德的失范现象,诸如假冒伪劣、投机钻营、坑蒙拐骗、偷税漏税、损人利己、唯利是图等不良现象以及权钱交易、以权谋私、行贿受贿、贪污腐化、官僚主义、形式主义等各种不正之风,给分辨是非能力不够强的大学生造成了迷茫和困惑。

(2)信息网络化的巨大压力。互联网以其巨大的信息容量和强大的吸引力,

---

① 佟延春:《新建本科院校学生思想素质培养的思考》,载《黑龙江高教研究》,2011年第11期。

极大地满足了当代大学生们的学习、生活、娱乐等方面的需求,为他们获取信息和与外界交流带来了极大的快捷和便利。同时,网络也是一把双刃剑,难免混杂着各种错误的思想、言论、观点,如存在大量的黄色污秽、暴力、虚假、网上犯罪等下流庸俗的信息。这对于那些充满好奇,渴望求知,人生观、价值观正在形成中的大学生的身心健康极其有害,容易导致他们思想混乱,迷失方向。

(3)文化多元化的强烈冲击。改革开放的不断深入、社会主义市场经济的不断发展以及互联网的广泛普及,使得西方国家的文化价值观念大量涌入我们的生活,在拓宽人们眼界、丰富社会生活的同时,也必然会冲击我国社会的主流思想文化,挑战社会主义意识形态的主导地位,影响到大学生人生观、价值观、道德观的确立,给一些青年大学生的健康成长带来消极影响。

(4)高校规模扩大和高校改革的严峻考验。新建地方本科高校招生规模的迅速扩大,使原本就比较紧张的就业形势更加严峻,学生就业难成为一个普遍的现实,这就更加剧了大学生的就业危机感。这种就业危机感也导致了部分大学生学习上的功利主义和急躁情绪,思想上的浮躁和虚无主义。另外,由于新建地方本科高校规模的扩大,使得高等教育资源特别是师资普遍不足,教师教学工作量大大增加,无形中削弱了教师的育人功能。

(二)学校强化大学生思想政治理论课实践教育环节的探索

思想政治教育首先应面对的是学生如何"学"的问题。多年来,学生管理部门和思政课教师一直本着"让学生从被动接受教育转变为主动参与受教育,以独立的主体身份在实践中进行自我教育"的理念,借鉴陶行知"知行合一""在做上教,在做上学"的教育思想,对大学生思想政治教育进行了一系列的改革,努力把学校教育与社会实际结合起来,让学生在实际生活中学习、理解和掌握相应的理论知识,在实践教育环节中有组织、有计划、有目的地引导学生深入社会,了解民生,服务地方。实践教育主要采取项目化管理的方式,项目内容大抵上包括以下八个模块:

1. 爱国践履:通过红色旅游、参观革命故地、游览风景名胜等形式让学生感受祖国大好河山的可爱,深刻认识中国革命的艰辛历程,受到现实的革命传统教育,激励他们立志成才、建设社会主义现代化强国的信念。

2. 专业实习:学生通过专业实习实践巩固和拓宽理论知识,提高分析、解决问题的能力,通过"经世致用""预演",让学生切切实实地感受到自己所学知识与实践的差距,进而把知识转化成能力,从而激发他们立志成长、成才的驱动力,为他们今后的就业增加竞争的筹码。

3. 志愿服务:学生利用自己的时间、技能、资源、善心,为邻居、社区、社会提供非营利、非职业化援助的行为。志愿服务内容包括关爱自然、"三下乡"、义工等,此举既可使学生达到服务社会、奉献爱心之目的,又能使学生在为社会义务服务的过程中受到锻炼,增长才干,找到乐趣,实现自我人生价值,这对他们的健康成长有着不可低估的潜移默化作用。

4. 公益活动:学生利用课余时间,有组织地走向社会,开展关爱留守儿童和空巢老人等服务,帮助社会弱势群体(主要指伤残、智障人士)等,通过善举,集聚爱心,感恩励志,不断增强社会责任感。

5. 社会调查:学生有目的、有意识地和社会零距离接触,对社会现象进行考察、了解、研究,认识社会的本质及发展规律,全面深入地了解国情民意,加深对改革开放的理解,提升认识问题、解决问题的本领,增强对社会的责任感和使命感。

6. 勤工助学:学生利用课余时间,通过劳动取得合法报酬,用于改善学习和生活条件的实践活动,分为劳务型、商业服务型和技能、知识服务型等三个主要部分。在维系学业、减轻家庭负担的同时,养成勤俭节约、自食其力的良好品德,更加珍惜来之不易的学习机会。通过勤工助学,使这些"四体不勤"的青年学生,对"劳动是人类的第一需要"有了深层次的领会。

7. 社团活动:在学生社团中,学生为了实现共同意愿和满足个人兴趣爱好的需求,自愿按照其章程开展的活动,这些活动起到了团结同学、发挥特长、增长才干、提升素质、有益于身心健康的作用。

8. 自创项目:以上实践模块以外的学生自己设计的各类实践教育项目。此举由于更加符合学生意愿,贴近学生的特长,因此更能彰显主体个性,有利于创新精神的发挥,加重实践教育的实效性。

每个模块下设若干活动项目,学生可选择已有项目,也可结合实际申立新项目。通过开展上述实践教育,使大学生深入社会,了解国情、民情,增强对中国特色社会主义理论和党的路线、方针、政策的理解;了解社会主义改革实践的成功经验和存在的问题,增强责任感和使命感;了解劳动人民的状况,学习劳动人民的勤劳朴实、爱岗敬业、无私奉献的优良品德,培养劳动人民的思想感情;促进理论与实践的结合,运用所学知识为社会服务,全面提高大学生的综合素质,树立起正确的世界观、人生观和价值观。在每次社会实践活动总结时,学生们都有一个共同的感受,那就是"又长本事了",仿佛羽翼日渐丰满,让我们欣喜地看到"厚德载物,经世致用"的培养目标结出了丰硕的成果。

(三)新建本科院校学生综合素质能力的构成

从提高学生的情商入手,以传统文化的"爱""善""孝""诚信""助人为乐"等为主体,从"做一个好人"开始,培养学生的奉献意识和团队精神。

(1)以规范管理为着力点,构建思想政治理论课多维互动的育人体系。一是以院(系)为单位,成立实践教育教研室,由院(系)党总支书记任主任,思想政治理论课教师任副主任,辅导员、班主任参加;二是实行导师制,院(系)和相关部门领导以及辅导员、班主任兼任学生思想政治理论导师,按各自的责任区,定期深入班级、寝室,和学生面对面互动交流,掌握学生的思想脉搏,从生活细节入手,全面规范学生的习惯和行为。

(2)以提高学生的成才率为目标,开展提高大学生思想素质的系列化教育。通过关爱农村留守儿童、关爱大自然等,对学生进行"爱"的教育;通过"关爱空巢老人"等活动,对大学生进行孝道与感恩教育;通过关爱残疾人等活动,对大学生进行"善"的教育;通过开展学习雷锋活动,对大学生进行"助人为乐"的教育。通过丰富多彩的实践教育教学活动,培养学生从"做一个好人"开始,增强大学生的社会责任感,培养大学生的团队精神和奉献精神,树立感恩意识,从而形成良好的组织管理能力和团结协作能力,提升综合素质和社会适应能力,为他们的未来发展奠定坚实的基础。

(注:本文作者佟延春系绥化学院党委学生工作部部长)

论点五、文化调节的德育之维[①]

德育来源于文化并生成于文化,大学德育在本质上是一种启迪人生的教育,除了需要科学的理论与实践的导向外,更需要借助文化中一切有价值的德性资源,长期而持久的浸染和滋养,恩格斯说:"文化上的每一个进步,都是迈向自由的一步。"这表明一切文化活动,都自觉不自觉地指向一定的道德价值。从文化调节的视角来审视和剖析大学德育,把富有生命力的文化渗入德育全过程,真正让我们的德育拥有深厚的文化内涵并保持和谐的文化张力,形成大学生知情意信行以及思维创新等方面的比较优势,实现文化先进性和德育有效性的双重建构,这既是大学德育题中的应有之义,也是对教育人性价值的思量与回归。

(一)文化调节的德育向度

文化调节和大学德育并不是一种主观上的随意组合,其概念的提出是基于德

---

① 刘晓霞:《文化调节的德育之维》,载《思想政治教育研究》,2012年第4期。

育与文化在精神实质上的协调一致、在育人功能上的互相承载,文化性是德育的内在属性,立德树人不仅是大学德育的终极目标,也是文化调节的至善追求。大学德育中的文化调节是高校教育者根据社会和青年学生的一定需求,采用一些有效的文化手段,通过一系列文化认知活动的调节以及文化育人氛围的营建,进一步把文化调节融入大学生的道德养成过程之中,让广大青年学生在文化认可和德性养成之中接受并遵循正确的价值取向和理想信念,并将德性文化知识内化、积淀和渗透于心理结构之中,自觉地将其转化为主体自身的思想品德和心理行为等人格修养方面的教育活动过程。

1. 激发主体性意识。人是文化的主体,每个人内心都有一种价值自觉的能力,只有把文化渗入德性养成之中,重视主体内在的道德理性自觉,才能充分彰显出主体人的本质特征。"大学的生命全在于教师传授给学生新颖的、符合自身境遇的思想来唤醒他们的自我意识",激发学生自觉进行思想转化的潜能和愿望,提升自我品行修炼,实现理想德性人格。首先,文化调节是主体自觉的前提与基础。文化驱动着人类一代又一代地向前发展演进,文化调节能够使学生进一步明晰实现自我价值的欲望和追求,突出学生参与的能动性,自觉地按照德育目标规范、调控、校正自己的行为,使之更加趋于理性向善。其次,文化调节是主体自信的动力及保证。大学生在追求自我发展和完善的过程中自觉地认知,彰显德育的文化本性,激活积极向上的信心和激情,勇敢执着,努力拼搏,全面提高自身各方面的能力,对未来怀有美好的信念和希望,变得更加自立自信。最后,文化调节是主体自强的手段和方法。文化是一种精神存在物,但其能够引导主体发展方向,产生强大的物质力量,使作为主体的大学生在对未来的预期中不断超越自我,以顽强的意志力通对各种矛盾和困惑,克服千难万险以完成自身的美好愿景。

2. 指向生活化体验。文化来源于生活,无论是物质文化还是精神文化,都是人们在生产生活实践中创造的,如果没有文化的浸润和推动,我们的生活与动物没有区别。"道德存在于人的整体、整个生活之中,不会有脱离生活的道德。品德的培养应当遵循一种生活的逻辑,而不是一种纯学科的逻辑。"寓含丰富文化资源的生活是对青年进行道德教育的最好形式,只有让学生带着由课堂教育所激发的内在心理矛盾和思想疑惑到生活实践中去体悟揣摩,才能深化对理论的理解,达到思想与情感的认同,进而外化为行为取向,这就是实现文化调节德育的生活化内在逻辑。大学生思想的感悟、提高和转化不是一蹴而就的,应该是一个持续的动态过程,文化调节需要以生活化的持续时空为依托,还需要一个蕴含丰富文化内涵的动态情境做保证,火热生动的社会生活是青年学生最好的教科书,它为当代大学生提供了思想转化和持续感悟的历练时空,从培养大学生的情商入手,通过把学生感兴趣的各种生活实际问题当作教材,模拟再现生活场景,让学生们"在践行中反复对照角色,相互比较学习,感受自身价值,进行实训演习",真切地感知如何做事与做人,在潜移默化中完成知情意信行思想的转化和提升。

3. 回归伦理式关怀。"文化的本质是伦理,优良的伦理秩序和道德价值的养成,表征着文化的伦理深度和高度。"一种没有或失去伦理信念支撑的文化是没有灵魂的文化,也不可能担当起塑造"道德人格"的使命。在人类文明发展史上,一种优良的文化观念或实践一定伴随着优良的精神生活形态,而野蛮的文化定会导致一种不合理的伦理信念。也就是说,人的道德良知、人们所崇尚的美德,在最终意义上都是由文化所缔造的,如果没有文化的滋养与支撑,德育进展则难以取得实效。而对当代中国文化在审美情趣和道德价值标准的评判方面日益多元化的倾向,特别是这一倾向不可避免对大学生群体产生了很大影响的现实,文化要真正代表现代文明的发展方向,必须以强有力的引导性实践,进一步淡化说理性的知识传递功能,以具有思维创造力和道德感召力的文化行为,通过真实的道德情境引导学生发现和感悟生命成长的伦理需求,促成青年养成优良的道德风习,从而建构和重置伦理生活经验,提升他们的文化自觉与进步。

(二)文化调节的德性张力

1. 本为明"德"的德知力。德知即德性认知,是人运用理智或智慧在文化素养学习过程中,感知体会文化知识所蕴含的德性道理,以一种自觉的心理定式来促进主体做出向善选择,从而获得对于事物根本性的认识。求知是人的本性,德知力是人们判断道德理性认识与客观事实是否相符,是否合理的根本看法和标准,其根本旨趣在于以文化为载体,"通过文化关照,使德育深入心灵,进入头脑,使被教育者'心悦诚服',最终实现文化自觉。"

发掘文化中的美德资源,在德育中注入有生命力的文化内核,将学习文化知识与成就美好德性有效统一起来,寻找传统文化与现代道德的结合点,引导德育对象秉持一定的价值取向,从多样性的角度客观地对文化传播下的价值观念进行梳理分析,从善如流、去伪存真,主动向着德育所期望的方向发展。一是启智。文化是人类文明深层积淀所特有的精神现象,融有现代元素和传统元素两种不同的价值取向,蕴含着丰富的人生哲理和处事智慧,以文化的内在属性来观照大学德育,是"人们既有的解决各种人类问题的文化途径,承载着德性的基本价值取向"。它所倡导的加强人格修养为本,追求至善至美人生境界,注重人际之间的道德伦常调节,以及执中尚和、推己及人的文化精神,是大学德育的重要指南和充足养料,能开启学生思维智慧,让"知者不惑",明确人生价值追求。二是明德。古人把德性认知看作人的本然存在,明确"尊德性而道问学"是成就君子人格不可或缺的内在因素,在大学德育中融入传统文化的合理精华,如:见利思义、勤俭宽容、诚善爱敬、自强不息、励志奉献等,将这些思想道德原则传递给学生,播撒到学生的内心深处,让学生们在温和浓厚的人文氛围中启发心智,在潜移默化的服务学习中调节德性,从而激发其内在的道德认识,主动接受一定的行为准则,见贤思齐,见不贤而内自省,自觉地追求真善美。

2. 重在关"爱"的爱心力。爱心乃是人格之美,情感上的真,品行中的善,是人类最美好的德性情感。作为集真、善、美于一体的人类所共同追求的价值观,它是个体对人自身与他人、与社会、与自然的一切事物发自内心真挚深厚的心理态势或感情倾向,是存在于人精神体质中的一种道德资本。爱心文化不仅是一种道德精神,也是一种人生意境,它所蕴含的这种道德追求在本质上完全契合于新时期大学生的主体精神,是青年学生成长发展、追求崇高理想所应具备的道德品质和人格修养。

"道德教育若要成为一种抵达心灵、发育精神的教育,一定要诉诸情感",有爱心乃是人之为人的基本前提,人们之间相互关爱和尊重既是人类文明的心理需求,也是构建社会和谐的基本条件。而内含真诚、关爱、友善、感恩等情感要素的文化调节,契合了道德情感的内在发展规律,体现了人文关怀的教育理念。首先是认知爱。爱是一个人良好道德修养的内在要求,德育工作者要利用各种载体和渠道,引导学生从传统文化中全面汲取关爱情感的精华和养分,激发大学生相互理解尊重、相互关爱帮助等基础情感,感悟到关爱他人、奉献社会是一切德行善事的基础,在认知层面上深切了解和感知文化爱心情感。其次是践行爱,学校应该着重突出体验式文化爱心德育,要经常开展各种蕴含关爱文化的实践,为同学们创设令人愉悦的文化爱心情境,让学生在持续的情感互动活动中"当仁不让",自觉体会爱心纯朴诚实之美,感受"仁者爱人"的利他情感,在实践层面上体验"智者不仅独善其身而善天下"的仁爱观。最后是升华爱,在理解和感受爱的同时,要适时通过文化调节的润泽和熏陶,将美好的关爱情感进一步内化为学生的德性素养,由自爱走向友爱,并乐于施爱,进而扩展为博爱万物的无限大爱,形成"仁爱之心永恒"的行为习惯,在思想层面上养成"心存关爱、自觉向善"的人格修养和德性品格。

3. 力求觉"责"的责任力。责任是社会伦理道德的核心内容,是做人、做事的根本和重要前提,也是社会不断发展进步的基础性因素。它是人自我价值实现和社会发展对个体需求在精神层面上的反映,指主体对一定社会关系中存在任务的客观认识和自觉服从。责任力可称为责任心或责任感,是指一个享有独立人格的社会主体发自内心的,对自己应该对国家、社会、集体以及他人所负责的认知、情感和意志,以及与之相应的遵守规范、承担责任和履行义务的积极持续的一种自觉态度和心理反映。

　　文化调节把责任从概念性说教转化为鲜活的例证,所蕴含的责任教育资源生动地概括了个体在道德体系中被要求和必须承担的具体责任,具有很强的说服力,可有效地唤起大学生的责任意识。一是通过文化学习感知。认知性德育课要通过实地体验观察、假想角色互换、课堂案例分析等问题情境大力推行文化调节,在充分肯定学生自主性和主体性的基础上,向他们科学地分析和解释人生责任,使大学生从知识中体会到不同层次责任的分量,从而萌发把外部的责任要求内化为自觉履行责任的道德情感,进一步增强责任的理性自觉。二是通过文化氛围促进。校园文化氛围真实地反映了大学生群体文化需求,具有相对的稳定性和很强的导向性,是大学生责任感养成最好的助推器。高校要着力把责任教育的内容渗透到各种校园文化的具体形态之中,满足学生的精神需要与追求,让学生的灵魂接受文化的洗礼,在充满温馨的育人环境中锻炼责任品质,不断推动他们自我完善与升华。三是通过文化服务体验。蕴含丰富文化内涵的服务学习活动是激发大学生内在道德情感,唤醒学生自觉履行责任的内在动力。学校要创设责任情境,根据不同的角色制定不同的道德责任规范,引导学生主动寻找自我责任角色,学会体验别人的处境以及社会的变化与需求,从中领会为社会做贡献的价值,从而树立对社会发展的使命感和忧患意识。

　　4. 善化信"认"的认同力。认同是人们在一定认知基础上确立的,将自我与他者的行为取向、价值标准、信仰态度等经由模仿比较,内化于个人行为和自我概念之中,进而形成对某种思想或事物坚信不疑的心理状态和归属感,是主体内在的一种心理体验、情感互动乃至认识趋同的移入过程。认同力是指通过以文化调节为基点的德育培养,让学生在日常学习生活中形成对外在于主体的道德良知、人文精神和共同理想的认识趋同,并自觉按其规范要求来指导自身行动的一种精神动力和积极因素。

　　高校德育要通过各种契合心理发展需求的文化调节,让大学生从中获得积极的情感体验,并对认知对象产生高度的肯定性体认。一是引导学生自我认同。个体真正精神世界的建构与超越,是来自内在的认同与觉醒。德育通过以具有文化内涵的和谐发展的目标指向调节主体的自我选择取向,使大学生在选择时自觉地把外在的道德要求内化为自我肯定的发展需要和发自内心的一种主动追求，并在其过程中获得一种崇高感和满足感，体验到一种快乐和幸福，从而不断深化对道德享用价值的内心体验，自觉自愿地选择接受德育内容，并将价值观念内化到心理意识深层，依据在德育中形成并认同的一定价值尺度对现实的"自我"进行深刻的理性调整，从而自觉实现由他律到自律的转化。二是提升学生的价值认同。价值认同的过程性要求为大学生们创设一个乐于参与的自主构建、自我教育的文化语境，通过指导学生在对各种道德价值不断分析反思、比较感悟的基础上，利用文化的先进引领和多元渗透，使社会主义核心价值体系更有效地扎根到学生的心灵深处，自觉地进行科学选择和价值评判，在认识上赞同、情感上相容和信仰上确立以共同理想信念为主题、以爱国主义为核心、以基本道德规范为基础的社会主义核心价值体系，将核心价值观认同并内化为道德自觉和个人品质，建构起符合社会需要并被人们普遍遵循的道德规范准则。

5. 勇于实"践"的践行力。践行就是践履笃行，乃德之基也。是指在一定意识支配下表现出具有道德意义并能进行道德评价的利他行为或亲社会行为的一种能力。它具有优化主体的功能，是主体内在综合素质在实践活动中的外在表现，是衡量一个人思想道德水平的重要标志。人的存在及发展与其感性的实践活动中所创造的文化具有高度的同一性，自古就有"躬孝践行，笃实而辨于文"的实践方法，社会实践是高校整合学校与社会教育资源，促使学生走出象牙塔接触社会、激发德行的有效途径。

德育从根本上讲需要实践活动，实践性是德育课程区别于其他教育课程的主要特征。文化调节从内容到形式全方位地融入德育实践：一是有助于提高大学生道德实践的自觉性。苏霍姆林斯基说"道德准则，只有当它们被学生自己去追求、体验并变成独立信念的时候，才能真正成为学生的精神财富。"充分发挥各种文化要素的合力，让学生带着思想困惑自觉参与到生活化、隐性化的角色体验之中，促使他们在社会的大熔炉中主动磨砺自我，"慎独自律"，亲身地感受能够激发学生内心的道德自觉，进而形成自觉行动。二是有助于提升大学生德育实践的科学性。毛泽东指出："人的正确思想，只能从社会实践中来"，一种思想理论的真理性只有回溯到生活实践中才能得到确认，文化调节以科学的价值判断和先进的道德指向，特别是在长期的历史发展中形成的独特的德育文化和系统的理论体系与方法，与现代德育理念具有高度的契合性，确保了德育实践的科学性和方向性。三是有助于增强大学生道德实践的持续性。文化作为一种精神的支撑和导引力量，能够引导德育对象秉持一定的价值取向，按照自我的价值标准主动践行真善美，自觉抵制假丑恶,进一步在生活实践中不断持续自己的道德行为,并且养成一种持之以恒的道德品质,使道德实践在潜移默化中成为学生一种自觉持续的人生追求,这也是我们德育的目的和旨归。

6. 持之养"思"的思创力。思创指思维的创造性,是指人们基于生活实践和理性认知的基础上,运用自身特定的文化信息,不受现成常规思路的约束,对客体不断进行质疑、比较、反思和批判,从而进一步激发主体求知欲和好奇心,并寻求对问题的全新而独特性的解答与方法的思维过程。人之所以能够进行深入的思考和创新,就是因为其经过了长期的文化学习与训练,具有了对文化的敏锐性以及超越现实物我的能力,思想是人的行动指南,只有在正确的文化思维指引下的行动才会产生良好的结果。

我们教给学生道德认知,不仅是为了加强他们对知识性内容的理解和掌握,更是要在德育过程中提高他们明辨是非的价值判断能力,也就是具备自觉发现生活目的与意义的能力。先哲说过:要学思结合,三思而后行。一要学会审思。"学而不思则罔,思而不学则殆。"以文化为基点的审思是对外部世界有目的的、带有理性批判性质的认知方式,它的形成源自对生活的文化积累,是发现矛盾并为之寻找缘由和依据的一个辩证扬弃的过程。可以有效地促使大学生在打好知识性根基的前提下,不断认识和掌握真理,自觉形成正确的人生价值观。二要学会反思。"吾日三省吾身",时常反思自我是古人所褒赏的一种美德,"理性的自我意识特别是理性的反思和批判意识是人类精神生活的前提"。通过文化调节多途径、多角度地潜移默化,可以提升学生对问题理性分析和逻辑推演的能力,常思索"为什么"和"应该怎么做",为人处世时心态趋于平和,实现知识理性和价值理性的统一。三要学会明思。"行成于思,毁于随。"正是源于知识积累和文化调节,思考才成为人的一种生活常态。文化力量的渗透和调节,会促进大学生把握理智与情感世界的平衡,"勤于学习、善于思考、勇于探索、敏于创新",养成主动探究的生活态度、是非比较的明思意识,并使其认识到自身行为的意义与价值,增强行动的正确性和自觉性。

(注:本文作者刘晓霞系绥化学院思想政治理论教研部主任)

论点六、在社会的大熔炉中锤炼品格[①]

黑龙江省绥化学院是2004年经教育部批准成立的一所新建本科院校,在"建

---

① 何玉洁:《在社会的大熔炉中锤炼品格——记黑龙江省绥化学院大学生社会实践活动》,载《中国教育报》,2011年11月29日第8版。

设应用型大学，培养应用型人才"的办学思路指导下，积极推进实践教育教学改革。从2007年12月起，先后在大学生中开展了送十七大精神进农户、社区公益课堂、"接力式"顶岗支教、关爱农村留守儿童、关爱空巢老人等系列社会实践活动。四年多来，参加社会实践活动累计超过13000人，人均100小时以上。不仅激起了大学生强烈的社会责任感、使命感，学校经过几年来的实践摸索，也形成了一整套具有可操作性的实践教育新模式，走出了一条新时期加强和改进大学生思想政治教育的新途径。绥化学院的大学生实践教育教学改革先后获得了2009年国家教学成果二等奖、2010年全国高校校园文化建设优秀成果二等奖。

完善教育教学体系，推进实践育人课程化。绥化学院将大学生社会实践纳入课程体系，制定了大纲、确定了内容、设立了学分，使实践育人真正成为学校教育的组成部分。首先是内容模块化。绥化学院对多年来的社会实践活动经验进行归纳、总结，按照功能取向将内容划分为爱国践履、专业实习、志愿服务、公益活动、社会调查、勤工助学、社团活动、自定义项目等八个模块。目前，支撑这八个模块的主要活动有以关爱留守儿童、关爱大自然活动为载体的爱的教育；以关爱空巢老人、孝道与感恩教育活动月（重阳节所在月为孝道与感恩教育活动月）为载体的孝道与感恩教育；以关爱残疾人活动为载体的善的教育；以考试、国家助学贷款等活动为载体的诚信教育；以志愿者活动、做义工活动为载体的助人为乐教育；以"接力式"顶岗支教、民营中小型企业实习为载体的艰苦奋斗教育。同时，要求一、二年级学生每年还必须参加48小时的义工才能获得实践学分。整个实践教育设立了4个学分，学分由实践项目运作和实践成果两部分组成，学生不修满学分不能毕业。第二是运作项目化。绥化学院实践教育实行项目化管理，实践项目的申报和实施在教师的指导下由学生独立完成。开展实践活动从准备、实施到巩固消化活动成果有着一整套规范程序。在每年三四月份的活动准备阶段，学生要对实践活动的内容、形式、时间等都做好充分、细致、具体的规划。学校则从选题指导、组建团队、动员培训和前期准备统筹安排，系统推进。在项目实施过程中，学生遵循计划，有组织、有步骤地进行活动，学校则进行定期检查指导，并及时了解、掌握实践活动各个阶段的进程和各项具体活动信息沟通与反馈。实践结束后，学校组织各个院系进行总结交流、成绩评定、成果展览、宣传报道。

构建全员工作格局，促进实践育人规范化。为了保证各项实践教育项目的落实，绥化学院注意整合队伍，融合资源。他们现有四支队伍在推进这项工作：一是思想政治理论课教师队伍。思想政治理论教研部全体教师按照院（系）学生比例分别编入各院（系）实践教育教研室，并作为学生兼职辅导员，同时担任一个班的班主任，从组织上保证他们能够更深入的了解学生。二是学生专职工作人员队伍。学生思想政治辅导员要担任思想政治理论课兼职教师，定期与思想政治理论课教师开展活动，包括一起研究学生教育管理的具体案例，一起理解教材，一起备课。三是关工委"五老"同志。绥化学院积极发挥关工委"五老"的"十大员"作用，在关爱农村留守儿童活动中，起初对接学校和留守儿童数量都很有限，他们就通过学校关工委与绥化市关工委联系，在这些老同志的大力支持下，使活动得以在绥化市十个县市区全面推进，也使绥化学院关爱留守儿童和空巢老人活动多了新的支撑。目前，该校8000余名大学生志愿者，关爱农村留守儿童4800余人、关爱空巢老人1050人。绥化学院还借此机会聘请绥化市及各县（市、区）关工委老同志任该校学生校外辅导员，有力地加强了校地合作，取得了互利共赢的效果。四是全校的学生寝室导师。绥化学院从2008年初开始在大学一年级设立寝室导师，全校党员干部和专业教师都在学校的统一组织下，有计划地对新生进行思想引导、生活指导、心理疏导、就业向导，其中也包括社会实践教育的指导任务。

加强运行机制建设，保障实践育人常规化。为了把实践育人工作做得更加扎实有效，绥化学院建立了比较完善的工作机制。首先是党委统一领导，党政齐抓共管。目前，绥化学院的学生社会实践活动领导小组的组长是校长，主管教学和主管学生工作的副院长为副组长，教务处、学生处、团委、思政部领导为小组成员。已经形成了党委书记定期听取汇报、校长亲自挂帅的工作格局。绥化学院院长庄严亲自带领各部门、各院（系）对实践教育工作进行研究、规划，每学期都要组织专门的工作会议，研究新情况、部署新任务。校级领导每学期都要到基层看望支教学生，参加基层社会实践汇报会等。二是各院（系）成立了大学生实践教育指导教研室。教研室由院（系）党总支书记任主任，思想政治理论课教师任副主任、辅导员和班主任及院（系）党团干部为成员，具体负责学生实践教育的总体设计、实施、考核、总结等工作。三是制订了教学计划，自编了参考教材。他们先后出台了《绥化学院大学生实践教育纲要》《绥化学院思想政治理论课改革实施方案》等多个制度文件。庄严院长还亲自组织主编了《大学生思想政治教育教学模式——三论式教学法实践探索》《大学生实践教育指南》《放飞学习——绥化学院大学生实习支教撷萃》《心手相牵，共享蓝天——绥化学院关爱留守儿童活动纪实》《关爱空巢老人——孝道与感恩教育》等教材和文集。作为学校实践教育的统一遵循。四是完善保障政策。学校规定不参加社会实践的学生没有学分，而没有学分就不能按时毕业。学校团委每年评定社会实践积极分子。每两年还要对实践教育情况进行一次专项评估、奖励。同时对完成顶岗实习支教任务的优秀学生在入党时可算作一次奖学金。另外,该校每年还划拨20万元实践教育专项经费,用于学生立项课题运转和日常活动。

通过绥化学院有效的社会实践教育活动,让我们认识到,脱离开社会去为社会培养人才是我们应该总结的一个深刻教训,而绥化学院的成功在于他们拓展出一片新的思想政治教育空间——即让大学生思想政治教育走出校园、走向社会!

这里,我认为值得肯定的经验有以下几点:

突破了思想政治教育的瓶颈,找到了理论教育与社会认知的结合点。

长期以来,我们高校的思想政治教育一直处于理论教学和社会实践相分离的状态,教育载体多为教育者自我模拟构建的校内模式,对一些社会负面影响常常处在防和堵的层面,甚至采取回避的态度,所以我们的思想政治教育常常陷入"理论至上、组织驱动、纪律约束"的境况。而真正让大学生走进鲜活生动的社会课堂,他们的视野、他们的思想、他们的情感都发生了巨大的变化。老师和辅导员们反映,学生思政课的出席率、课堂活跃程度和对理论的理解情况程度及参加学校活动的积极性都比以往有了很大的提高。学生主动递交入党申请书2009年以后同比增加3%,2009年学校大学生思想政治教育滚动调查学生入党动机同比从众心理等不良因素降低27%。

填充了社会体验的缺位空间,找到了大学生成长与高校德育的连接点。

大学生作为社会人,身处多元化、信息化国际环境,面对纷纭复杂的社会现象及社会发展中的种种问题,常常是被动接受的多、主动分辨的少,埋怨、责怪的多,主动担当的少,这已成为我们高校德育工作目前面临的严肃课题,那么,问题出在哪里？我认为根本原因是在大学生道德认知向道德情感升华这个环节上,缺少足以点燃他们青春热情的教育能量,或者说在情感升华这个环节上有些缺位。绥化学院将大学生投入到火热的社会发展中去体验、服务、奉献,得到的不仅是锻炼成长的机会,更是大学生自我教育、自我管理和自我服务的能力,这是校园内思想政治教育远不能及的。绥化学院支教生梁爽说:面对由一块黑板、一支粉笔、几张桌子组成的贫瘠的乡村教育现状,那一刻我知道了什么是责任,明白了什么是有意义的事业。关爱留守儿童志愿者2007级学生夏婉琦说:"曾经的我那么的不懂得珍惜,曾经的我那么吝啬付出,曾经的我肆意地挥霍家人的关心,曾经的我那么心安理得地承受家人的爱。"面对艰苦的环境、社会的现状,大学生从认知到情感再到个人意志都得到了重新洗礼,他们有足够的自制力和自信去践行责任。社会实践让高校德育收获了丰硕的成果,甚至学生的择业就业观念都不断转变,目前绥化学院毕业生志愿到农场等艰苦地区、基层单位就业比例与2007年同比提高

49%,涌现出了张瑞光、莫青青、崔丽莎等一批基层就业先进典型;在校生、毕业生参军入伍、志愿服务西部、参加农村大学生计划学生数也逐年增加。

提高了办学质量和社会声誉,找到了实践育人与服务地方的切入点。

绥化学院作为新建地方本科院校,升本之初就确定了"扎根绥化、面向龙江、服务地方经济社会发展"的办学目标,院长庄严告诉我们:作为地方高校,不仅肩负着人才培养的重要责任,同时也肩负着服务地方、发展地方经济的使命,几年来我们一直在努力成为绥化发展的科研支持地、人才支援地、知识储备地。我们注意到,绥化学院开展的各项活动,包括接力式顶岗支教、关爱农村留守儿童、关爱空巢老人都是先期在绥化论证出来的,并且开展这些活动也始终在绥化所管辖的市、县、区。随着实践教育的不断深入,大学生们在实践中得到了锻炼,收获了成长,为高校的人才培养及思想教育开辟了更加广阔的空间,同时也在一定程度上为绥化的地方经济社会发展做出了贡献。如"接力式"顶岗支教,解决了城乡一体化进程中乡村基础教育薄弱问题,促进了乡村基础教育的发展;关爱留守儿童让那些原本的"问题孩子"思想上得到了良好的引导,一些留守儿童在志愿者的帮助下学习成绩普遍提高,截止到2010年中考期间,升入高中学习的留守儿童比例由未关爱前的不足20%上升到了近40%;空巢老人在与志愿者对接后心理负担普遍减轻,缓解了家庭生活的苦闷,重新唤起了老人对生活的希望等等。绥化学院的社会实践活动不仅成功地找到了高校人才培养与服务地方的有机切入点,紧密了学校与各个市县的联系。学校连续三年被绥化市授予服务地方先进单位的称号。

大学生思想政治教育的实效性问题一直得到党和国家高度重视,各高校也在积极探索,绥化学院的经验告诉我们,社会实践是新时期加强和改进大学生思想政治教育的有效途径,同时是大学生成长成才的广阔空间和舞台。

(注:本文作者何玉洁系绥化学院原党委副书记)

论点七、构筑实践育人长效机制,提升高校思想政治教育实效性[①]

加强高校实践育人工作,是全面落实党的教育方针,把社会主义核心价值体系贯穿于国民教育全过程,深入实施素质教育,大力提高高等教育质量的必然要求。

[①] 董广芝:《构筑实践育人长效机制,提升高校思想政治教育实效性》,载《东北农业大学学报(社会科学版)》,2012年第6期。

(一) 实践育人长效机制的内涵及其现实意义

构建高校实践育人的长效机制作为高校实践育人的科学承载,是实践育人工作顺利开展的重要保障。

实践育人的长效机制是根据高等学校的教育目标的要求所设计和构建起来的理论和实践模式,它契合了"促进人类生命个体健康成长,实现生命个体由自然人向社会人的高度转化"这一教育本质,重视鼓励当代大学生的研究性或探究性学习与实践,强调学生参与、体验、实践,对于提高人才培养质量,促进实践育人规范化、制度化有重要意义。

1. 有利于提高人才培养质量

社会实践教育和学校课堂教育是高等教育体系的两个重要组成部分,培养大学生成人成才仅有课堂教育是不够的,必须做到课堂理论教学和社会实践教学的有机结合。教育部《关于进一步加强高校实践育人工作的若干意见》指出:进一步加强高校实践育人工作,是全面落实党的教育方针,把社会主义核心价值体系贯穿于国民教育全过程,深入实施素质教育,大力提高高等教育质量的必然要求。

参与社会实践已经成为大学生了解社会、认识国情、增长才干、锻炼毅力、培养品格、增强社会责任感的一种重要方式,同时也是大学生成长、成才的重要途径,具有课堂教学不可替代的作用。然而,在实际操作中,由于缺乏保障机制,导致实践与教育相脱节,内容单调,形式单一,浮在表面,缺乏解决实际问题的能力。与国家要求的创新型人才培养目标相距甚远。因此,构建高校实践育人长效机制是提高人才培养质量的关键环节。

2. 有利于大学生社会实践的规范化、制度化

构建实践育人的长效机制,需要制度化和规范化来保证。目前的大学社会实践"活动式"倾向突出,只重视动员组织,不重视实践过程、成果考察和经验总结。实践育人的宣传教育、组织领导等机制不到位,实践育人的队伍、经费、基地等各种保障机制不健全。个别高校社会实践简直成了学生特别是低年级学生的暑假作业,失去了社会实践应有的育人意义,个别的存在"雷声大,雨点小",甚至走过场的现象。实践充分表明,高校实践育人科学发展的核心取向是制度化和规范化,因此构建高校实践育人的长效机制是遵循实践育人规律,推动高校实践育人科学发展的必然取向。

3. 有利于提升当代大学生思想道德素质

党的十七届四中全会指出"世情、国情、党情的深刻变化"使党面临的"任务比过去任何时候都更为繁重和紧迫"。校园不是真空地带,当前我国高校学生工作

同样面临着新的重大考验和挑战。当前的大学生思想政治教育还大多停留在理论层面,思想政治理论课与社会实践脱节,导致大学生缺乏对社会正确的认识,理想主义、虚幻主义色彩浓厚,对社会、国家和党缺乏认同感,甚至政治信仰迷茫、理想信念模糊。思想政治教育只有融入个体的思想意识、情感意志和实际行动的过程之中,并转化为指导个体行动的实践精神和内在素质,才是活生生的有生命力的东西。实践育人是大学生思想政治教育的重要组成部分,通过社会实践,大学生了解了国情、民情,在社会实践中受到了教育,增长了才干,学到了真知,增进了与基层广大群众的感情,知道了自身的价值所在。高校实践育人的长效机制的建立,是提高当代大学生思想道德素质的依托和保障。

(二)构建实践育人长效机制的措施

绥化学院制定了实践育人工作总体规划,强化实践育人环节,本着实践育人与思想政治理论课教育教学相结合、与服务地方经济社会发展相结合的基本思路,形成了有效的育人机制,形成了强大的工作合力。

1. 与思想政治课程改革相结合,构建实践育人的课程化机制

绥化学院将社会实践作为思想政治理论课实践环节纳入课程体系,对其目标要求、形式内容、方法途径、学时学分、成绩考评、工作量计算、奖励办法、组织领导及有关政策都作了明确规定,使实践育人真正成为学校教育的组成部分。

采取课堂教育+社会实践的教育教学体系,突出实践环节在大学生思想政治教育中的重要作用。实行2∶1教学模式,即理论课教学占教学量的2/3,保证大学生接受全面、系统的思想政治理论教育。实践教育占教学量的1/3,要求每个学生在毕业前至少参加过一学期的实践活动,整个实践教育设立了4个学分,学生不修满学分不能毕业。具体实践环节项目按照理论课程的要求,找出其能够使实践与理论知识点相结合的项目。如:到农村、社区宣传党的方针政策,关爱空巢老人、关爱农村留守儿童等实践项目。通过实践解决对理论知识的理解和认知,克服了单纯的显性理论教学只注重理论知识和道德规范教育,不重视实践问题。引导学生知情意行等心理要素的平衡发展,将理论知识顺利转化为持久的品德行为,养成知行合一的优良品德。

2. 与文化创新相结合,构建实践育人的项目化机制

大学具有人才培养、科学研究、社会服务和文化传承创新的功能。绥化学院一直鼓励大学生围绕文化创新设计实践项目,通过公开招募、重点立项、动态管理、实绩考核等方式,在社会实践活动中推行项目化运作。学生要对实践活动的内容、形式、时间等做好充分、细致、具体的规划;学校则从选题指导、组建团队、动

员培训和前期准备统筹安排,系统推进。在项目实施过程中,学生遵循计划,有组织、有步骤地进行活动;学校则进行定期检查指导,并及时了解、掌握实践活动各个阶段的进程和各项具体活动信息的沟通与反馈。实践结束后,学校组织进行总结交流、成绩评定、成果展览、宣传报道。通过项目化机制带动了一大批学生融入实践育人活动中,在全校形成了重视实践育人、崇尚实践育人的文化氛围。培养了大学生的爱国主义精神、深厚的民族情感,团结友爱、孝道感恩、明礼诚信、勤俭自强、敬业奉献的人文精神。

3. 与长期性的志愿服务相结合,构建实践育人的基地化机制

实践育人基地是开展实践育人工作的重要载体,是大学生走向社会、接触社会、了解社会、服务社会的桥梁。我校对大学生参加志愿服务活动做义工,规定不少于48小时,这就要求有稳定的社会实践基地做保障。绥化学院本着合作共建、双向受益的原则,从地方建设发展的实际需求和大学生锻炼成长的需要出发,在绥化各县、乡建立了相对固定的基地,并从制度上、体制上、管理上保障基地长期和稳定地发挥作用,使基地成为人才培养、德育教育、素质拓展的重要阵地,从某种意义上说,这种基地是扩大了的社会化的"实验室",发挥了学校课堂教学难以发挥的作用。

4. 与素质教育相结合,构建实践育人的考核评价机制

素质教育就是以素质提高为目的的教育模式,它将知识传授、能力培养、素质提高融为一体,不仅教会学生如何做事,也教会学生如何做人。绥化学院在对实践育人效果进行考核的时候,将其与素质教育相结合,改变重知识轻能力,重结果轻过程的误区,将大学生的思想政治素质、专业技能、创新能力等结合起来进行考察。既检查评比实践活动的结果、学生实践报告的撰写情况,又要看到学生在实践活动中思想品德、道德修养的提高情况,将定性考核和定量考核相结合,形成了实践育人的考核评价机制。

(三)绥化学院构筑实践育人长效机制取得的效果

绥化学院构筑的实践育人课程化、项目化、基地化以及考核评价机制,帮助大学生树立正确的世界观、人生观、价值观,促进大学生知情意行和谐发展,砥砺品质,提升了综合质素。

1. 促进知情意行均衡发展,塑造了大学生高尚品德

绥化学院通过开展实践育人活动,大学生走进鲜活生动的社会课堂,将教育内容融入到大学生个体的思想意识、情感意志和实际行动的过程之中,最终内化为大学生个体内在素质。随着顶岗实习支教、关爱留守儿童、关爱空巢老人、关爱

残疾人等志愿服务活动的开展,让学生深入到实际中去感受、去学习,进而了解社会、了解国情,学会感恩、关爱,懂得担当、明确责任,进而树立正确的世界观、人生观、价值观,达到了教育目的。

2. 提升了综合质素,培养了大学生的创业意识和创新能力

胡锦涛总书记在清华大学百年校庆讲话中希望青年学生要把创新性思维与社会实践相结合,创新之根在于实践。绥化学院通过实践育人机制的建立,保证了每个人都能参与实践,也使他们的创业意识和创新能力得到了增强。大学生通过实践教育,动手能力、人际交往能力、团队合作能力、语言表达能力、大型活动的组织能力等都得到了明显提高。自2011学年度,我校学生在全国电子大赛、数学建模大赛、外语竞赛、全国创业大赛、全省音乐大赛等活动中有100余人次获得了团队和个人奖项,有500余名学生在各级各类学术刊物上发表了论文,学生科研能力明显提高。

3. 增强了大学生社会责任感,促进了基层就业

通过实践育人机制的构建,绥化学院的学生从被动接受教育转变为主动参与受教育,以独立的主体身份在实践中进行自我教育。通过实践教育课程化、项目化、基地化,教育实效性得到了明显提升,也让我们的教育走出了校园,走进了社会和家庭,树立起了广大学生的社会责任感和使命感,连续两年我校毕业生志愿服务西部人数全省第一名。三年来绥化学院累计有1000多名学生主动到基层农村、农场就业,成为西部志愿者、大学生村官。

构建实践育人长效机制是各个大学都在积极探索的一项重要课题,关键在于选好实践育人的载体,搭建实践育人的平台,使大学生真正在实践教育过程中受到教育,增长才干,做出贡献。

(注:本文作者董广芝系绥化学院党委副书记)

论点八、加强关爱教育　彰显大学文化本质[①]

大学的本质在于文化。神圣的教育事业是人类与其他生物的本质区别之一,没有教育的启蒙,人类还会在物我不分的漫漫长夜中沉默不语。通常认为,大学的功能在于人才培养、科学研究、社会服务,这种认识在中国的改革开放之初,在人才匮乏、学术未申、社会经济文化落后的历史条件下,无疑具有积极意义,也具有不可撼动的地位。然而当改革开放进行30年后,随着中国人民从温饱到小康、

[①] 庄严:《加强关爱教育　彰显大学文化本质》,载《黑龙江日报》,2009年7月8日第12版。

再到和谐社会的构建,随着高等学校从重组到扩招、再到大众化教育的来临,是应该超越工具化的教育模式,回到大学的真正本质上来的时候了:大学的真正本质在于文化的传承、启蒙,在于先进文化的引领和创新。

大学的文化本质要通过大学生人文精神的培养来实现。文化是人类社会实践活动中和社会历史运动中自觉或不自觉形成的行为规范和价值观念体系,是人类创造的精神财富的总和。所谓人文精神,是在历史中形成和发展的由人类优秀文化积淀凝聚而成的精神,一种内在于主体的精神品格——特别强调的是,那种严谨、求实的科学精神,也是人文精神的重要组成部分。高校的文化引领主要是通过学校的产品——学生来实现的,核心是培养学生的人文精神,它包括三个方面:一是教会学生如何自处,既要学会自律,又要张扬个性,包括具备严谨、求实的科学精神,充分激发自己的创造力,我称之为人的内在和谐;二是让学生学会如何与他人相处,核心和关键是学会关心、关爱,我称之为人与人的和谐;三是让学生学会如何与自然相处,核心是感恩自然和保护生态,这是人与自然的和谐。

开展节约型、关爱型、文化型校园建设,目的就是培养学生的人文精神。"三型校园"建设不仅仅是新时期思想政治教育的一个重要载体,它更是构建和谐校园、落实科学发展理念、培养学生人文精神的一种重要方式、手段和途径。从某种程度上来说,开展节约型校园建设,培养学生艰苦奋斗的传统美德,节约资源和能源,既有利于高校的可持续发展,也有益于实现人与自然的和谐;开展关爱型校园建设,培养学生敬重生命、关爱他人、关心团队的人文素养和美德,既符合构建社会主义和谐社会的要求,也有利于实现人与人的和谐;开展文化型校园建设,自觉地发挥文化的育人功能和力量,用优秀的文化全面提升学生的文化品格和人文修养,有利于实现人的内在和谐,达到自由自觉的精神境界。"三型校园"建设的三个方面与培养学生人文精神的三方面内容是相呼应和统一的。

关爱应该成为大学生人文精神培养的核心内容。从相对宽泛的意义上来说,节约型校园建设、关爱型校园建设也是文化型校园建设的组成部分,之所以把节约型、关爱型校园建设从文化型校园建设中分离出来,无非是想作一种强调,强调节约的意义,强调关爱的力量。而我的理解是,关爱是对他人的关爱,节约是对自然的关爱,"三型校园"建设最终强调的是在文化校园建设和学生人文精神培养的过程中,应更多渗透一些爱的因素、爱的启蒙、爱的教育、爱的引领。近年来,随着人们物质生活水平的提高,精神层面的文化匮乏愈显突出,特别是勇于奉献、乐于助人的雷锋越来越少,见利忘义、遇事退缩的范跑跑越来越多,这说明我们的文化中缺少爱的成分。社会需要爱、呼唤爱,社会要求人们爱自己、爱他人、爱自然,而这种爱的启蒙教育，无疑应该成为高校文化建设的重要组成部分，成为高校发挥文化引领作用的重点和突破口，成为"三型校园"建设的核心。

绥化学院在开展"三型校园"建设的过程中一直很重视爱的教育。学院建立了导师进宿舍制度和辅导员深入学生寝室制度，努力构建大学生问题的信息收集、反馈和解决机制，关注家庭经济困难、有重大身体疾病、心理抑郁和异常、网络成瘾、学习困难、因违纪受过处分、就业困难等特殊学生群体，进行分类管理、教育、服务。这些方法取得了一定的效果，但是也有一部分学生漠视学校的关爱，缺少感恩的心态，也不懂得把学校的关爱转化成对他人、对社会的爱。通过学院实习支教活动的开展，我们体会到，仅仅给予学生关爱是不够的，还要教会学生付出关爱。

绥化学院实习支教的过程就是一种爱的教育过程。学院升本以来，一直探索为地方经济社会发展服务的途径。在国家建设社会主义新农村和构建和谐社会的双重背景下，在解决学生实践和农村师资匮乏的双重目标下，我院从2007年开始在全省率先开展师范生顶岗实习支教工作。目前已有889名同学深入我省兰西、青冈、铁力、嫩江等12个市县区145所乡村学校开展此项工作。通过支教平台，学院从多个方面关爱农村教育发展：帮助乡村学校补充师资，为乡村教师提供免费教育技术培训，帮助乡村学校建设理化实验室，资助困难学校冬煤取暖，为一些学校送去玻璃、图书等等。实习支教的一系列做法，是绥化学院社会良心的一种体现，是学院对社会的一种大爱。

实习支教学生在奉献爱的过程中，体会到了爱的真谛。实习支教的艰苦条件是常人无法想象的。对于中国广袤的乡村，我们曾经怀着美好的憧憬和幻想，那里草原农田，稻谷飘香，清泉流水，炊烟庭院，那是心灵在梦里栖息的地方。然而现实的情况却是，那里没有自来水、没有室内厕所、没有浴池、没有食堂、没有暖气，很多同学不相信自己还能看到数十年不曾改变的土道、用辘轳摇起的泛黄的井水、烧起来乌烟瘴气的土炉，甚至还能看到用塑料布当玻璃的窗户。在这种艰苦的条件下，完成支教任务已经是一个巨大的考验，而支教学生却主动做了更多：他们当起了住校学生的义务寝室管理员，他们免费办起美术辅导班、周末小课堂，他们组织了乡村学校的第一次文艺演出，他们走十几里路去家访、去说服辍学的孩子，离开学校半年了，他们还在给班级的留守儿童写信，关心他们生活的点点滴滴。

作为一名大学校长，我曾迷惘于是什么激发了大学生的爱心，也震惊于支教学生返校后的巨大转变：吵吵闹闹的学生少了，安安静静的学生多了；奇装异服的学生少了,举止端正的学生多了;上网吧的学生少了,上图书馆的学生多了;学生身上浮躁的感觉少了,从容淡定的感觉多了。是什么改变了他们,在主编《放飞学习》的过程中,支教生的感言给了我答案。金洪勇同学说:这个世界上没有什么人是注定永远贫困的,我决心用我的爱心为乡村教育托起一片蓝天,点燃乡村孩子理想的火炬,并期待有一天,他们可以放射出耀眼的光芒;包海多同学说:乡村之于我们,有如苍穹之于雄鹰,它洗尽了铅华,涤荡了心灵;从小在哈市长大的独生子女李敏同学说:繁华都市里舒适的房间、可口的饭菜、开心的娱乐,这些曾经让我兴奋不已的事情,在来到长岗二中后,都变得索然无味了,我的人生开始在这片土地上沉淀、升华,我们应该用我们的绵薄之力来帮助乡村的孩子,我期盼有一天,每个孩子都会像城里的孩子一样,坐在窗明几净的教室里无忧无虑地学习。

爱是对学生最好的教育,给学生最好的爱的教育就是教会学生付出爱,爱自然、爱社会、爱别人,并且享受爱与被爱的快乐。在这样一种认识下,绥化学院目前正在积极推进大学生志愿者与农村留守儿童友情"1+1"共享蓝天活动,已有1780名大学生与绥化市80多所乡村学校留守儿童建立起亲密联系,我们期待着爱的种子在1780名大学生和留守儿童的心里发芽、开花、结出丰硕的果实,播撒到更加广阔的大地。

(注:本文作者庄严系黑龙江省教育学院院长、绥化学院原院长)

第六章

"五个关爱"大学生实践教育分项目探讨

论点一、践行孝道文化,提升当代大学生思想道德素质[①]

孝道作为支配中国古代社会最基本的道德伦理规范和做人的基本准则,长期以来已经渗透于人们的思想之中,成为传统伦理道德的核心部分,体现了中国传统伦理始于家庭扩展至社会,始于私德扩展至公德的特点。

(一)中华孝道文化的核心内涵

"孝"的思想内容极为丰富,按照陈德述教授的观点,中华孝道文化的内涵有八点:保全身体,珍惜生命;赡养父母,满足其物质需求;尊敬父母,满足父母的精神需求;关心父母的身体健康,有病及时治疗;承志立身,成家立业;净谏劝止,从义不从父;文明安葬,不忘父母,追思祖德;尽职尽忠,清正廉洁,为国立功。就是中华孝道文化的内涵或核心内容。只有明白了孝道文化的内涵和核心价值,才能更好地继承、弘扬、发展和创新,运用到大学生思想政治工作中才能更好地开展工作,培养有用人才。儒家所倡导的"孝"是建立在以人为本、"仁爱"和追求社会和谐的思想基础之上的,其基本意思是"善事父母",其基本内涵是对父母"敬爱"和"赡养",其本质是"敬"以及自身的成家立业,"爱""成才"。这种"敬""爱"和"成才"中所包含着的人的价值、珍视生命、人与人之间的"敬爱"与和谐以及自身的成家立业,这就是孝道的核心价值,它是不会受时间和空间局限的,不论是过去、现在还是未来,不论是世界上任何民族、任何国家都是需要的。

但是传统的孝道经历了极其漫长的历史发展,其中经由统治阶级的多次诠释

[①] 董广芝,夏艳霞:《践行孝道文化,提升当代大学生思想道德素质》,载《思想政治教育研究》,2012年第1期。

修改,将孝亲与忠君联系起来,成为封建统治阶级维护宗法等级制度的道德武器,严重歪曲了孝道的自然本意。对于传统孝道文化,应"取其精华,去其糟粕",继承其积极的思想和理念,摒弃其消极、落后、愚昧的做法,真正实现"古为今用",并不断推陈出新,与时俱进,赋予传统孝道丰富的内容和特定的外延,进一步内化为大学生永恒的精神追求,为强化我国的文化软实力奠定坚实的基础。

(二)孝道文化对当代大学生思想政治教育的现实意义

当今中国,正处于社会转型时期,东西方文化在信息化社会中相互碰撞与整合。利益关系和价值取向日益呈现多元化趋势,社会伦理道德失范现象相当严重。作为中国传统文化的核心内容之一,孝道文化所蕴含的处世哲学、道德修养、人格塑造的理念对当代大学生的人生观和价值观产生了不可低估的影响。弘扬孝道文化对于大学生思想政治教育有着重要的现实意义。

1. 践行孝道文化,有利于提升大学生的思想道德素质

《孝经·开宗明义》:"夫孝,德之本也,教之所由生也。"孝为入德之门,德为成事之本。一个人要有所作为必须具备良好的道德修养,而良好的道德修养是由孝道教育来培养的。在改革开放、发展社会主义市场经济的条件下,孝道文化中蕴含的"尊敬父母""珍惜生命""忠孝仁爱""清正廉洁、为国立功"等思想至今闪耀着智慧的火花,给我们很大的启迪。在提升大学生品行修养、完善人格时,要继承、弘扬和吸收传统孝道中的有益因素,把孝道中的忠孝仁爱、谦和礼让、清正廉洁、诚信守义、成家立业与培养大学生自尊、自信、自立、自律等良好品质结合起来并逐渐内化为他们自觉的行动,最终使大学生形成健康的人生观、价值观和积极的人生态度。

2. 实践孝道文化,有利于改善大学生人际关系

孝是形成和谐人际关系的精神力量。在传统孝道思想中,孟子有"申之以孝悌之义"的论述,主张人们应修其孝悌忠信,"入事父兄,出事之上"。《弟子规》中第二篇也有"兄道友,弟道恭,兄弟睦,孝在中"的论述。这些思想对于大学生认识与处理人际关系十分重要。现今大学生多为独生子女,思考问题多以自我为中心,人际关系中较缺乏宽容与谅解、尊重与互爱。而按照孝道的精义,应该由孝及悌,将对父母之爱敬,对兄长之尊推及于人,"老吾老以及人之老,幼吾幼以及人之幼",从而处理好各种人际关系。

3. 实践孝道文化,有利于大学生孝亲敬长

我们应敬长返本、亲亲感恩,而感恩报恩,即为孝道。我们应尊重父母的感情和为养育自己所付出的艰辛劳动,从而内化为奋发努力、立志成才的动力,以进取

向上的人生姿态与良好成绩来回报父母。孝亲,既是我们的法律义务,更是我们的道德责任,不仅要有物质供养,更要有精神关爱和心灵抚慰。孝亲是孝敬与赡养父母,敬长是孝敬老师和长辈。在大学阶段,家长和老师是学生最直接的孝敬、尊重的对象。老师给予了学生知识和文化,参与了学生的精神发展,因此对老师的培养教诲理应给予足够的尊重。

4. 实践孝道文化,有利于构建和谐校园

墨子说过:"父子不相爱则不慈孝,兄弟不相爱则不和调","人与人不相爱必相贼","天下之人皆不相爱,强必执弱,富必侮贫,贵必傲贱,诈必欺愚,凡天下祸篡怨恨所以起者,以不相爱也"。孝为仁爱之根本,是拉近人与人之间关系的情感基础,而这正是和谐的核心价值。孝道教育就是要引导大学生像爱自己的父母那样,尊敬老师、帮助同学、感恩他人、回报社会。只有这样才能祛除人性的自私、冷漠,培养与人为善、与人为乐、乐于助人的品德,不断提升思想道德境界,逐步营造出团结友善、和谐安定的学习和生活环境。

(三)践行孝道文化,提升大学生思想道德素质的途径

弘扬孝道文化,不能只停留在研究层面,更重要的是在实践层面。要在大学生中宣传孝道、弘扬孝道、践行孝道,使孝道成为学校每一个学生的基本道德,使之成为公民道德建设不可缺少的重要内容。

1. 学习传统孝道文化,提高理性认识与道德认同。传统的孝道属于中华民族优秀文化传统范畴,在高校德育内容中应占有一席之地。在当今以德治国,构建社会主义和谐社会的大背景下,大学生思想政治教育要牢牢把握《公民道德建设实施纲要》中关于"社会主义道德建设要以社会公德、职业道德和家庭美德为着力点"的论断,在大学生中大力实施孝道教育,在开展大学生德育工作中加入孝道元素,使之参与育人过程。

2. 将孝道文化融入德育教育,丰富教育内容。孝道文化是中华民族文化的精髓,具有鲜明的民族特色,体现出伟大的民族精神,是中华民族不断蓬勃发展的前进动力。孝道文化教育是长期的,也是艰巨的。要提升大学生的思想道德素质,我们就必须结合当地大学生的特点制定切实可行的相关策略,根据学科特点实施整体规划,落实科学评价机制,将孝道文化教育贯穿学校德育的全过程,使大学生在不断学习中提高社会责任感,将孝道文化教育所养成的道德习惯迁移到一个人的学习、生活工作等方面,形成社会自觉遵守的道德规范和行为准则。

3. 创新孝道实践载体,增强育人效果。将孝道文化融入道德教育工作之中,提高育人效果,笔者认为关键在于道德实践环节。各高校需要根据自己的实际情

况,坚持与时俱进,不断创新思想政治教育方式方法和实践载体。以孝道教育活动月为载体,在大学生中开展"孝敬父母"评选活动。还可以通过"一封家书""生日念亲恩""我的人生账单"等有意义的活动,让每个大学生体会到父母的含辛茹苦与养育之恩,并引导学生从点滴做起,回报亲恩。开展关爱空巢老人活动,引导大学生践行孝道。开展关爱空巢老人活动就是把孝的情感教育与实践教育相结合,促进学生起于微细,尝试于躬行,做到知行统一。这也是我们对广大学生内心那份深藏的"孝道"的唤醒与外化,是一种知恩、感恩、报恩和施恩的人文教育,是一种以情动情的情感教育,是一种以德报德的道德教育,也是一种以人性唤起人性的生命教育,具有思想政治理论课堂以及日常思想教育活动无法代替的效果。

(注:本文作者董广芝系绥化学院党委副书记、夏艳霞系绥化学院经济管理学院党总支副书记)

论点二、关爱空巢老人与大学生孝道教育研究[①]

当今社会,随着国家计划生育力度的加大和人们的思想观念的转变,独生子女越来越多,特别是正在校园中接受高等教育的90后大学生,他们中独生子女比例更高,他们从小在家中养尊处优,一味地向父母索取,对父母没有任何回报,孝敬老人的意识极其淡薄,致使在大学生群体中开展孝道教育迫在眉睫。

(一)大学生孝道教育现状

当代大学生中以90后居多,他们中独生子女比例也非常高,笔者在日常学生工作中了解到,他们大多对孝道有一定认识,但在具体实践中存在严重脱节,致使在孝道实施中存在诸多问题,主要表现在如下几方面:

1. 不尊重父母长辈的现象比较突出。在日常生活中,大学生时常顶撞父母,在外不顺心,回家就把父母当作出气筒,对自己父母乱发脾气。这样的问题在大学生中非常普遍,虽然大多数人发脾气后意识到自己做得不对,或者个别大学生会向父母承认错误,但是,在父母长辈的溺爱下成长起来的大学生们总是以自我为中心,总是叫嚣着父母不理解他们,父母与他们之间已经有代沟了。在家中,即便是自己的亲生父母,如果发生意见不一致,他们也很难去考虑一下父母的意见,更不会去关心父母的烦心事。

2. 不体谅父母供养自己的辛劳。大学生中使用苹果手机、高档笔记本电脑等

[①] 兰晓晟:《关爱空巢老人与大学生孝道教育研究》,载《当代教育理论与实践》,2012年第8期。

贵重物品的现象非常普遍,同学之间攀比吃穿的现象也常有发生,大学生铺张浪费过生日的现象也很普遍,请同学们到高档饭店吃饭,去高档娱乐会所唱歌消费,选购贵重生日礼物。每逢圣诞节、情人节等节日,很多大学生花费数百元欢度佳节。虽然,很多大学生家庭经济状况不富裕,但怕在同学面前丢面子,仍然想尽各种招数向父母伸手要钱。即使那些家庭富裕的学生家长,也会对亲戚朋友诉苦,感叹供一个大学生费用太高了。

3. 不愿意帮父母长辈做家务。大学生在家期间很少做家务,每天的大多数时间用在玩耍上。在家中,部分大学生养成了饭来张口,衣来伸手的不良习惯,就连收拾自己床铺这样的事,都由父母代劳,更不用说洗刷碗筷、扫地拖地这样力所能及的事。据笔者对所带年级的大学生进行调查,会做饭的学生少之又少,有的学生甚至连做饭的基本顺序都不明白,只有一少部分农村学生会做简单的家常饭,往往家长工作了一天回家,还要精疲力竭地去伺候孩子。

4. 不能满足父母对孩子的成才期望。一些大学生步入高校的大门,离开父母的视线,便开始忘我地玩耍,如整天沉迷于网吧,逃课成了家常便饭,吃喝玩乐样样行,一提学习成绩门门亮红灯,完全忘记了自己的责任和父母的期待。如笔者所在系的一名大四学生在校整天迷恋网络游戏,终日泡在学校对面的网吧中,天天在游戏世界中穿梭,辅导员老师多次劝说也无效果,在大四毕业时挂科20门,没有取得毕业证,整个大学四年就这样荒废了。

5. 缺少与父母的精神沟通。部分大学生平时不理父母,很少会关心父母,长时间连个电话都没有,只有没钱时才想起父母。去年,笔者所在的学院就发生了一件让人啼笑皆非的事,一名南方籍学生一个多月没给家里打过一个电话或者发个短信,当家长给孩子打电话时这名学生的手机号已经是空号,家长拨通了辅导员办公室的电话,我们立即找来这名学生,对其说服教育,这名学生反而说家长太不懂事,让他很生气,所以手机换号了。这件事情值得我们深思,大学生与父母的沟通怎么会变成这种局面呢。

(二)基于关爱空巢老人的孝道教育的意义

大学生志愿者关爱空巢老人活动是通过对学校所在地的空巢老人进行调研,摸清空巢老人情况,由在校大学生担任关爱空巢老人志愿者,以"一对一"(一个班级对接几个老人或一个年级对接一个社区的空巢老人)结对子的方式,对无子女老人、与子女分开居住老人等进行帮扶和关爱,从物质上和精神上给予力所能及的关心,弥补他们亲情的缺失。大学生关爱空巢老人活动是社会实践和孝道教育的有机结合,是对大学生进行孝道教育的一个良好可行方式,更有利于弘扬传统孝道文化、提升大学生孝道观。

1. 有利于弘扬传统孝道文化。孝道自古以来就是中华民族优秀传统文化的精髓,孝文化在我国古代有着博大精深的内容。在文明高度发展的今天,弘扬孝道观念,仍然具有重要意义。大学生是社会主义现代化建设的生力军,更是社会主义事业的接班人,通过对大学生志愿者进行关爱空巢老人实践教育,塑造自己的忠孝品德,使远离父母的大学生切身体验空巢老人生活现状,了解他们的诉求,更好地承担孝敬父母责任,可以更好地继承优秀的民族文化,弘扬传统孝道文化,使孝道文化更加富有生命力。

2. 有利于大学生健康成长。百善孝为先,所有的道德都以孝道为基础,孝道教育是道德教育的起点,良好的道德素质有利于大学生健康快乐地成长。大学生志愿者们通过关爱空巢老人活动,去接触空巢老人,了解空巢老人,关心空巢老人,在活动中潜移默化地接受了孝道教育,从内心深处产生孝道感恩意识,养成良好的孝道观,从而有利于提升大学生的道德素质,使其在漫漫人生路上健康成长。

3. 有利于强化大学生的责任意识。孔子指出,尽忠尽职、报效国家,是孝的重要内容,更是孝的升华。大学生关爱空巢老人,主动承担社会责任,由对空巢老人的关爱责任延伸到对社会、对他人、对事业的责任感,养成良好的责任意识,使其走上工作岗位,能够更好地服务社会,勇于承担责任,以良好的状态投入到社会主义现代化建设中。

4. 有利于减轻社会的负担。随着我国老龄化的加剧,空巢老人会越来越多,空巢老人社会问题越来越突出,这部分老人的晚年幸福不容社会忽视,值得社会的广泛关注,政府机构每年都要投入大量的人力物力去关爱空巢老人。大学生利用自己的课余时间走进空巢老人家中,帮助老人干一些力所能及的家务活,同他们聊聊天,一起度过传统节日等等,对空巢老人心灵上给予慰藉,填补他们孤独的心灵,让儿女不在身边的老人依旧能够体会到天伦之乐。大学生志愿者关爱空巢老人活动,使空巢老人得到幸福的养老生活,在某种程度上减轻了社会、地方政府机构的负担,有利于我国和谐社会建设的顺利进行。

(三)加强大学生孝道教育的有效途径

1. 加强孝道理论教育。高校是传播文化的重要场所,应当对大学生进行系统的孝道理论教育,使其充分了解传统孝文化中的精华,在孝道方面获得系统而理性的认知。诸如,学校开办孝道讲堂,不定期邀请孝道专家举办讲座,使学生们能够听到孝道大家的教育声音;在思想政治课堂上,由本校老师讲授孝道内容,使孝道教育不仅仅局限于讲座形式,让孝道理论教育常态化,更好地发挥学校教育的优势。

2. 结合关爱空巢老人，加强孝道实践教育。当代大学生大部分远离父母，没有尽孝的现实环境，如果单纯对学生进行说教式的教育，不仅教育效果差，而且容易使学生产生逆反心理，但是大学生关爱空巢老人活动，为大学生开展孝道教育提供了实践的便利条件，利用人对弱者的同情心理，引导大学生走近空巢老人，继而主动接受教育，将教育环境由传统的教室，转向了社会，教育内容更加生动形象，更加容易使学生接受，使其能够从理论的角度潜移默化地接受教育。

3. 构造良好的校园孝道教育环境。加强大学生孝道教育，应当充分发挥学校这个重要教育阵地，发挥好校园各种教育资源的作用，打造良好的校园孝道环境。利用学校的各种宣传媒体，如学校校报、网站、各种宣传橱窗等，从正面进行大力宣传，致使在校园中随处可见弘扬孝道的信息，弘扬孝道美德，赞扬孝道典范，形式良好地校园孝道环境，让大学生时时刻刻接受孝道教育。

4. 加强大学生自我教育能力。大学的教育方式与中小学截然不同，大学主要以学生自学为主，老师一改往日的灌输教育，学生更重要的是学会自我学习的方法。所以在孝道教育过程中，大学生应当充分发挥教育对象的主体地位和自我意识，强化自我教育的能力，充分利用各种孝道教育资源，自觉地接受孝道教育，提高自身孝道认知。

总之，纵观当代大学生孝道现状，在大学生中加强孝道教育，弘扬传统孝道，已经刻不容缓，这不仅关系到大学生自身孝道的提升，也关系到中国传统文化的传承，更关系到社会的和谐发展。

（注：本文作者系绥化学院艺术设计学院辅导员）

论点三、大学生孝道教育研究[①]

（一）孝道的内涵分析

纵观华夏五千年的文明史，孝是中国传统道德中的重要内容之一，没有它，中国就没有伦理道德可言。"孝"字最早出现在《尚书》："奉先思孝，接下思恭，以念祖德为孝，以不骄慢为恭。"《尔雅》认为"善事父母为孝"。《说文解字》对这个字的解释是"孝，善事父母者、从老省从子，子承老也。"由此可见，"孝"最初的理解仅仅在"奉养"和"祭祀"两个层面，是一种处理家庭中长辈和儿女间关系的社会道德原则。后经过儒家学者孔子、孟子及其继承人的发展，孝亲与忠君密切联系

---

① 夏艳霞：《大学生孝道教育研究》，载《绥化学院学报》，2012年第4期。

起来,成为一种"政治化"的孝道,孝逐渐上升到百德之首、百善之先的地位。儒家的孝道也成了以孝为本的理法规范,是阶级社会的道德基础和核心。可以这样说:"中国孝文化是由一代代炎黄子孙承继而成的子女、晚辈对父母、前辈的赡养、尊敬的伦理观念和道德实践的复合体,体现为中华民族的伦理思想、行为规范、道德生活乃至礼仪、风俗习惯等"。

(二)开展大学生孝道教育的必要性

孝道作为支配中国古代社会最基本的道德规范,长期以来已经渗透于人们的骨髓和血液之中,构成了中国传统伦理道德的核心部分。大学生思想政治教育工作是培养大学生道德情操,塑造高尚品行的工作。当今这个价值观念多元化、伦理道德日益缺失、人性日益被金钱蒙蔽的社会,在大学生中开展孝道教育,可以塑造大学生高尚的道德品质,激发他们的爱国热情,培养其崇高的人生理想,也是培育社会主义核心价值观的需要。

1. 有利于培养当代大学生孝长敬亲意识。孝,首先是家庭道德规范,是子女对父母之爱,作为子女孝敬自己的父母是天经地义的事情,是做人的底线。正如《孝经》所言:"夫孝,始于事亲。"孟子也说:"事孰为大?事亲为大","孝之至,莫大于尊亲,"然而,孝道缺失现象在当代大学生身上普遍存在。正如英格尔斯说过:"现代化过程中最普遍也是绝不可避免的趋势,就是助长一种年轻的文明。在这种文明里老年人不再是受尊重的对象,年高也不能成为受尊重的理由,这种情况是令人恐惧的,但它又真实地走近了我们的生活。"当今社会,相当一部分大学生是独生子女,从小就是家里的"小皇帝",他们身上存在孝德意识模糊,孝德情感淡漠,孝德趋向实践弱化的现象。甚至有的大学生不知孝为何物,道德认知与道德行为脱节。由于缺乏最基本的孝道观念,当今高校不少大学生不仅无视父母含辛茹苦的养育,还对父母百般要求。穿名牌,讲排场,爱攀比,不顾家庭条件,花钱大手大脚的现象在大学生中已经很常见了。甚至一些大学生埋怨、嫌弃父母无能,觉得父母给自己丢脸,还把父母当成出气筒。

事亲之孝德是人性最自然的流露,子女在孝敬父母的过程中懂得了感恩、学会了尊重他人,当他们步入社会后,会自觉恪守职责,维护家庭和社会安定。所以,在大学生中进行孝道教育可以将家庭责任扩大到社会,帮助他们树立科学的世界观、人生观和价值观,培育他们亲亲、敬长、知恩尽责的优良品质,进而塑造一名合格的当代大学生。

2. 有利于大学生树立珍爱生命意识。"身体发肤,受之父母,不敢毁伤,孝之始也。""父母全而生之,子全而归之,可谓孝矣;不亏其体,可谓全矣,故君子顷步而弗敢忘孝也。"这些观点明确地告诉我们,子女是父母的生命的延续,爱护自己的身体,珍爱自己的生命是最基本的孝行。然而事实却让人失望,在校大学生甚至硕士、博士动辄轻生,大学生自残、自杀事件已经屡见不鲜。中国社科院在《2005年中国教育发展报告》披露,自2000年以来,媒体报道有自杀大学生281人,仅2004年媒体报道内地23个省份近100所高校有116起自杀事件,造成了85人死亡,这种对自己生命漠视的态度,不仅是对含辛茹苦养育自己的父母的不孝,更是对社会的不负责任,对中华传统孝道文化的严重亵渎与背叛。在大学生德育中渗透孝道思想,使其认识到父母养育自己的艰辛,自己应该报答和养育年老体衰的父母,爱惜自己的身体,努力学习知识,为父母创造好的生活条件,是对父母尽孝;在挫折面前退缩、自残、轻生,是对父母最大伤害。

3. 有利于培养当代大学生的感恩情怀。传统孝道不仅教诲我们对自己的父母尽孝,还应该将这种关爱、责任与感恩不断放大,推己及人,关爱他人,奉献社会,实现"全孝"和"大孝"。正如孟子所说:"孝子之至,莫大乎尊亲;尊亲之至,莫大乎以天下养","老吾老以及人之老,幼吾幼以及人之幼。"在古代中国社会,孝是具有高度实践性的伦理道德规范,小孝汲家,大孝惠国。大学生是未来社会建设的重要力量,更是社会道德规范的践行主体,对大学生进行孝道教育就是要培育他们的感恩情怀,树立感恩意识、责任意识。

(三) 大学生孝道教育的途径

孝道教育,不能只停留在研究层面,更重要的是实践层面。要在大学生中宣传孝道、弘扬孝道、实践孝道,使孝道成为学校每一个学生的基本道德和行为准则。

第一,寓孝于教,增强孝亲意识。人的孝心和孝行不会自发产生,它需要后人的教育、培养和锻炼。知是行的前提,行是知的结果,只有深知,才能笃行。大学生只有学习孝道思想并从内心感受其的可贵,才能明白行孝的重要性,最终达到知与行的统一。因此,我们要将孝道知识通过行之有效的方式渗透给学生。孝道文化教育是长期的,也是艰巨的。要提升大学生的思想道德素质,我们就必须结合当地大学生的特点制定切实可行的相关策略,根据学科特点实施整体规划,落实科学评价机制,将孝道文化教育贯穿学校德育的全过程。首先,在大学生思想道德修养中增设专门章节,让大学生对孝道文化及其重要性有充分的了解;其次,在大学生日常思想品教育中渗透孝道思想的内容,引导学生在课余时间或者节假日去通读《孝经》《论语》《孟子》等儒家孝道经典,让他们在学习中心灵受到震撼,体会到孝的意义,埋下孝的种子,加深思想认识。经过长时间思想和情感的积淀,厚重的孝道文化在大学生面前变成一种鲜活的存在,内化为一个人自觉的行为。

第二,创设有效载体,践行孝行。孝是中国古代社会高度实践化的伦理道德,是积淀几千年的文化的精华。实践出真知,只有实践才能增强大学生的孝德情感。孝行实践是道德教育最重要的部分,大学生的思想教育不应该只停留在理论学习阶段,要从实践入手,营造知孝、行孝的氛围,学生社团组织是孝文化实践教育的有效载体,利用假期,组织青年志愿者深入福利院,社区孤寡老人、空巢老人家,开展"爱老、敬老、侍老、助老"活动,为老人们送去关爱,也是我们对大学生内心那份深藏的"孝道"的唤醒与外化,具有思想政治理论课堂以及日常思想教育活动无法代替的效果。通过这些活动引导学生自觉地践行孝道,让每个学生都能体会到父母的艰辛和养育之恩,最终通过行动来回报父母。

第三,以重要节日为依托,强化敬亲观念。为了增强当代大学生的敬亲意识,使他们学会感恩父母、感恩师长、感恩他人。可依托感恩节、母亲节、父亲节、教师节、重阳节等节日,举办丰富多彩的校园孝文化活动,比如"一封家书""生日念亲恩""我的人生账单"等有意义的活动,引导大学生回报亲恩,强化亲情意识和感恩观念,让每个大学生都体会到父母的含辛茹苦与养育之恩,并引导学生从点滴做起,回报亲恩。

第四,评选孝子,发挥榜样示范作用。利用每年的五四青年节评选表彰先进的机会,开展校园孝子、孝女评选活动,树立践行孝道的典型人物,发掘大学生身边的孝亲榜样,增强说服力,并将他们事迹材料印发给每名大学生,通过校园宣讲会及对身边榜样先进事迹的学习、讨论,促使每名大学生发现自己身上的不足。在举行活动时可充分借助校园内外媒体的作用,扩大宣传范围和影响力。

(注:本文作者夏艳霞系绥化学院经济管理学院党总支副书记)

论点四、试论地方高校理工科专业大学生人际关系危机下的感恩教育[①]

从精英教育到大众化教育,中国高等教育取得了巨大成就,但是在自由、开放成为当今国际多元化市场经济下的高等教育主流,"务实主义"充斥着莘莘学子的神圣殿堂,地方高校理工科专业大学生人际关系危机在严峻的就业压力和残酷的竞争中凸现出来,他们追逐"利"而逾越于"同窗情""师生情""父子情"之"恩",虽然获取"利"得一时之快,人际关系紧张则一直困扰着他们的学习与生活。

---

① 刘蕾等:《试论地方高校理工科专业大学生人际关系危机下的感恩教育》,载《兰州教育学院学报》,2013年第8期。

(一)人际之维

美国人际关系学家卡耐基说过:"和谐的人际关系是一笔宝贵的财富"。人际关系以感情为基础,是社会的重要组成部分,是人全面发展的制胜法宝,是和谐校园与和谐社会不可或缺的重要因素。良好的人际关系以知恩、感恩为基础,使人懂得互助与回报。"一个人活着不只是为自己活着,由于一些千丝万缕的情愫,使得人在某种程度上乐意为别人而活着,不得不为别人活着。这其中之一就是恩情,恩情是连接人与人之间的一个良好的纽带,更是连接大到国与国、地区与地区,小到家庭与家庭、人与人,进而支撑一个社会。"

由此,良好的人际关系源于感恩,感恩即是爱。弗洛姆在《爱的艺术》中清楚地阐明了爱的本质和意义:"真正的爱是给予、关心、责任感、尊敬和了解。爱是人的基本需要,是人类生存问题的答案。如果没有爱,就不能够正确了解他人,不能认识到他们的潜力和才能,不能真正洞悉他们的本性。有了爱,人们就能排除孤独感和焦灼感,消除人与人之间的隔膜和疏远而相互联络起来。"在道德教育中,人际关系体现为"爱己"和"爱人"两个维度:爱己是求得自我德性上的成就,爱人则是实现人己相处的和谐,更是提升自我幸福感的前提,是立足之本、立业之根。

高校感恩教育强调以情感人、以情育人的重要作用,它把学生发展、教师发展和学校发展紧密联系在一起,在感恩教育过程中它把和谐校园、和谐家庭与和谐社会的建设统一起来,有利于"和合"盛世的实现。

(二)困扰之思

1. 地方高校理工科专业大学生行为"应用化"。据调查,与同类大学相比,地方高校大学生生源大多来源于农村。学习层次低,就业压力大,在重重劣势下,或多或少的自卑感油然而生,人际关系出现"真空",人文素养匮乏使得理工科专业大学生深陷其中。地方高校理工科专业多结合地方实际,为服务地方经济而开设的。理工科专业大学生所学课业应用型较强,除理论学习外,他们更为注重提高个人技能与实践能力。故此,理工科专业大学生往往轻理论学习重个人实践,为毕业实习与日后就业做准备,创造价值是他们未来的希望。理工科专业大学生男生比例较高,称兄道弟中企图营造和谐氛围;女性大学生拥有更加宽容、敏锐的人格特质,在人际交往中更能善解人。相比之下,理工科大学生在与同性的竞争和与异性的交往中,使得理工科学生人际困扰在生活和学习中流露出来。在繁重的课业与社会实践过程中,学生投入周而复始的观察实验和分析数据、结论,及课后单纯地社会实践;在付出并小有成就时,他们更倾向于简单地体验创造劳动价值的快感,这使他们终日忙碌而忽视自我修养的提升,久而久之,传统文化、中华美德、仁爱之心在"应用化"行为中日益淡化。与此同时,理工科学生的人格特质使得他们理性大于感性,在价值面前,人情世故上出现与同窗好友的见利忘义、与师长父辈的唯利是图屡见不鲜,人际关系危机,正是这种"务实性"思想"应用化"行为的必然。

2. 地方高校理工科专业大学生思想"务实化"。理工科大学生思维比较严谨、缜密,考察人际交往的视角本应立体和客观,其真诚、客观的一面不可否认,而随社会变迁,其在交往过程中能够积极主动或对接受的人际信号做出回应,但实际上效果并不理想,这与其人文修养匮乏、表达能力欠缺有关,而在激烈竞争中"务实化"思想下"利"大于"恩"则是导致人际关系不畅的症结。每况愈下的幸福指数在务实化的"情谊"中留下印迹。一是同窗情不纯。地方高校学生有着外省学生少、本省学生多,城市学生少、农村学生多,贫困生比例较高的特点,大多数学生家庭条件较为困难,奖助学金分量显得颇重,同窗间"真空"成为潜在危机。二是师生情不真。理工科专业人数不减,利益促使学生崇拜"高分",加之家长的"调教",促使学生通过各种方式维系师生互利关系,所谓"礼品"等物质利益渗透于质朴的师生情。三是亲情不亲。父母对独生子女百般呵护,实际上代际差异使得学生对父母不屑一顾,无论家庭条件是否富裕,自尊骚动学生"显富"心理。四是仁情不仁。文化多元的今天,对自由、开放、民主的懵懂使得大学生缺乏社会责任感、使命感,如受资助后无感恩之意,酒后驾车肇事逃逸等。

(三)感恩之治

中共中央、国务院2004年8月发布的《关于进一步加强和改进大学生思想政治教育的意见》中就曾指出:"要把思想政治教育融入到大学生专业学习的各个环节,渗透到教学、科研和社会服务各个方面。"

1. 广泛"纬度式"教育

(1)师生互动。理工科专业学生与教师接触较多,教师要在传道授业中渗透感恩教育,要帮助学生树立正确的价值观;在课业讨论、交流环节,要增进师生、生生感情;在潜移默化中增进师生、同窗情谊。

(2)校园活动。由于课业繁重,理工科学生参与课外活动较少,因此,学校要围绕专业开展形式多样的校园活动,锻炼学生的语言表达能力与交往能力,为学生搭建人际交往平台;同时,在协作中培养学生团队合作精神,增进同窗情。此外,学校要结合节日契机开展内容丰富的课外活动,如参观历史博物馆,参加"一二·九"红歌汇演等,陶冶大学生情操,熏陶理工科大学生的人文涵养,增强大学生爱人、爱国、爱社会的博爱情怀。

(3) 素养能动。我国学者黄希庭等人曾用"内田——克列别林精神检查表"对四川大学、南开大学、第四军医大学、复旦大学、安徽师范大学等五所院校的大学生进行气质测定,结果发现:理科大学生中胆汁——多血质的人数更为突出。针对理工科学生思维敏捷但人文素养相对低的现状,学校要营造浓郁的人文氛围,提高学生的涵养,如拓展社团文化、开设传统儒学学社、结合专业开展专题性晨讲、举办专业文化节等,针对大学生礼仪展开讲解、表演、实践等系列活动,增强大学生自我素养能动意识,提升理工科大学生对传统文化的向往与对中华文明的热爱。

2. 深入"经度式"教育

大学四年,从青涩到成熟,从年少轻狂到踏实稳重,感恩教育在不同时期应有不同体现,成纵向的经度式教育在渐进式教育中也具有重要的作用。依据随年级升高人际关系变得更为疏远的特点,开展因材施教的指向性教育,以激发学生使自己的感恩认知内化为感恩情感和感恩意志的内在力量。

(1) 大一:感恩之心。新生面临适应大学生活角色的转变,养成教育由此开始。结合大一新生寻求社会支持的特点,融入教育艺术。让学生在背井离乡思念家乡的同时,利用契机感恩父母;开展"我爱我家"寝室文化节、班团日活动,让学生感受集体的温暖,感恩他人;参观校园,让学生陶冶情操于良好的校园环境,以感恩学校良好的育人氛围,最终实现通过教育,塑造学生感恩之心。

(2) 大二、大三:奋进之行。角色转变后,为了不断进步,大学生便对自身学业及人际关系有了更高需求。对交友的渴望,对社交、过级(大学外语、计算机过级)的渴求,困扰着学生,信仰危机开始出现。研究表明大二是信仰危机出现的转折时期,他们开始崇拜务实主义,政治信仰、民族主义、国家主义观念发生动摇。另外,大三学生社会支持少,其"孤独"感达至顶峰。学校要提供学习、实践及交友平台,结合节日契机邀请相关专家、成功人士进行讲座,使学生在奋进中感知并坚定共产主义信念。

(3) 大四:收获之果。大四,面临人生转折,泪水或是喜悦,大学生收获着自己的果实。在物欲横流的社会竞争中,大学生原本纯真的心蠢蠢欲动。为使学生迈向社会的步伐愈加坚实,对学生进行诚信自己、感恩社会的指导不可或缺,即最后阶段的感恩教育将在学生实践中得以内化与升华。帮助学生在专业实习中培养职业道德,明确工作中"团队精神、创新精神、沟通能力"的重要性,亲历实习让学生增强业务本领、懂得社会伦理,以高度的社会责任感收获沉甸甸的果实。

(注:本文作者刘蕾系绥化学院食品与制药工程学院辅导员)

论点五、大学生关爱留守儿童社会实践的德育实效性研究①

大学生关爱农村留守儿童是将社会实践工作与大学生德育教育有机结合,对于大学生道德素质的提高和社会的文明和谐有着重要的意义。

(一)关爱留守儿童实践活动的德育实效性

实践的观点是马克思主义最基本的观点。马克思在《关于费尔巴哈的提纲》中指出:"全部社会生活在本质上是实践的。"古希腊哲学家亚里士多德认为,培养美德必须实践,并通过理性的教育,形成道德习惯。社会实践是提高大学生德育水平的有效途径,《中共中央国务院关于进一步加强和改进大学生思想政治教育的意见》中指出:社会实践是大学生思想政治教育的重要环节,对于促进大学生了解社会、了解国情、增长才干、奉献社会、锻炼毅力、培养品格、增强社会责任感具有不可替代的作用。关爱留守儿童社会实践活动是大学生志愿者,以"一对一"结对子的方式,从思想、情感、心理、学习、生活等方面对那些父母外出打工子女,包括单亲家庭子女、孤儿等,进行帮扶和关爱,鼓励他们勤奋学习,引导他们积极进取,帮助他们树立信心,弥补他们亲情的缺失。这项活动使大学生提升了思想境界,增强大学生政治理论学习的实效性,促进了整个社会的和谐、安定、文明和进步。因此,我们对大学生关爱留守儿童社会实践中德育实效的考查应该是多角度的,可以从社会层面、学校层面和学生层面进行考查。

1. 从社会层面分析,有利于美德的传承和社会的和谐

首先,有助于中华民族传统美德的传承。尊老爱幼、扶危济困是中华民族几千年来的传统美德,在人格的塑造、思想品德的培养方面有独到的作用,影响了一代又一代的中国人。德育过程的本质是在活动和交往中,教育者借助一定的教育手段,把一定的社会思想、道德转化为受教育者个体思想品德的过程。也就是说,德育过程主要是道德的社会继承过程,或道德的社会传递过程。而当代大学生是我们国家与社会发展的一支重要生力军,所以对大学生的道德教育问题不容小视,高校德育工作有着不可替代的重要性。古人常说:"老吾老以及人之老,幼吾幼以及人之幼。"关爱留守儿童作为一种道德实践活动,大学生志愿者通过自己的爱心行动将中华民族传承下去,接受帮助的孩子在接受别人帮助的同时也逐渐塑造个人的品德,他们也会将自己的爱心传递下去。

---

① 董广芝、夏艳霞:《大学生关爱留守儿童社会实践的德育实效性研究》,载《东北农业大学学报:社会科学版》,2011年第2期。

其次,有利于社会的和谐。20世纪世界著名教育家蒙特梭利在她的名作《有吸收力的心理》中指出,对于儿童来说最好的环境就是父母本身。心理学研究表明,良好的亲子关系为儿童的顺利社会化和良好的行为习惯的养成提供了心理上的安全感,避免孩子产生不良行为。由于长期不和父母生活在一起,得不到父母的关爱,农村留守少年儿童从某种程度上就成为事实上的"孤儿"或"单亲"孩子。普遍存在感情淡漠、上进心不强、性格孤僻的特点。调查显示,30.5%的孩子很少和父母或监护人沟通,22.6%的孩子孤独没人聊天,14.1%的孩子缺少老师和家长的关爱,37.18%的留守儿童出现不同程度的自我封闭。他们缺乏热情和进取心,学习成绩普遍较差,有的留守儿童不遵守学校规章制度,成了"问题儿童",甚至走上了犯罪道路,成为社会不稳定的因素。

孩子是家庭的核心,寄托着亿万家庭对美好生活的期盼,家庭是社会的细胞。留守儿童是中国经济社会发展到特殊时期的必然产物,做好对留守儿童的帮扶和教育工作关系到亿万个农村家庭的幸福,关系着农村社会的和谐与稳定。大学生志愿者依托社会实践活动,关心、关爱留守儿童,对刚好处在个人世界观、人生观、价值观正在形成过程中的留守儿童进行引导、教育、帮助,作为家庭教育的援助力量,不仅可以弥补家庭教育亲情的缺失,而且可以促进留守儿童正确世界观、人生观的形成,维护社会的和谐。

2. 实现了学校教育和大学生自我教育有机结合

马克思主义认为,内因是事物变化发展的根据,外因是事物变化发展的条件,外因通过内因起作用。在大学生中开展思想道德教育,既要充分发挥学校教育对大学生的渗透教育作用,更要激发大学生的积极主动性,将其内化为他们自我学习与成长的动力。德育目标从本质上是实践的德育目标,归根到底是道德信念和道德行为的统一。思想政治教育既要促大学知识,又要育人正品行,追求做人与求知的统一。没有无目的的教育,更没有孤立的思想政治教育。只有将思想道德教育内化为大学生自身发展的一种需求,大学生思想道德教育工作才能真正落到实处,达到润物无声的效果。

学校教育主要是从课堂上获得间接、系统的理论知识。而"填鸭式"的教育使学生对知识缺少深刻的把握。通过关爱留守儿童实践活动,同学们用自己的双眼去观察,用自己的大脑去思考,用心去感受祖国发生的举世瞩目的变化,对国情、民情、乡情有了一定的了解,激发了他们潜在的使命感和责任感。他们学会了主动地去承担、去体会,在帮扶的过程中无形地受到了教育、得到了提高,将学校的理论教育和自我的实践教育、道德教育和个人道德修养有机结合起来,促使他们在学习和生活中自觉学习理论,积极参加社会实践,实现从被动接受教育向主动自我教育、自我管理、自我约束、自我提高的转变,由他律、向自律的转变,逐渐达到"自律""慎独"的道德境界。

3. 提升了大学生素质,提高了德育学习的实效性

首先,提升大学生的综合素质,促进科学世界观、价值观、人生观的形成。现在的大学生绝大多数是20世纪80年代末90年代初出生的,绝大多数是独生子女,他们直接感受的是改革开放以来的发展变化和社会发展带给他们的幸福生活,对于艰苦奋斗缺乏亲身体验。正处于世界观、人生观、价值观形成时期的大学生,思想方法简单、片面,看问题比较偏激。大学生志愿者们通过关爱留守儿童活动,直接面对贫瘠、落后的农村和那些渴求知识的孩子。城乡的巨大差距,理想和现实的反差,使大学生的思想和心理产生了碰撞,知道了自己现在生活条件的优越和幸福,逐渐地端正学习和生活的态度,树立起感恩父母、学校、社会的思想和珍惜意识,树立正确的奋斗目标和价值取向,学会无私奉献。在某种程度上提高了大学生认识社会、适应社会、改造社会的各种能力。在关爱实践中,大学生们通过自己的努力使留守儿童健康成长,他们认识到了生命价值的意义在于奉献,思想境界得到了提高。此外通过社会实践活动将理论与实际、教育与实践、知识与能力融为一体,填补了知识与能力之间的鸿沟,并且激活了大学生的创新意识和求知欲望,使其潜能得到最大限度的发挥,使其综合素质在社会实践中得到提升。

其次,提高了大学生思想政治理论学习的时效性。《中共中央国务院关于进一步加强和改进大学生思想政治教育的意见》中指出,要坚持知行统一,积极开展道德实践活动,把道德实践活动融入大学生学习生活之中。引导大学生从身边的事情做起,从具体的事情做起,着力培养良好的道德品质和文明行为。马克思主义理论课是理论性、思辨性较强的一门课程,其内容具有鲜明的时代性与实践性,离开了时代,脱离了实践是很难学深学透的。有了对社会的深入了解和真实的体验之后,大学生就提高了对马克思主义理论的理解和掌握能力。关爱留守儿童活动作为马克思主义理论教学的延伸和第二课堂,能切实提高"第一课堂"的教学效果的一体化机制,拓宽大学生的视野,提高其思维能力、融通能力以及对事物真伪善恶的辨别能力,从而使其能够从理性的角度在潜移默化中提升道德境界,而这样形成的道德理念也必将更为持久和牢固。

(二)以关爱留守儿童为载体,构建提高90后大学生德育水平的长效机制

马卡连柯说:"在学生的思想和行为之间有一条小小的沟,需要用实践把这条沟填满。"关爱留守儿童活动作为大学生开展德育实践的一个载体,为大学生激

发、蕴蓄美好真挚的情感奠定了良好的基础,它在潜移默化地改变着大学生的不成熟的心理定式,有效地调动了大学生自身道德构建中的主观能动性,从而使大学生学会交往,学会关爱他人,珍爱生活,奉献社会。为使关爱留守儿童这项活动健康、有效地开展下去,必须构建长效机制。

第一,建立大学生关爱留守儿童德育实践教育基地。

实践是德育的基础,德育中蕴含着"实践精神"。完整的德育过程是知、情、意、行等因素的统一。只有通过实践环节才能将一定的道德知识规范、内化为受教育者的道德情感和道德信念,才能提高个体道德修养水平。道德就是自我约束、自我制约,是一种自觉的行为。所以康德说:"有两种事物,我们越想它就越敬畏,那是天上的星空和心中的道德律。"这就说明了道德对人有压力,道德不像法律那样带有外在的强制性,所以道德本身就是一种内化的规范。因此,对学生开展道德教育,应该把它变成学生一种自觉的行为,达到润物无声的效果。

德育实践教育基地是顺利开展德育实践的基本保证、基本载体和基本培育点。没有稳定的合适的基地,德育实践活动也难以收到实效。德育实践基地的建立是将大学生的德育教育经常化的一种手段。为大学生提供发展个性、进行独立思考和选择的道德实践的机会,使他们在实践活动中能借助于自己的主观能动性和智慧,努力体验探索,不断强化道德认识,培养道德情感,进行道德判断,促进自身品德的发展。将高尚品德内化为自己的自觉行为,最终实现以德立身。我校在各中小学建立的关爱留守儿童工作辅导站就是一个很好的德育实践教育基地。

第二,优化考评机制,把关爱留守儿童工作纳入德育学分管理。

按照"让学生从被动接受教育转变为主动参与教育,以独立的主体身份在实践中进行自我教育"的原则,关爱留守儿童社会实践考核评价采用定性方法和定量方法相结合的方式,在思想政治理论课总学分中单独设立4学分为实践学分,根据学生在实践中的表现、思想、智能收获以及调查报告、心得体会的完成质量来判定是否合格,最终形成学分,记入学生学分档案,纳入教学管理。教育引导学生在关爱留守儿童德育实践中认知、在实践中感悟、在实践中提高,实现知行统一,调动学生的主动性。

第三,建立激励机制,营造人人争当先进,为留守儿童争献爱心的氛围。

要不断健全关爱留守儿童的激励机制,全面推进德育实践活动的开展。定期召开座谈会,介绍每个人关爱留守儿童的工作经验。加大奖励力度,设立实践教育专项奖学金。对于关爱活动中涌现出的典型事例,表现突出的个人和集体给予表彰奖励,并大力弘扬其先进事迹。做到关爱留守儿童活动情况与学生的综合测评成绩,与奖学金评定挂钩,与评选先进个人和集体挂钩,与团员民主评议挂钩。树立典型、表彰先进的激励机制,将使关爱留守社会实践真正实现有机运作、自我驱动和有序发展。

第三篇 03
调查报告篇

  本篇主要针对绥化学院情感实践教育中一些具体的项目模块进行了实践效果的调查,形成了总体和分项的调查报告。调查报告的内容不仅包括学校内的师生调研,还对社会中的实践基地进行了调研,数据内容丰富、鲜活,对工作中的成效、不足都进行了深入的分析。

第七章

大学生情感实践教育情况调查报告

为深入推进绥化学院校大学生情感实践教育工作,自2008年起,学校通过组建的大学生实践教育效果与需求问卷调查组,分别开展了针对绥化学院专职教师、教学管理人员、学生工作人员以及大学生的各项调研,形成了"绥化学院大学生实践教育效果与需求问卷调查报告(教师与管理人员版)""绥化学院大学生实践教育效果与需求问卷调查报告(学生版)""绥化学院深入推进实践育人工作调查报告",以此为我校实践教育的不断开展和完善提供数据基础和决策参考。

调查一、绥化学院大学生实践教育效果与需求问卷调查报告(教师与管理人员版)

绥化学院作为一所地方性综合大学,以培养社会需求为导向、适应时代发展的具有竞争力的高素质应用型人才为目标,因此,学校在教学过程中努力做到把教学与实践结合起来,针对大学生的思想实际和生活实际,开展实践教育工作。2008年,绥化学院开展了与农村留守儿童"心手相牵共享蓝天"活动,取得了较好的实践育人的效果。在思想政治理论课实践教育的探索中,根据实际生活,开展了以爱国践履、专业实习、志愿服务、公益活动等为主题的八大模块实践内容,丰富了大学生的社会实践活动。其中,在公益活动模块中,大学生志愿者与农村留守儿童"心手相牵,共享蓝天"真情互动项目荣获由教育部思想政治工作司主办的2010年全国高校校园文化建设优秀成果二等奖。

2009年,学校面向教师、管理人员和学生工作人员做了一次关于实践教育的问卷调查,此次调查结果较为公正客观地反映了我校开展实践教育的情况。为进一步了解教师对实践教育的认识程度和意见建议,更深入地推进我校的实践教育工作更上一个新的台阶,2012年3月对绥化学院专职教师、教学管理人员和学生工作人员进行此次问卷调查活动。

一、调查方法

(一)调查对象

1. 本次调查以绥化学院 240 名在校专职教师、教学管理人员、学生工作人员为样本,包括基础学院、经济管理学院、外国语学院、文学与传媒学院、艺术设计学院、音乐学院等共 12 个院、1 个系、1 个部。采用分层抽样的方法选取调查对象。

2. 具体做法是:以绥化学院下设的 12 个院、1 个系为抽样框,在以上 13 个单位中选出 12 至 15 人,其中,党总支书记 1 份,院长 1 份,副院长 1 份,教务员 1 份,学生工作人员 2 份,其他教师 10 份。由于思想政治理论教研部教师参加了学校思想政治理论课改革,因此,30 名教师全部参加了此次问卷调查。下发问卷共计 240 份。

(二)资料收集方法

本次调查采取问卷法收集资料。问卷由 30 个问题组成,主要针对绥化学院教师对学校开展的实践教育的理解和认识;学校开展实践教育的状态和效果;关于实践教育的需求等问题。发放问卷 240 份,回收问卷 208 份,抽样出有效问卷 180 份。

(三)资料整理与分析

全部问卷资料由调查人员检查核实后进行编码,然后输入计算机,利用 SPSS 分析软件进行统计分析,分析类型主要为单变量分析与双变量的比较分析。

二、绥化学院教师实践教育需求取向研究分析

(一)基础情况统计

1. 性别构成:被调查教师中男女教师比例分别为:45.56% 和 54.44%。其中女性多于男性,性别比例合理。具体数据如图 7-1 所示:

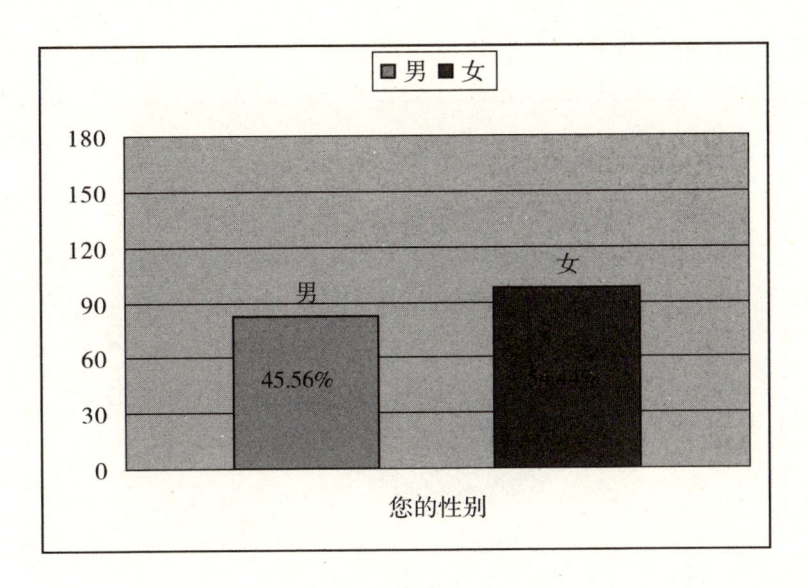

[图表：男 45.56%，女 54.44%，您的性别]

图 7－1

2. 专业性质：我校目前文科院系多于理科院系。被调查中文科专业教师人数102人、理科专业教师人数为78人，所占比重分别为：56.67%和43.33%，比例结构合理。具体数据如图7－2所示：

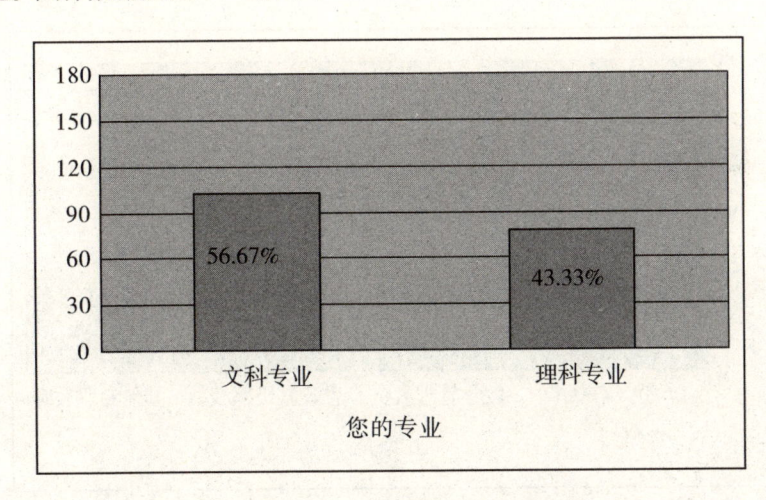

[图表：文科专业 56.67%，理科专业 43.33%，您的专业]

图 7－2

3. 被调查教师的职称或职务：被调查教师中初级职称教师人数为45人，占总人数的25%；中级职称教师人数为72人，占总人数的40%；副高级职称教师人数为42人，占总人数的23.33%；高级职称教师人数为21人，占总人数的11.67%。

具体数据如图7-3所示:

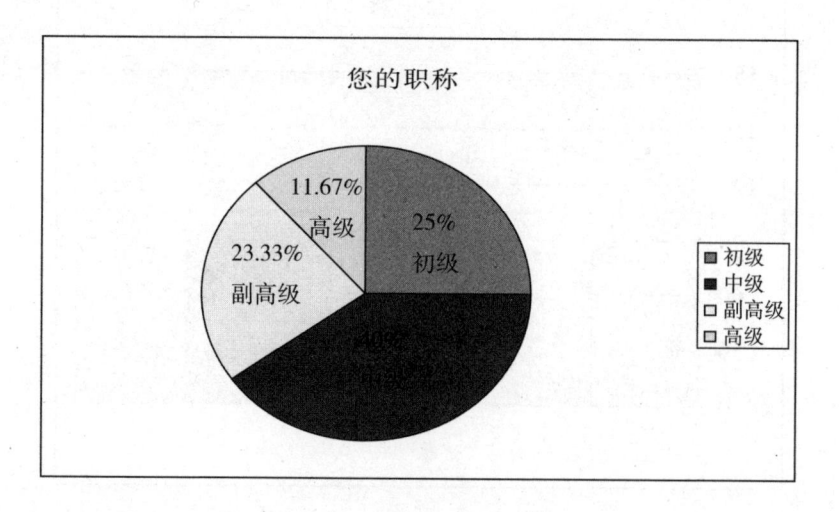

图7-3

4. 工作性质:被调查的教师中,有学生工作人员48人,占总人数的26.67%;教学管理人员31人,占总人数的17.22%;思政教研部教师30人,占总人数的16.67%;其他专职教师71人,占总人数的39.44%。具体数据如图7-4所示:

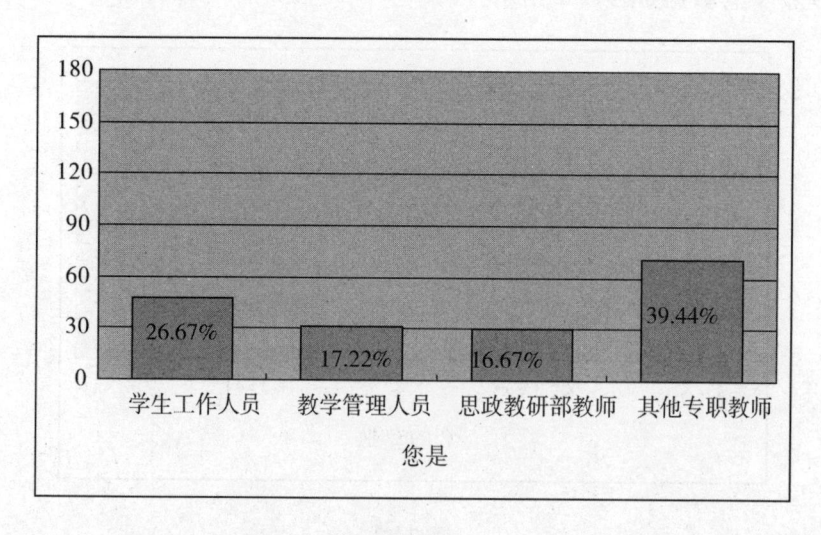

图7-4

5. 思想政治理论课教学改革或指导学生进行实践教育活动:被调查的教师中,有42.08%的教师参与思想政治理论课教学改革或指导学生进行实践教育活动,有57.92%的教师没有参与思想政治理论课教学改革或指导学生进行实践教育活动。见表 7-1。

表 7-1

您是否参与思想政治理论课教学改革或指导学生进行实践教育活动	比重
参加过思想政治理论课教学改革或指导学生进行实践教育活动	42.08%
没有参加思想政治理论课教学改革或指导学生进行实践教育活动	57.92%

(二)对实践和实践教育的理解情况分析

1. 实践理解:被调查的教师中,有 46 名教师认为实践是指学生从事专业实习,占总人数的 25.56%;有 31 名教师认为实践是指学生从事军事训练,占总人数的 17.22%;有 94 名教师认为实践是指学生从事某一项社会活动,占总人数的 52.22%;还有 9 名教师对实践有其他的理解,占总人数的 5%,他们认为只要不在学校学习,走出校园工作都可以理解为实践。如图 7-5 所示。

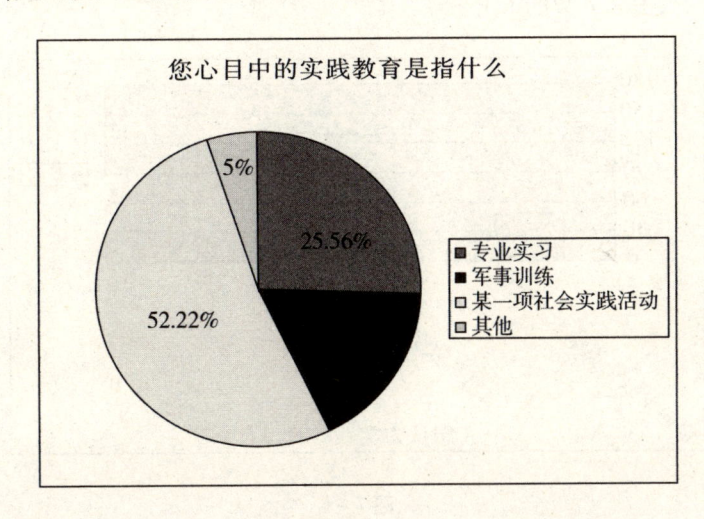

图 7-5

2. 教师实践教育经历:被调查的教师中,有 124 人在大学期间或工作后有过实践教育经历,约占总人数的 68.9%;有 45 人直接参加工作一直没有实践教育经历,约占总人数的 25%。可见大多数教师有过实践教育经历。见表 7-2。

表7-2 您本人有过实践教育经历吗

		频率	百分比	有效百分比	累积百分比
有效	有	124	68.9	73.4	73.4
	没有	45	25.0	26.6	100.0
合计		169	93.9	100.0	
缺失	系统	11	6.1		
合计		180	100.0		

3. 实践教育的面向：被调查的教师中，认为实践教育是面向少数精英学生的教师有49人，占总人数的27.22%；认为实践教育应面向所有学生的教师有129人，占总人数的71.67%；还有人认为实践教育应针对其他人群，如：少数对实践教育有兴趣的人占总人数的1.1%。

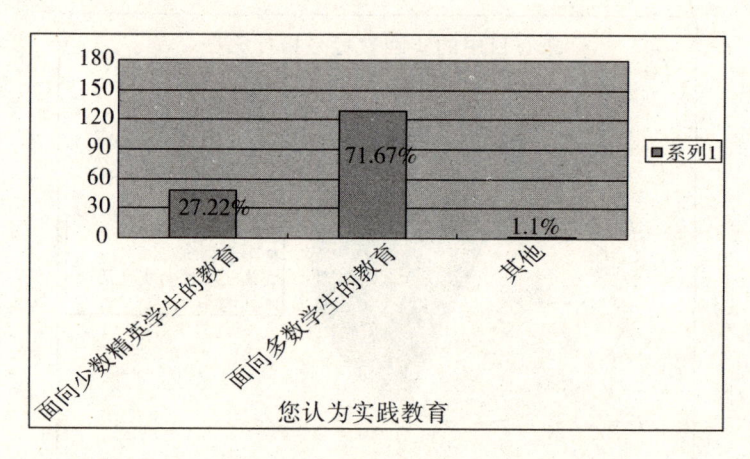

图7-6

4. 素质能力的培养：被调查教师中，有32名教师认为实践教育能够培养学生专业能力，占总人数的17.78%；有132名教师认为实践教育能够培养学生适合就业的综合素质，占总人数的73.78%；另外还有46名教师认为能够培养学生其他方面的素质，如：心理承受力及与人沟通的能力，占总人数的8.9%。

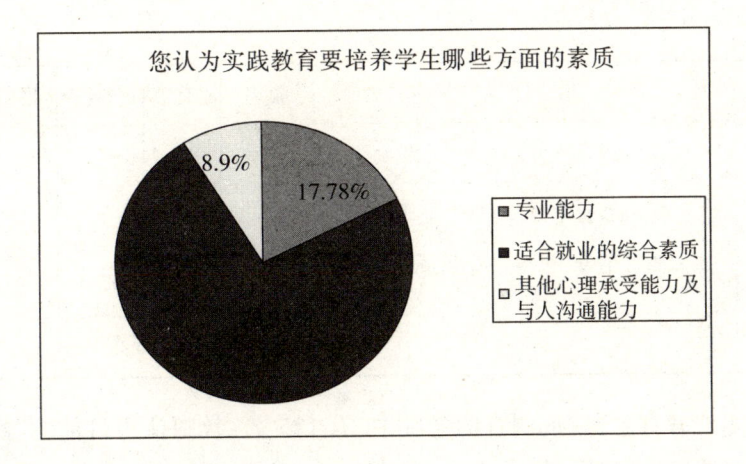

您认为实践教育要培养学生哪些方面的素质

图 7-7

5. 对学校开展的实践教育的评价:被调查老师中,3.89%的教师认为学校开展的实践教育很不好,13.89%的教师认为学校开展的实践教育不好,54.44%的教师认为学校开展的实践教育一般,17.78%的教师认为学校开展的实践教育比较好,10%的教师认为学校开展的实践教育很好。

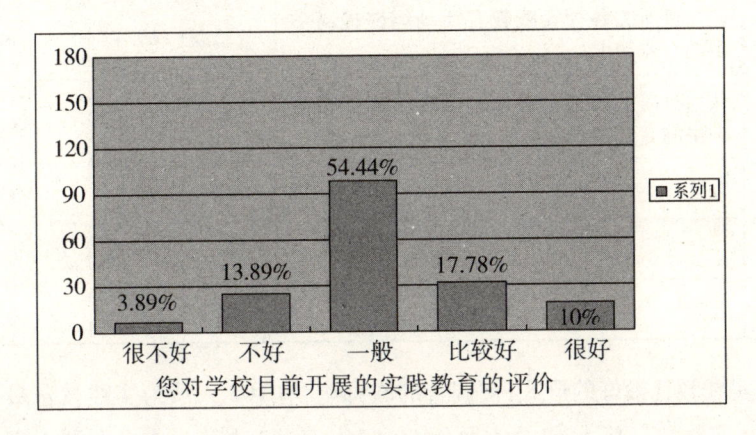

图 7-8

6."实践教育学分"的作用:被调查教师中,有 77 名教师认为实践教育学分对学生起到激励的作用,有这种思想的教师占总人数的 44%;有 36 名教师认为实践教育学分给学生增加了一定的压力,有这种思想的教师占总人数的 20.6%;有 62 名教师认为实践教育学分对学生没有额外的心理压力,有这种思想的教师占总人数的 35.4%。

表 7-3

		频率	有效百分比	累积百分比
有效	"实践教育学分"对学生是激励	77	44.0	44.0
	"实践教育学分"对学生是压力	36	20.6	64.6
	"实践教育学分"对学生没有额外的心理压力	62	35.4	100.0
	合计	175	100.0	

7. 实践教育意义:被调查的老师中,有 125 名;教师认为目前的各种实践教育活动能够提高学生的专业知识,约占总体人数的 69.4%;有 46 名教师认为目前的各种实践教育活动不能够提高学生的专业知识,约占总体人数的 25.6%。

表 7-4

		频率	百分比	有效百分比
是	认为目前的各种实践教育活动能够提高学生的专业知识	125	69.4	73.1
否	认为目前的各种实践教育活动不能够提高学生的专业知识	46	25.6	26.9
	合计	171	95.0	100.0
缺失		9	5.0	
	合计	180	100.0	

8. 实践教育最好的形式:被调查的教师中,有 102 人认为实践教育最好的形式是建立实践教育基地,占总人数的 56.67%;有 63 人认为在专业课中融入实践教育的教学内容,占总人数的 35%;还有 15 人认为实践教育最好的形式是其他形式,占总人数的 8.33%。

```
 180
 150  56.67%
 120
  90
  60         35%
  30                    8.33%
   0
  建    在专    其
  立    专业    他
  实    业课
  践    课中
  教    中融
  育    融入
  基    入实
  地    实践
        践的
        教
        学
        内
        容
```

您认为实践教育最好的形式是

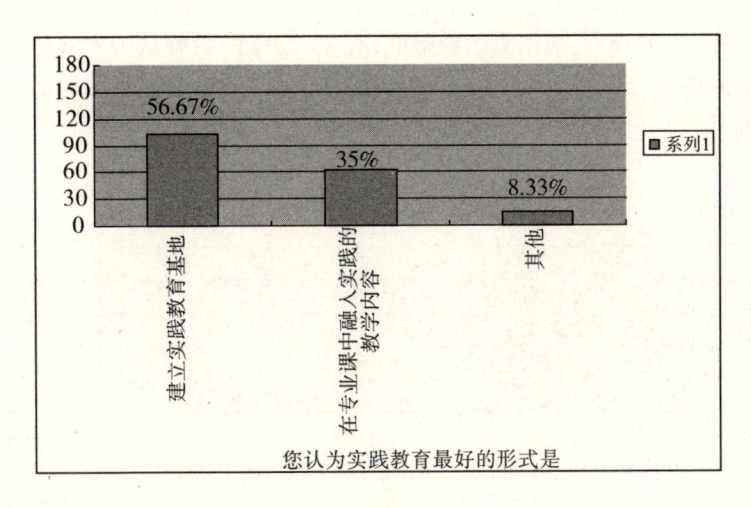

图 7-9

9. 实践教育平台:被调查教师中,78.7%的教师认为目前建立的关爱留守儿童基地、关爱空巢老人等实践教育平台有利于提高学生的综合素质,21.3%的教师认为这些平台影响学生正常学习文化知识,不利于提高学生的综合素质。可见,绝大多数教师对建立的实践教育平台还是认同的,这与几年来我校开展实践教育活动是分不开的。

表 7-5

		频率	有效百分比	累积百分比
有效	是	129	78.7	78.7
	否	35	21.3	100.0
	合计	164	100.0	

10. 现有的实践教育基地能否满足学生的需求:被调查的教师中,有79.2%的教师认为现有的实践教育基地能满足学生的需求,有20.8%的教师认为现有的实践教育基地不能满足学生的需求。

表 7-6

		频率	有效百分比	累积百分比
有效	能	137	79.2	79.2
	不能	36	20.8	100.0
	合计	173	100.0	

11. 职业生涯规划:被调查的教师中,有 80.56% 的教师认为实践教育对学生的职业生涯规划有帮助,有 19.44% 的教师认为实践教育对学生的职业生涯规划没有帮助。

您认为目前的实践教育对学生的职业生涯规划是否有帮助

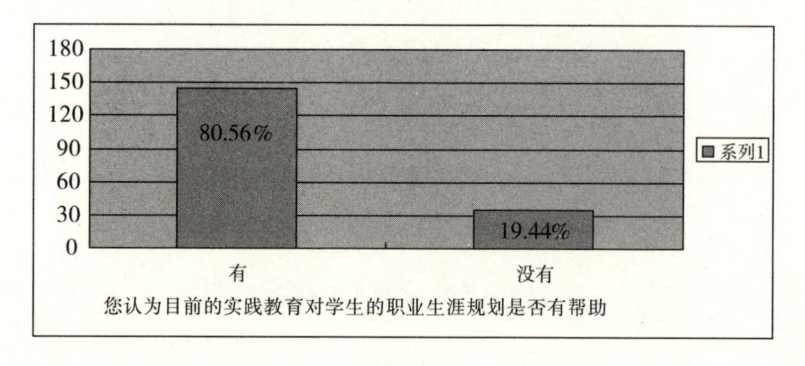

图 7-10

12. 目前的评估机制:被调查的教师中,6.11% 的教师认为目前关于实践教育的评估机制在激励学生进行实践活动方面效果很不好,9.44% 的教师认为目前关于实践教育的评估机制在激励学生进行实践活动方面效果不好,62.22% 的教师认为目前关于实践教育的评估机制在激励学生进行实践活动方面效果一般,13.89% 的教师认为目前关于实践教育的评估机制在激励学生进行实践活动方面效果比较好,8.33% 的教师认为目前关于实践教育的评估机制在激励学生进行实践活动方面效果很好。

(三)关于实践教育的需求

1. 专职实践教师队伍:被调查的教师中,12.78% 的教师认为学校非常不需要思想政治理论教研部的教师作为专职实践师资队伍参加学生的实践教育活动,22.78% 的教师认为学校不需要建立,31.67% 的教师认为学校需要建立,21.1% 的教师认为学校比较需要建立,11.67% 的教师认为学校非常需要建立。

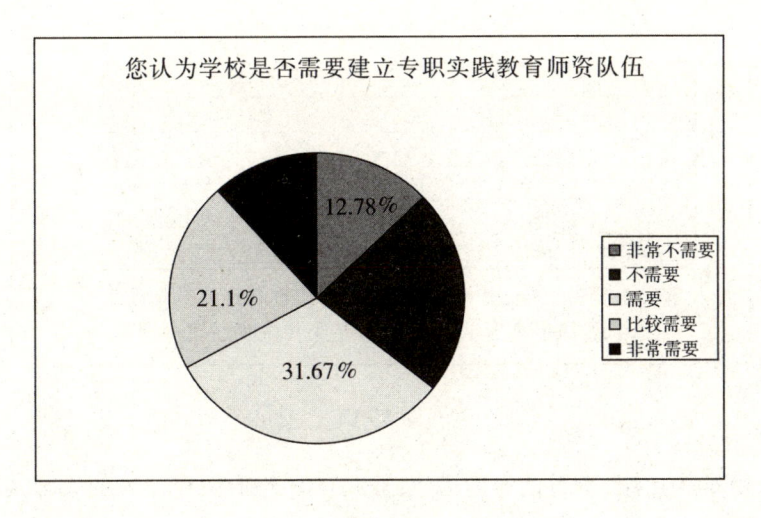

图 7-11

2. 实践教育培训:被调查的教师中,7.78%的教师认为自己非常不需要接受实践教育培训,11.11%的教师认为自己不需要接受实践教育培训,53.89%的教师认为自己需要接受实践教育培训,17.78%的教师认为自己比较需要接受实践教育培训,9.44%的教师认为自己非常需要接受实践教育培训。

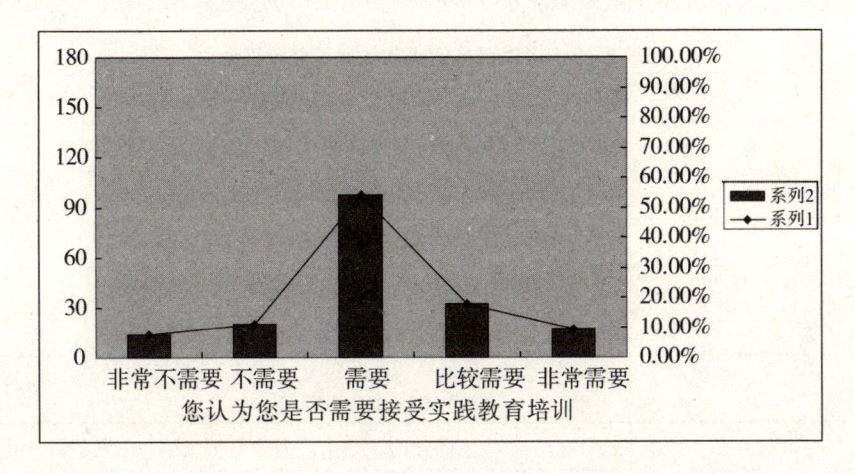

图 7-12

3. 结合专业开设实践教育课程:被调查教师中,6.11%的教师认为非常不需要结合专业开设实践教育课程,10.56%的教师认为不需要开设,49.44%的教师认为需要开设,12.78%的教师认为比较需要开设,21.11%的教师认为非常需要开设。

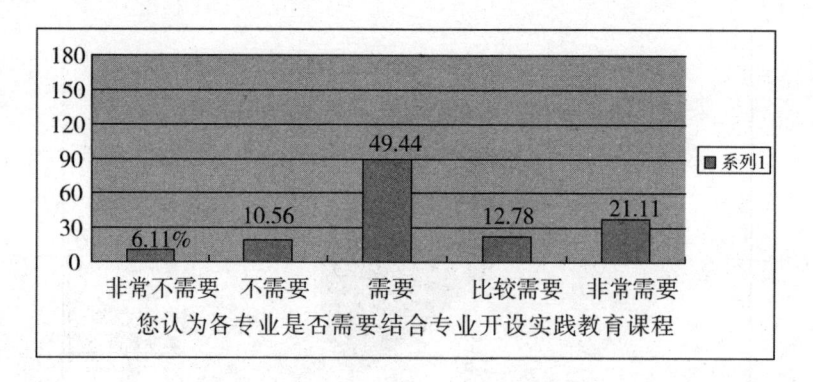

图 7 – 13

4. 培养学生实践教育能力的措施:被调查的老师中,66.1%的教师认为就培养学生实践教育能力的措施而言,提供更多的实践教育平台和机会很重要,75%的教师认为加强实践教育的宣传很重要,60.6%的教师认为完善实践教育体系内容很重要,54.4%的教师认为继续完善制度、资金、师资保障很重要,80.6%的教师认为学生工作人员、管理人员、教师、学生合作很重要,还有近10.6%的教师认为其他方面的措施很重要,如:多邀请一些实践优秀团队来校讲座更有针对性。

您认为就培养学生实践教育能力的措施而言,哪一点更重要?

表 7 – 7 提供更多的实践教育平台和机会

		频率	百分比	有效百分比	累积百分比
有效	是	119	66.1	72.6	72.6
	否	45	25.0	27.4	100.0
	合计	164	91.1	100.0	
缺失	系统	16	8.9		
合计		180	100.0		

表 7 – 8 加强实践教育的宣传

		频率	百分比	有效百分比	累积百分比
有效	是	135	75.0	82.3	81.2
	否	29	16.1	17.7	100.0
	合计	164	91.1	100.0	
缺失	系统	16	8.9		
合计		180	100.0		

表7-9 完善实践教育体系内容

		频率	百分比	有效百分比	累积百分比
有效	是	109	60.6	65.3	65.3
	否	58	32.2	34.7	100.0
	合计	167	92.8	100.0	
缺失	系统	13	7.2		
合计		180	100.0		

表7-10 继续完善制度、资金、师资保障

		频率	百分比	有效百分比	累积百分比
有效	是	98	54.4	59.0	59.0
	否	68	37.8	41.0	100.0
	合计	166	92.2	100.0	
缺失	系统	14	7.8		
合计		180	100.0		

表7-11 学生工作人员、管理人员、教师、学生合作

		频率	百分比	有效百分比	累积百分比
有效	是	145	80.6	85.8	85.8
	否	24	13.3	14.2	100.0
	合计	169	93.9	100.0	
缺失	系统	11	6.1		
合计		180	100.0		

表7-12 其他,请注明

		频率	百分比	有效百分比	累积百分比
有效	是	19	10.6	12.3	12.3
	否	135	75.0	87.7	100.0
	合计	154	85.6	100.0	
缺失	系统	26	14.4		
合计		180	100.0		

5. 开展课题研究或学科竞赛实训:被调查的老师中有18.89%的教师带领学

生开展过课题研究或学科竞赛实训,81.11%的教师没有带领学生开展过课题研究或学科竞赛实训。

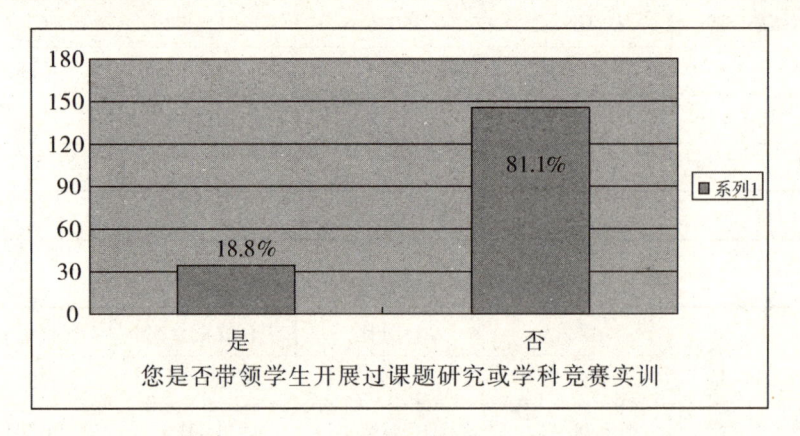

图 7－14

6. 做学生的实践教育指导教师或实践论文指导教师的意愿:被调查老师中,62.22%的教师愿意做学生的实践教育指导教师或实践论文指导教师,37.78%的教师不愿意做学生的实践教育指导教师或实践论文指导教师。

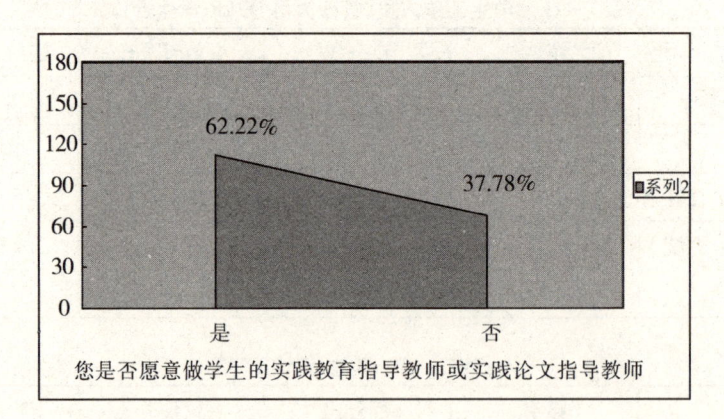

图 7－15

7. 工作报酬:被调查的教师中,75.6%的教师认为指导学生进行实践教育不需要工作报酬,24.4%的教师认为指导学生进行实践教育需要工作报酬。

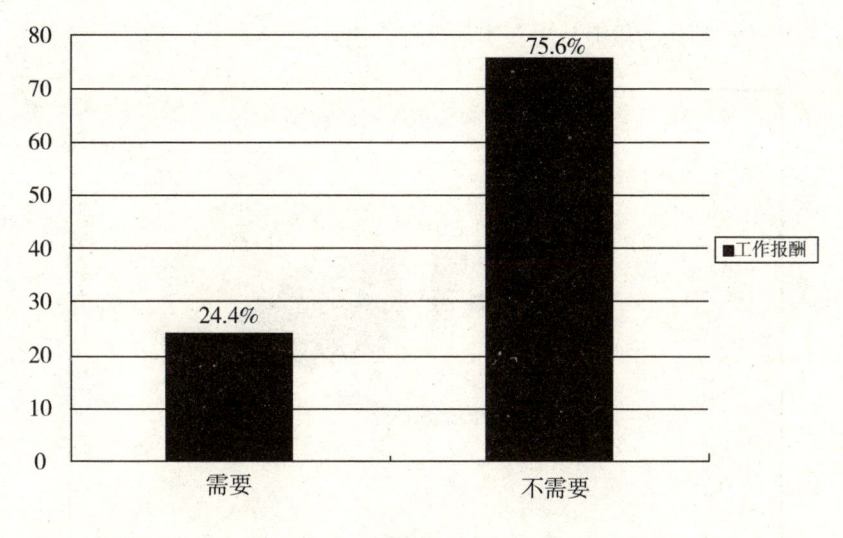

图 7-16

8. 是否有必要完善实践教育内容：被调查教师中，17.22%的教师认为非常不需要完善实践教育内容，10.56%的教师认为不需要完善实践教育内容，51.11%的教师认为有必要完善实践教育内容，15%的教师认为比较需要完善实践教育内容，6.11%的教师认为很需要完善实践教育内容。

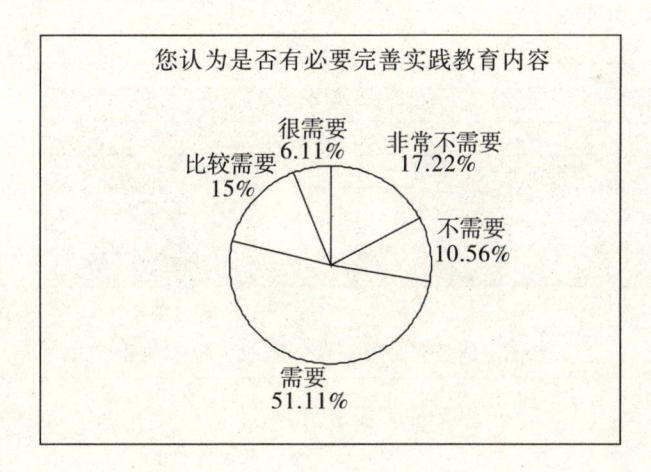

图 7-17

9. 是否有必要更新实践教育方法：被调查教师中，16.11%的教师认为非常不需要更新实践教育方法，17.78%的教师认为不需要更新实践教育方法，56.11%的教师认为需要更新实践教育方法，6.11%的教师认为比较需要更新实践教育方法,3.89%的教师认为很需要更新实践教育方法。

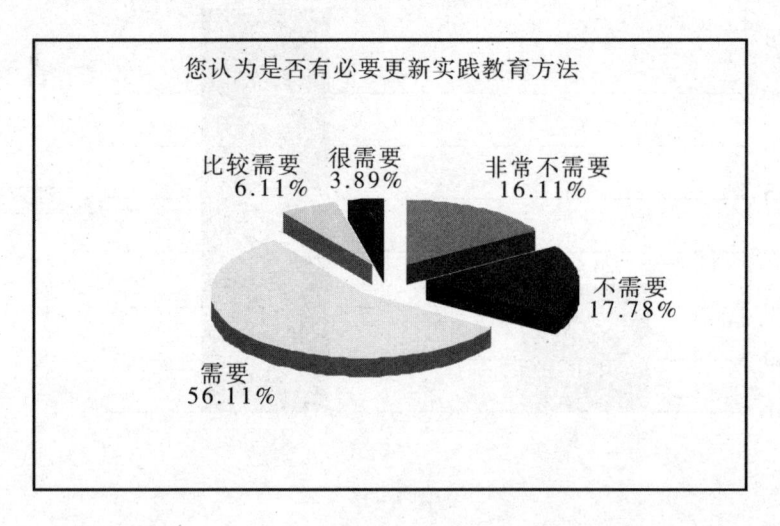

图 7 – 18

10. 是否有必要完善实践教育组织机构建设:被调查的教师中,57.22%的教师认为有必要更新实践教育组织机构建设,42.78%的教师认为没有必要更新实践教育组织机构建设。

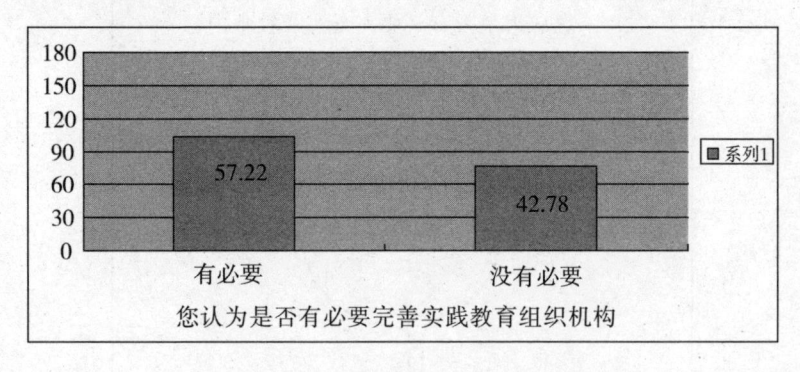

图 7 – 19

11. 教师整体实践能力:被调查的学生工作人员中,6.11%的学生工作人员认为教师整体实践能力非常不好,11.11%的学生工作人员认为教师整体实践能力不好,49.45%的学生工作人员认为教师整体实践能力一般,20%的学生工作人员认为教师整体实践能力比较好,13.33%的学生工作人员认为教师整体实践能力非常好。

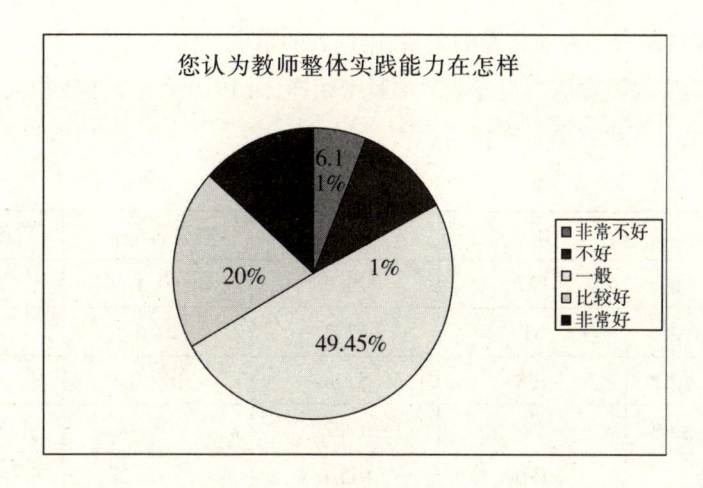

图 7-20

12. 思想政治理论课课堂教学方式：被调查的思想政治理论课教师中,8.89%的学生工作人员认为思想政治理论课课堂教学方式很不合理,11.67%的学生工作人员认为思想政治理论课课堂教学方式不合理,39.44%的学生工作人员认为思想政治理论课课堂教学方式一般合理,26.11%的学生工作人员认为思想政治理论课课堂教学方式很比较合理,13.89%的学生工作人员认为思想政治理论课课堂教学方式很合理。

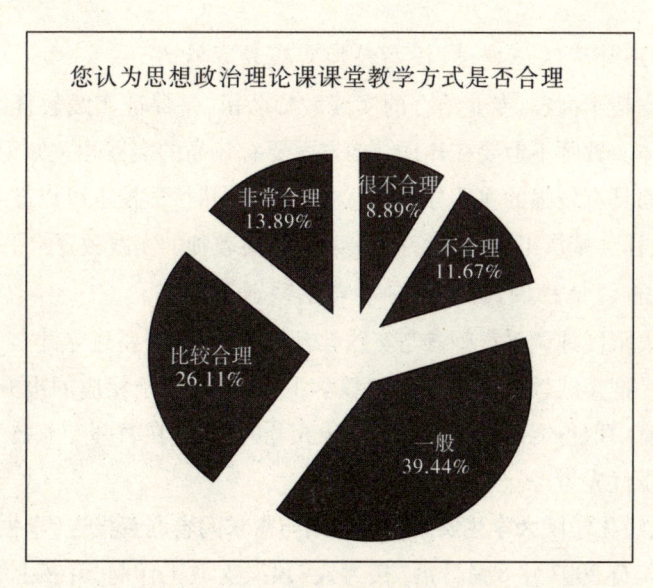

图 7-21

13. 实践教育与专业教育的关系：被调查的学生工作人员中，80.4%的学生工作人员认为实践教育应当与专业教学紧密相连，而19.6%的学生工作人员认为实践教育无须与专业教学紧密相连。

表7-13

		频率	百分比	有效百分比	累积百分比
有效	是	127	70.6	80.4	80.4
	否	31	17.2	19.6	100.0
	合计	158	87.8	100.0	
缺失	系统	22	12.2		
合计		180	100.0		

三、宏观对策和建议

（一）端正实践教育思想，创新实践教育内容

不要把实践教育看作一种流于形式的活动，要真正地理解实践教育对学生素质提高的重要性，按照章程创新性地完善各种活动。同时，要针对实践教育的具体问题，不断完善实践教育观念，更新和补充实践教育内容，促进实践教育形式的多样化。

（二）加强师资队伍建设，提高教师实践教育能力

建设一支精干高校、专兼结合的实践教师队伍，是保证实践教育活动能够正常运行的载体。教师不但要在知识结构方面要有较高的实践相关知识，而且要在能力结构方面具有较强的实践分析与总结能力。同时，学校也可以鼓励青年教师到公共部门、社会基层组织等进行挂职实习，提高教师的实践教育水平。

（三）完善评估机制，鼓励教师参与实践教育

为了最大限度地调动教师参与实践教育的积极性，需要建立健全一整套科学的评估机制。把实践教育工作量纳入教学工作量中，给予相应的报酬。同时，要对在实践教育中取得突出成绩的教师给予充分的肯定，在教师专业技术职务聘任的过程中给予优先考虑。

调查二、绥化学院大学生实践教育效果与需求问卷调查报告（学生版）

绥化学院自2007年8月开展"接力式"顶岗支教工作起，就在上级领导的肯定和支持下，不断深入探索如何进一步发挥实践在大学生思想政治教育中的重要作用，继而于2008年4月开展了"关爱农村留守儿童工作"，为有效做好未成年人思想道德教育探索了重要的载体和渠道,并荣获了由教育部思想政治工作司主办的 2010 年全国高校校园文化建设优秀成果二等奖。2009 年 9 月,在"接力式"顶岗支教和关爱农村留守儿童两项重点活动的基础上,又总结了我校历史上开展的关爱空巢老人、公益课堂、环保志愿行动、关爱自然、社会调查、三下乡社会实践、义工等活动的经验,形成了大学生实践教育的八大模块,逐渐形成我校大学生的实践教育体系,提升了大学生积极参与实践教育的主观能动性,同时也收到了良好的社会效应。

学校于 2008 年 7 月和 2009 年 6 月,进行了两次关于实践教育需求取向的问卷调查,并将数据进行统计分析,提出了我校进一步实施实践教育的对策建议。2009 年 9 月起,我校的实践教育由探索阶段逐步迈入有一定体系的完善发展阶段,为更加深入了解大学生对实践教育的认识和需求情况,了解我们的实践教育体系是否适合大学生的特点,2012 年 4 月,我校组成大学生实践教育效果与需求问卷调查组,再次以在校学生的实践需求取向为重点开展了问卷调查,以此为我校实践教育的继续开展和完善提供数据基础和决策参考。

一、调查方法

(一)调查对象

1. 本次调查以绥化学院全日制一万余名在校学生为总体,包括涵盖教育学、文学、理学、工学、农学、管理学等学科在内的 11 个院系。采用抽样的方法选取调查对象,抽样人数约为学生总人数的 2%。

2. 具体做法是:以 11 个院系不同专业的学生进行调查,考虑到大四学生学分基本修满等情况,调查的主体是 2009 级、2010 级和 2011 级三个年级的学生,再用随机抽样的方法,为提高问卷的回收率和填写问卷的方便,采取了班级干部在课间发放,并由同学现场填写问卷的方式。

(二)资料收集法

本次调查采取问卷法收集资料。问卷由 21 个问题组成,主要询问了绥化学院大学生对实践教育的理解和认识;学校开展实践教育的状态和效果;对实践教育的需求等问题。在发出问卷后,共回收来自 11 个院系的有效问卷 2116 份。

(三)资料整理与分析

全部问卷数据由系统自动进行统计收集,并利用 SPSS 分析软件进行统计分析。分析类型主要为单变量分析与双变量的比较分析。

二、绥化学院大学生实践教育效果与需求取向研究分析

(一)基本情况描述

1. 性别构成

在本次调查中,问卷的第一题为了解调查对象的性别构成。由下图和表的数据分析可知,被调查的男生人数为653人,女生为1463人,分别占总调查人数的30.8%和69.1%(其中缺失值为3人)。

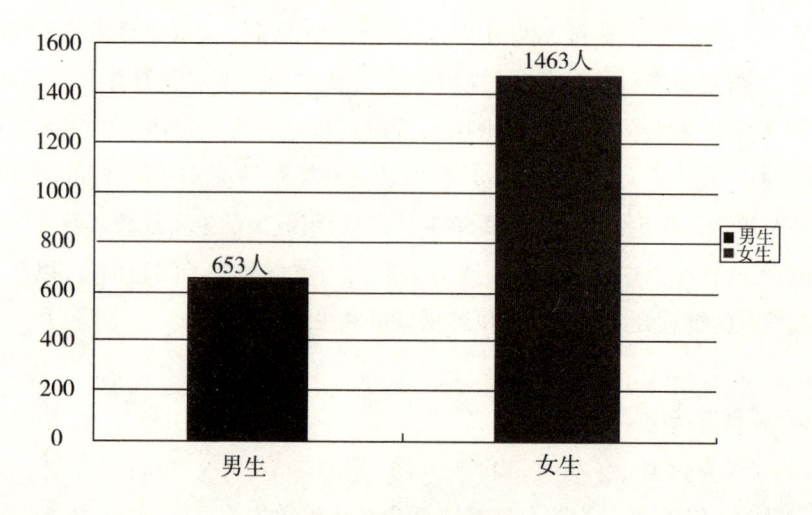

图7-22 性别分布

表7-14 您的性别

	频率	百分比
男	653	30.8
女	1463	69.1
合计	2116	99.9
缺失系统	3	0.1
合计	2119	100.0

2. 年级构成

由于本次的调查是在所选的各个年级、专业的课堂中随机挑选同学填问卷,所以,调查对象的所在年级的人数分别为2011级学生522人,占总数的24.6%;2010级学生1018人,占总数的48.1%;2009级学生574人,占总数的27.1%;2008级学生4人,占总数的0.2%。

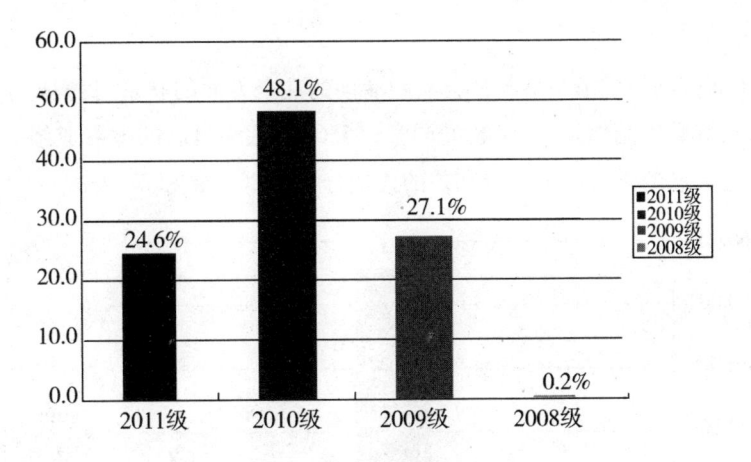

图 7-23　年级构成

表 7-15　您所在的年级

	频率	百分比	有效百分比	累积百分比
2011 级	522	24.6	24.6	24.6
2010 级	1018	48.1	48.1	72.7
2009 级	574	27.1	27.1	99.8
2008 级	5	0.2	0.2	100.0
合计	2119	100.0	100.0	

3. 院(系)构成

全校共来自 11 个院(系)的学生参与调查,所占人数比例如图 7-24 所示。

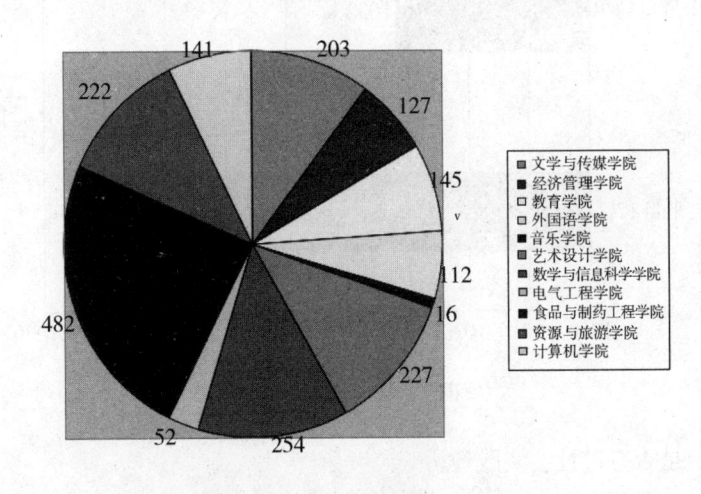

图 7-24　院(系)构成

4. 学习成绩

为了研究学习成绩与参与社会实践活动的几个方面的联系,我们做了学习成绩的题目,其数据结果是:大多数的同学(55.6%)认为自己的学习成绩处于中等水平,认为自己的学习成绩为好和差的比例分别为 20.7% 和 23.7%。

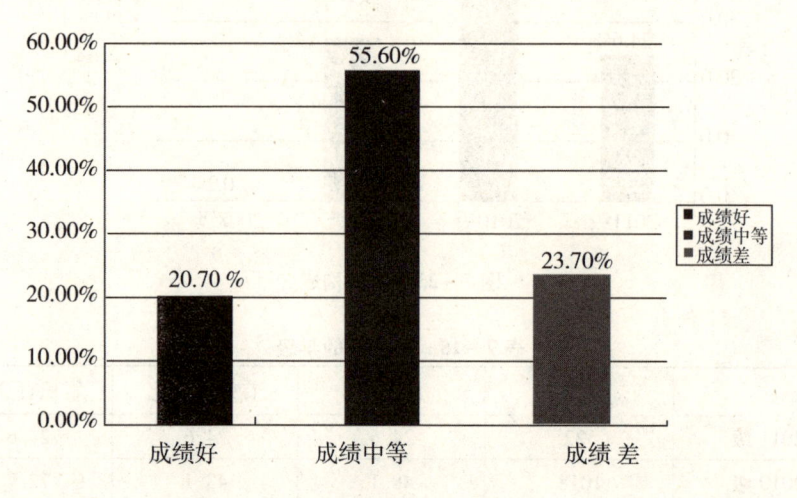

图 7-25 学习成绩

5. 来自农村还是城镇

在所调查的学生中,有 51.3% 的学生来自农村,有 48.7% 的学生来自城镇。

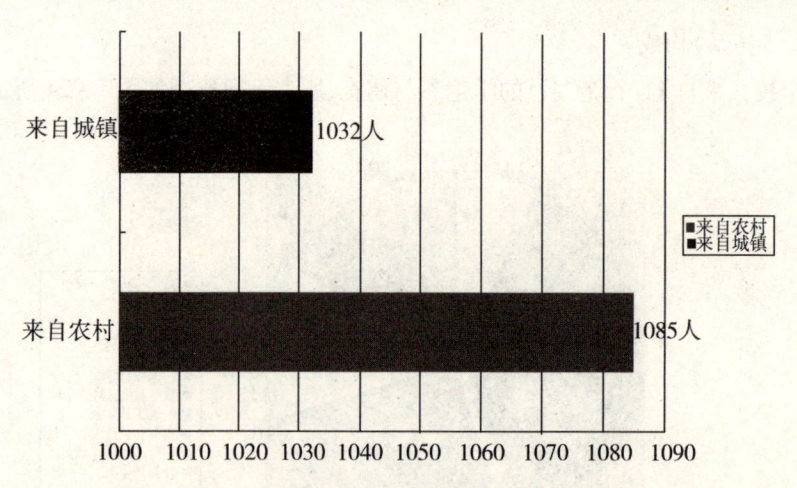

图 7-26 来自城镇还是农村

6. 是否有过社会实践经历

对于参与社会实践活动的学生比例进行调查的具体结果如下:在所调查的学

生中,有很少部分(5.06%)的同学没有进行过社会实践活动。

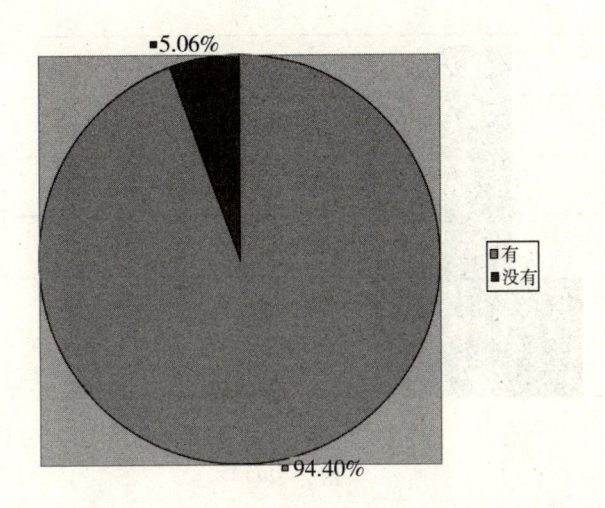

图 7-27 是否参加过社会实践活动

如图 7-28,再通过对所调查的各年级人数和参与社会实践活动的人数比较可以看出,2010 级和 2009 级学生参与社会实践活动较多。

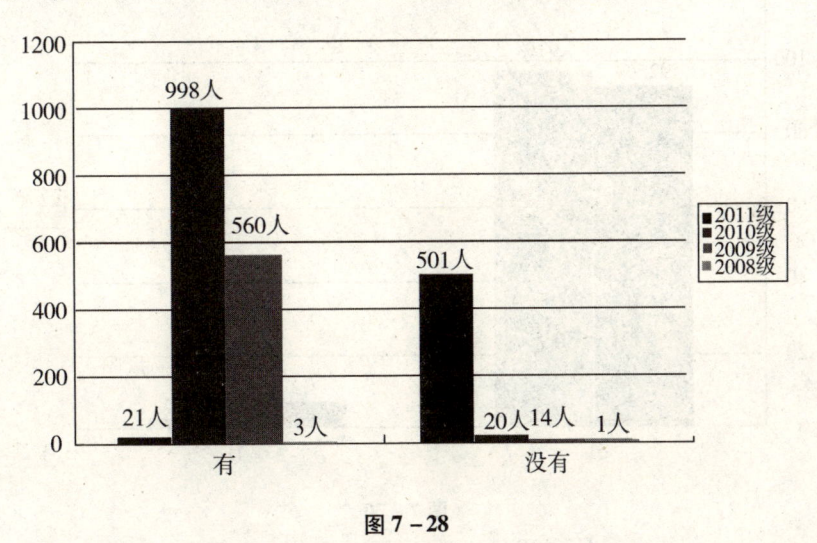

图 7-28

通过图 7-29,我们可以分析出,学习成绩中等的同学参与社会实践活动的比例更大。

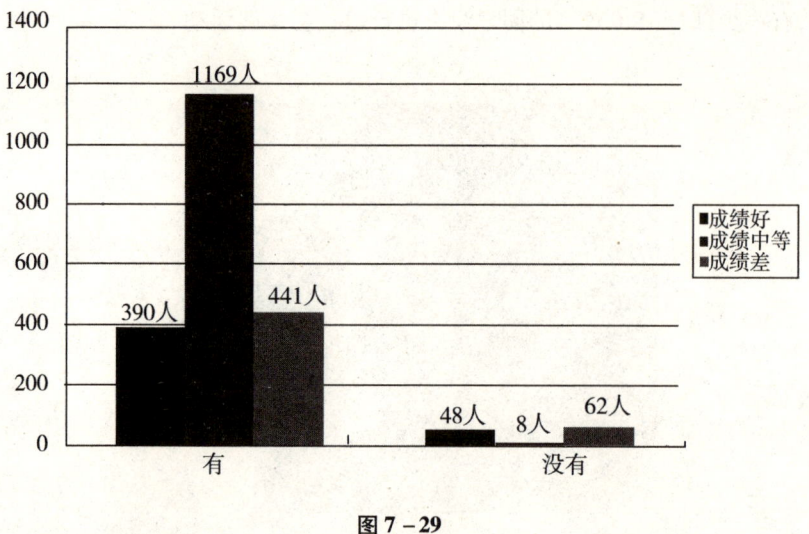

图 7-29

在性别与是否有过社会实践经历的关系图中(图 7-30)可以看出,男生参与社会实践活动的比例要高于女生。

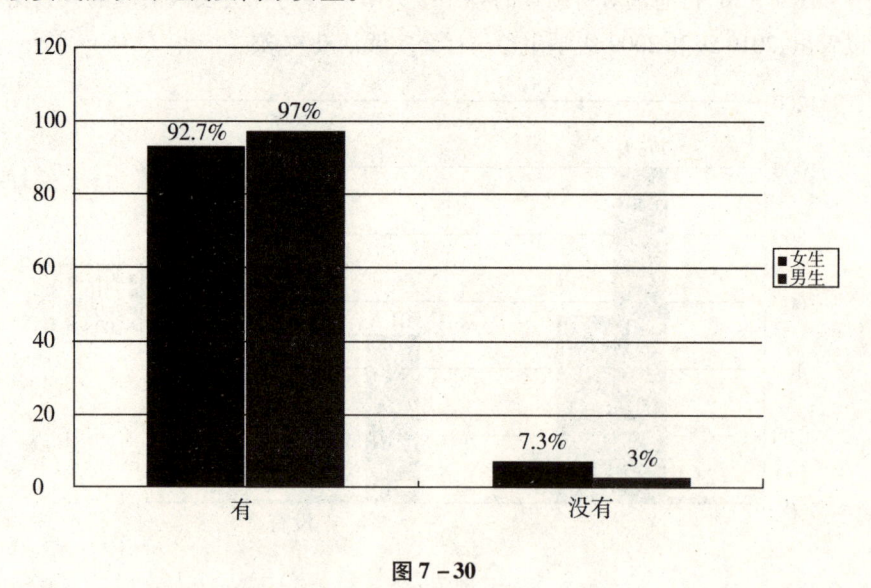

图 7-30

(二)对社会实践教育的理解认识

1. 心目中的社会实践

在同学心目中的社会实践活动从图 7-31 中可以反映出。认为社会实践活动是勤工助学的占 47.8%,认为是公益活动的占 14.4%,认为是志愿服务的占 15.5%,认为是社会调查的占 7.2%,认为是专业实习的占 5%,认为是爱国践履的占 4.7%,认为是社团活动的占 4.5%,认为是其他项目的占 0.9%。由此可见,大部分同学对社会实践活动的认知还停留在勤工助学活动层面上。

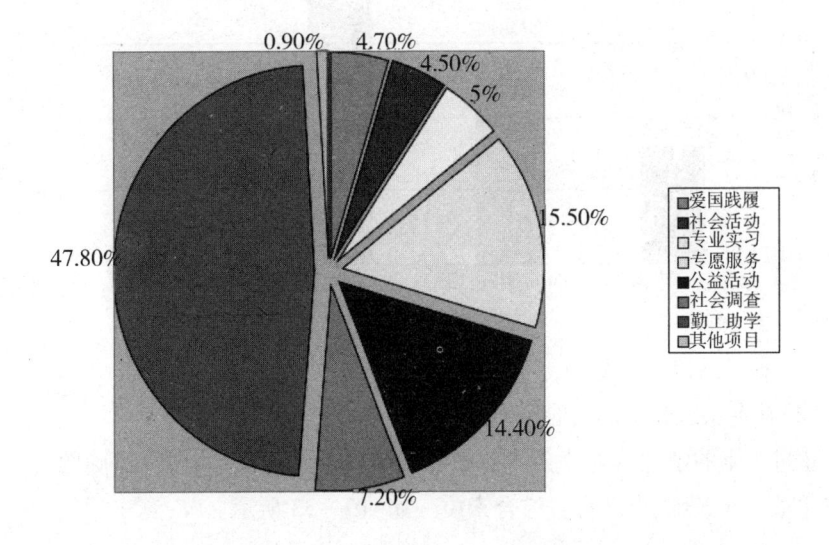

图 7-31　心目中的社会实践活动

2. 社会实践教育的认知

对社会实践教育的认知可分为社会实践教育的对象和社会实践教育的内容两个方面。

(1) 社会实践教育对象的定位

在图 7-31 中,我们可以看到,有 15.9% 的大学生对社会实践教育的定位是"面向个别学生的教育"。实际上,社会实践教育的对象不单单是"个别学生"和"实践团队",而是全体大学生。有近 54.2% 的学生对社会实践教育的对象的认知是对全体学生而言的,可见,在社会实践教育目标的指导下,大部分同学对实践教育的对象认知还是相对准确的。

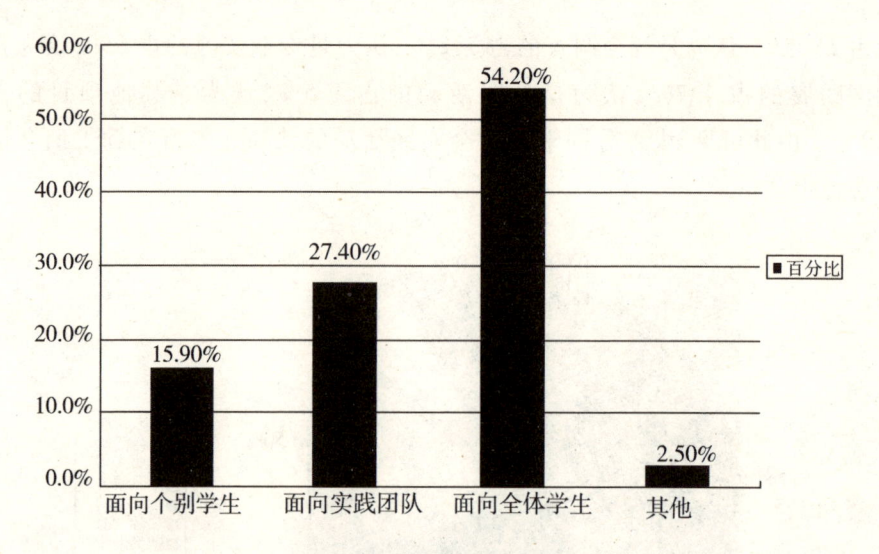

图 7-32　社会实践教育对象

(2) 社会实践教育的内容

超过一半的学生认为社会实践教育不单单是了解社会、树立正确的"三观"，还应注重自我锻炼、提高自身综合素质。如图 7-33 所示。

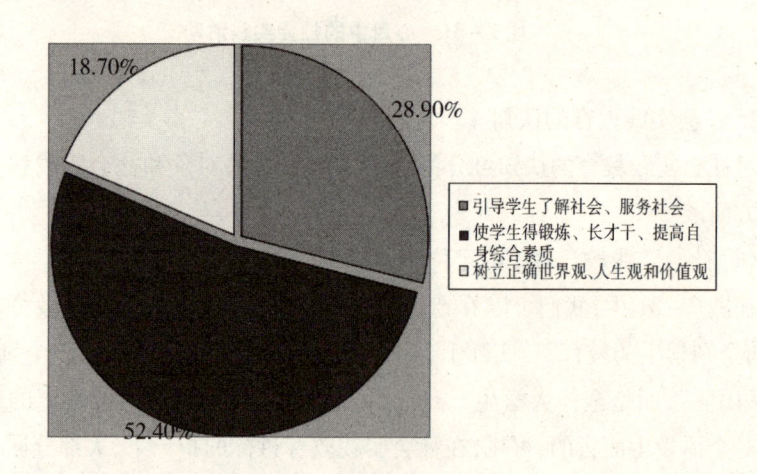

图 7-33　社会实践教育内容

3. 社会实践教育必要性的认识

(1) 大学期间是否要参与社会实践活动

从图 7-34 中可以看出，有 94.3% 的学生认为在大学期间一定要参与社会实践活动，这说明当代大学生实践意识很强。

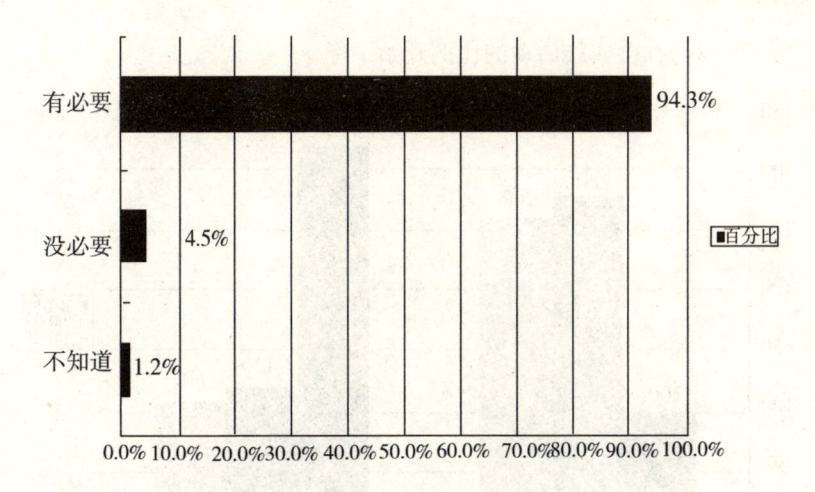

图 7-34　参加社会实践活动的必要性

(2) 大学生是否需要接受社会实践教育

由图 7-35 可知,近 76.5% 的学生认为需要接受社会实践教育。说明了学生们在就业压力大等条件下认识到了社会实践教育的重要性和必要性。

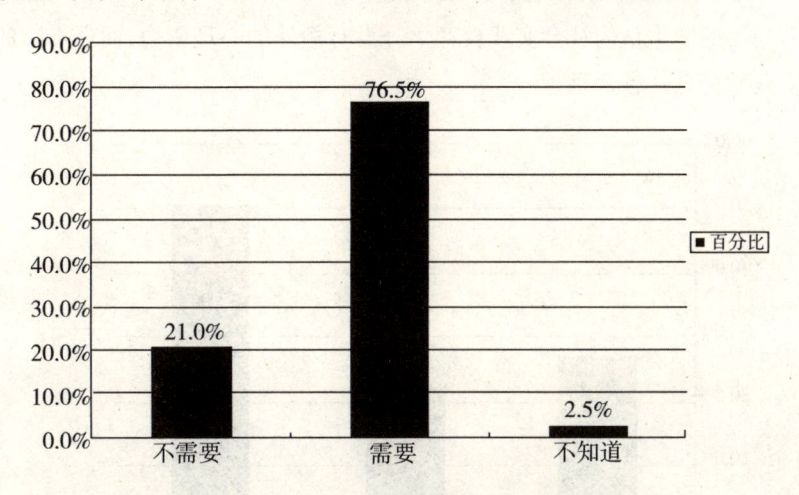

图 7-35　是否需要接受社会实践教育

(三) 学校开展社会实践教育的状态和效果

1. 参加学校组织的社会实践活动状况

由图 7-36 可以看出,一半以上的学生参加过学校组织的社会实践活动。其中,2010 级新生由于刚踏入校门,还未融入到整个大环境中,参与社会实践活动的较少,而 2009 级学生中参与社会实践活动的比例最大,2008 级学生由于面临实习等限制因素,参与社会实践活动的比例开始下降。

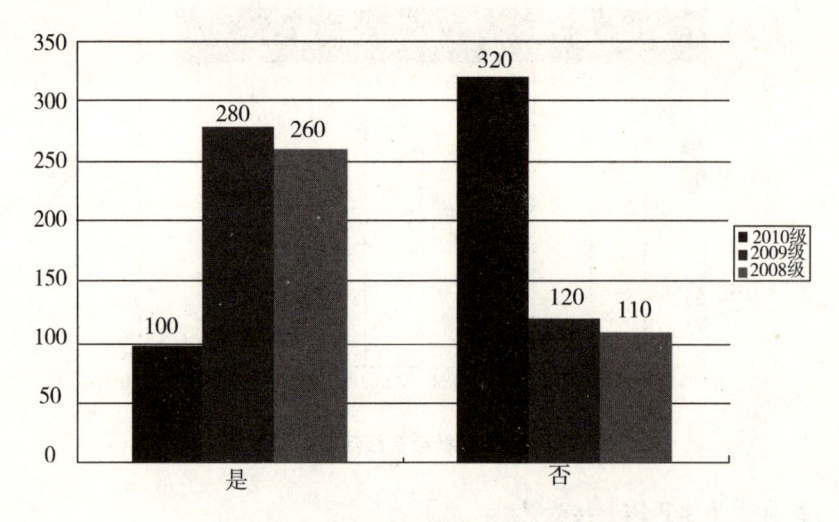

图7-36 是否参加学校组织的社会实践活动

2. 社会实践教育学分的实际效果调查

有一半的学生认为社会实践教育学分没有额外的心理压力,而近1/3的学生认为实践学分是一种激励。

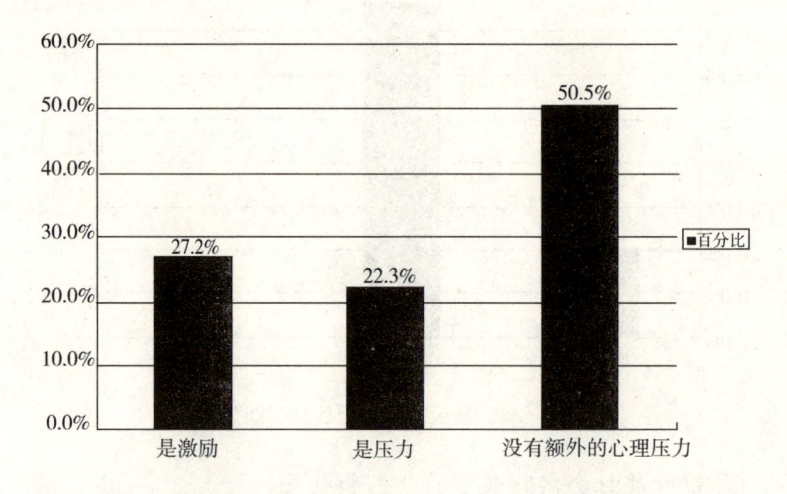

图7-37

3. 各种社会实践教育形式的效果调查

(1)社会实践教育课程效果调查

大多数的学生认为目前的各类社会实践教育对于提高学生实践能力来说是有利的。

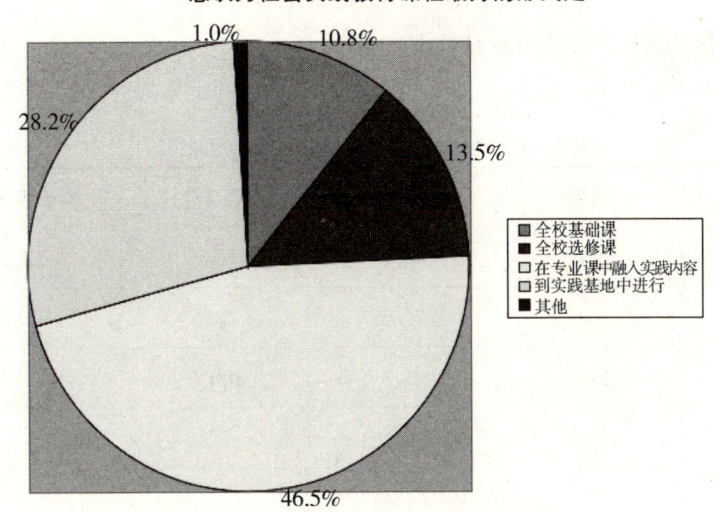

您认为社会实践教育课程最好的形式是

图 7-38 对社会实践教育课程形式的调查

表中数据显示出有 46.5% 的学生赞同在"专业课中融入实践内容"的形式,另外有 28.2% 的学生认为应当到实践教育基地中进行实践活动。由此可见,学校应当关注学生对于社会实践教育形式的需求,采取学生最乐于接受的形式开展社会实践教育活动。

(2) 实践教育基地中社会实践教育形式的效果调查

您希望到社会实践基地锻炼吗

表 7-16 社会实践基地的接纳程度

	频率	百分比	有效百分比	累积百分比
希望	1437	67.8	68.2	68.2
不希望	321	15.1	15.2	83.4
无所谓	349	16.5	16.6	100.0
合计	2107	99.4	100.0	
缺失系统	12	0.6		
合计	2119	100.0		

由表可知,67.8% 的学生希望到社会实践教育基地进行实践,但仍有 15.2% 的学生不希望到实践基地进行实践,因此,学校应当采取措施使学生了解到社会实践基地对于提高他们社会实践能力的作用,而对于 16.6% 的学生对社会实践持

有无所谓的态度,学校应该因学生的差异性进行适当的引导。

(3)社会实践教育形式有效性状况调查

目前学校建立的社会实践基地等实践平台是否有利于您提升社会实践能力

表7-17 社会实践基地实践效果的调查

	频率	百分比	有效百分比	累积百分比
是	1457	68.8	72.2	72.2
否	561	26.5	27.8	100.0
合计	2018	95.3	100.0	
缺失系统	101	4.7		
合计	2119	100.0		

由上表可知,有72.2%的学生赞同建立社会实践基地有助于提高学生社会实践能力,因此,学校的社会实践教育应当提供更广阔的平台和更加便捷的途径,使更多的学生参与到社会实践基地的实践活动中来。

(4)社会实践形式有效性状况调查

表7-18 您认为最有效的社会实践活动形式是

	频率	百分比	有效百分比	累积百分比
团队实践	453	21.4	21.9	21.9
到基地实践	997	47.1	48.1	70.0
课堂上接受老师讲授	515	24.3	24.9	94.9
其他	105	5.0	5.1	100.0
合计	2070	97.8	100.0	
缺失系统	49	2.2		
合计	2119	100.0		

在社会实践环节中,有47.1%的学生认为最为有效的实践形式是到基地实践,因此,学校应当建立良好的实践渠道,尽最大可能为学生争取到实践基地实践的机会。同时,有24.3%的学生希望在课堂上获得社会实践的指导。

而还有21.4%的学生希望能够组成团队到社会中进行实践活动。由此看出，学校应当以多种形式对学生进行实践引导，从而提高学生社会实践意识。

(5)社会实践指导教师制的效果分析

表7-19 您认为学校在社会实践活动引入导师制对您个人而言

	频率	百分比	有效百分比	累积百分比
有必要	1247	58.9	59.5	59.5
没必要	305	14.4	14.5	74.0
无所谓	452	21.3	21.6	95.6
不清楚	93	4.4	4.4	100.0
合计	2097	99.0	100.0	
缺失系统	22	1.0		
合计	2119	100.0		

由表可知，58.9%的学生认为实践导师制是"有必要"的，21.3%的学生认为"无所谓"，因此，应当进一步完善实践导师制，充分了解学生的需求，采取有利于师生交流的沟通渠道，发挥导师应有的作用。

4. 社会实践教育需求调查

(1)大学生社会实践阻碍调查

您认为大学生在参与社会实践活动过程中，最大的阻碍是什么？

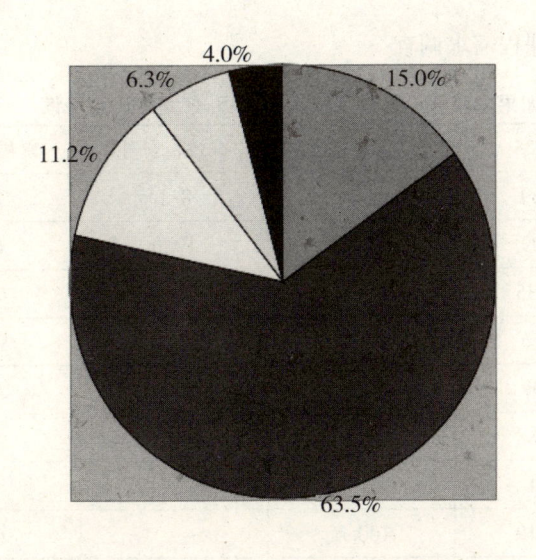

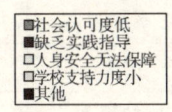

图7-39

由上图可知,大学生社会实践活动的最大障碍由大到小排名是:缺乏实践指导、社会认可度低、人身安全无法保障、学校支持力度小、其他。因此,学校应当注重提供社会实践的专业指导,使学生在正确的指导下提升实践能力。

(2)社会实践教育课程的具体形式需求调查

表7-20　您认为各专业是否有必要结合专业开设相应的社会实践课程

	频率	百分比	有效百分比	累积百分比
非常不必要	94	4.4	4.5	4.5
不必要	311	14.7	14.8	19.3
必要	973	45.9	46.3	55.6
比较必要	515	24.3	24.5	90.1
很必要	207	9.8	9.9	100.0
合计	2100	99.1	100.0	
缺失系统	19	0.9		
合计	2119	100.0		

从上表可以看出,45.9%的学生认可这种形式,如果学校的社会实践课程能够结合具体的专业开设,这样不仅可以减少学生的课业压力,而且能够达到学以致用的效果。

(3)社会实践教育课程需求调查

表7-21　如果学校开设社会实践教育课程,您是否愿意修读

	频率	百分比	有效百分比	累积百分比
非常不愿意	169	8.0	8.1	8.1
不愿意	209	9.9	10.0	18.1
愿意	1035	48.8	49.6	67.7
比较愿意	476	22.5	22.8	90.5
很愿意	199	9.4	9.5	100.0
合计	2088	98.6	100.0	
缺失系统	31	1.4		
合计	2119	100.0		

由表 7-21 可以看出,约有一半的学生愿意修读社会实践教育课程,因此,从社会实践教育方面,可以尝试开设社会实践教育课程,这样会得到许多学生的支持。

三、调查结果反映的问题

(一)对实践教育的认知有待加强

在以上的调查中,占 47.8% 的学生认为社会实践是勤工助学,还有大约各占 10% 的同学认为社会实践是其他的一些形式,只有少数同学认为社会实践是一切有利于提高自身综合素质的实践性活动。也就是说,大部分同学对社会实践活动的认知还停留在勤工助学活动层面上,缺乏对于实践教育的深入了解,由此可见,对大学生实践教育的认知应进一步深入开展。

(二)对社会实践教育的指导亟须加强

在以上调查中,近 76.5% 的学生认为需要接受社会实践教育,但在实践的过程中,有 63.5% 的大学生认为在参与社会实践活动过程中受到最大的阻碍是缺乏专业指导,并有 58.9% 的学生认为实践导师制是"有必要"的,可见当前学生对于社会实践的认可程度较高的同时,对于接受专门的社会实践指导的需求度也很高,这亟须我们加强对学生社会实践教育的专业性引导,以消除学生在实践过程中产生的迷茫。

(三)社会实践教育形式需要更加多元化

通过以上调查,发现我校开展的各种形式的实践教育均有一定比例的同学积极参与,且参与的比例相差不大,此外,还有少数学生的特殊需求没有得到满足。这说明在今后的实践教育形式上,我们可以采取多种实践教育形式,满足不同学生不同愿望的实践教育需求。

(四)实践教育的对象应增加教师这一群体

学校不能一味强调对学生进行实践教育,而应与此同时加强对教师实践教育的培训,鼓励教师同学生一起参加社会实践,使教师即时更新观念,随时更新教学方法,使实践教育的指导教师能够对学生进行指导。

(五)社会实践扶持政策需要落到实处

调查显示,大学生认为最为有效的实践形式是到实践基地亲自进行实践,而在现实中,由于多方面因素的影响,如实施经费的不足、出于对学生在交通、安全等方面保障因素欠缺的考虑等,许多实践教育的开展都受到了一定程度的限制,许多活动只能派一部分学生代表进行实践,降低了部分渴望亲自参加实践活动而不能参加同学的满意度,在一定程度上影响了实践教育的效果。这需要我们在扶持政策方面尽量创造条件为开展实践教育铺路。

四、相关的政策与建议

(一)加大宣传引导力度,深化学生对社会实践教育的认识

学生对于实践教育的认识程度会直接影响到实践教育的实际效果,因此,学校应利用多种形式加大宣传实践教育的成功案例,提升学生对于实践教育的认识。

(二)加大社会实践基地建设,拓宽实践教育形式与平台

开展实践教育的最有效途径是让学生亲自参与到实践当中,因此,学校应努力创造条件,加大社会实践基地的开发与建设,在时机成熟时,可以建立多个大学生社会实践辅导站,让学生有更多的机会开展社会实践。

(三)加强教师重视程度,将实践教育的开展落实到师生双方

一般来说,实践教育的主体对象是在校大学生,但教育者作为实践活动的关键角色——指导者,必须亲自参与到实践教育当中来,亲身感受在实践教育过程中的变化,以提高自己的指导水平。因此,实践教育的对象是师生双方,学校也应当加强对实践教育指导教师的培训,并建立合理的评估机制来检验教师的实践教育教学水平。

(四)建立实践教育基金委员会,为实践教育的开展提供保障

开展实践教育需要多方面的沟通、协调,鼓励学生进行社会实践,成立实践团队。开展更具规模的实践教育,需要多渠道的资金支持,同时也需要主管部门及实践基地所在政府部门加大对实践教育的资金、技术、培训、师资等方面的支持,给予鼓励措施支持大学生实践教育。

五、相关说明

此调查报告就部分问题与2008年、2009年问卷调查报告中的相关数据进行了比较分析,能够客观反映出其发展趋势。但由于实践教育工作的不断开展、推进,师生对于实践教育的认识也不断发生变化,本次调查问卷内容与前两次调查问卷内容无法完全一致,因此无法就所有问题进行对比分析。

调查三、绥化学院深入推进实践育人工作调查报告

绥化学院是2004年经教育部批准成立的一所新建本科院校,在"建设应用型

大学,培养应用型人才"的办学思路指导下,积极推进教育教学改革。从2007年6月起,先后在大学生中开展了送十七大精神进农户、社区公益课堂、"接力式"顶岗支教、关爱农村留守儿童、关爱空巢老人、关爱残疾人、环保志愿服务、义工等系列社会实践活动。五年多来,参加社会实践活动累计超过13000人,生均100小时以上。不仅激起了大学生强烈的社会责任感、使命感,学校经过几年来的实践摸索,也形成了一整套具有可操作性的实践教育新模式,走出了一条新时期加强和改进大学生思想政治教育的新途径。绥化学院的大学生实践教育教学改革先后获得了2009年国家教学成果二等奖、2010年全国高校校园文化建设优秀成果二等奖、2011年荣获全国文明单位。2011年4月12日,全省高校大学生社会实践教育工作现场会在绥化学院召开,在全省推广绥化学院实践育人工作经验。

中共中央政治局委员、国务院副总理刘延东,国家关工委主任顾秀莲,全国总工会副主席,原副省长刘国中,省政协主席杜宇新,省关工委主任、省委原书记孙维本,省委常委、宣传部部长张孝廉,省委常委、统战部部长赵敏,副省长于莎燕,省人大常委会秘书长胡世英等领导均对绥化学院实践育人工作或其中项目予以重要批示或表扬。

一、绥化学院实践育人活动开展的基本情况

2012年5月,我们对绥化学院大学生参加社会实践教育情况进行了深入调研,本次调研按专业分层次选出2150名学生作为调研对象开展调研,有效问卷2133份。

(一)学生参加社会实践的基本情况

调查问卷显示,绥化学院在校生中94.4%在校期间参加了社会实践教育项目,77.5%的学生从大学一年级开始参加实践活动,学生参加的实践项目相对集中,主要集中为学校统一组织的关爱农村留守儿童、关爱城市空巢老人、关爱残疾人、环保志愿服务、公益课堂、社会义工、社会调查、顶岗支教、民营企业实习、知识宣讲等,全校63.34%的学生在校期间均能主动地深入到社会中进行勤工助学活动(见图7-40)。通过比例可以分析出,学生参加项目的总比例达到381.53%,同时,通过调查问卷对学生在参加实践项目选项中填写已参加项目数进行梳理。综合可知,绥化学院在校生每人参加实践项目数至少在2项、至多达6项,生均参加实践项目数3项以上。

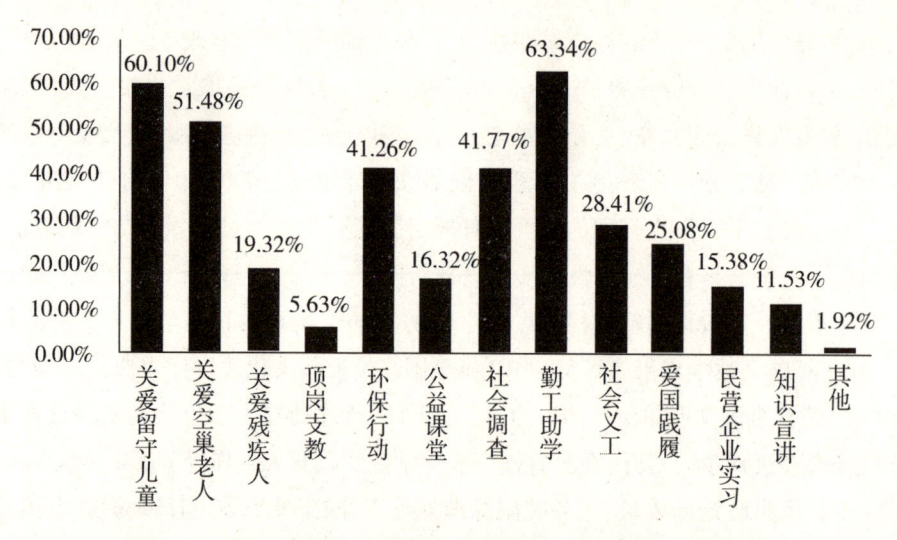

图 7-40　绥化学院参加各类实践项目学生数占在校生总数比例图

绥化学院还将学生劳动教育纳入学生课程学分结构中,设置 2 个劳动学分,并明确学生在校不修满劳动学分不允许毕业,劳动学分主要通过学生一、二年级期间义务清扫校园、班级等公共场所卫生次数、时长和劳动量等予以综合评定,由教务处、学生处、总务处共同制订年度清扫计划,各院(系)辅导员、教务员具体负责监督、考核。通过绥化学院教务系统学生劳动学分成绩数据显示,已获得劳动学分学生中 73.2% 成绩在良好以上(见图 7-41),劳动养成教育效果较好。

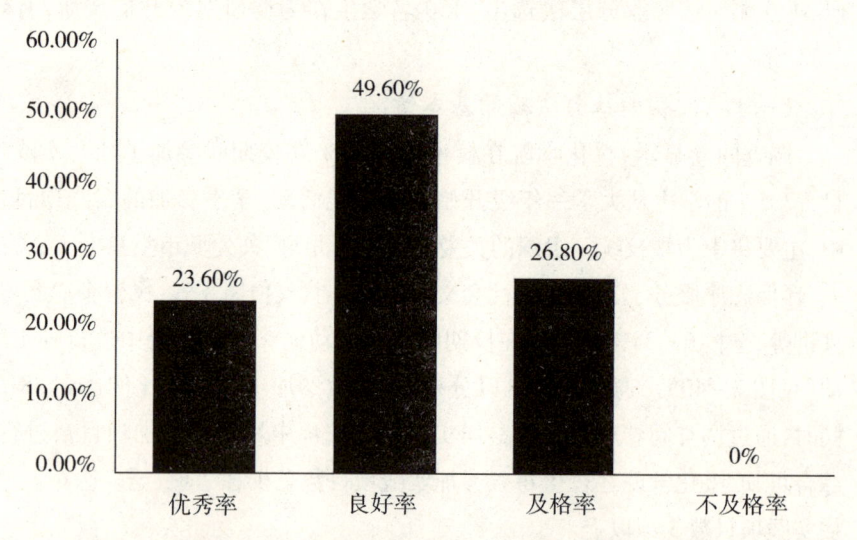

图 7-41　绥化学院已获得劳动学分学生成绩分布情况统计表

(二) 学校开展社会实践的基本情况

绥化学院从 2007 年开始大力推进社会实践教育工作改革,改变原有单一鼓励学生参加勤工助学、开展寒暑假社会实践活动、日常校内社团活动和养成教育模式,将社会实践采取项目化管理,细化实践项目,倡导日常实践为主导,推进教育与实践相结合。经过几年的实践摸索,逐渐形成了一套项目多样、管理科学、效果明显的社会实践育人体系。从 2007 年至今,绥化学院社会实践项目不断丰富,由过去单一的"三下乡"社会实践扩展到以 12 个重点实践项目为主体、其他实践项目为外延的实践教育项目化管理体系(见图 3)。

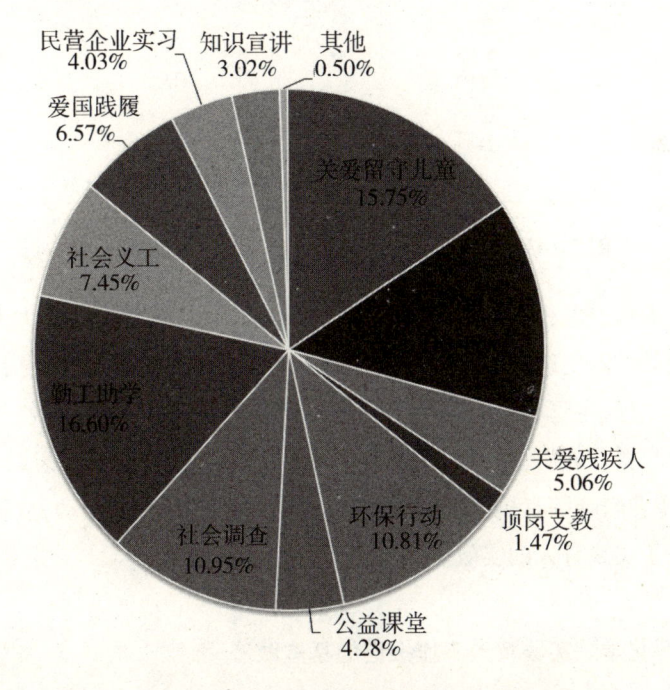

图 7-42　绥化学院学生参与实践项目在总项目中的比例

绥化学院从 2009 年开始,推进思想政治理论课教育教学改革,出台了《绥化学院思想政治理论课改革实施意见》,对思想政治理论课课程结构进行了调整,将原有课程内实践统一独立出来,并分别从 4 门课程中抽出适当学分整合成为单独实践学分(见图 7-43),有效地克服了思想政治理论课课程实践重复性、单打独战和教学效果不明显等问题。

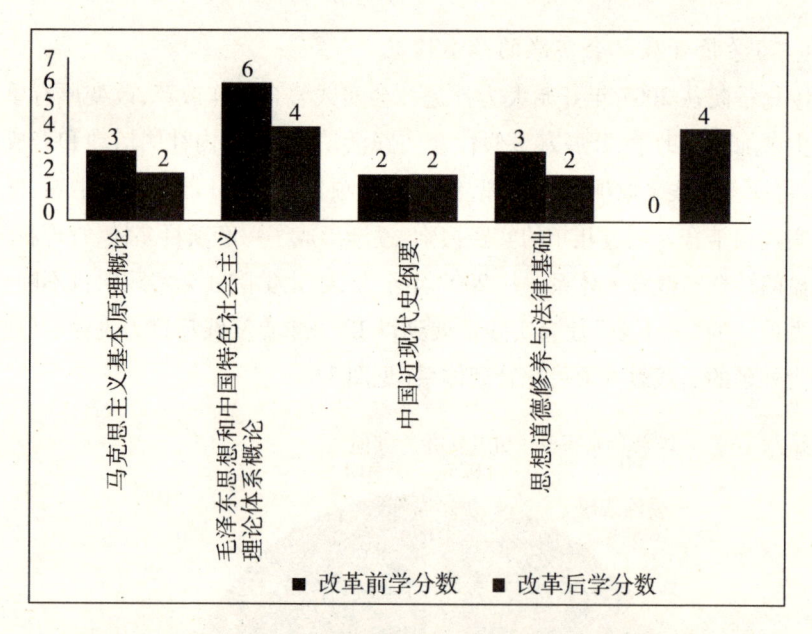

图 7-43　绥化学院思想政治理论课改革前后学分结构对比

在大力推进思想政治教育教学结构改革的同时,绥化学院还大力推进了思想政治教育教学队伍改革,学校成立了思想政治教育教学实践育人指导委员会,学校校长任主任、主管教学和学生工作的两名副校长任副主任,在各二级院系成立了实践教育指导教研室,将各院系党团组织同志、学生辅导员、思政课教师、学校关工委、专业教师等有机进行组合,全面指导学生参加实践活动,从队伍建设上有效地保障了实践育人的实效。

二、绥化学院实践育人工作推进的基本做法

(一)完善教育教学体系,推进实践育人课程化

绥化学院将大学生社会实践纳入课程体系,制定了大纲、确定了内容、设立了学分,使实践育人真正成为学校教育的组成部分。首先是内容模块化。绥化学院对多年来的社会实践活动经验进行归纳、总结,按照功能取向将内容划分为爱国践履、专业实习、志愿服务、公益活动、社会调查、勤工助学、社团活动、自定义项目等八个模块。目前,支撑这八个模块的主要活动有以关爱留守儿童、关爱大自然活动为载体的爱的教育;以关爱空巢老人、孝道与感恩教育活动月(重阳节所在月为孝道与感恩教育活动月)为载体的孝道与感恩教育;以关爱残疾人活动为载体的善的教育;以考试、国家助学贷款等活动为载体的诚信教育;以志愿者活动、做

义工活动为载体的助人为乐教育;以"接力式"顶岗支教、民营中小型企业实习为载体的艰苦奋斗教育。同时,要求一、二年级学生每年还必须参加48小时的义工才能获得实践学分。整个实践教育设立了4个学分,学分由实践项目运作和实践成果两部分组成,学生不修满学分不能毕业。第二是运作项目化。绥化学院实践教育实行项目化管理,实践项目的申报和实施在教师的指导下由学生独立完成。开展实践活动从准备、实施到巩固消化活动成果有着一整套规范程序。在每年三四月份的活动准备阶段,学生要对实践活动的内容、形式、时间等都做好充分、细致、具体的规划。学校则从选题指导、组建团队、动员培训和前期准备统筹安排,系统推进。在项目实施过程中,学生遵循计划,有组织、有步骤地进行活动,学校则进行定期检查指导,并及时了解、掌握实践活动各个阶段的进程和各项具体活动的信息沟通与反馈。实践结束后,学校组织各个院系进行总结交流、成绩评定、成果展览、宣传报道。

(二)构建全员工作格局,促进实践育人规范化

为了保证各项实践教育项目的落实,绥化学院注意整合队伍,融合资源。他们现有四支队伍在推进这项工作:一是思想政治理论课教师队伍。思想政治理论教研部全体教师按照院(系)学生比例分别编入各院(系)实践教育教研室,并作为学生兼职辅导员,同时担任一个班的班主任,从组织上保证他们能够更深入地了解学生。二是学生专职工作人员队伍。学生政治辅导员要担任思想政治理论课兼职教师,定期与思想政治理论课教师开展活动,包括一起研究学生教育管理的具体案例,一起理解教材,一起备课。三是关工委"五老"同志。绥化学院积极发挥关工委"五老"的"十大员"作用,在关爱农村留守儿童活动中,起初对接学校和留守儿童数量都很有限,他们就通过学校关工委与绥化市关工委联系,在这些老同志的大力支持下,使活动得以在绥化市十个县市区全面推进,也使绥化学院关爱留守儿童和空巢老人活动多了新的支撑。目前,该校8000余名大学生志愿者,关爱农村留守儿童5100余人、关爱空巢老人1050人。绥化学院还借此机会聘请绥化市及各县(市、区)关工委老同志任该校学生校外辅导员,有力地加强了校地合作,取得了互利共赢的效果。四是全校的学生寝室导师。绥化学院从2008年初开始在大学一年级设立寝室导师,全校党员干部和专业教师都在学校的统一组织下,有计划地对新生进行思想引导、生活指导、心理疏导、就业向导,其中也包括社会实践教育的指导任务。

(三)加强运行机制建设,保障实践育人常规化

为了把实践育人工作做得更加扎实有效,绥化学院建立了比较完善的工作机

制。首先是党委统一领导,党政齐抓共管。目前,绥化学院的学生社会实践活动领导小组的组长是校长,主管教学和主管学生工作的副院长为副组长,教务处、学生处、团委、马列教育部的领导为小组成员。已经形成了党委书记定期听取汇报、校长亲自挂帅的工作格局。绥化学院院长庄严亲自带领各部门、各院(系)对实践教育工作进行研究、规划,每学期都要组织专门的工作会议,研究新情况、部署新任务。校级领导每学期都要到基层看望支教学生,参加基层社会实践汇报会等。二是各院(系)成立了大学生实践教育指导教研室。教研室由院(系)党总支书记任主任、思想政治理论课教师任副主任、辅导员和班主任及院(系)党团干部为成员,具体负责学生实践教育的总体设计、实施、考核、总结等工作。三是制订了教学计划,自编了参考教材。他们先后出台了《绥化学院大学生实践教育纲要》《绥化学院思想政治理论课改革实施方案》等多个制度文件。庄严院长还亲自组织主编了《大学生思想政治教育教学模式——三论式教学法实践探索》《大学生实践教育指南》《放飞学习——绥化学院大学生实习支教撷萃》、《心手相牵,共享蓝天——绥化学院关爱留守儿童活动纪实》《关爱空巢老人——孝道与感恩教育》等教材和文集。作为学校实践教育的统一遵循。四是完善保障政策。学校规定不参加社会实践的学生没有学分,而没有学分就不能按时毕业。学校团委每年评定社会实践积极分子。每两年还要对实践教育情况进行一次专项评估、奖励。同时对完成顶岗实习支教任务的优秀学生在入党时可算作一次奖学金。另外,该校每年还划拨20万元实践教育专项经费,用于学生立项课题运转和日常活动。

三、绥化学院实践育人工作取得的主要成效

通过绥化学院有效的社会实践教育活动,让我们认识到,脱离开社会去为社会培养人才是我们应该总结的一个深刻教训,而绥化学院的成功在于他们拓展出一片新的思想政治教育空间——即让大学生思想政治教育走出校园、走向社会!

(一)突破了思想政治教育瓶颈,找到了理论教育与社会认知的结合点

长期以来,我们高校的思想政治教育一直处于理论教学和社会实践相分离的状态、教育载体多为教育者自我模拟构建的校内模式,对一些社会负面影响常常处在防和堵的层面,甚至采取回避的态度,所以我们的思想政治教育常常陷入"理论至上、组织驱动、纪律约束"的境况。而真正让大学生走进鲜活生动的社会课堂,他们的视野、他们的思想、他们的情感都发生了巨大的变化。老师和辅导员们反映,学生思政课的出席率、课堂活跃程度和对理论的理解情况程度及参加学校

活动的积极性都比以往有了很大的提高。大学生志愿者康雪瑜通过"接力式"顶岗支教走进农村,切身地感受到了城乡发展存在的一些现实性问题,更从老乡口中听到了多年来老百姓生活水平的明显提高,他感慨地说:"没有关爱留守儿童活动,我就不能走出自己的金丝笼,就不能看到真实的世界,现在看到了真实的自己、真实的祖国,我们的祖国不是欧美国家煽动的那样,我们的社会主义制度是符合中国人实际的,我以后在网络上再看到一些低级的煽动,一定会用我看到的、听到的实际去反击他们,我们的祖国是一定会在我们党的带领下重新振兴的!"志愿者赵亮在深入对接留守儿童苏继超家中时,与苏继超的爷爷(一位参加过抗美援朝战争和越战的老战士)聊天中了解到我们的党和人民经过多少努力才取得了现在的成就,在座谈会上他说:"这项活动与其说是我去关爱留守儿童,不如说是我去接受苏爷爷的教育,通过苏爷爷我更深刻地了解到了60年来中国大地所经历的一切,让我真正地知道了自己所承担的责任,作为学生党员我要用一生去捍卫祖国的尊严、去保持党的先进性、去完成先烈们没有完成的社会主义建设使命。"当前绥化学院学生的入党动机进一步呈现可喜变化,入党动机端正,对党的执政地位和执政理念有着坚定信心。在对学生党员和入党积极分子的调查中,均有半数以上学生的入党动机为"追求理想和信念"或"对党的执政地位和执政理念有信心"。(图7-44)在对未加入中国共产党的学生进行调查中,有84.60%的学生有入党的愿望(图7-45)。学生择业就业观念不断转变,2008年以后同比之前志愿到农场等艰苦地区、基层单位就业比例提高49%,涌现出了张瑞光、莫青青、崔丽莎等一批基层就业先进典型;在校生、毕业生参军入伍人数近百人,志愿服务西部、参加村村大学生计划学生数240余人。

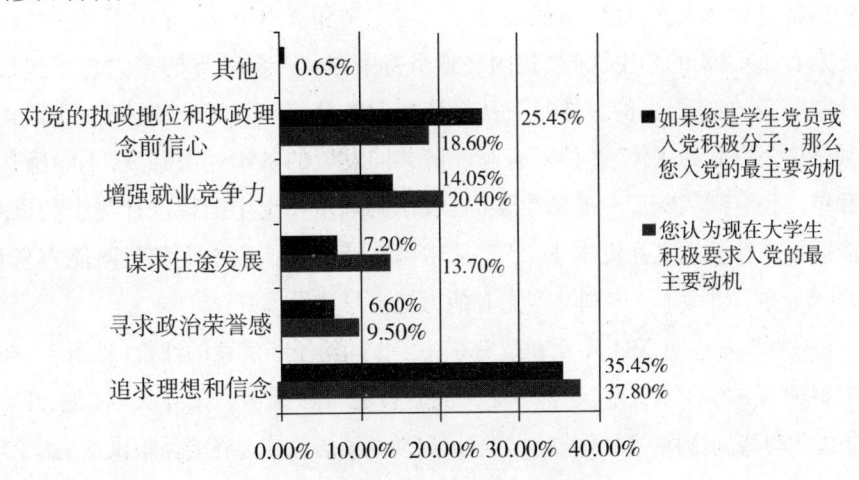

图7-44 绥化学院大学生入党动机分析

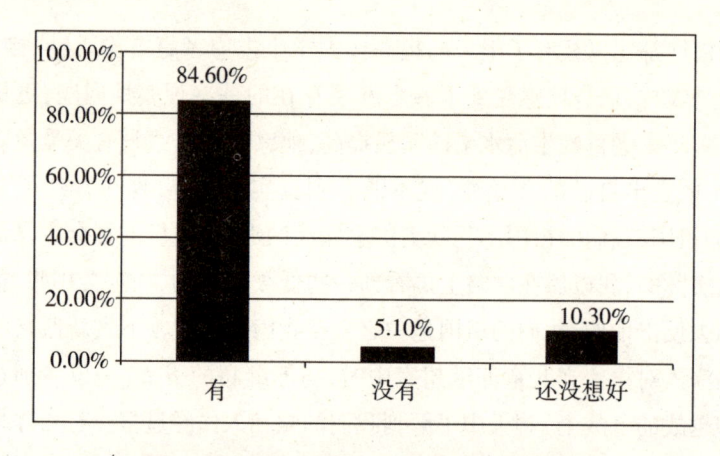

```
100.00%
 84.60%
 80.00%
 60.00%
 40.00%
 20.00%         5.10%   10.30%
  0.00%
          有     没有    还没想好
```

图 7-45　绥化学院大学生入党意愿情况分析

调查结果表明,绥化学院绝大多数学生拥护中国共产党的领导,拥护社会主义制度,拥护党的改革开放的路线、方针、政策,充分肯定我国改革开放以来所取得的巨大成就。调查结果显示,有 93.24% 的学生认同"科学发展观是发展中国特色社会主义必须坚持和贯彻的重大战略思想",有 92.8% 的学生认同"中国共产党是中国特色社会主义事业的领导核心",有 90.4% 的学生认同"我国必须坚持改革开放不动摇,不能走回头路",有 92.85 的学生认同"社会主义核心价值体系是兴国之魂,是社会主义先进文化的精髓"。

通过与以往的数据对比发现,绥化学院学生的理想信念更加坚定,对坚持中国共产党的领导、坚持中国特色社会主义道路的认同度始终保持较高的水平,整体上有逐步提高的趋势。从政治制度来看,绝大多数高校学生对"我国必须坚持走中国特色社会主义道路,不能搞民主社会主义和资本主义"深信不疑。从政党制度来看,84.8% 的学生认同"我国必须坚持中国共产党领导的多党合作和政治协商制度,不能搞西方的多党制";从经济制度来看,有 87.95% 的学生认同"我国必须坚持公有制为主体、多种所有制经济共同发展的基本经济制度,不能搞私有化和单一公有制",86.2% 的学生认同"我国必须坚持走中国特色社会主义道路,不能搞民主社会主义和资本主义"。从中国共产党的执政水平和执政能力来看,有 89.5% 的学生认同"中国共产党有能力把自身建设搞好"。

绥化学院学生对 2011 年党和政府有关工作均给予了满意的评价(见图 7-46)。其中 84.70% 的学生对"以推动科学发展、促进社会和谐、服务人民群众为主题,开展创先争优活动"表示满意;82.90% 的学生对"启动城镇居民社会养老保险试点工作,2011 年试点范围覆盖全国 60% 地区,2012 年基本实现全覆盖"表示满意;81.25% 的学生对

"中国共产党第十七届六中全会审议通过《中共中央关于深化文化体制改革、推动社会主义文化大发展大繁荣若干重大问题的决定》"表示满意;其中80.35%的学生对"国务院常务会议研究部署进一步做好房地产市场调控工作,全国开工建设保障房超过1000万套,建设规模创历史之最"表示满意;80.00%的学生对"中央扶贫开发工作会议研究决定率先在680个特困县市试点营养餐,实施农村义务教育学生营养改善计划"表示满意。由此看出,广大学生对过去的一年中,党的执政能力和执政水平建设、社会主义和谐社会构建历程的持续推进、社会保障体系建设、推动社会主义文化大发展大繁荣、保障民生工程建设、改善农村生活水平等方面所采取的具体措施和取得的一系列成就,均予以很高的赞扬并普遍表示认可。

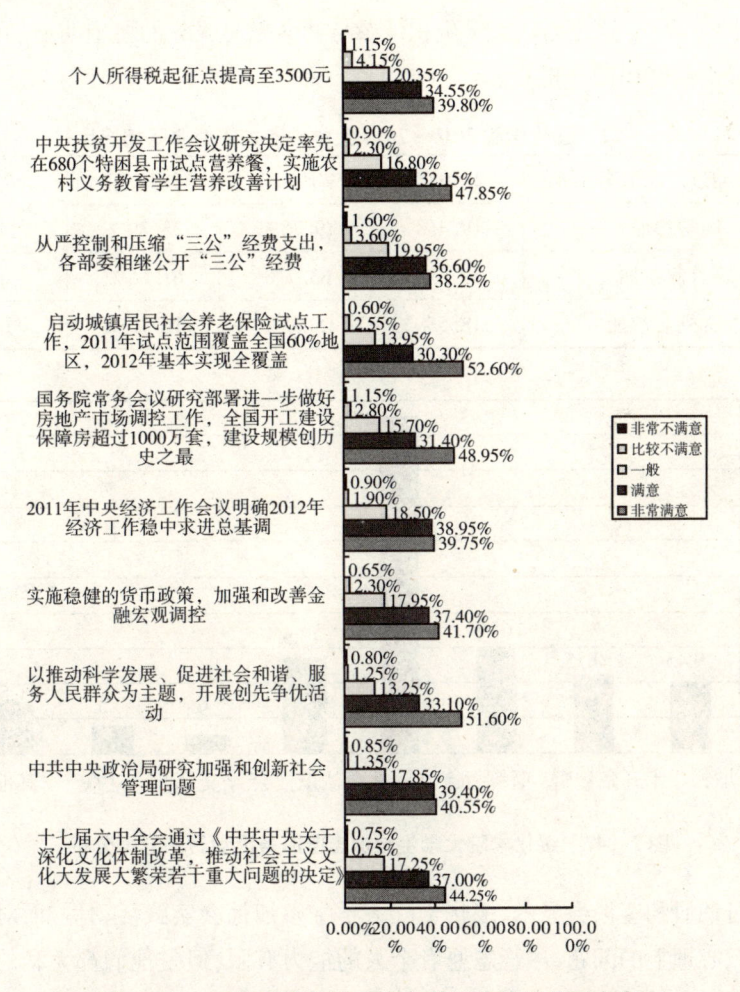

图7-46 对党和政府2012年有关工作的评价调查表

(二)填充了社会体验的缺位空间,找到了大学生成长与高校德育的连接点

随着近年来绥化学院大力推进顶岗支教、关爱留守儿童、关爱空巢老人、关爱残疾人等志愿服务活动,志愿者服务工作得到了大学生的普遍认可。社会实践和志愿服务活动已成为大学生课外实践的主要活动之一。近年来,绥化学院着力于为学生创造更多的参与志愿服务工作机会,并注重正确引导,得到了学生的积极响应。有87.15%的学生表示经常参加或寒暑假参加志愿服务活动,其中经常参加学生比例呈逐年上升的态势(见表7-22)。积极参加志愿活动的最主要目的明确,47.45%的学生是为了奉献社会、14.95%的学生是为了磨练意志、13.50%的学生是为了认识社会、10.75%的学生是为了开阔视野、9.45%的学生是为了增长才干(图7-47)。这说明广大学生积极参与社会志愿服务的愿望明显加强,奉献和服务社会的意识明显提高。

表7-22 绥化学院2010-2012大学生参加志愿服务情况比较

是否参加过志愿服务活动	2010年	2011年	2012年	趋势
经常参加	19.4%	19.75%	25.30%	上升
寒暑假参加	59.6%	63.7%	61.85%	下降
没有机会参加	18.5%	13.65%	10.15%	下降

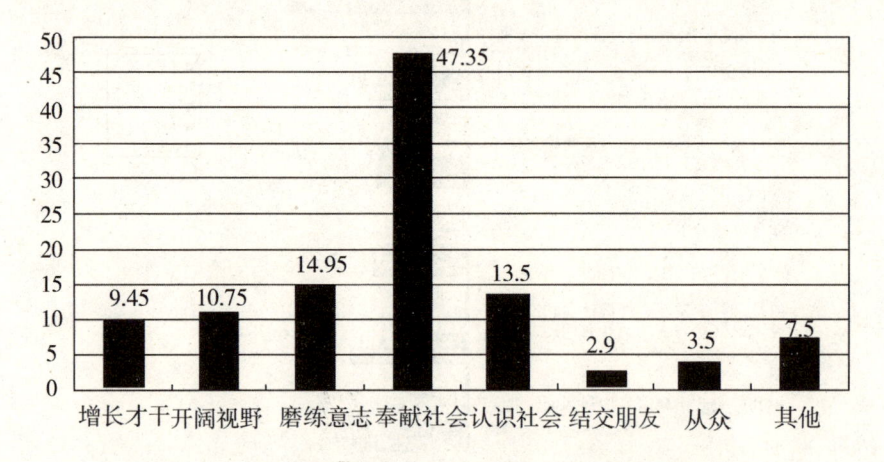

图7-47 绥化学院大学生参加志愿服务活动目的数据分析

（增长才干 9.45；开阔视野 10.75；磨练意志 14.95；奉献社会 47.35；认识社会 13.5；结交朋友 2.9；从众 3.5；其他 7.5）

通过调研和座谈会显示,绥化学院大学生参加社会实践活动后,面对很多学习、生活、心理上的问题,尽管志愿者个人的能力有限,但是他们都无私的尽自己所能。志愿者郭思宇永远记得,有一天与自己对接的孩子小佳的家长来了电话,那位家长感激地对她说:"真是谢谢你们这些学生,以前小佳和我的关系不好,怨

我们离开她,不爱跟我说话,她也不爱学习,说初中毕业就不想念书了。可是昨天她竟然主动给我打电话,说绥化学院的姐姐对她很好,给她写信,以后她也要到绥化学院去。我想一定是你们的关心让她有了这些变化,谢谢你们啊。"郭思宇听完流下了激动的泪水,他说:"自己从来没发现自己有什么重大价值,但是当小佳的家长和自己说完这些话的时候,真的很激动,因为他发现了自己的价值和应该承担的责任。关爱活动我们大学生所做的仅仅是那么点滴,却换取了孩子们的成长,以后无论走到哪儿,我都要将这一责任履行下去。"

上了大学尤其是在城里长大的90后,深层次的感受农村和农民,更多的是通过网络和媒体。与留守儿童牵手后,尤其是亲眼看见留守儿童拮据的家境,他们的思想受到了震撼,对比自己现在优越的生活条件,志愿者们似乎第一次感觉了自己今天的幸福。外国语学院志愿者丁飞说:"以前从来没感觉过自己有什么社会责任或者使命,更加没有感觉自己父母是多么爱护自己,但从自己参加关爱留守儿童活动以来,发现自己身上肩负的太多,每当留守儿童告诉自己成绩又提升了都会产生莫名的成就感,同时也让自己想到了爸爸妈妈多年来对自己的关爱是多么的伟大和无私。要感谢学校给了自己这样一个重新审视自己的机会和平台,感觉父母给予自己多年来的养育之恩和呵护之情。"很多学生家长反馈:参加了关爱留守儿童活动后孩子回家比以前懂事多了。担当义工为社会做贡献的学生增多了,涌现出了全国自立自强之星梁丹凤、全省见义勇为道德模范徐有林等一大批优秀学生。

当代大学生出生在改革开放的新时期,在比较富裕的生活环境中长大,又多为独生子女。这种社会和生活背景赋予他们很多优势,同时又普遍缺乏艰苦环境的锻炼,缺乏对社会尤其是对农村生产生活的了解。通过关爱留守儿童,把他们带进了乡村基层的生活,为他们提供了在相对艰苦的环境中感受生活、锤炼意志的机会,提供了了解农村生产生活、向淳朴善良的农民群众学习的机会,提供了进一步了解社会,深化对诸如人生价值等问题认识的机会。近年来,乡村学校生活条件有了很大改善,但与大学的条件相比还是差了很多。很多乡村中小学距离县城较远,没有自来水,没有室内厕所,没有浴池和食堂,在深入乡村进行关爱走访和公益课堂辅导时,学生洗不上一次澡,吃的是粗茶淡饭,住的是几张桌子临时搭成的"床",冬季没有暖气,靠烧炉子取暖。难能可贵的是,这样艰苦的环境并没有影响他们关爱留守儿童的热情,这项活动给大学生们上了一堂人生大课,锻炼了其意志品质,提高了应对艰苦生活的能力。通过绥化学院2007年至2011年连续五年的大学生消费情况调查显示,该校大学生年均消费水平在综合物价上涨等因素情况下呈逐年下降状态(见图7-48),大学生年采购奢侈品比例降低37%,大学生对消费水平下降原因的反馈有76.3%认为是自己参加了关爱留守儿童、关爱空巢老人等社会实践活动,对自己产生了深刻影响。

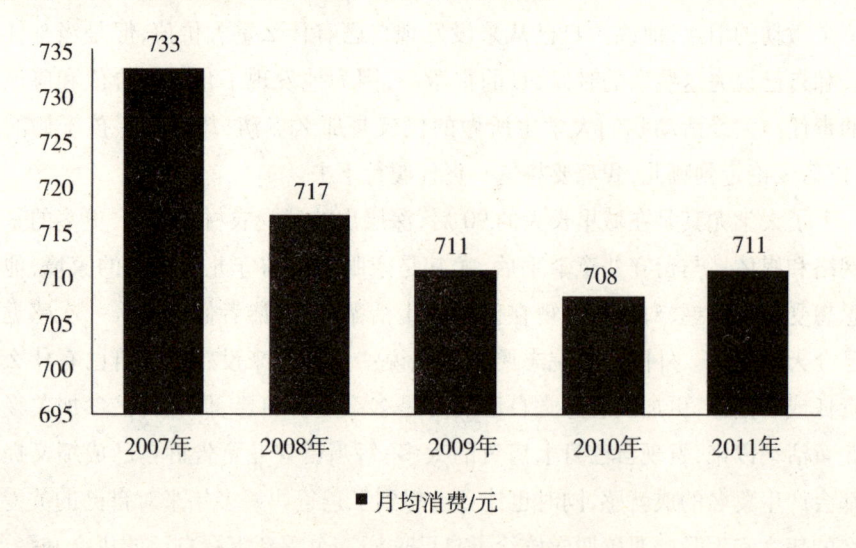

图7-48 学生2007-2011年消费情况比较

学生自我发展方向更加明确,他们普遍认为学校应该加强对学生培养的主要方面依次为:"实践能力""思想道德素质""创新、创业能力""社会责任感""学习科研能力""人际交往能力""心理调适能力"等方面,其排序与往年调查结果比对基本一致。(见图7-49)

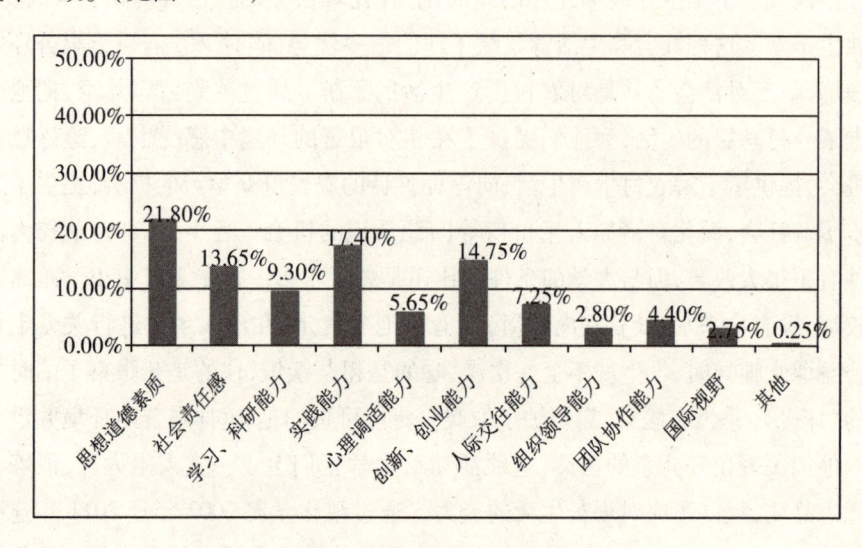

图7-49 学生对学校最应加强培养方向的判断

(三)提高了办学质量和社会声誉,找到了实践育人与服务地方的切入点

绥化学院作为新建地方本科院校,升本就确定了"扎根绥化、面向龙江、服务地方经济社会发展"的办学目标,院长庄严告诉我们:作为地方高校,不仅肩负着人才培养的重要责任,同时也肩负着服务地方、发展地方经济的使命,几年来我们一直在努力成为绥化发展的科研支持地、人才支援地、知识储备地。我们注意到,绥化学院开展的各项活动,包括接力式顶岗支教、关爱农村留守儿童、关爱空巢老人、关爱残疾人、环保志愿服务都是先期在绥化论证出来的,并且开展这些活动也始终在绥化所管辖的市、县、区。随着实践教育的不断深入,大学生们在实践中得到了锻炼,收获了成长,为高校的人才培养及思想教育开辟了更加广阔的空间,同时也在一定程度上为绥化的地方经济社会发展做出了贡献。如"接力式"顶岗支教,解决了城乡一体化进程中乡村基础教育薄弱问题,促进了乡村基础教育的发展;关爱留守儿童让那些原本的"问题孩子"思想上得到了良好的引导,一些留守儿童在志愿者的帮助下学习成绩普遍提高,截止到2010年中考期间,升入高中学习的留守儿童比例由未关爱前的不足20%上升到了近40%;空巢老人在与志愿者对接后心理负担普遍减轻,缓解了家庭生活的苦闷,重新唤起了老人对生活的希望等等。绥化学院的社会实践活动不仅成功地找到了高校人才培养与服务地方的有机切入点,而且紧密了学校与各个市县的联系。学校连续三年被绥化市授予服务地方先进单位的称号。

大学生思想政治教育的实效性问题一直得到党和国家高度重视,各高校也在积极探索,绥化学院的经验告诉我们,社会实践是新时期加强和改进大学生思想政治教育的有效途径,同时也是大学生成长成才的广阔空间和舞台。

第八章

"五个关爱"实践教育情况调查报告

调查一、大学生关爱农村留守儿童情况调查报告

近年来,伴随农村劳动力转移人口的增多,出现了大量 6~14 岁在校的留守儿童。绥化市是黑龙江省农业大市,现有乡镇 166 个、行政村 1336 个,农村人口约 418 万,农村留守儿童约有 2.8 万,绥化学院在 2007 年开展"接力式"顶岗支教的过程中密切关注着这一群体。为发挥高校服务地方的功能、凸显大学社会责任感、让大学生懂得爱与奉献、实现自身人格的完善,绥化学院于 2008 年 4 月启动了"大学生志愿者与农村留守儿童共享蓝天"活动,着力将传统文化"仁爱"思想践行于关爱留守儿童的志愿服务活动中。活动开展几年来,绥化学院累计关爱留守儿童 5173 名,参与关爱留守儿童的大学生志愿者 6207 人,与对接的 11 个县市区的 94 所乡村中小学建立了关爱留守儿童活动基地和辅导站。

一、绥化学院关爱农村留守儿童工作的主要措施

(一)抓好大学生志愿者培训工作,提高志愿者"施爱"能力

经过前期的调研,在充分掌握了农村留守儿童状况的基础上,绥化学院启动了关爱农村留守儿童活动,动员在校大学生参与志愿服务。为保证关爱工作开展的实效性,学校在与留守儿童对接前对大学生志愿者进行了心理学、教育学、现代信息技术学等方面的专门培训,有效提升了大学生学业辅导、生活帮助和心灵关爱等各方面素质,切实提高了志愿者"施爱"能力。

(二)抓好志愿者和留守儿童的对接工作,建立两地友情

在各级关工委的大力支持下,学校结合农村中小学校的特殊情况,将留守儿童分类建档,根据不同留守儿童特点让志愿者在对接前明晰重点任务,有针对性地开展关爱活动。大学生志愿者首先以通信形式与留守儿童结对、联系,通过连续的通信,留守儿童开始向大学生志愿者请教学习方法、请求生活援助、倾诉心理

烦恼。随着交流的深入,留守儿童对志愿者也由最初的陌生逐渐转化为了解,并进一步发展了友谊。除日常帮扶外,每逢传统节日,学校还组织大学生志愿者编排文艺节目,准备大量慰问品,多次深入到北林区绥胜中心小学、肇东市新立小学、庆安县久胜中学等乡村中小学与留守儿童联欢。在2010年、2011年的中秋节,学校还专门准备了月饼,组织志愿者分批送到了每个对接的留守儿童手中。几年来,学校还先后将300余名留守儿童及临时监护人请进了校园,开展了大学生与留守儿童同台演出、同吃食堂、同住宿舍、参观校园、参加大学生升国旗仪式、一起参加运动会、邀请留守儿童吃一次肯德基等活动。这些关爱活动的开展,使留守儿童感受到友爱和亲情,让大学生学会了爱的奉献,也加深了他们彼此的感情。

(三)抓好关爱活动开展工作,拓宽关爱渠道

为深入了解农村留守儿童生存现状,更好地开展关爱活动,在绥化学院关工委和各县市级关工委的共同努力下,学校以每年寒暑假大学生社会实践为契机,精心组织了100余支志愿者服务小分队,深入农村留守儿童家中义务为留守儿童辅导功课,与留守儿童共度假期。2011年寒暑假学校组织了53名大学生深入到30余户留守儿童家中走访,有1000多名志愿者通过短信、QQ等方式,与留守儿童的班主任老师和留守儿童的家长或监护人建立了联系。几年来,学校为留守儿童送去书包、铅笔等学习用品,成立爱心图书室28个,捐赠《四大名著》《雷锋的故事》等各类图书4.3万册。从2011年开始,学校每年选派两名大学生党员到肇东市新立小学义务支教,在缓解该校教师紧缺压力的同时,保证关爱的持续性。学校还抽调4名心理学教师到乡村学校为监护人进行辅导,针对青少年常见的心理问题,与孩子监护人共同探讨成长期儿童的教育方法。学校还建立了关爱农村留守儿童专题网站,通过网络宣传留守儿童情况,带动全社会共同关爱。经过不懈的努力,绥化学院、留守儿童学校、留守儿童家庭、社会形成了一个关爱留守儿童的立体式教育网络。我校08级大四学生吴彬谱写的《爱的守望——献给留守儿童的歌》的歌词,经音乐学院教师姜喆谱曲,在校内传唱。歌曲被全国青少年才艺电视展演总决赛冠军程玉莉小朋友主唱后,已经被列为全国公益MV,在网络上得到了广泛传播,中央电视台著名主持人张泉灵、李小萌等在个人微博中予以了转载。

(四)抓好长效机制建设工作,搭建情感实践教育平台

绥化学院将关爱留守儿童活动纳入到实践教育课程体系中,设立4个实践学分,成立了实践教育指导教研室,指导大学生关爱农村留守儿童活动的开展工作,

出台了《绥化学院关爱农村留守儿童工作规程》,规程要求大学生在关爱中完成工作程序、工作内容,接受综合测评、教育考核,将关爱留守儿童工作规范化、制度化、常态化。同时,在省、市关工委的支持下,学校与各县市关工委紧密配合,在留守儿童较多的农村中小学成立关爱留守儿童辅导站,建立留守儿童学习信息档案。学校还充分发挥各级关工委老同志阅历广、眼界宽、和蔼可亲的优势,主动邀请各位老领导、老教师担任我校大学生校外辅导员,对在校大学生深入开展"仁爱"教育,在各级关工委老同志的帮助下搭建起了大学生和留守儿童共同成长的情感实践教育平台。

二、绥化学院开展关爱留守儿童活动的工作成效

在绥化学院党委的统一部署下,由学工部、团委、关工委等部门组织全校13个院(系)深入到绥化市下辖的11个县市区开展了关爱留守儿童系列活动。

(一)突出"四个帮助"重点,助力留守儿童阳光成长

1. 帮助留守儿童解决生活困境,促进留守儿童健康成长

据绥化学院对绥化市辖区72所农村中小学在校留守儿童情况的调研显示,留守儿童的生存环境主要存在两方面问题:一是家庭生活条件较差,二是出行安全无法保证。留守儿童近80%生活较为贫困,在海伦市联发乡走访留守儿童家里时发现,绝大多数的留守儿童家庭较为贫困,留守儿童饮食单一,缺乏营养,居住的房屋破旧不堪。针对这些情况,绥化学院提出了"为家庭经济困难的留守儿童提供力所能及的资助,尽量不让留守儿童因为家庭困难而辍学"的目标。学校先后为海伦市联发中学等十余所经济相对困难的农村中小学捐赠越冬取暖煤120余吨;为家庭困难的留守儿童捐赠门窗用玻璃13箱;捐赠书包4200余个、书本等5100余套。几年来,学校累计为困难留守儿童家中送去价值达15.2万余元的生活慰问品;学校每年划拨20万元关爱活动专项支持经费;还从省文明办、省青少年发展基金会、龙广高校台、中国移动绥化分公司等多家单位争取各类帮扶资金12.6万余元。

据统计,约有70%的留守儿童每天上下学要走两公里以上的乡间路,由于对人身安全问题的不重视,他们的出行安全得不到应有的保障。针对这一情况,绥化学院主动与绥化市及各县市区的关工委、团委、妇联等组织开展了联合关爱,建立起了留守儿童"来去有人关注、生活有人关心、状况有人跟踪"的全方位关爱网络。在绥化学院关爱留守儿童活动的影响、带动下,由绥化市教育局、团市委等部门联合发起在部分留守儿童较为集中的县市区建立了留守儿童寄宿制学校,有效

地解决了留守儿童上下学的人身安全问题。

2. 帮助留守儿童解决学习困惑,让家长安心打工

调查数据显示,有69.7%的留守儿童对学习没有热情,学习缺乏主动性;有25.2%的留守儿童学习态度不端正,学习不努力,不爱听老师的话;部分留守儿童认为自己不适合读书。这些现象的出现是因为一部分留守儿童处于学习无人指导监督,放任自流的状态。绥化学院为此确立了"关心留守儿童学习,不让每个留守儿童因为成绩不好而辍学"的目标。学校通过建立关爱留守儿童辅导站、开展寒暑假公益课堂、捐建爱心图书室、传授正确学习方法、请留守儿童优秀代表走进校园等方式帮助留守儿童逐渐转变学习观念、掌握正确学习方法,进而让留守儿童学会学习、热爱学习,激发他们健康向上的成长动力。几年来,绥化学院在乡村中小学校建立关爱留守儿童辅导站94个,共举办公益课堂活动8期,公益课堂服务小分队104个,总授课5900余课时。通过学习辅导活动的开展,留守儿童学习成绩普遍得到了提高、课堂学习状态明显好转。海伦东林第一中学张老师说:"自从学校开展关爱农村留守儿童以来,孩子们上课不再顽皮了,而且更积极主动地参与讨论、回答问题了。"关爱活动开展后,留守儿童家长反映:"自己在外面打工最担心的就是孩子的学习成绩,现在看到孩子的学习成绩在大学生的帮助下提高这么多,我们可以安心在外打工了。"

3. 帮助留守儿童解决心理困扰,积极进行心理疏导

早期的环境和家庭教育在儿童人格培养过程中具有非常重要的作用,它直接影响孩子的行为、心理健康与智力的发展。调查数据显示,有近五成的留守儿童一年以上才能与父母见一次面,有约三成的留守儿童半年与父母见一次面。由于父母长期不在身边,造成了父母与留守子女之间的亲情缺失,导致近四成的留守儿童出现不同程度的自我封闭,对社会充满怀疑、缺少安全感,这些都对他们的情感发展产生了较大的负面影响,由于缺少关爱,留守儿童还存在性格上的缺陷。调查发现,约有20.93%的留守儿童孤僻内向,自卑抑郁,害怕与人交往,由于长时间缺少父母的关怀,容易对他们的心理健康造成严重的影响。针对这些现象,绥化学院从留守儿童、临时监护人、留守儿童父母三方面同时入手予以解决,确立了"每一位志愿者都要为留守儿童提供心理关怀"的目标,通过与留守儿童的交流、沟通,用友情弥补了缺失的亲情。针对存在较为严重的心理问题的留守儿童,绥化学院心理咨询中心的教师还深入到留守儿童学校进行特殊辅导,几年来,先后深入到10余所乡村中小学为21名留守儿童进行心理健康辅导37次。通过关爱活动的开展,平时内向自闭的孩子,变得乐观、开朗了;厌学的孩子,学习积极性明

显提高了。据调查显示,大部分存在心理问题的留守儿童在志愿者和学院老师的帮助下得到了缓解,近七成存在自闭倾向的儿童明显好转,开始主动与人沟通。

4. 帮助留守儿童解决思想困忧,重归生活正道

调查数据显示,留守儿童中有30.5%的孩子很少与父母或监护人沟通,有22.6%的孩子孤独没人聊天,有14.1%的留守儿童缺少老师和家长的思想引导。留守儿童由于诸多原因,常出现行为偏差,甚至出现思想、行动过激问题。很多留守儿童经常出入网吧、游戏厅等场所,说话很不文明,缺少礼仪规范和社会公德,厌学情绪很高,有的甚至产生读书无用论的思想,如在绥棱三吉台中学做调研时发现有近70%的八九年级留守儿童认为自己现在就是"混"毕业后,和父母一样出去打工赚钱。在绥棱四中和庆安新春中学走访中和调查问卷数据显示,有63.2%的留守儿童对自己做事、学习中能否成功持怀疑态度,没有自信心,总害怕辜负家长的期望,受到别人的"白眼",在做一件事之前总要问自己一句"我能行吗?"这些问题困扰着留守儿童,使其不能以轻松的态度去面对问题、处理问题,影响其身心健康成长。绥化学院确立了"通过志愿者的关爱、关心,缓解留守儿童的思想压力,引导他们树立正确思想观念"的工作目标。通过志愿者长时间的沟通、关爱,越来越多的留守儿童变得更加勤奋,自理自立能力得到了提高,能主动帮助家里做些力所能及的事情。在座谈中很多监护人反映,以前孩子放学回家就是看电视,现在先写作业,然后帮家里干活,懂事了,爱学习了。外国语学院的志愿者为了方便随时帮助留守儿童解答各种疑难问题,专门为孩子申请了QQ,并与孩子的学校班主任老师协调,每周定时开放学校的多媒体室,让孩子与大学生视频交流。

(二) 取得"四个增强"收获,促进大学生情感实践教育升华

1. 增强了爱党、爱国、爱社会主义的意识,弘扬奉献精神

大学生是党和国家、社会主义事业的接班人,多年以来我们一直在积极探索如何进一步加强和改进大学生思想政治教育工作,在中国大地发生翻天巨变的今天,如何直观地将我们多年来所取得的巨大成就展示给学生,让其从内心深处对我们伟大的党、伟大的祖国、伟大的社会主义事业产生认同感,是我们首先要解决的,也是必然要解决的问题。绥化学院的关爱留守儿童活动让大学生在深入了解国情的过程中所产生的切实的热情、所引发的自我教育的强烈愿望是校园里的思想政治教育活动无法替代的,所引发的对中国特色社会主义的高度认同感更是课堂所无法比拟的。大学生志愿者康雪瑜通过关爱留守儿童活动多次走进农村,切身地感受到了城乡发展存在的一些现实性问题,更从老乡口中听到了近年来老百

姓生活水平的明显提高,他感慨地说:"没有关爱留守儿童活动,我就不能走出自己的金丝笼,就不能看到真实的世界,现在看到了真实的自己、真实的祖国。"据统计,自2008年关爱留守儿童活动开展以来,绥化学院大学生主动递交入党申请书的比例同比增长3%,大学生入党动机的从众心理等不良因素同比下降27%;大学生择业就业观念不断转变,2008年以后同比之前志愿到农场、西部等艰苦地区、基层单位就业比例提高49%,先后涌现出了张瑞光、莫青青、崔丽莎等一批基层就业先进典型;在校生、毕业生参军入伍人数近百人,志愿服务西部、参加村村大学生计划学生数超过240余人,通过关爱活动的开展,大学生志愿者们真正体会到了扎根基层,奉献社会的深刻内涵。

2. 增强了关爱他人、关心社会的意识,实现人生价值

在关爱留守儿童的过程中,大学生需要面对很多学习、生活、心理上的问题,尽管志愿者个人的能力有限,但是他们都无私地尽自己所能去奉献爱心。志愿者郭思宇永远记得,有一天与他对接的孩子小佳的家长来了电话,那位家长感激地对他说:"真是谢谢你们这些大学生,以前小佳和我的关系不好,怨我们离开她,不爱跟我说话,她也不爱学习,说初中毕业就不想念书了。可是昨天她竟然主动给我打电话,说绥化学院的姐姐对她很好,给她写信,以后她也要到绥化学院去。我想一定是你们的关心让她有了这些变化,谢谢你们啊。"郭思宇听完流下了激动的泪水,他说:"我从来没发现自己有什么价值,但是当小佳的家长和我说完这些话的时候,真的很激动,因为我发现了自己的价值和应该承担的责任,关爱活动我们大学生所做的仅仅是那么点滴,却换取了孩子们的成长,以后无论走到哪儿,我都要将这一责任履行下去。"通过关爱留守儿童活动,大学生各方面的看法在改变,一些观念在转变,对外部世界有了更深层次的认识;他们会重新审视自己的人生价值,重新确立自己的人生目标,变得更加务实、更有责任感。

3. 增强了勤俭节约、艰苦奋斗的意识,提高自我管控能力

当代大学生出生在改革开放的新时期,在比较富裕的环境中长大,又多为独生子女。这种社会和生活背景赋予他们很多优势,同时他们又普遍缺乏艰苦环境的锻炼,缺乏对社会尤其是对农村生产生活的了解。通过关爱留守儿童活动,学校把他们带进了乡村基层的生活,为他们提供了在相对艰苦的环境中感受生活、锤炼意志的机会,提供了了解农村生产生活、向淳朴善良的农民群众学习的机会,提供了进一步了解社会,深化对诸如人生价值等问题重新认识的机会。近年来,乡村学校生活条件有了很大改善,但与大学的条件相比还是差了很多。很多乡村中小学距离县城较远,没有自来水,没有室内厕所,没有浴池和食堂,在深入乡村

进行关爱走访和开展公益课堂辅导时,大学生一周洗不上一次澡,吃的是粗茶淡饭,住的是几张桌子临时搭成的"床",冬季没有暖气,靠烧炉子取暖。难能可贵的是,这样艰苦的环境并没有影响他们关爱留守儿童的热情,这项活动给大学生们上了一堂人生大课,锻炼了其意志品质,提高了应对艰苦生活的能力。通过绥化学院2007年至2011年连续五年的大学生消费情况调查显示,在校大学生年均人消费水平在去除物价上涨等因素情况下呈逐年下降趋势,大学生年采购奢侈品比例降低37%,对于大学生消费水平下降原因,有76.3%的大学生认为是自己参加了关爱留守儿童、关爱空巢老人等社会实践活动,对自己产生了深刻影响。

4. 增强感恩意识,践行了"仁爱"行动

在城里长大的90后大学生,对农村和农民的了解,主要是通过网络和媒体等途径。与留守儿童牵手后,尤其是亲眼看见留守儿童拮据的家庭生活,他们的思想受到了强烈震撼,对比自己现在优越的生活条件,志愿者们似乎第一次感觉到了自己今天的幸福。外国语学院志愿者丁飞说:"以前从来没感觉过自己有什么社会责任或者使命,更加没有感觉自己父母是多么爱自己,但自从参加关爱留守儿童活动以来,发现自己身上肩负的太多,每当留守儿童告诉自己成绩又提升了都会产生莫名的成就感,同时也让自己想到了爸爸妈妈多年来对自己的关爱是多么的伟大和无私。要感谢学校给了自己这样一个重新审视自己的机会和平台,感谢父母给予自己多年来的养育之恩和呵护之情。"关爱活动让大学生在付出关爱的过程中,对于"仁爱"有了更深层次的理解,懂得了感恩,懂得了付出,大学生加入到关爱留守儿童的志愿服务活动中来,既是对传统文化教育"仁爱"思想的一种实践,也是社会责任的一种培养和担当,更为大学生情感实践教育提供了生动的载体。自活动开展以来,绥化学院担当义工为社会做贡献的大学生增多了,先后涌现出了全国自立自强之星梁丹凤、全省见义勇为道德模范徐有林等一大批优秀大学生。

调查二、大学生关爱空巢老人情况调查报告

"空巢"老人指的是当今社会因子女工作、学习繁忙等因素不在身边而独自生活的老人群体。据统计,我国有65岁以上的"空巢老人"2340余万,全国城市空巢家庭高达49.7%,个别老城区和农村已达70%。这一群体大多生活上无人照料,情感上孤独无依,有的经济来源没有保障,这一现象已然成为构建和谐社会进程中必须要认真解决的社会问题。绥化学院秉承中华传统孝文化,弘扬"老吾老以及人之老"的社会美德,以志愿服务的形式去关爱空巢老人,力行敬老、爱老之风,在给予空巢老人生活照料、精神慰藉、经济帮助的同时,也彰显了当代大学生健康向上的精神风貌,以孝启善,以孝明德,最终实现孝道文化在大学生心中的内化和升华,完善人格,提升思想境界,最终实现人际和谐、社会和谐。关爱空巢老人活动的开展也为强化大学生思想政治教育工作的实效性闯出了一条新路子,在情感实践教育方面取得了阶段性成果。

一、绥化学院关爱空巢老人工作的主要措施

(一)深入开展调查研究,掌握空巢老人的基本情况

从2008年开始,我校多次以问卷调查、辅以随机个案座谈和走访等形式开展绥化市北林区空巢老人基本情况的调研。调查显示,空巢老人平均年龄为70.58岁。文化程度高中(含中专)文化程度以下的占92%,未结过婚占0.41%;初婚有配偶者占76.8%;再婚有配偶者占2.49%;丧偶占20.3%;他们的子女或者在外市,或者在外省,甚至远在国外。在调研走访中发现主要存在以下几方面问题:

1. 部分空巢老人经济相对困难

一是部分空巢老人没有退休金,约占6.22%,这些不享有退休金的空巢老人大都依靠子女资助、配偶遗属补贴、低保补贴、征地补偿等维持生活。但由于金额一般比较少,并不足以保证老人的日常开销,这对老人的健康生活产生了严重的影响。二是部分空巢老人的退休金偏低,不足千元的占13.39%。在目前物价涨幅较大、医疗费用较高的背景下,这一部分老人的生活还是比较拮据的。三是部分空巢老人医疗得不到保障。在调查中我们发现,有53.21%的老人身体健康状况存在一定问题,患有慢性病、老年疾病的较为常见。这些老人中有7.52%的人因经济状况不能及时入院医治,在家靠药物维持;有20.3%的老人由于缺少子女在身边照料,加之行动不便,造成生活质量不高,健康状况得不到很好保障。

2. 空巢老人缺乏精神慰藉

调查研究显示,大部分空巢老人缺乏精神慰藉,总是停留在自己的生活空间,不愿和外人交流,情绪低迷,加之身体健康状况欠佳,生活和精神状况令人担忧。造成这一现状的原因主要有:一是城市家庭生活的相对封闭。现代都市的生活方式已经使得大部分城市空巢老人远离了他们的邻居,从而使他们失去了一个非常重要的情感来源,常去邻居家串门聊天这一传统的丧失,不利于老人的精神健康,致使老人逐渐地陷入孤独、寂寞的状态。二是城市中缺乏便于老年人活动的场所。在城市中很多休闲、娱乐的场所在建设过程中都未将老年人这一特殊群体考虑进去,致使部分城市空巢老人因生理或心理原因只能待在家里,很少去其他场所活动。三是社区工作职能不完善。由于社区活动场所的缺乏、社区活动内容的

相对贫乏、社区工作人员的工作态度不够积极主动等,使得社区的服务功能相对削弱,导致社区无法将众多城市空巢老人吸引到身边来,从而无法真正发挥"社区是我家"的精神归属作用。

3. 空巢老人心理存在多种问题

空巢老人的心理问题主要包括失落感、孤独感、衰老感、抑郁感、焦虑感等。空巢老人的心理问题是由多种原因造成的。一是主观因素。其一,性格因素。有些老人性格内向,不愿与其他人沟通,心里的问题无法倾诉。有些老人在气质上是抑郁质的,神经系统不够活跃和协调,也更容易产生心理问题。其二,认知因素。空巢家庭中老人和子女长期分离,得不到子女的关心,会使老人从自身去寻找子女不能陪伴左右的原因,会责备自己在某些地方没尽到责任,与他人交往和沟通的自信心受到打击,不敢去尝试与他人交往,自我认识出现了扭曲。其三,沟通技巧和表达能力的不足。有些老人不具备与他人良好沟通的条件,从而使自己被排斥在群体之外,也使空巢老人在心理上受到打击,加快了心理问题的产生。二是客观因素。其一,家庭因素。空巢家庭中子女长期不在父母身边,缺乏对父母的照顾和关怀,会使老人有种被子女"遗弃"以及年轻时对子女的付出得不到应有的回报的感觉。老人在退休后的普遍衰老感会使老人觉得在家缺乏子女的照顾,在自己生病时得不到及时的照顾是年老后的一种悲哀,从而无形中降低了对生活的热情。其二,社会因素。中国素有尊老爱老的传统,十分注重"孝道",而"共享天伦之乐""膝下承欢"这些根深蒂固的思想,会使老人在身边没有子女的情况下产生深深的失落感,而这些都可能导致老年人对空巢的悲哀感和恐惧感。

(二)发挥地方高校资源优势,深入开展关爱空巢老人活动

大学生与其他社会志愿者比较,个人自由时间更多,参与社会公益事业的热情更高,奉献意识更强烈。绥化学院积极发挥地方高校大学生志愿者的资源优势,于2008年9月开始启动大学生志愿者服务关爱空巢老人活动,取得了明显的效果。

1. 建立健全空巢老人档案库

结合学校的地缘情况,绥化学院与绥化市辖区内30个社区、8所老年公寓的空巢老人建立联系,并与有关部门配合,建立了空巢老人档案库,深入调查社区空巢老人的生活状况、经济来源情况、健康状况、心理精神状况、子女帮扶情况、社会救济情况、当前急需解决的问题等,做好相关记录,根据老人们的状况分类统计,掌握真实的第一手资料,为后续关爱工作的开展打下坚实的基础。

2. 建立心理探索机制

空巢老人因为长期的孤独,会出现一定的性格孤僻与情绪急躁等问题,大学生关爱空巢老人的进程会受到部分老人不同程度的抵触。为此,学校成立心理分析和关爱指导小组,由心理咨询中心专业老师担任专业顾问,指导大学生志愿者利用科学的心理学方法与不同性格特点的老人进行心灵沟通,在指导过程中注重加强大学生志愿者的耐性和沟通能力培养,确保关爱空巢老人工作取得实效。

3. 增强志愿者的责任感和使命感

针对关爱空巢老人活动的开展,学校积极做好志愿者的报名、选拔工作,各院系还成立活动小组,对选拔出的志愿者进行思想动员,向他们介绍空巢老人情况,讲清关爱空巢老人的现实意义及对自身成长发展的重要性,强调活动中的注意事项。2009年4月学校出台了《绥化学院关爱空巢老人实施方案》,将这一活动纳入思想政治教育实践之中,并于2010年以绥院院发〔2010〕159号文件下发《关于在学生中深入开展"爱小家、爱大家、爱国家"系列教育活动实施方案》,开展了"十个一"(即学唱一首感恩歌;开展一次团活;算一笔亲情账;开展一次讲座;共建一个和谐小家;奉献一份爱心;为老师做一张恩情卡;进行一次征文比赛;举行一次红歌合唱汇演;写一封家书并为父母做一件感动的事)系列孝道与感恩教育活动,在学生中评选出百名孝子(孝女)、爱心大使、自强之星等典型人物。通过表彰学生中各类先进典型,在学生中形成"比、学、赶、超"的良好氛围,争做好人,愿做好事,逐渐使孝道与感恩思想内化到学生意识中去,内化为校园文化建设的内涵组成。学校还将孝道与感恩的典型与慈孝文化研究有机结合,促进其进书本、进课堂、进学生大脑,使之成为大学生情感实践教育不可或缺的重要组成部分,让学生学会关爱、奉献,把关爱空巢老人活动看作自己作为当代大学生应尽的义务,并非单纯的献爱心活动。

4. 亲情对接,服务奉献

指导教师对志愿者进行系统的教育培训,尤其加强学生对传统美德"孝"的教育,加强学生对责任和使命的认识,在学生深入到关爱活动岗位前,完成对志愿者的先期孝的思想引导。关爱过程中,积极鼓励学生经常去到空巢老人身边,及时发现问题、解决问题,落实责任,实行"谁对接,谁负责",让大学生更清晰地认清责任。随着志愿者对空巢老人爱的付出,指导教师会及时组织志愿者进行总结,并对其进行系统的理论指导,把实践认识进一步巩固升华为理论认知。学校要求志愿者每周、每月都要有固定的时间对空巢老人进行问候,与老人近距离的接触,与老人聊天缓解孤独心情,义务帮助老人打理家务,让老年人切实感受到社会的尊重与关怀。

二、绥化学院开展关爱空巢老人活动的工作成效

绥化学院开创了通过情感实践对大学生进行思想政治教育的新途径。在关爱空巢老人的活动中,我们目睹了大学生志愿者的变化与成长,真正感受到大学生思想教育的课堂不仅仅在大学校园里,还应在广阔的农村和丰富的社会生活中。几年来,有3000余名大学生志愿者参加了关爱空巢老人活动,累计关爱空巢老人1000余人。大学生志愿者通过参与关爱空巢老人活动,接触空巢老人、了解空巢老人、关心空巢老人;在活动中激发情感,践行"孝道与感恩",切实取得了情感实践教育的实效性,促进了大学生身心健康的发展和综合素质的不断提升。

(一)关爱空巢老人,用行动诠释"孝"道

受传统"养儿防老"观念的影响,空巢老人对子女的依赖性很强,子女不在身边,很容易产生孤独、焦虑、抑郁等"空巢综合征"。大学生志愿者们在关爱活动中帮助老人调整心态,减少老人对子女的情感依赖,用自己真实的行动,传递爱心,传播孝道,促进了人与人之间的友善与关爱,培养了大学生志愿者们的奉献和感恩情怀。

1. 细微着手,从生活小事帮助老人

绥化学院"关爱空巢老人"活动开展以来,志愿者每当有空余时间就会来到对接的老人家中帮助老人收拾家务,为老人做些力所能及的事情。一些志愿者看到老人生活拮据后,每周都帮助老人收集矿泉水瓶、废报纸等卖钱,贴补老人生活。冬天是志愿者们最担心的,他们担心老人会因为路滑摔倒,雪大出门不方便。一下雪志愿者们就几个人一组第一时间赶到老人家,清雪、除冰,让老人安全出行。"孩子,别忙活了!一来就忙前忙后的,我看着都心疼。快坐会,喝点水!"这是老人看着志愿者真情的付出感动的话语。

2. 倾情奉献,照顾老人日常起居

很多空巢老人由于年龄原因行动不便,生活上需要人经常照顾。梳头、洗漱、剪指甲等诸多小事志愿者们都考虑得非常细致,为老人解决了生活起居的难题,志愿者还为生病在床的老人擦脸、洗头。志愿者说:"老人病了才更需要帮助,希望细心的照顾能让老人家晚年生活得好些。"志愿者们主动担当起了老人的义务生活保姆,采取分组排班的方式,保证老人身边随时都有人帮助。艺术设计学院的志愿者史贺对接关爱的张奶奶由于年龄大了,手脚不灵活,又独自一人生活,一个星期没有梳理头发,史贺进屋看到张奶奶凌乱的头发,连书包都没有放下,第一件事就是把老人打扮得"利索"起来。张奶奶很感动地说:"这孩子可懂事了,比我

亲孙子还要亲。"

3. 日久情深，老少情谊绵久长

随着志愿者与老人的沟通深入，少老之间的感情日渐浓厚。志愿者郭显英说："奶奶，天冷了，我去生炉子，以后每天早晨我都来给您生炉子！"老人们被这些细微的小事一次次感动着。环境规划与旅游学院的志愿者石岩将自己没绣完的十字绣送给老人，让老人们解闷用，等老人绣好了图案，又和老人一起交流绣的心得，互相赞扬。吉泰敬老中心的张爷爷儿女不在身边，自己一个人住在敬老中心，由于腿脚不好，不能总外出活动和人交流，整个人显得很萎靡，外国语学院的志愿者任立亮看到张爷爷很是孤单，经常利用课余时间来到敬老中心找张爷爷下象棋，下棋的时候还经常故意输给张爷爷，让张爷爷开心。志愿者有一段时间不来老人们就会惦记，牵挂这群"亲孙子""亲孙女"，老人已将志愿者们视为至亲之人。

4. 佳节共度，莘莘学子播大爱

调查发现，很多空巢老人子女在外工作离家较远，一些节日都是一个人孤单度过。针对这种情况，每逢节庆日，学校都组织志愿者来到老人身边，或将老人集中在一起共庆佳节。2011年的"七一"，艺术设计学院的大学生志愿者来到社区与老人一起庆祝党的生日，老人和志愿者们都表演了自己的拿手节目，其乐融融。社区退伍老红军张爷爷还为志愿者讲述了革命战争的历史，让志愿者受到了爱国主义的洗礼和熏陶。中秋佳节，是中国传统团圆的佳节，这个特殊的日子，老人难免会思念自己儿女，产生孤独落寞的情绪。2011年中秋节，为了排解空巢老人的这份悲情，学校专门编排了一台文艺节目，将几十名空巢老人请进了校园，绥化学院师生和老人一起观看学生的精彩演出，送上了丰盛的精神大餐，还为不能来到学校的老人送去了祝福的月饼。

5. 闲谈家常，化解老人孤寂情绪

研究显示，空巢老人之所以形成空巢，大部分是因为老人与子女的生活方式、价值观念、交流方式有差异，为避免冲突而与子女分开居住。这说明空巢老人在与子女相处的观念及表达交流的方式上存在这样或那样的问题。老人们爱倾诉，和子女分开居住后，使老人缺少了倾诉的对象，逐渐变得抑郁寡欢。解决这些问题的有效措施是转变老人关心子女的途径和与其交流的方式，使子女愿意与之更好地相处，缓解老人由于长时间无人倾诉所带来的情感孤寂。志愿者与老人对接后，经常与老人坐在一起聊天，向老人讲外面的世界，听老人说说自己的故事和日常琐事，还将学校学到的心理学知识潜移默化地教给老人，尽量让他们和子女相处更融洽、沟通更顺畅。

(二)将"感恩与孝道"教育融入实践,创新大学生情感实践教育模式

志愿者在关爱空巢老人的实践过程中理解了孝道、践行了感恩,这是大学思想政治教育理论课堂无法替代的。大学生志愿者在自身参与、付出的同时,切实感受到了奉献爱心、践行感恩的心灵富足,进一步增强了社会责任感,使大学生在情感实践中受到深刻的教育,显著地提高了大学生的综合素质。

1. 关爱活动让大学生学会感恩,懂得责任,践行孝道

孔子说过:"尽忠尽职、报效国家,是孝的重要内容,更是孝的升华",大学生志愿者关爱空巢老人,主动承担社会责任,由对空巢老人的关爱延伸到对社会、对他人、对事业的爱,养成了良好的责任意识。使其走上工作岗位之后,能够更好地服务社会,勇于承担责任,以积极良好的状态投入到社会主义现代化建设中去。关爱活动的开展,促进大学生懂得了"孝道"真谛。在开展关爱空巢老人活动的同时,学校还坚持开展"孝道与感恩教育"系列活动,如每年的重阳节所在月定名为"孝道与感恩活动月",通过开展关爱空巢老人、"算比看"主题团活、"算算亲情账,感知父母恩""导师进宿舍""谢谢爸爸、妈妈一封家书"等活动,形成了以"孝道"教育为核心的校园文化品牌。2010年学校邀请新西兰中国文化交流学会会长、孝道文化研究大师李一冉先生来校进行为期两天的孝道教育讲座,效果良好。学校通过一系列的教育与实践,引导大学生充分弘扬中华民族的传统美德,形成了感恩的品德与责任,将感恩之心外化为感恩之为的实际行动。

2. 倾听历程,感受认知,促进大学生个人成长成才

在关爱空巢老人的活动中,学校充分挖掘老人身上的优秀事迹,用这些事迹教育引导大学生成长成才。学校还积极倡导大学生帮助老人撰写回忆录,让大学生在帮助老人的同时,用老人的经历教育引导大学生学会感恩、懂得珍惜。为使大学生感恩孝道教育取得实效,2011年,学校邀请了全国"爱心母亲"、空巢老人吕丽奶奶到校做事迹报告。"一二·九"期间,学校邀请抗日老英雄、空巢老人刘国富老爷爷为大学生讲述抗日地方史。目前,学校已将关爱空巢老人纳入大学生思想政治教育实践环节,取得了良好的育人效果。使大学生学到了在课堂、在校园学不到的东西。用志愿者自己的话说:"收获了终身受用的精神财富。"

3. 探索行之有效的教育载体,助推大学生情感实践教育取得实效

作为高校培养的人才,不仅要有较高的思想道德素质和过硬的专业技能,还要具有高度的责任感和奉献意识,懂得孝道与感恩。为了使大学生思想政治教育的内容更具人性化,更加贴近学生的内在需求,绥化学院积极探索行之有效的情

感实践教育载体,将孝道与感恩纳入思想政治教育体系之中,将其作为学校思想政治理论课程改革的"实践论"的重要内容。绥化学院关爱空巢老人活动和"孝道与感恩教育"系列活动开展以来,得到了国内新闻媒体的广泛关注,《光明日报黑龙江情况专送》第36期专门报送了绥化学院思想政治教育模式创新工作,其中重点介绍了关爱空巢老人和"孝道与感恩教育"工作。《黑龙江日报》《黑龙江省人民政府网》《凤凰中文网教育频道》等媒体报道了绥化学院关爱空巢老人和"孝道与感恩教育"活动等大学生思想政治教育成果。黑龙江省委副书记杜宇新,高校工委书记、教育厅长张永洲等领导同志予以了重要批示,肯定了绥化学院这一工作。

关爱空巢老人活动开展以来,大学生用真诚的心带给老人们真心的笑,用热情温暖了老人孤独的心,走出了空巢的阴影,走出了寂寞的心情。大学生关爱空巢老人活动作为志愿服务对大学生的触动、人生的启迪,具有理论课堂无法替代的效果,切实提高了大学生思想政治教育的实效性。

调查三、大学生关爱残疾人情况调查报告

绥化市是黑龙江省13个地级市之一,全市辖一区三市六县,总人口541万人,残疾人32.3万人,约占到全市总人口的6%。残疾人作为社会的特殊群体,需要全社会的共同关注。2008年5月绥化学院启动"关爱残疾人志愿服务活动",几年来,绥化学院以社区、特殊教育学校以及康复机构为依托,通过在全校范围内招募志愿者组成志愿服务队,广泛开展"推进志愿服务、情暖残疾人"活动。关爱活动的开展,使残疾人切身感受到来自大学生的关怀以及人与人之间的真情,也使大学生接受了"善"的教育,学会了关爱他人,善待生命。

一、绥化学院关爱残疾人志愿服务工作的主要措施

(一)招募志愿者,扶残助残

志愿者队伍是关爱残疾人志愿服务活动的重要力量,加强志愿者队伍素质建设是重中之重。为使大学生志愿者能够更好地关爱残疾人,学校定期开展对志愿者助残的相关培训,由教育学院的老师和有经验的志愿者做示范,教授大学生在助残活动中所能运用到的知识和技能,如讲解康复器具的适应人群、用途和使用方法;带领大学生志愿者们切身体验感统实训教材;示范如何使用盲杖、摸读盲文书籍;如何运用心理学知识与残疾人沟通等。此外,学校还加强学生对中华传统美德"善行"的教育,在学生深入到实践岗位前,完成志愿者的先期"善"的思想引导,鼓励学生积极走到残疾人身边,及时发现问题,解决问题,让大学生志愿者明晰责任。

大学生以志愿助残的形式,与残疾人亲情对接。针对扶残助残活动,绥化学院推出了三方面的举措:一是各院系根据各自实际,按志愿服务内容和志愿者相关条件,广泛动员学生加入志愿服务组织,参与志愿服务活动。二是明确志愿服务的内容、时间、标准、要求和各方的权利、义务,面向全校公开招募志愿者,并根据志愿者的特长或意愿分类进行登记注册,分别组成文明礼仪、文明交通、关爱成年残疾人、关爱未成年残疾人、法律维权、心理健康、科普宣传、文体活动、助残帮困等若干支专业志愿服务队。三是建立信息数据库,为后期志愿服务工作的衔接奠定基础。

(二)扎实推进关爱残疾人的"五心工程",共筑爱的家园

1. 生活照料,让残疾人"称心"

为保证关爱残疾人志愿服务工作能够取得实效,校团委组织专门力量,在实施关爱残疾人工作前期对试点社区的残疾人进行了认真细致的入户调查,通过调研掌握残疾人的实际需求。数据显示,对日常照料服务如起居、就餐、陪护等需求量为17.9%;日常家政服务需求量为71.6%;医疗保健服务需求量为56.8%;精神慰藉服务需求量为17.9%;文化生活及其他需求量为36.9%。志愿者在为残疾人提供全面服务的同时,针对各层次残疾人的不同服务需求,提供多样化的志愿服务。对于成年残疾人,志愿者会每天给其一个问候,每周看望他们一次,每月走访一次,每年为他们过一次生日。根据其生活需求,定期为其打扫房屋、清扫灰尘、读书读报,帮助残疾人了解时事,解除其精神空虚的状况。对于未成年的残疾人,志愿者通过深入特殊教育学校和康复机构,在精神沟通的基础上还辅助特殊教育教师对其进行康复训练,使其尽早走入社会,与社会零距离接触,过上普通人的生活。

2. 心理抚慰,让残疾人"舒心"

学校组织具有心理学知识的志愿者,通过电话问候、上门慰问、为残疾人读报、陪残疾人聊天等方式,定期或不定期为精神寂寞、有心理疾患的残疾人提供心理关怀服务,随时了解残疾人的精神状态,有针对性地进行心理咨询和心理疏导,使残疾人摆脱孤独寂寞,保持健康的精神状态。每逢节假日,志愿者们都会带着慰问品和社区内的残疾人团聚一起过节,他们陪同残疾人唱歌、猜谜语、说笑话、玩脑筋急转弯、给他们讲故事等,让社区的残疾人度过了一个个温馨的节日。他们还同热心的居民组成了一支"暖心管家"志愿者队伍,常年义务照顾社区残疾人,帮助他们解决生活中的困难。绥化学院还以"奉献一片爱心、参与志愿服务、

温暖残疾人"为主题,在全校范围内开展了"善行"的传统美德教育活动,积极履行文明和谐单位的社会责任和公民义务,引导全校大学生志愿者满腔热情、脚踏实地地投身到关心爱护"残疾人"志愿服务活动中来。

3. 健康保健,让残疾人"暖心"

绥化学院发挥特殊教育专业学科优势,定期为残疾人开展残疾儿童自我康复训练讲座、老年健康保健知识讲座,为困难残疾人提供义诊、保健咨询,帮助聋哑人做好手语学习服务,帮助视力残疾的儿童学会盲人保障设施的识别等志愿服务,绥化学院还和绥化市各社区卫生服务中心通力合作,为社区的残疾人建立了《健康档案》,力争对残疾人的服务做到精细入心。

4. 法律援助,让残疾人"安心"

绥化学院组织校内和社会上具有法律知识的志愿者,特别是一些身体健康的已退休法律界人士,通过提供免费法律咨询、举办法律知识讲座、进行法律法规宣传,为有法律纠纷的残疾人提供司法援助,联合社会治安管理部门和物业管理部门对残疾人的居住环境进行重点监护,确保残疾人居住环境安全。

5. 文体健身,让残疾人"开心"

绥化学院充分利用社区活动室以及体育健身器材等设施,组织开展残疾人文体娱乐活动,鼓励他们走出家门,走向社区,融入社会。定期组织社区残疾人和康复医院的残疾儿童参观绥化学院校史馆,让他们感受改革开放的丰硕成果,丰富残疾人的精神文化生活。此外,学校还在每年的全国助残日及自闭症宣导日,邀请残疾人参加学校组织的大型文艺演出及书画展等活动,呼吁校园内以及社会人士关注、关心、关爱残疾人。

(三)贴近生活实际,关爱方式灵活

绥化学院按照就近就便的原则,组织志愿者采取"一对一""多对一"等不同的服务形式,因人、因时、因地开展志愿帮扶活动,为残疾人提供包户、定期、接力式亲情服务,真正实现了解心声、排解忧虑、解决困难的帮扶目标。

1. 以社区服务为基础,建立社区残疾人服务小组,依托社区便民服务网点、社区医疗服务站、法律援助站、物业公司等帮助残疾人就近、便捷提供多层次、网络化的志愿服务。

2. 以社区居民和驻地单位为主体,建立社区居家残疾人志愿服务队伍。由大学生组成义工服务队伍;由乐观向上、身体健康的社会志愿人士组成关爱服务队伍;由特殊教育、心理学等专业人员组成专业志愿服务队伍。

3. 以分类服务为主要形式,充分发挥具有专业特长的志愿者作用,为残疾人建立健康档案、定期体检,组织开展家庭帮扶、精神慰藉以及法律、心理咨询等志愿服务活动。

(四)大力宣传,营造氛围,呼吁全社会一起关爱残疾人

关爱残疾人志愿服务涉及多个部门,涉及众多家庭,需要全社会的共同参与。绥化学院充分发挥网络媒体的作用,及时在校园网报道关爱残疾人志愿服务行动的进展情况,宣传活动中的好做法、好经验、好典型;充分发挥社会力量的作用,整合各方资源,在全市主要道路和公共场所设置公益广告,大力宣传关爱残疾人志愿服务活动;通过局域网和宣传栏等载体,进行广泛深入的宣传;学校还充分发挥各院系基层组织的作用,通过定期更新宣传橱窗、宣传栏或黑板报,让广大青年学生在抬头、低头的一瞬间都能感受到纵横交错立体式的关爱宣传网络,时刻让大学生拥有一颗"善"心,不断增强大学生的奉献服务意识,有效提高了大学生对关爱残疾人志愿服务活动的参与度和全社会对残疾人的关注度。

二、绥化学院开展关爱残疾人志愿服务的工作成效

近年来,独居或生活困难的高龄残疾人以及幼儿残疾人始终是学校关注的重点对象。自绥化学院启动"关爱残疾人志愿服务行动"以来,经过精心组织、认真实施,做了大量细致的工作,"关爱残疾人志愿服务活动"取得了明显成效。

(一)将关爱残疾人志愿服务付诸实践,用行动"善"待他人

1. 发挥资源优势,以实际行动帮助残疾人

作为黑龙江省唯一一所拥有特殊教育专业的高校,绥化学院积极发挥自身优势,依托特殊教育专业的学科专长,志愿者每年定期深入到特殊教育机构,为聋哑、智障、自闭等儿童的康复奉献力量。大学生志愿者们还在教师的指导下利用寒暑假对家乡城市的残疾人社会保障设施建设情况和残疾人社会关爱现状等进行调研,并结合情况在全省高校大学生中发起了关爱残疾人的倡议活动。目前学校已有1000余名大学生志愿者参与到关爱残疾人志愿服务活动中,为绥化市及周边城市的30多所残疾人学校和康复机构义务服务累计达3000余小时。随着关爱活动的进行,大学生志愿者逐渐认识到个人的善举虽然微薄,但社会却恰恰需要这种精神,进而也激励广大学生从日常做起、从身边做起,为需要帮助的人奉献一片善心。绥化学院开展的绿丝带行动、自闭症儿童关爱活动周、残疾人关爱周等活动已经成为绥化学院校园文化活动的重要组成部分,每年学生都会自发地组织各种形式的宣传、服务活动。此外,学校还会定期组织大学生志愿者深入残疾人家中进行探访,给残疾人带去心灵关怀的同时,还在生活上给予残疾人力所

能及的帮助。

2. 爱心相传,大学生志愿者助残进行中

大爱无疆,爱心永存,绥化学院的莘莘学子用实际行动证明自己,用爱心筑起与残疾人沟通的桥梁,面对生活困难的残疾人,大学生们纷纷慷慨解囊,捐款捐物,尽自己所能帮助残疾人,为残疾事业奉献自己的一份力量。近年来,学校多次将筹集的善款捐献给有需要的残障人士;还通过教育学院与特殊教育学校残疾儿童开展友情"1+1"活动,经常为那里的残疾孩子赠送书包、衣物等学习和生活用品;此外,绥化学院还与绥化市自闭症康复中心建立了联系,每年中秋佳节,大学生志愿者都会带着月饼走进康复中心,开展"迎中秋关爱残联留守儿童联欢"活动,通过手语表演《感恩的心》、自编自演的小品《生命的牵引》及与残障儿童一起演唱歌曲、表演舞蹈,加强了与残障儿童的互动和交流。教育学院每年都在全国助残日举办形式多样的助残活动。在最近的第21个全国助残日,大学生志愿者与绥化市初阳聋儿、自闭症康复中心联合举办了爱心互动阳光行动。大学生志愿者通过与残疾儿童玩"七彩拱桥"游戏、协助残疾儿童在感统实训室做感统训练等实际行动帮助残疾人解决实际困难。

3. 大力宣传,呼吁社会共同关爱残疾人

为呼吁更多人加入到关爱残疾人志愿者的队伍中来,大学生志愿者们通过不同形式传播关爱残疾人的理念。每年的助残日绥化学院都会精心准备文艺节目与残疾朋友一同度过,通过文艺演出加强助残宣传,为大学生提供与残疾人交流、为残疾人服务的平台。通过与残疾人接触、了解残疾人的困境、学习残疾人乐观的精神,从而更有利于大学生身心全面发展。学校还定期走进市区繁华商业中心为社会人士发放宣传单;在校园中为大学生发放关爱残疾人倡议书;开展义卖鲜花捐款助残活动;走上街头为过往行人讲述自闭儿童行为特征,呼吁关爱自闭儿童;发放助残志愿服务问卷调查;制作关爱残疾人签名条幅、宣传板等,倡议全社会关注、关心、关爱残疾人。

4. 学以致用,用专业知识帮助残疾人

为更好地服务残疾人,推进残疾人事业的发展,绥化学院教育学院特殊教育专业与绥化市北林区特殊教育学校、绥化市初阳自闭症康复学校、绥化市残疾人联合会、绥化市老年保障协会、绥化市社区服务中心等相关机构建立了长期联系,以教育学院师生为主要力量,开展了丰富的交流与合作,如绥化学院教育学院联合多家残疾学校及相关单位共同举办"托起希望传承爱,迎接第四个世界自闭症日公益活动";举办了北京联合大学特殊教育学院、中国心理卫生协会儿童心理卫生委员会与绥化学院特殊教育专业青年教师代表交流座谈会;联合绥化市初阳自闭症康复中心举办"关爱自闭症儿童,共享美好未来"等活动。活动的开展可以方便及时获取残疾人信息,方便救助帮扶,同时也为绥化学院特殊教育专业学生提供了良好的实习、就业平台。绥化学院特殊教育专业的大学生志愿者把自己的专业理论知识与具体实践相结合,既提高了自己的实践水平,又给残疾朋友带去了真正实用的专业性帮助。通过关爱残疾人志愿活动的开展,大学生志愿者们在实践中检验自己的不足,不断学习,不断提高。

(二)践行善事,感悟良知,在实践中提升大学生的道德修养

1. 培养善心,收获成长,让大学生学会坚强

关爱残疾人志愿服务活动的开展,其意义不仅仅在于对残疾人的爱心奉献,对于大学生志愿者来说,也能够在关爱残疾人的过程中收获感动,感悟到生命的珍贵,懂得如何换位思考,从他人角度出发去理解他人,珍爱生命,培养善心。志愿服务过程中,志愿者们发现有很多残疾人处于这样的生活状态:"生活给予他们无尽痛苦,让他们在心理上沉重得无以复加,但也为此造就了一颗无比强大的内心。"这让大学生志愿者不断反思,感到相对于在生活面前困难重重的残疾人,当下那些对生活失去信心、整日满口"无聊、郁闷"的大学生是那么的"矫情",面对美好的人生,大学生学会了重拾信心,热爱生活,更加珍惜现有的学习条件,学习那些拥有着自尊、自信、自强、自立精神的残疾人,学习他们坚韧不拔的进取精神,努力学习,刻苦学习,听好每一堂课,做好每一次作业。如哲学家史怀哲所说"善是保全和促进生命,恶是阻碍和破坏生命"。我们通过关爱残疾人志愿服务这一活动形式,在每位大学生心中植入"善"的种子,让每位大学生的生命因善的教育而精彩和灿烂。

2. 肩负使命,学会承担责任

缺乏社会责任感是当前我国大学生普遍存在的问题,也是目前高校思想政治教育理论和实践面临的难题。关爱残疾人志愿服务活动作为社会实践中的一环,是实践育人的有效形式之一,对于促进大学生了解社会、了解国情、奉献社会、提升自我的社会责任意识有着强大的推动作用。大学生志愿者在关爱残疾人志愿服务活动中,将专业知识与当今社会残疾人的生存状况相结合,对如何更好地关爱残疾人做了大量思考,意识到在和谐社会的实现过程中,要充分关注残疾人这一特殊的弱势群体,需要全社会,尤其是掌握专业技能知识的大学生参与其中。绥化学院的大学生志愿者通过长期关爱残疾人的志愿活动,总结了黑龙江省无障碍设施建设现状及存在的问题,并提出了自己对全省无障碍设施建设工作的一些

建议,形成的材料以书信的形式寄给了黑龙江省省长,希望用自身的力量为解决残疾人问题贡献一份力量。这是志愿活动促进大学生志愿者责任自觉的一种表现,有效培养了大学生的社会责任感。

3. 在实践中实现了自我价值

人生自我价值的实现,在于正确认识、处理个人与社会的关系,正确认识和处理贡献与索取的关系。一位哲学家说:"生存是一种伟大的使命,每一个人都不是'法定幸运的人'。"生命的价值在于奋斗,而奋斗使生命更具有价值。一个幸福的人应该是经过奋斗为社会做出贡献的人。关爱残疾人这一志愿服务活动以弘扬"奉献、友爱、互助、进步、奋斗"的精神为主旨,提倡志愿者与人为善、有爱无碍、平等尊重,重贡献,讲奉献,是大学生志愿者实现自我人生价值的良好途径。大学生志愿者通过志愿服务残疾人,一方面通过自身传递了善的民族传统文化、弘扬了人与人之间和谐、友爱的精神,起到了引导、激励残疾人积极向上、融洽社会关系的作用。另一方面,大学生志愿者在关爱实践中,也受到多方面的锤炼,加深了他们对生活的认识,增进了对生活的体验,这有利于大学生志愿者健全自我意识,进而不断净化自身。大学生志愿者在服务的过程中提升了个人的精神境界,在奉献社会中寻求到个人价值的需求,实现了自己的人生价值。

4. 建立道德基石,促使"善"的情感升华

儒家经典著作《大学》中说:"大学之道,在明明德,再亲民,在止于至善。"至善的基本要求是做一般意义的好人。学校通过精心培养的大学生,在未来走向社会的那天,不仅仅希望他们是专业技能扎实的人,更希望每一位大学生都能拥有一颗"善心",关爱生命,善待他人,做一个堂堂正正的好人。大学生关爱残疾人志愿服务活动是使人从善的一种道德实践,能够将社会对于公平正义、诚信友爱的追求内化为受教育者的道德品质,使受教育者在实践中正确认识事物的本质和规律,能够积极、主动和理性地追求真、善、美的统一,追求社会和自然的和谐发展,追求利于人的健康、全面发展的价值。绥化学院以关爱残疾人为切入点的中华传统"善"的教育是大学生情感实践教育活动中价值取向的导航仪,通过志愿者们对善的理解和践行,为自己指明了善的方向,传播了构建和谐社会的正能量。实践证明,关爱残疾人志愿服务活动是行之有效的道德教育模式,很好地促进了大学生"善"的情感升华。

调查四、大学生关爱大自然(环保志愿行动)情况调查报告

在生存和发展的演进过程中,人类常常把自然界看作其对立面的存在,总是不断地否定自然界的自然状态,通过向自然界索取甚至掠夺的短视行为,使人类

的生态环境遭到前所未所的破坏,并且已经危及到人类自身的生存和发展。因此,人与自然的和谐相处,是人类文明顺利发展的基石。

2006年在北京召开的第六次全国环境保护大会上,国务院总理温家宝发表重要讲话,他强调要把环境保护摆在更加重要的战略位置上。2012年党的十八大报告提出"我们一定要更加自觉地珍爱自然,更加积极地保护生态,努力走向社会主义生态文明新时代",这一号召引起了人们普遍关注和认同。在中国青年志愿者行动实施20周年暨第28个国际志愿者日之际,中共中央总书记、国家主席、中央军委主席习近平给华中农业大学"本禹志愿服务队"回信中写到:希望你们弘扬奉献、友爱、互助、进步的志愿精神,坚持与祖国同行、为人民奉献,以青春梦想、用实际行动为实现中国梦作出新的更大贡献。教育部长袁贵仁在2014年全国教育工作会议上的讲话中指出,要完善"青少年志愿服务制度",明确学生在学期间参加志愿服务的要求,以记实方式纳入学校教育质量综合评价体系,纳入学生综合素质评价指标。绥化学院自升本以来一直高度重视学生环境保护意识的培养和提升,经过多年的扎实推进,目前已基本形成了校园内部环保氛围浓厚、校园外部为地方环保工作积极贡献力量的内外结合、内外互动、内外互促的良好局面。

一、重点突出,内涵丰富,绥化学院开展环保志愿活动的具体做法

(一)合理规范,促进环保志愿活动的有序进行

1. 组织层面的规范性

首先,领导重视,形成合力。通过建立起分工负责、协调高效的领导机制,把环保工作提升到一个新的高度。

其次,加强合作,加大宣传。在每年的世界环境日、世界水日、世界气象日、世界地球日、世界土地日等重要节日,通过校地、校企合作等方式,加大环保宣传力度。

最后,教学相长,重视实践。通过相关专业实践与教学工作相结合,使学生们在实践中不仅能够巩固学生专业知识,开拓视野,而且能够树立环保意识。绥化学院开设了地理科学、资源环境与城乡规划管理、化学、应用化学、食品安全与质量监督等与环境保护密切相关的专业,为做好环境保护工作提供了人才基础。在课程设置上,开设了环境学基础、环境科学导论、环境质量评价、环境生态学、环境检测等环境保护等类课程,为开展环境保护宣传提供知识基础。

2. 组织活动的有序性

通过制定活动方案,设定流程,开展形式多样的大学生生态文明志愿服务活

动,为大学生志愿者奉献社会、关爱自然搭建平台,从而掀起关爱大自然志愿服务的热潮,以此提升全社会生态文明水平,推动经济社会又好又快发展。

首先,深入调研,选拔志愿者。对环保热点问题情况进行调查以及建立一支高素质、高水平的关爱大自然志愿者服务团队是关爱活动的首要前提。对全球变暖,资源、能源短缺,垃圾成灾等热点分题进行分析,并分别做好相关记录。同时,充分利用团学组织的政治优势、组织优势和网络优势,采取公开招募、志愿参与、选拔培训、发展会员等新型动员方式,引导大学生本着自愿的原则自觉参与生态环保实践,积极参与生态文化培育活动,强化生态文明理念,加快绿色生态志愿者队伍建设,培养绿色环保志愿者骨干。

其次,发出倡议,唤醒意识。绥化学院以重大节会活动、生态环保纪念日等为契机,广泛开展各类生态文明主题教育活动,把绿色生态理念渗透到大学生及大学生志愿者的日常学习、工作、娱乐和生活中,使参与关爱自然生态志愿服务工作成为每个大学生志愿者的固有观念和自觉行动。同时,通过发放宣传资料、布置宣传橱窗、制作宣传展板、媒体报刊宣传先进经验和优秀典型等多种方式,加大生态文明理念宣传力度,营造浓厚校园关爱自然生态文明志愿服务氛围。

绥化学院珍爱大自然倡议书

亲爱的同学们:

校园是我们今后四年每天学习生活的地方,我们有义务和责任保护它、爱护它,和2014届新生一起从自我做起,打造舒适的理想环境。建设绿色文明校园,新老合作共"春"生机盎然;建设温馨和谐校园,新老携手同"夏"燃烧明天;建设清新舒适校园,新老并肩和"秋"思乡韵情;建设先进完善校园,新老齐心共"冬"傲立成长,建设绿色文明校园。

创造绿色环境要求,我们要具备良好的道德修养和品质,需要我们心中有满腔的热忱和全身心投入的努力。首先,老生应该为刚刚进入大学的新生做好榜样,让他们在你们的行动中学会如何爱护和创造美好的校园环境。其次,老生应该带领新生从身边的点点滴滴小事做起,例如不乱扔垃圾、不浪费水资源、不破坏花草树木等。这些简单的实际行动能影响大家的环保意识,相信他们会争做珍惜资源、爱护绿色环境的绿色天使。

建设美好的校园环境,为大家提供一个健康、洁净、舒适的学习环境,我校学生会特向全体同学提出以下倡议:

一、树立绿色文明观念，坚定打造绿色校园的信念。

二、积极关心和支持校园文明建设，保护校园花草树木设施，用行动证明自己爱护这个美丽家园的决心。

三、养成良好的卫生习惯，不乱扔垃圾、果皮、纸屑，不随地吐痰，看见地上有垃圾要主动并及时捡起，做好垃圾分类工作。

四、遵守公德，倡导文明，尊重师长，遵守校园规章制度。

同学们，让我们从自身做起，从身边的一点一滴小事做起，为把我们校园建设得更加绿色、和谐、美好而共同努力吧！

绥化学院大学生联合会宣传部
2013 年 8 月 20 日

绥化学院"迎校庆、树形象、爱校园"倡议书

清晨，当我们披着朝阳的光辉，走进我们美丽的校园时，九思湖、重阳山、忠孝廊……那一处处美丽的景色将会把我们的目光深深地吸引。

每天，我们的学习、生活都在学校这个大集体中。在这里成长，这里的一草一木都是我们的朋友，和我们同呼吸，共成长；望着那些葱绿的果树林和青绿的幼草，仿佛这里的一砖一瓦、一草一木都是我们的伙伴，见证着我们的汗水与泪水、挫折与成功。

如此美妙的校园，如此惹人喜爱的丰满果实，怎可以忍心随意采摘践踏？在母校六十岁华诞来临之际我们要播下一个动作，收获一种习惯；播下一种习惯，收获一种品格。

让我们为自身的点滴进步向母校献礼，让我们立即行动起来，把自觉保护校园环境的意识传承下去，从我做起，从现在做起，维护校园亮丽的风景线。共同收获人生中最美好的果实。让我们一起行动起来和母校共同迎接 60 岁华诞！

共青团绥化学院委员会
绥化学院大学生联合会
二〇一三年八月二十七日

再次，实地勘察，感受认知。志愿者要记录环境污染的特点，并记录下来，为每个污染地区作记录，查阅资料，走访专家，研究改善环境恶化的方法；同时，为学生思想政治教育提供良好素材。

最后,总结教育,促进成长。志愿者在开展环保活动的过程中,要根据工作开展情况撰写心得、总结经验、共同学习、定期交流,对实践活动中存在的不足及时总结和整改。活动结束后,学生须要将开展环保工作期间的各种相关材料进行整理,形成调查报告,与项目结题申请书一同上交指导教师,经指导教师审核通过后,可获得相应实践教学学分。

(二)以深入环保思想为重点,积极开展各类环保活动

大学生志愿者最熟悉的环境莫过于学校和周边,但这些地方也是最容易被忽视的地方,因此,为有效开展关爱大自然活动,深入环境保护思想,教育大学生志愿者从身边做起,从小事做起,绥化学院学生工作部门组织学生积极参与优化校园和周边生态环境活动,着力提高生存质量。

一是开展环保志愿者专项行动。绥化学院定期开展以"学校有我更环保"为主题的实践活动,组织建立青年环保志愿者服务队,广泛开展以美化校园及周边环境、清除白色污染、节约资源、垃圾分类等环保宣传,增强全社会的环保观念,不断提高大学生志愿者的环保素质。

二是开展"保护身边河流和水源行动"。绥化学院要求大学生志愿者以自己最近、自己最熟悉的环境保护为突破,通过节水节电、垃圾清理、植绿护绿等多种形式广泛开展好生态建设活动,落实好我们能做到的保护和治理身边的"一条河"要求,培养和提高大学生及志愿者的生态环境保护意识。结合生态工程建设和"保护身边河流和水源行动""绿色校园和周边环境治理工程"等活动,建设"志愿者林",积极参与校园生态、周边环境、公园绿地、旅游景区、水资源地、道路两侧的绿化美化活动。大学生志愿者应亲力亲为,开展养绿护绿志愿服务活动,动员人们按照就近就便的原则,积极参加林木绿地抚育管护,认种认养树木草地,劝阻纠正损害树木、攀花折枝、踩踏绿地等不文明行为。在开展相关活动过程中要本着定期和不定期结合的原则,做到责任落实到人,学生工作者要定期检查和测评,发现问题,及时解决。

三是开展生态文明进社区行动。积极倡导推行健康文明的生活方式,引导大学生带头使用、推广清洁能源技术,拒绝一次性用品、过度包装商品和高能耗、高排放产品的使用,改变生活中的不良习惯,使他们成为低碳生活的倡导者和实践者。开展节约知识宣传、节约技巧展示、节约方法推荐等活动。绥化学院推进大学生志愿服务进社区,开展创建"绿色社区"活动,不断扩大绥化学院大学生志愿者志愿服务活动影响。在开展相关活动过程中绥化学院本着定期和不定期结合的原则,做到责任落实到人,学生工作者要定期检查和测评。发现问题,及时解

决。引导大学生及志愿者积极参与爱国卫生运动，不断提高大学生及志愿者的身心健康水平。

四是开展文明劝导活动。绥化学院广泛动员大学生志愿者经常开展使用文明用语、建设文明寝室和班级，规劝别人不环保行为，经常制作和使用环保小贴士，以喜闻乐见的形式提示自己和规劝大家做环保卫士等为主要内容的劝导活动，以榜样示范作用促进全民环保意识的提高。

随着环保实践活动的进一步发展，绿色生态协会、绿色化学社团等也已经成为一支拥有2000余名志愿者参加的环保社团。各协会社团积极组织学生开展宣传环保的活动，在教学楼、宿舍等地方设立废旧电池回收点，同时号召学生从自我做起，在教室、办公室设立废品回收箱，呼吁老师、同学们把可回收再利用的废旧物品投放到回收箱里。并定期组织志愿者走上街头捡拾白色垃圾，美化环境，并向过往群众、社区居民发放宣传材料，宣传环保知识。

（三）以节能减排为重点，践行高校自身环保责任

在积极引领全校广大师生树立环保意识、践行环保责任的同时，绥化学院还积极推进节能减排工作。

一是开展助推节能减排青春建功行动。绥化学院围绕增收节支、节能降耗的目标，率先在全省高校推行了无纸化办公活动，建立了校园网络办公系统，每年节省纸张、碳粉等资源累计十余万元。同时，以班级和宿舍为宣传和监督主体，在班级和宿舍、图书馆等公共区域设立废旧电池回收箱、制作分发垃圾分类回收手册等，围绕了解和学习能源资源节约、发展循环经济项目、推行清洁生活模式、确立环保消费方式、资源回收再生等内容，开展"我为节能献一策""青春献计助减排"等活动，发挥大学生志愿者的志愿服务作用。

二是开展争当减排能手竞赛活动。绥化学院以"节能减排我争先""节能减排我献计"等志愿活动为载体，在大学生志愿者中开展争当节能减排能手竞赛，倡导清洁生活，通过课堂生态教育和课下学生生态实践活动相结合的方式，引导大学生和志愿者学习节能减排知识，掌握节能减排技能，提高节能减排本领，为国家经济转型升级，推进节能减排工作，在一定程度上提供了人才支持和志愿服务。组织大学生志愿者参与学校校园管理，查找校园生态建设漏洞，并以"青春绿色示范""助推节能减排"的形式向社会宣传关爱生命，保护环境，致力于生态文明建设。

三是开展"倡导'光盘'不做'剩男剩女'"的活动。一粥一饭当思来之不易，半丝半缕恒念物力维艰。为了让食堂真正实现"光盘"，在生活中更多地体会农民

的辛苦,让"光盘"行动深入到每一个大学生的生活中,绥化学院积极做好宣传,倡导不仅是在食堂、宿舍甚至校外,在饭桌上做到不剩一粒米,期望用行动感染身边的每一个人。

二、探索模式,发挥优势,整合高校环保志愿活动的保障体系

保护环境,珍爱大自然是建设生态文明的主阵地和根本措施,也是提高生态文明水平的关键和基础。高校作为社会的重要组成部分,要不断发挥自身的优势,提高志愿服务管理水平,主动、深入地探索和实践环保新道路,整合高校环保志愿活动的保障体系,促进生态文明建设的持久发展。

(一)充分发挥自己的组织优势,继续加强学校环保工作

继续发挥共青团的组织优势和人才优势,按照学校的统一部署和要求,主动争取相关部门的支持与合作,通过制定规划,加强管理,切实把大学生生态文明志愿服务活动作为一项重要任务来抓,把各项措施落到实处。

(二)充分发挥自己的教学优势,提升广大师生环保意识

绥化学院教育教学部门继续以提高教师的生态文明素养为基础,在校外建立实习基地,在课堂教学和日常学生管理工作中对大学生开展生态文明教育,转变教育教学理念,结合课程特点,传授知识,提高学生生态文明意识。

(三)充分发挥自己的合力优势,拓宽关爱自然领域

绥化学院学生工作部门准确掌握大学生志愿者参与关爱大自然活动的着力点,结合各高校和学生专业特点,进一步开展关爱大自然的活动。确保关爱大自然活动的整体性、针对性、有效性和持久性。首先,进一步开展环境保护主题宣传教育活动。利用世界环境日、地球日等环保主题节日,组织开展有创意、有影响、有效应的主题宣传教育活动,大力宣传节能减排、低碳生活与生态文明理念,激励和感染广大大学生志愿者关注、支持、参与环境保护工作。其次,进一步开展"绿化、美化、净化"环境志愿服务活动。倡导"关爱自然、绿色出行"主题活动,开展以"普及生态文明理念　绿化美化净化生存环境"为重点的关爱自然志愿服务活动,教育大学生志愿者从自身做起,从身边小事做起,不能舍近求远,做表面文章。最后,进一步开展生态志愿服务调研活动,继续发动大学生志愿者走出校门,深入厂矿、社区、农村、学校等离校园比较远的地方进行实地生态调研,认清生态危机的总体现状,使之提高生态志愿服务工作的主动性和积极性。

(四)充分发挥自己的宣传优势,推进全社会共同环保

借助校园和社会各种媒体,依托网络,广泛宣传大学生志愿者参与生态文明

建设活动的内容、意义、载体、成效和先进典型,进一步推动全社会青年、志愿者参与生态文明建设的主动性和积极性,引导和示范全社会人人关注生态、人人参与环保的浓厚氛围。同时,要与其他高校环保组织和社会环保组织进行充分的交流,广泛搭建环保的大平台,让环保社团通过这样的平台进行优势互补,资源共享。加强与社会各界的交流和合作,积极关注环境保护热点、难点问题,让更多的人,以更多的方式加入到环境保护的阵营中来。

环境保护工作是一件艰巨而繁重的任务,而高校作为环境保护工作的重要阵地,必将发挥越来越重要的作用。绥化学院将努力把环保志愿工作做深、做实、做细、做透,制定工作细则,大胆创新工作方法,推广工作成果,开拓新思路,解决新问题,全面推进大学生的环保志愿服务工作,为环保志愿服务活动的有效开展,做出新的更大的贡献!

调查五、大学生关爱自我情况调查报告

作为东方文明的文化瑰宝,涵养心性的"修身"文化教育始终根植于历代国人心中,认为只有通过个人的修身,达到自我完善,才能融入自然、融入社会,达致身心内外的普遍和谐,治国济世,从而达到家庭和睦、社会和谐,正所谓"修身、齐家、治国、平天下"。世界卫生组织新近把人的道德品格纳入健康范畴,成为衡量健康的重要指数。作为高校大学生,由于相对缺乏实际生活的磨难,对环境的适应力和抗挫折的承受力不足,容易导致种种心理障碍和心理疾病,有的甚至会发生一些不应有的恶性事件。因而在大学生的培养教育中加入品格修养教育,引导他们从传统文化中汲取营养,懂得认识自我、悦纳自我、关爱自我,提高心灵的境界,培养健康的心理素质和人格精神有着重要的意义。

一、大学生关爱自我的意义

大学生关爱自我教育是一种以生命为原点,以大学生自我身心和谐为目标的教育,吸收了中国传统文化中生命哲学思想以及马克思主义人本理论,对于促进大学生正确认识与理解生命,从而树立健康的生命价值观有重要作用。

1. 关爱自我教育有利于大学生正确评价和认识自己。做到关爱自我,最重要的就是能够正确认识自己。"认识你自己"是镌刻在希腊德尔菲神庙上的神谕。在关爱自我教育中要引导学生首先是认识自我,只有了解"我是谁?""我需要什么、我该做些什么?"这些涉及人生价值、人生态度的基本问题,才能正确面对进退顺逆、荣辱得失、生老病死、悲欢离合等人生遭遇和人生课题。最终达到大学生生命教育的最终目的和价值取向。

2. 关爱自我教育促进大学生身心和谐。年龄在18~22岁的青年大学生处于心理断乳期,当面临着学业压力、家庭困难、情感困惑、生命挫折时,经常出现生活态度消极,漠视甚至无视生命的价值的现象。据统计,我国高校每年有近100名学生自杀。江苏南京危机干预中心对部分高校的调查显示,大学生的自杀率约为1/5000,比全国自杀率高出1倍。清华学生刘海洋泼熊事件、马加爵案、药家鑫案以及复旦学生投毒案等种种大学生伤害生命的悲剧反映了高校生命教育工作的缺位。关爱自我教育能够引导处于迷茫期的大学生从对生命的认知着手,唤起个体的对生命与健康问题关注,呵护自己的心灵健康,正确对待逆境和挫折,激发个体内在精神力量,创造生命价值的教育,最终实现身心和谐。

3. 帮助大学生更好地实现人生价值。人的生命在一定意义上是一种有价值的存在物,而大学生关爱自我教育的目的是使大学生树立合理的生命价值理想和信念。马克思主义认为,人是具有社会性的,人生存于社会,人参与着社会的方方面面,受到社会的影响。人的价值也是在社会实践中实现的,奉献社会是关爱自我的教育的归宿。在实践中,一方面改造自己的价值理念,提升生命品质,展现生命意义;另一方面通过搭建学生与社会之间沟通的桥梁,更好地服务社会、贡献社会,实现自己的人生理想与价值。

二、绥化学院关爱自我的基本做法

(一)开展感恩孝道与关爱弱势群体教育,根植爱人理念

知恩能孝一直是中华民族引以为自豪的一种传统美德,也是形成其他一切社会美德的基础元素。即使到了今天,感恩孝道仍然是一个人立身行道的人伦根本,也是调节人际关系、实现家庭和睦、构建和谐社会道德规范的一剂良药,同时也是每一个大学生义不容辞的义务与责任,是其应当悟守的"道德法律"的底线。作为当代大学生,不仅要学习传统伦理道德的精华,懂得感恩孝道,更要亲自践行。古人云:"纸上得来终觉浅,觉知此事要躬行",只有在实践中才能深化对传统文化的认识,进而实现传统伦理道德的内化。青年学生不仅要"成才",更要"成人",而道德实践就是一种有效的"成人"教育。青年时期正是人生观、价值观形成的重要时期,在这个关键时期,青年朋友如果既能汲取传统文化中的思想精华,又积极进行道德实践,良好的人文素养、勤奋务实的工作作风将成为其一生宝贵的精神财富和人生前行的不竭动力。基于以上的思考,绥化学院一直积极探索加强大学生传统文化、传统美德教育的新思路、新方法、新途径,使大学生对传统文化、传统伦理道德有了感性的"认知",但是学习的最终目的是知行统一,为此,我们组

织大学生开展以情感志愿服务为载体,强化大学生传统文化教育的关爱弱势群体的实践活动。大学生们通过志愿服务走进了火热生动的社会课堂,在真实的传统文化道德情境中,在勇于担当的志愿服务中逐渐学会了关爱和珍惜,懂得了孝道和感恩,培养了爱心和责任感,能够真正认识自我及自身存在的价值。

1. 开设《传统美德与大学生人格修养》等系列传统教育课程,让大学生系统学习中华民族传统的仁爱理论,接受仁爱教育。

2. 在每年的九月至十月期间开展为期一个月的以"真诚感恩他人·责任回报社会"为主题的系列孝道与感恩教育活动。

(1)坚持用丰富多彩的校园文化活动感染学生、带动学生。开展"十个一"教育活动,即学唱一首感恩歌、听一次名人感恩教育讲座、算一笔亲情账、进行一次"劳模与孝子"辩论赛、共建一个和谐小家、奉献一份爱心、进行一次征文比赛、利用"中秋十一"小长假为父母做一顿饭、带父母去做一次体检等并养成每周至少给父母打一个电话的习惯。

(2)坚持"先进"带"后进",发挥典型模范作用。加强对学生中各类道德模范典型的发掘和宣传,开展百名孝子(孝女)、爱心大使、环保志愿者、自强之星等一批先进典型的评选、表彰活动,并将评选的典型进行积极宣传,通过典型带动全校学生共同成长进步。

(3)坚持以"慈孝文化研究"为依托,开展各类研究和文化推广。以慈孝文化的普及和推广为重点,在校园内定期有计划地举行"慈孝文化"公益讲座,让每个学生都受到熏陶、得到收获。鼓励全校教职工,尤其学生工作干部,对提升大学生文化素质、激活德育实效的途径和方法研究,设立专项科研资助项目,促进形成一批优秀的可应用的成果。

(4)继续做好实践教育工作,以院(系)实践教育指导教研室为依托,引导学生参与到关爱农村留守儿童、关爱残疾人、关爱空巢老人、关爱大自然、关注食品安全等实践项目中,让学生深入到社会生活中去感受、去认知,进而实现学生的自我教育、自我升华。

通过以上活动的开展,让学生常怀感恩之心,不忘党恩、国恩、帮扶恩、救助恩、父母恩、师长恩、同学恩等,精心培育学生"感恩文化",塑造学生的健全人格,养成学生良好的道德品质的行为习惯,使学生真正做到心中有亲人、心中有他人、心中有集体、心中有自然、心中有祖国的"五心常在"思想,从而弘扬中华民族的传统美德和现代文明。

(二)开展劳动教育和心理健康教育,促进身心健康,学会悦纳自我

1. 设立劳动教育学分,重视劳动养成教育

绥化学院将学生劳动教育纳入学生课程学分结构中,设置2个劳动学分,并明确学生在校期间不修满劳动学分不允许毕业,劳动学分主要根据学生在一、二年级期间义务清扫校园、班级、扫雪等公共场所卫生次数、时长和劳动量等予以综合评定,由教务处、学生处、后勤部门共同制订年度清扫计划,各院(系)辅导员、教务员具体负责监督、考核。通过绥化学院教务系统学生劳动学分成绩数据显示,已获得劳动学分学生中73.2%成绩在良好以上,劳动养成教育效果较好。

2. 增设心理咨询中心,加大对学生心理疏导

世界卫生组织把健康的概念定义为:身体健康、心理健康、社会适应良好和道德完善。当代大学生多是"三门"(即小学门进中学门又到大学门)的应试者,一直生活在校园环境里,缺乏应有的现实生活的支点,当面对学习、就业、情感等挫折时,往往心理承受能力不足,以至于身心失调,人格分裂,部分大学生出现性格狭隘、道德真空、价值悬浮的现象,心理健康问题已成为制约当代大学生素质教育的瓶颈。

(1)开设大学生心理健康教育选修课。随着我国高校不断出现的大学生自杀现象,有近一半的大学生的心理处于一种不健康或者亚健康的状态,为了加强大学生心理健康教育,培养其成为全面发展和健康成长的社会发展不可或缺的后备力量,绥化学院开设了《大学生心理健康教育》课程,将其作为一门公共任选课,设置为32学时2个学分。

(2)在班级增设心理委员。通过心理委员与同学间的近距离接触,提高学生对自身心理健康的关注,培养学生进行自我心理调解的能力,使学生主动监控自我,提高自强、自立、自律、自护等心理水平。

(3)以"5.25"心理健康宣传月为契机,开展以关爱自我为主体的珍爱生命教育。通过与各院(系)联合,以条幅、展板、海报、观看心理电影、讲座等形式,进一步宣传心理健康知识,引导大学生"积极、快乐、阳光,发现最好的我",深入理解"德之不修,学之不讲,闻义不能徙,不善不能改,是吾忧也"的内涵,懂得珍爱自我。

(4)开展团体心理辅导活动。以"人际关系""情绪管理""学习压力"和"生涯规划"为主题,开展一系列包括"滚雪球""桃花朵朵""优点轰炸""信任背摔""你说我画"等团体辅导活动,活动以交流讨论为主,心理辅导老师给予适当的引导、总结和点题。通过团体成员之间交互作用,使大学生学会在交往中观察、学

习、体验并在此基础上认识自我、探索自我,进而学会新的生活态度与行为方式。

(三)倡导自尊自爱,珍惜宝贵生命,学会关爱自我

《孝经·开宗明义》说:"身体发肤,受之父母,不敢毁伤,孝之始也。"每个人的生命都只有一次,我们都应该思考如何把握自己的生命之舟,使自己的生活变得更加多姿多彩。

1. 转变教育观念,增强教育的生命意识。生命是一个过程,有欢乐和幸福,也有艰辛和挫折,只有饱尝过痛苦折磨的人才能真正迈入成熟的人生,也才能明白要在不断竞争中升华生命的意义。为了创造更多的让学生体验生活的生命教育,我校团委组织大学生志愿者开展关爱残疾人、清明扫墓、监狱参观等活动,让大学生志愿者知道以何为生,更能明白为何而生,使大学生全面深刻认识生命,尊重生命。

2. 开展生命教育讲座。通过聘请交通警察、消防战士到学校做报告讲授不遵守交通规则、缺乏防火意识而造成的惨案的形式,让大学生学会保护自己,珍惜生命;请心理医生给学生做关于心理问题的报告,让大学生正确地来排解心理问题,避免轻生现象的发生。

3. 开展极限生存体验活动,培养独立生存能力。为提高大学生的心理素质,培养独立生存能力,绥化学院经济管理学院组织开展"两元钱"极限生存体验活动,即假定在一个陌生的城市,正在找工作的大学生口袋里只剩两元钱,会怎样生存一天。大学生在活动中通过面临各种困难,学会放下面子,靠双手劳作,体验生活的不易,锻炼承载压力的心理素质。参加活动的大学生感慨道:"大学三年了,我一直认为有着市场营销人员的与人沟通的能力,找工作肯定是一件很容易的事情,所以我怀着和大家一样的信心踏上了'极限生存'之路。从最开始的四处碰壁、不敢说、不会说到最后能很好地和陌生人交流,是我销售工作开始的最大跨越,也让我学会了如何在逆境中很好地生存。"

三、总结经验,探索模式,为关爱自我教育指引方向

(一)抓住有利契机,乘势而上,强化大学生关爱自我的认识

关爱教育不应只是形式上的宣传,要达到实质性的效果必须从大学生的自我关爱意识抓起。大学生通过自我修身教育,能够对自我有一个正确的评价;通过孝道感恩与关爱教育,特别是在关爱留守儿童的过程中,志愿者们面对那些年龄比自己小很多,但是却只有单亲监护、隔辈监护、同辈监护甚至是无人监护的留守儿童时,深切感受到他们童年艰苦的生活、学习条件,心灵受到强烈的震撼,在内

心深处体会到父母、他人和社会对自己的鼓励和无私帮助,从而能够真正懂得尊重和感激他人。绥化学院将抓住这一有利契机,继续发挥报刊、广播、电视、互联网、短信平台、微信公共号等形式,普及自我关爱知识,宣传自我关爱的重要性,引导大学生提高自身道德素质,以此促进自身和谐、人际和谐、社会和谐以及人与自然关系的和谐。

(二)开展生命教育,启迪大学生生命意识,继续发挥课堂教育的育人功能

学校教育是实施生命教育的最主要的途径,90后大学生知识的积累和健全人格的形成,与学校教育是密切相关的。首先,转变教师的传统观念,建立高素质的生命教育教师团队。教师在生命教育的实施过程中起着重要作用,是推动生命教育快速发展的核心人物,教师对生命意识、人本意识的理解直接决定生命教育能否顺利实施。因此,高校要转变教师的传统观念,做到"以生为本",还要建立一支思想觉悟高、文化素养高的生命教育教师队伍。其次,加强课程设置。高校对大学生知识的传播主要是通过授课的形式,课程是教育活动所必需的中介,课程的设置对生命教育的传播具有重要的意义。大学生思想道德修养、马克思主义理论等课程作为进行关爱自我教育的显性课程,要分层次、分阶段、适时、适量、适度地对生进行生动活泼的教育。要充分运用与学生密切相关的教学资源,利用多种手段和方法开展关爱自我的教育,加强学生在这些教学资源中的隐性教育内容,对学生进行认识生命、珍惜生命、尊重生命、热爱生命的教育。最后,要加强心理健康教育等课程的育人功能,建立校级专业心理咨询与学院辅助辅导服务体系。

第九章

大学生情感实践教育典型案例

高校的情感实践教育对大学生来讲具有重要意义。它有助于大学生的实践能力、创新能力和团队协作能力等综合能力的培养；有助于大学生理论知识结构的完善和知识层次的深化；有助于促使大学生主动适应社会、明确成才之路，增加就业竞争力；有助于引导大学生深入了解国情、民情，坚定社会主义信念，增强历史使命感；有助于促进大学生道德品质的培养和科学的世界观、人生观、价值观的形成等等。

绥化学院的情感实践教育分为爱国践履、专业实习、志愿服务、公益活动、社会调查、勤工助学、社团活动和自定义项目八大模块。我校广大青年学生在各个实践项目模块上均涌现出了一大批教育典型。

一、爱国践履

爱国践履是指通过参观革命旧址、红色路线旅游、游览祖国大好河山等形式表达对祖国的忠诚和热爱。在旅游参观的时候抒发对祖国的热爱、对英雄先烈的缅怀，忆苦思甜。

2009级旅游管理专业学生林澜自学考取了旅游管理专业资格证书——导游证，在2011年暑假到绥化市黄金假日旅行社做兼职导游，期间带了一个中学生夏令营的旅游团到哈尔滨市的东北烈士纪念馆、东北抗联博物馆和侵华日军第七三一部队罪证陈列馆等红色旅游景点进行导游讲解，在为中学生导游的同时自己也深受教育，回来后将自己的所见所闻制成PPT，在环境规划与旅游学院组织的关爱农村留守儿童探亲活动时，他义务地做起了爱国主义教育宣传员，在四方台二中、星火一中和德胜一中等关爱留守儿童基地为中学生讲解十余场次。其他院系关爱留守儿童志愿者小分队也纷纷邀请他到本院系的关爱留守儿童基地做宣传，得到了各中学的校领导和老师的一致好评。

艺术设计学院2008级学生赫丹丹到北京等地写生归来后,感叹道:"以前一直生活在黑龙江,这次出去才发现祖国的大好河山秀美壮观,中华民族的灿烂文化辉映万古,我更加热爱我的祖国了。"

二、专业实习

专业实习有助于提高学生的综合能力;有助于激发学生学习基础理论、探索科学的兴趣;有助于培养学生科学的态度和辩证唯物主义思想;有助于学生了解社会、体验民生。

2008级电子信息工程专业学生陈绍彬在大连东方科脉电子有限公司实习后,发现自己上学期间学习的内容远远不够用,回到学校后重新捡起了书本,又走进了课堂,向专业老师请教实习过程中遇到的难题,他说:"本以为上课老师讲的东西没什么用,上班后才发现那些知识都是从实践中总结出来的真理,还好通过实习发现了自己的问题,正好可以利用大四这半学期好好巩固一下这些年学的东西,有不明白的地方还可以请教老师。"

面对由一块黑板、一支粉笔、几张桌子组成的贫瘠的乡村教育现状,支教生2008届毕业生金洪勇在经历半年的实习支教后说:"没有去过乡村中学的人,无法想象那里条件的艰苦、师资的匮乏、信息的闭塞;没有与乡村孩子接触过的人,无法感受他们知识的欠缺以及对知识的渴望。这个世界没有什么人是注定永远贫困的,我决心用我的爱心为乡村教育托起一片蓝天,用我们大学生内心的火种点燃乡村孩子们理想的火炬!"

文学与传媒学院支教生梁爽面对简陋的乡村教室里那一双双渴求知识的眼睛和一位位农村家长真诚、质朴重托,她说:"那一刻我知道了什么是责任,明白了什么是有意义的事业。"

数学与信息科学学院2004级学生李敏参与实习支教后,回到家的第一件事情就是亲手给爸爸、妈妈做了一顿饭,她说:"20多年来一直是父母无私地为自己付出,从来没去想过父母的不易,通过支教,让我了解到了父母的艰辛,将来一定要努力回报父母的恩情。"

2004级外国语学院孙丽颖实习支教假期回到学院的时候,面对学生用餐浪费现象,当场斥责说:"真不知道大学生是怎么心安理得地把那些饭菜倒掉的,让他们到乡村去看看那里的孩子每天都吃些什么,我想他们此刻就会自惭形秽!"当她看到洗手间的水龙头没关时,马上就关上了,她说:"在农村每天都要到自己顶着严寒到外面的辘轳井中打水,每次用水都要尽量节省。学校给我们的大学生提供了自来水这样的便捷条件，大家还不知道珍惜，真不知道将来如果仅剩一滴水我们的同学该会是什么样子！"

师范生实习要动真的、做实的，不是比画一下，有了形式就能过得去的。各中小学校要为师范生实习创造条件，师范生要切实在教学岗位上学会运用知识，并实实在在地提高自己的能力。政策鼓励、物质支持、实习支教标准、跟踪检查指导等一系列具体措施的出台，印证了学院推进师范生实习支教工作的决心和信心，告诉师范生实习支教没有退路，不是权宜之计，只能做得更好，才能交上让各方满意的答卷。调查中我们了解到，绥化学院参加实习支教的师范生，有的做了班主任，有的承担2门以上课程，每个实习生都真正上岗。在庆安县丰田中学，中文系的梁爽同学在担任八年级的班主任、外语课老师的同时，还承担了七年级的政治、八年级的地理两门课。在兰西县临江二中，05级数学与计算机本科一班的佟玲同学，既是七年三班的班主任，又是七年四班的数学老师、七年级和八年级的音乐老师。座谈中，大家一致感到，顶岗实习、实际承担教育教学任务，带来了压力，增加了动力。通过实践，既学到了许多在课堂上学不到的知识，又提高了自身的教学能力、组织协调能力。于敏同学除教学工作外，还承担起学校的团总支工作。在我们向她询问对实习工作的感受时，她说："非常感谢母校给了我这次实践教学的机会，让我得到了更多的锻炼。在农村实习支教的这段经历，将是我受用一生的宝贵财富。"

支教生人均每学期授课143节，总课时达到了20万余节。支教生们开展了丰富多彩的课外活动，韩涛教孩子们剪纸，刘寅堂办起了美术辅导班，潘高峰组织召开明水县树人中学运动会，马刚在嫩江农场中学协助训练速滑运动员，黄文庆开办兰西县星火一中校园艺术节，张艳红举办"迎国庆"文艺演出，刘金瑞校长感慨万分："这是新春中学建校24年来第一次听到歌声。"很多学生还开展了义务补课，所有的支教生都开展了家访。顶岗支教生的努力工作得到了回报，卢金良所教班级期末考试平均成绩达到67分，比其他班高出10分；张良同学所教班级的历史在北林区18所农村中学联考中取得第二名；刘新宇讲授的初中三年级学生在望奎县数学竞赛中荣登榜首。支教学生所教班级的学习成绩均有不同程度的提高。辍学的孩子返校的多了起来，很多转到外地的学生纷纷回到有支教生的学校。

经过一学期的相处，支教学生与农村孩子建立了深厚的友谊。离别时刻，支教学生依依不舍，孩子们泪眼模糊。青冈县劳动二中的齐明、董盼盼与孩子们相拥而泣；兰西县长岗二中的学生早早来到学校，为支教学生李敏、刘帅、刘玉平和孙丽娜送行！

三、志愿服务

大学生志愿服务工作是一种高尚的社会服务和一项非常重要的社会公益事业,可以弥补我国社会保障的不足,对构建社会主义和谐社会具有重要意义。同时,大学生志愿服务的过程既是了解社会、了解人与人之间交往的过程,还是通过亲身体验磨炼自己的意志品格和升华自我的过程。

绥化学院志愿服务的特色是"关爱自然"。环境规划与旅游学院有一个"生态协会",协会在每年3月22日的世界水日、3月23日的世界气象日、4月22日的世界地球日、6月5日的世界环境日、9月14日的世界清洁地球日等节日都要举行宣传活动,使学生树立热爱大自然、善待大自然的思想观念,认识到科学技术具有两重性:既能通过促进经济和社会发展以造福于人类,同时也可能在一定条件下给人类的生存和发展带来消极后果;认识到经济全球化是一个充满矛盾的过程,在经济增长中忽视社会进步,环境恶化与经济全球化有可能同时发生;使学生学会用矛盾分析法看待问题,坚持两点论与重点论结合,正确处理经济发展和环境保护的关系。从而增强学生的环保意识和节约意识,增强大学生保护环境的自律意识和社会责任感,树立和谐发展的思想。2010级资源环境与城乡规划管理专业学生穆光宇是"生态协会"的会长,他一直参与这项志愿活动,看到这些宣传活动取得了良好的效果后欣慰地说:"很多学生看到我们制作的宣传版和专栏后非常惊讶,才知道物种灭绝、植被破坏、土地退化等生态破坏态势日益严峻,纷纷表示要从小事做起、从身边事做起,做一个环保卫士。"

大型社会服务活动需要志愿者投入大量的时间,并且对志愿者外语水平、专业素质一般都有较高要求。绥化学院大学生曾参与"哈尔滨第24届世界大学生冬季运动会"和2007年组织的"全国少田赛"志愿服务,志愿者需要执行赛会期间的尿检、安检、导引和场地控制等工作,需要志愿者具备一定的知识储备及协调能力,并且在服务前还要接受为期半个月左右的培训。世博会期间,绥化学院组织了参与哈尔滨会区志愿服务活动,组织多名二、三年级学生参加培训,并有多名志愿者被选拔任用,其中,对志愿者的第一要求就是外语水平和仪表,此项服务时长两个月,需要志愿者全天候参与会区的售票、检票、安检、接待等工作,对志愿者具有较高要求。外国语学院2008级学生叶珊珊在担任第24届大冬会志愿者后说:"我就好比是大冬会的一滴润滑剂,没有我大冬会也能正常举行,但因为我的参加,使得大冬会更加顺利、圆满地举行,我觉得很自豪。"

四、公益活动

公益活动具有重要的社会意义和实践教育意义,它既能保障社会公共利益,维护社会公平与正义,促进社会和谐发展,又能有利于大学生树立良好的道德品质,有利于大学生顺利步入社会,促进大学生成长成才。

大学生志愿者 2007 级学生赵子瑜了解到自己对接的留守儿童得了阑尾炎,便立即带上礼物乘车去看望他,走进破旧的土房,看见自己写的信被整整齐齐地一张挨一张地贴在墙上,她内心生出了从未有过的感动。座谈会上她说:"关爱活动让我有生第一次感受到自己生存的社会价值,我们会把这份爱继续扩展延续下去,和更多的留守儿童一起在同一片蓝天下感受温暖,健康快乐地成长!"而原本好动调皮、不爱学习的小建朝因为大姐姐的一封封饱含关心的信件,渐渐地安静下来,沉下心来学习,还把自己的一些思考通过信件请教大姐姐。

艺术设计学院 2008 级学生黄天雨对接的是海伦东林二中的留守儿童张娜,张娜由于父母常年在外务工,亲情的缺失,使她成绩不断下降,成了班里的差生,并且变得不愿与人沟通。当黄天雨了解了张娜的情况后,积极地深入张娜家中,面对孩子的问题主动地去想办法、找对策。经历了这样一年多的交流,张娜的父母和老师反映,孩子的成绩进步了,朋友多了,也爱参加活动了,并于 2010 年 9 月以优异的成绩考入了海伦市第七高级中学。黄天雨说:"虽然她现在上高中了,但是我们从来没断过联系,在我的眼里她早已不是那个留守儿童,而是我的妹妹,我有责任永远地照顾她,关心她,相信她。"

文学与传媒学院志愿者曹亮深入到留守儿童家中走访时,当面对留守儿童家贫瘠破旧的茅草屋和拮据的生活时问孩子的爷爷:"爷爷,您这么苦,没有向国家申请补贴吗?"老人说:"不苦,只要能吃饱就是好日子了,解放前咱老农民是连粥都喝不上啊!"老人的话让曹亮大受震动,他说:"以前总是看着父母每天换着样地为自己做好吃的,随便处之,自己还不以为然。可当听到老爷爷那句话后,自己感到了很惭愧。以往的我们是那样的奢侈、浪费,如果我们每个人都节约一点点,那样该会让多少人吃得饱啊!"

食品与制药工程学院 2009 级学生韩继禹在学校组织的"关爱空巢老人"活动中对接的是东方红社区的王爷爷,王爷爷是一名老共产党员,老伴走得早,儿女还都在外打工,很少有时间回来,虽说生活无忧,但长时间的孤独让他变得焦虑不安、情绪低落。自从韩继禹去了之后,王爷爷的笑容明显多了,人也开朗起来。在与王爷爷交流过程中,他说的最多的一句话便是:"共产党好哇,孩子,你可要好好学习,报效祖国啊!"他的经历让韩继禹增添了对中国历史的兴趣和对祖国的热爱,他说:"老人有着丰富的人生阅历,岁月的积淀中有很多的营养值得我们吸收,聊天的过程中,我们跟随老人一同走进了他生活的那个年代,感受到了一个老党员的精神风貌。就像王爷爷说的那样,我们要加倍地努力学习才能对得起那些在战争中抛头颅、洒热血的英烈。"

五、社会调查

社会调查是正确认识社会的根本方法,是改造主观世界的有效方法,它能磨炼大学生的意志,增强其社会实践能力和社会责任感,提升大学生发现问题、分析问题和解决问题的能力。大学生社会调查设计的范围很广泛,可以针对大学生开展"大学生消费调查""大学生思想状况调查"和"大学生就业趋向调查"等,可以针对社会开展"农村初中生学习心理的调查"和"私营企业调查"等。

2010级美术学专业学生高程弼非常想参加"顶岗支教",但因绥化学院支教中学所需美术教师数量少,便针对已经参加完支教的学生、正在支教的学生、支教中学的学生、教师和学校领导开展了关于顶岗支教的社会调查。在开展调查的过程中,很多事情对高程弼触动很大,他说:"通过调查我才发现,农村学校教师结构性短缺、整体素质不高,学校的课程无法开足开齐,教学质量难以得到保证,农村教育的发展仍然相对滞后,影响了这些学生的成长。支教生的到来,为乡村中小学教育带来了新的思想和方法,提高了教育的水平和质量,为孩子们带去了希望。同时,支教地区的生活条件比较艰苦,锤炼了支教生的意志品质,很多支教生说,参加完支教,再苦再累的工作我都能干得了。通过调查,更加坚定了我支教的信念,我准备毕业时参加大学生西部计划,到艰苦的偏远地区,用我的画笔为那里的孩子描绘多彩的未来。"

2010级物流管理专业学生卢佰慧针对自己所学的专业开展物流管理就业市场调查,通过对物流公司、从业人员和商家的调查,卢佰慧清楚了物流管理专业的市场前景以及对从业人员素质的要求,他决定在校期间考取物流师资格证,为今后做一个高端的物流企业打下坚实的基础。

六、勤工助学

勤工助学活动既可以使家庭经济困难学生获得经济报酬,赚取自己的学费、生活费,还可以帮助家庭经济条件较好的学生克服依赖和懒惰,培养勤劳节俭的美德。勤工助学可以增强学生的经济自立能力,锻炼独立生活能力和实践工作能力,也能提高学生的思想素质和道德品质,使学生懂得劳动的艰辛,体会父母的辛苦,学会感恩。

外国语学院2009级学生臧萌萌家庭经济条件较差,父母下岗,父亲靠在外打零工维持家庭开销,母亲身体不好,不能干重活,一直用药物维持,还有一个妹妹在齐齐哈尔高等师范专科学校上学,家里还赡养着79岁的奶奶。但臧萌萌同学自立自强,不仅在外国语学院担任重要学生干部,还在学校广播站做播音员,从入学以来,在业余时间做家教,利用自己的特长在艺博主持学校、阳光口才学校等学校做兼职教师,从大一到大二一共赚取了10180元,不仅解决了自己的生活费,还把剩余的钱邮寄给母亲补贴家用。她说:"勤工俭学不仅解决了我的困境,让我有能力孝敬母亲,为家里分忧,还锻炼了我的执教能力,让我更有信心去面对日益严峻的就业形势。"

2007级学生夏婉琦家庭条件比较优越,在校期间尝试做过家教、当过手机临时促销员,原来花钱大手大脚,体会到了赚钱的不易后,生活花销也开始算计起来。她说:"曾经的我那么的不懂得珍惜,曾经的我那么吝啬付出,曾经的我肆意地挥霍家人的关心,曾经的我那么心安理得地承受家人的爱。想起自己挣钱的辛苦,才体会到父母赚钱的辛苦,每天都告诉自己我是幸福的,我学会了感恩,学会了回报!"

七、社团活动

参加社团活动有利于培养学生的自立、自理能力,有利于培养学生的自主学习的意识和能力,有利于培养学生的人际交往能力和团结协作能力,有利于促进学生的创新素质和实践能力的提高。绥化学院拥有学习型社团、文学艺术型社团、学术科技型社团、服务型社团和体育健身型社团等各类社团九十余个。

外国语学院有一个疯狂英语俱乐部,高峰时期会员多达四百余人,俱乐部会长不得不设立十余个分会进行管理。每天早晨六点和晚上六点开展英语口语训练,每个成员的认真、执着又带动一大批学生投入到英语口语的学习和训练中。旅游管理专业学生于倩倩通过训练后,能和英语外教老师流利地进行交流,她说:"当时也是凭着对英语的爱好参加疯狂英语俱乐部,没想到艰苦的训练让我收获很大,现在我可以很有信心地准备英语导游证考试,这样我今后不仅能做中文导游,还可以做外文导游,我还是很感谢疯狂英语俱乐部,它提高了我的就业竞争力,扩大了就业面。"

文学与传媒学院的月桥文学社让很多热爱文学的学子找到了归属。数学与信息科学学院的学生赵航从小就有一个文学梦,梦想着当一名作家,家庭的原因让他不得不选择了数学与应用数学这个专业,然而就是月桥文学社给了他一个施展自己才华的舞台,通过月桥文学社组织的系列活动和专业指导教师的悉心指导,他的作品不仅在月桥文学杂志和校报发表,还在省市一些文学专刊发表了自己的杂文、诗歌,他说:"是月桥文学社让我实现了自己的梦想,我还会在学好自己专业的同时,继续走自己业余作家的创作之路。"

八、自定义项目

自定义项目选题大致可分为理论性实践项目、应用型实践项目和综合类实践项目。一般有以下几种常见类型:道德实践、校园文化实践、遵纪守法实践和科研攻关实践等等。学生还可以参加义工,到福利院、特教学校、救援中心等社会公益场所参加实践教育。

2009级特殊教育专业学生顿中萍利用课余时间到绥化市特殊教育学校做义工,利用自己所学辅助那里的教师帮助照顾特殊的孩子们,渐渐地,她喜欢上了那里的孩子,她说:"以前只是从老师的嘴里知道有这样一群孩子,觉得他们孤僻、难以相处,可是真正接触后才发现他们也有可爱的一面,而且是多么地需要社会的关爱和帮助。我会继续做下去直到毕业,同时我要更加认真努力地学习专业知识,毕业后用自己的知识去帮助这些折翼的天使。"

劳动养成教育可以培养学生的劳动习惯和劳动人民思想感情,强化大学生服务他人、奉献社会的责任意识,让学生在体验劳动的过程中学会劳动、尊重他人劳动、不断树立起勤俭节约、艰苦奋斗的品格。经济管理学院于丽薇说:"以前随手丢弃垃圾,通过劳动实践,现在不仅自己不随便扔垃圾了,看见地上有垃圾,都主动过去捡起来,扔到垃圾箱里,已经形成习惯了。"

绥化学院大学生实践教育典型案例还有很多,这里就不一一列举了,总之,通过这些贴近社会、贴近生活的实践活动,很好地达到了思想政治教育教育人、引导人、塑造人的目的,相信通过我们共同的努力,我们的大学生会成为有理想、有作为、有成就的一代!

第四篇 04
成果收获篇

本篇主要收录了近年来绥化学院情感实践教育有关的学生成长感言,有关媒体报道和其他的一些社会评价。全篇以学生成长感言为主,展示了学生在情感实践中的所思、所想、所得,既生动又客观地展示了绥化学院情感实践教育的成效。

第十章

学生实践成果选摘

感言一、爱,世界最美的风景*

  关爱不是怜悯,更不是同情,而是快乐地以一己之力助他人成长,并让受助人也感到快乐,真挚的情感交流让彼此都感到幸福。我与妹妹萍萍相处一年多的时间里让我有机会重新温故过去的学习和生活,让我可以从不同的角度去感受人与人之间的爱与温暖,给现在的我注入新的活力,更加坚定自己努力的目标。

  我对接的妹妹叫萍萍,父母外出打工,一人住校,由于长期远离家人,内心有些孤单和寂寞,此时同班的一位男同学很关心她,于是,她对他产生了好感,正处于青春期的她,遇到这样的状况让我很是担心。于是,我给她写了第一封信。我告诉她一些身边同学或朋友过去发生在他们身上的事情,告诉她还是应该以学习为主,在我们最值得珍惜的年龄应该让自己做些有意义的事,不要给自己的人生留下任何遗憾。并告诉她,在青春期有这样的情感是很正常的,不要过于自责,更不要给自己过多的心理压力,也不要太过强迫自己做到多完美,只要做到让老师、父母满意就好。但却不知道对她的触动有多大。我在期盼与担心中度过了一个月,没有得到任何音讯,我不能放弃。理智和情感促使我写了第二封信,同时我也把我内心深处最珍藏的感动"父母的仁爱"送给了她,因为我们的家庭处境很相似,我的情况使我很了解这样家庭孩子的心理状况,没有父母的关爱,对于别人的一点点关心都当作一份最大的爱来被感动,尤其对男孩子的帮助,很容易被他的

---

 * 本文作者崔鸿梅:文学与传媒学院学生。

真情所打动,而产生好感,况且没有人会在她的耳边叮嘱什么是对的,怎样做又是错的。我苦苦煎熬了两周,但我收到的只是几句安慰和感谢的话,却丝毫没有提我们信中的事情,我不知道那些话在她心里留下多大的烙印,也不知道对她的心灵震撼又有多少。还是把我的话当作耳旁的一缕风随意它来去无影无踪,把我的真情付出冷眼视之,把我当作多管闲事的无聊者。

我不想一个品行兼优的孩子深陷早恋的圈圈,一个花龄少女的青春在此凋零。她很聪明,脑子很好,就连老师都为她惋惜,身为一个男班主任对于一个情窦初开的小女同学又能怎样呢?不能有过多的话语,也不能有过激的行动,怕她的心灵埋下一段阴影。也只能默默感叹她的才华遗落他处,害怕她光明的人生即将葬送于此。听着学姐说她的时候,我的心一直是冰凉的,同时也是矛盾和悲痛的,为她的才华惋惜,为她的家庭而不忍,我好想见见她。

没错,我实现了!就在2008年的10月份。

我去了她所在的学校三吉台中学,看望了她。看到他们破败的校舍,不禁想起我过去艰苦的生活:窗户上没有一块完整的玻璃,都用层层的塑料纸包围,门上的冰坨将门和门框隔成一条宽宽的缝,早晨的洗脸水都结了一层薄薄的冰,整个冬天睡觉没有脱掉一次棉裤,重重的棉被承载了屋内一半的水蒸气。饭菜更是叫人难以下咽,几乎闻不到食物的味道。待我们长谈之后果真验证了,我们在初中的生活还真有一段"缘分"。

她长长的黝黑的头发,高挑的身材,朴素健康的打扮,透露了她的善良和真诚,同时又带有一些倔强。她知道是我,羞涩地低下了头,红红的脸映衬着她那个年龄孩子应有但不充实的笑容。还没等我开口,她突然抱住了我,说:"谢谢你,姐,从来都没有哥哥姐姐和我说过这些话,没有人问过我心里是怎么想的,除了他。每次我给爸爸妈妈打电话想说说,他们只问我:'缺钱不?我们现在很忙不要说了,没钱就告诉我。'我知道我这样做不对,但是我真的很孤单。"离开时,我把事先准备好的一封厚厚的信交给她,她牵着我的手,抽泣着,一直地摇头:"不要走,不要走,再和我在一起一天,一天就好!我真想要你和我一起回家吃饭!"泪水漫布在她冰红的脸上,模糊了她衣襟前的图案结了一层薄薄的冰。紧紧握着我的手,就像她孤单的心重重地将我包围。我告诉她:"你要努力地坚持下去,姐姐知道你对家人的想念和艰苦的条件,但姐姐就是这样走过来的,你现在承受了这些,以后什么样的困难都不会怕了,吃得苦中苦,方为人上人,这是姐姐的老师对姐姐说的。今天,姐姐把它送给你,你和你的爸爸妈妈一起坚持,一起努力,都是为了将来的幸福生活啊,其中你的努力是至关重要的!"

透着窗口,我看着她久久没有离去,直到我已看不见她了。其实我去看她只是想告诉她:虽然父母不在身边,但还有一个姐姐一直陪着你,和你惺惺相惜,倾听你内心最真诚的心声,分享你情感的秘密,温暖你那颗孤独寂寞的心,保护你不受伤害。在父母不在身边的日子里,老师和同学给她的关心和帮助毕竟是有限的,就是因为没有人给她讲述其中的利害,而老师的阻拦只能"越挫越勇"。她真的从内心深处意识到自己的错误。事实上,她真的做到了,让我非常欣慰。回来之后不久我就收到她给我的回信,并告诉我:"我不孤单了,我有亲人了,但我不能立刻控制我自己的情感,我会努力地去做。"我告诉她:"这已经足够了,只要你肯做没有什么克服不了的,你是最棒的。"在这之后的通信中我了解到她基本摆脱了那段故事,全身心地投入学习中,成绩也恢复到了从前,乐观开朗、多才多艺的她又一次成为同学们的好伙伴、老师眼中的好孩子。我们还继续保持联系,随着时间的推移她带给我的是更多的惊喜、更多的进步,这比我自己进步还要高兴,因为是她让我感到了自身存在的价值,我感到肩膀上肩负着引导一个青春期成长的孩子重任,我的压力也很大,但我知道,无论如何,我必须全心全意地爱护她,引导她,陪她一起走下去。

她是一个很爱看书的孩子,由于条件有限没有接触到更多。因此,每次通信我都要寄给她几本最新版的《读者》《青年文摘》,同时我把看过的抒情散文和名著送给她。我发现在他们分开的这段时间,她读了好多的书,不但知识增加,也填补了她情感的空缺。她在信中告诉我:"感谢这些'良师益友'让我得以解脱。"虽然每月会花掉我一部分的生活费,但我还是觉得很高兴。因为这让我体会到更多的真诚和爱。我不要她像我当年一样,因为不懂,在求学的道路上走了很多弯路,等时间飞驰而过,一切都不可能再重来,岂一个"悔"字了得?所以我要把我的经验告诉她,不要让她犯这样的错误。纵然我不能帮助她所有的一切,不能给予她全部的爱,但是,我将伴随她走过人生最彷徨的时候,我要告诉她,失去的东西,将永远不会回来。

在与她交往的过程中,我发现,每次和她谈及"父母"这个话题的时候,我都会深深地感受到她的思念与孤寂。一次母亲节,她发信息给我:"梅梅姐,我真的很想我妈妈,每到双休日看到同学们快乐地回家,寝室只剩下我自己,只有我还在这里,我好孤单啊!我想吃妈妈包的饺子,我想他们!"几滴泪水落到屏幕上,"有我呢,还有我,我一直都在你身边啊,你不是一个人,看着天上最亮的那颗星星,我们的心在那里。"我最能体会那种刚离开家的节日的晚上,大家都出去狂欢或回家。一个人站在窗口望着万家灯火,听着轰隆隆的鞭炮声,手里捏着冰冷的电话,害怕自己的眼泪告诉家人,我是一个人,我想家,我想回去和你们一起吃饭……听着这些话,听着电话那端抽噎的哭泣,一种激情冲击着我的头脑,我想陪着她,和她一起吃饭。就在那天下午,我独自坐火车去了绥棱,待我到他们学校才告诉她,我来了,就在外面。我看着她傻傻地看着我,然后疯一样地跑过来,紧紧地抱着我,说:"姐,是你吗?真的是你吗?我在做梦?你掐我一下,让我醒来,我可以有这样的幸福吗?""是真的,这一切都是真的,我来看你了,我要和你一起过母亲节!"我带着她吃了那里所有的好吃的,然后给她妈妈打了电话,她妈妈从来都不知道这些,不知道她这么孤单、想家,因为她从来没说过,她不想增添他们的负担。听到她妈妈说:"其实妈妈也想你,但是没有办法,我必须挣钱,供你上学,等你毕业有工作了,我就能陪着你了。"我心里好酸,这就是生活的无奈吧!我一直陪着她过了一个开心、有爱的母亲节!

随着时间的推移,我们的感情也不断在深化,都各自步入紧张的时刻,她已经初四,我已大三,面临着人生的重要抉择。十一她发信息给我,告诉我:"梅梅姐,你伴随了我走过人生最彷徨的时候,如果没有你,我会在他的身边越陷越深。我现在将我的全部身心都投入到学习中,由于我的家庭情况,爸爸妈妈告诉我,如果我考不上重点高中,他们就不会再让我继续求学了,我将从此告别学习生涯。所以我必须努力,我的生命里不能没有'大学'这个概念,我不想像爸爸妈妈一样过着'面朝黄土,背朝天'的生活,无论未来的生活如何,我都要自食其力。"我说:"你的想法是正确的,我们都不忍心看到他们满带皱纹的脸承受别人颐指气使,为了多赚几块钱而受到他人的挑剔轻视,每天想着省掉几角这样下个月就够我姑娘吃顿肉啦。你要改变他们这样的人生,就要一直努力坚持下去,我将和你共同走过你求学的生涯。"

一年多的时间,我和妹妹一起走过了春夏秋冬,一起经历了成长过程中的酸甜苦辣,一起分享着彼此的悲欢离合。妹妹的经历让我知道应该珍惜父母给予我们的爱,珍惜那一句句类似唠叨的嘘寒问暖,珍惜那类似啰唆的千叮万嘱,明白了亲情越沉淀越香醇。在和妹妹接触的一年多,我感受到了另一份爱,感受到了那一颗感恩的心释放出来的温暖和关怀。从妹妹身上我也学到了许许多多,不仅仅是做人的那份真诚,更是人性的那份纯朴。这一年多的交往,我开心满足地过着,为自己的付出,更为萍萍那点点滴滴的进步。不管未来的道路如何坎坷,我一定会与坚强的萍萍携手共同面对人生的风雨,走向美好的未来。

感言二、用爱撑起留守的天空*

转眼间,我与和我对接的孩子相识一年多了,我称呼他们为亲爱的妹妹、亲爱的弟弟。回忆这一年以来我们相处的点点滴滴,回头看看自己曾走过的路,看到孩子们令人欣喜的变化,我对自己说:再苦、再累都是值得的,因为我们的努力没有白费,我的真情付出得到了回报。

很清楚地记得通信最初,为了让孩子们通信更加方便,写信的时候我们总是会在信封里夹上回信的信封、邮票。而且每天充满期待,希望早日得到孩子们的消息,学校的支教生为了能让孩子们早点收到我们的信件,每周不辞辛苦地往返于支教地和学校之间,为我们带回一封封充满真挚感情的回信。

和我通信的有两个孩子:乖巧的薇薇,可爱的小伟。

雪薇的父母都在省城哈尔滨打工,不得已她必须和弟弟租住在学校的一位英语老师家。父母不在身边使她不得不承担起照顾弟弟的重任。了解到她的情况后,我总是会想象她这样年纪的其他孩子本该还在父母的细心呵护和宠爱中成长,本该还是一个未曾经历生活苦痛的孩子,不谙世事,天真可爱。而生活这时候却向她发起了挑战,她不再是一个不谙世事的小女孩,在弟弟面前,她必须像一个大人一样解决问题,她必须有计划地安排自己和弟弟的生活。写来的信中总是渗透着一股子令人欣慰的坚强,但坚强的背后更多的是无助,年幼的薇薇因为生活的艰辛,脆弱的心灵满是迷茫。尤其是她对我说她的好朋友中有好几个都退学了,她害怕自己也遭受同样的命运,作为一个农村的孩子,大人对子女的教育问题并不十分重视,然而早熟的她却知道知识对一个人一生的重要性,再见到平时要好的朋友相继辍学,她难免恐慌,她又担心假如有一天自己真的辍学,弟弟怎么办?在她的来信中我深深感受到她言语之间的不安。收到她的回信以后,我写了很长的信来劝慰,这时候我真正感觉到她需要我,我有责任让她摆脱这种迷茫,我应该使她成为一个品行端正、热爱生活、富有理想、朝气蓬勃的孩子。我在信中给她讲海伦·凯勒的故事,那个又聋又盲的女孩用自己的意志和不懈的努力,在老师沙利文女士的帮助下,打破了无边的黑暗和死寂。我希望海伦·凯勒身处逆境时的奋斗精神和取得的成就能打动年幼的她,能使她战胜前进道路中的坎坷和生

---

* 本文作者赵子瑜:文学与传媒学院学生。

活中的阴霾,海伦·凯勒这种不折不挠的精神能鼓舞和激励她。我还告诉她:人生如同品茶,虽然略显苦涩,但细细品味后总会留有一股芬芳。只有现在坚强地让自己成长,以后的路才能越走越宽广。她答应我一定会好好学习,说她很幸运遇到我这个姐姐,绝对不会辜负大家对她的期望。她说她马上就要中考了,心里很焦虑,无法全身心投入到学习中,我告诉她只要努力总会得到好的结果,但如果不努力,什么都得不到。这种焦虑是正常的,正是因为她有一颗求学上进的心才会害怕看到坏的结果。针对她的这一情况,我给予了一些学习上的建议,但同时告诉她应该适当地放松,别给自己太大的压力,一个人不能只做读书的机器,还应该有一些爱好,愉悦身心,并告诉她有时间多看一些优秀的书籍。上个学期的期末,薇薇成绩有了很大提高,当她拿着成绩单满心欢喜地打电话告诉我她的成绩有所提高时,我明显感受到她激动的心情。这头的我欣慰地笑了,高兴的并不是因为我所付出的得到了回报,而是我懂得了这便是爱的力量。那一刻我知道我不光分享了她的悲伤,更是分享了她的喜悦,她是那么地信任我、理解我。

这学期开学,我又有了能去联发中学看薇薇妹妹的机会。我总想为妹妹做点什么,书信的交流不足以传达我对她的那份来自内心的爱。我突然想到可以用自己的生活费给她买一件大衣,她的父母得负担两个孩子的生活费,生活一直很拮据,假如我为她买一件大衣,那么我想她感到的应该不仅仅是温暖,还有我给她的关爱。心里想着个子高高的妹妹穿上它一定很好看。我还给她带了一份很特别的礼物,就是我高中主持校联欢会时学校领导发给我的笔记本,这本子对我来说来之不易,我珍藏了三年,一直没舍得用。我对薇薇说,我之所以把珍藏的笔记本送给她,是想激励她好好学习,还有一年就要中考了,抓紧时间,考个好高中。我拉着她的小手和她一起唱歌,我唱的是《隐形的翅膀》,我在内心里一直相信薇薇一定能看到风雨过后的彩虹,她哭了。这孩子,和我一样,多愁善感,爱掉眼泪。那天我和她似乎有说不完的话,她和我说有时候看见别的孩子扯着父母的手在大街上走,她就会躲得远远的,她觉得自己真没出息,她害怕自己哭出来。这时候我就告诉她一定要坚强,我说:"你大了,就要多体谅父母的苦心,他们为生活而奔波,最终也是为了自己的孩子,只不过他们爱你的方式不同。"哪有孩子不想念自己的父母呢,哪有孩子不渴望在父母的羽翼下温存,免受风雨来袭呢?何况她还那么小。她说她希望快点过年,当她说这句话的时候,我知道,只要过年她就能和父母团圆了。她说在没认识我之前遇到困难就想,要是父母在身边多好,认识我之后,遇到困难,就会想,我还有一个姐姐可以帮我呢,说她一直想要个姐姐,现在有了,真好。她说真好的时候我的眼圈红了,我在心里说,有你这样一个懂事的妹妹,真好。

我已经不单单拿她当一个孩子看待,她已经成为了我的亲人,有时想着远方有一个可以挂念的人,就会觉得莫名的幸福。她一直坚持叫我姐姐,每当想她脸上带着温暖的笑叫我姐姐时,就会有些许心酸,这样甜美纯净的女孩不应该承受这么多,会不由自主地想去填补她的寂寞,抚慰她的忧伤,想给她更多的爱。

在薇薇身上我总能看到自己的影子,瘦弱但坚强,平凡但善良,让我忍不住想去照顾她,希望她过上好的生活。看到她越来越勇敢,成绩上也有了很大的进步,我忽然觉得自己的生活好充实,我想这也是对人生意义的一种诠释了。我知道她已经成为一个自信自强、永不屈服、愈挫愈勇、乐观向上的孩子。

薇薇是个懂事的女孩子,很成熟,沟通起来比较容易。相比之下,小伟在最开始的时候着实让我头痛了一阵子。

小伟今年上初一,可能是过早地与姥姥生活在一起的缘故,他的心理年龄很不成熟,性格比较沉闷,寡言少语,语言表达能力很差。他写来信说:"自己的东西被偷了,之前还被人偷过钱,不知道该怎么办;他的同桌总是欺负他。"他的第一封信,我看了好久才看明白他要表达的意思,看过之后我发呆了好久,不禁百感交集。这么小的一个孩子,父母又不在身边,有了问题自己不会处理,对他的成长是十分不利的。想到他的无助,我觉得自己的心里很难受,只想尽自己所能去帮助他。在对小伟的情况进行了细致的分析后,我发现这孩子因为环境的原因缺少了青少年本应该有的自信,于是我在信中对他说人生便是如此,难免有许多不如意,但是我们要勇敢地面对,可怕的不是困难,而是对困难产生恐惧,只要我们有恒心有毅力,勇敢地面对,自信便是我们战胜困难的最强武器。经过我的不懈努力,这孩子的性格逐渐开朗,他不仅找回了丢的东西,还和拿他东西的孩子做了朋友,那孩子后来也再没有拿过别人的东西,而且小伟的同桌也不欺负他了,还对他很好。正当我为自己帮助了小伟而高兴时,问题又来了:由于年龄上的差距,总是无法和小伟进行更深层次的沟通,写信时往往瞻前顾后很难下笔。我就想:怎么样才能更好地和他沟通呢?

为了更好地了解他那个年龄的心态,更准确地掌握小伟的心理活动,我上网找了很多资料,还搜集一些他感兴趣的话题,不停地拉着寝室同学问她们是怎么跟自己弟弟沟通的,弄得寝室那几位哭笑不得。不过,我的努力终于看到了些成效。小伟和我走得越来越近,有一次他写信对我说:"姐姐,你的朋友多吗,自从和你写信之后我的朋友比以前多了,姐姐,谢谢你!"他已经渐渐地把我摆在了朋友的位置上,我心里那个美啊。而且,他的生活也比以前快乐了许多。我拿着信,想象着他课间的时候和他的朋友们在一起玩耍的情景,仿佛他们就在我身边和我一起玩一样,令我感到开心。这学期去联发中学支教的学姐对我说小伟总是问她:"赵子瑜姐姐什么时候来啊?"放学的时候他高兴地跑到教室找我,拉着我的手兴高采烈地和我聊了好久。分别时他还告诉我说:"姐姐你放心,我一定会努力学习,长大后变成和姐姐一样优秀的人。"看着他清澈的双眼,我感动了好久。

有一段时间,我一直没有收到他的信,把电话打到他的学校,他的老师告诉我他得阑尾炎做手术住院了。我当时听到这消息觉得十分难受,我想到了孤独的小伟需要我,需要一个朋友、一个亲人去安慰他,我想象着他会是多么的不安,我一刻也等不了,我想马上见到他,于是就起程了。见到他时他脸色苍白,脸颊消瘦,眼窝都有些凹陷了,我心中顿生怜爱之情,拉着他的手说:"弟弟,不要紧,你很快会好起来的。"并告诉他多喝牛奶,这样病才会好得更快,接着又无意地问,平时都喝牛奶吗?他动了动嘴角,没有发出声音,用口型告诉了我,那个口型是"没有钱"。那是我第一次真切地感到他的自卑和无助,当时只有我和他两个人,他甚至不敢发出声音,这是他的隐痛。他那无声的语言却叩问着我的心灵,我想我应该把更多的感情给这个极度缺爱的孩子,他是社会弱势群体中的一员,长期承受着巨大的心理压力,很难拥有健康、快乐、自信、向上的精神生活。如果我能还他健康、快乐、自信、向上,那该多好。同时我感到高兴的是,毕竟他把自己最不愿承认的贫穷告诉了我,爱是我们的语言,只有爱才是打开孩子心灵大门的钥匙,只有爱才能换来孩子的信任,我必须将内心深处的爱心传递给这个孩子。于是,我就用每月省下的零花钱给小伟买牛奶,让他从中体会到被人关爱的温暖与幸福。当他病好面色红润地站在我面前,一种从未有过的快乐溢满心间。

他的身体康复了,我想,我更有责任使他的心里充满阳光,究其根源是家庭的贫困造成了他的自卑心理。我以此为突破口,在给他的回信中写道:"世界如同一个茂密的大森林:有高大的乔木,也有茂盛的灌木;有参天的巨树,也有缠绕的藤萝;有鲜艳的花朵,也有青翠的小草……但都在阳光下展现自己的勃勃生机。"和别的家境富裕的孩子相比,你只是小草,但做小草并不代表他不优秀,他同样可以快乐!

我的这些话给心灵稚嫩,需要别人呵护、关心、引导的小伟以巨大的精神安慰。渐渐地,他来信的话语中充满了激情,对生活的态度也乐观了,看到他喜人的变化,巨大的成就感更加鼓舞我引导他走出人生的低谷。作为他的一个知心朋友,作为一个比他年长的姐姐我有责任去帮助他,在信中我曾多次督促他好好学习,哪怕只有一点点的成绩,也毫不吝惜对他进行赞美,让他在真正的关爱中成长,我想这是我能做到的。我一直鼓励他好好学习,他有一次写信说已经会背很多单词了,看着他写的信,我突然间就有了一种幸福感,我的耕耘终于有了收获。

他在绥芬河上高中的姐姐曾发短信,感谢我对他弟弟的关心。说心里话,我当时帮助小伟是不求回报的,可是当有一个人对我的付出有了认同感,我还是很高兴的。小伟的姥爷也是一个很热心的人,我对小伟最初的了解都是从他姥爷那里得到的。有这么多人和我一样关心着、爱护着小伟,我想我并不是孤军作战。

小伟还那么小,多么需要有人拉他一把,帮助他走出自己封闭的世界。现在,他有了自己的生活、自己的朋友,建立了自信心。真心地希望他以后的生活会越来越好。

一个人的能力有限,但是如同海的浩瀚是因为无数水滴的凝聚,只要人人都献出一点爱,这世界就会变成美好的人间。为了帮助更多的孩子,让他们感受到社会的温暖,我们志愿者还交流写信的心得经验,让各班开展以关爱留守儿童为主题的活动,使大家更深入地了解这些渴望亲情的孩子。

每次收到信,我都会第一时间送到各班,因为信的两头是孩子们和同学们的深深期盼。那时候我多了个称号,"快乐的邮递员。"是啊,能为大家做这件事我觉得很高兴。由于信很多,需要整理,每次我都把信铺得满满一床,怕信会乱,所以连动都不敢动一下,一坐就是一下午,那种感觉岂是腰酸背痛能诠释的。可是,每当我想起孩子们稚嫩的小脸,我就觉得自己的努力是值得的。

留守的天空虽然有许多的酸楚,但是有许多用爱汇聚的彩云使原本阴沉的天空不再枯燥,那片天不再孤独,那空中不再寂寞。因为我们会用满满的爱去撑起他们留守的天空。

曾经在一则关于留守儿童的新闻中听到主持人这样的结束语:"每一个孩子都是花朵,每一个孩子都是祖国的未来。"从接触到这些善良懂事的孩子的那一刻起,我的心就无时无刻不牵挂着他们。他们没有办法选择自己的出身,但他们自强不息,不轻言放弃,稚嫩的肩膀承担起本不属于他们那个年龄的担子,这样懂事善良的孩子我们无法不爱。我们发自内心地想帮助他们,陪伴他们成长。这些真实感人的故事,让我也不断地成长,明白了自己是社会的一分子,应该为社会做出贡献,关怀这些孩子的同时也提升了我们做人的责任感。我开始珍惜身边的生活,珍惜身边的亲人、朋友。因为是他们给予我现在的一切。怀着一颗感恩之心的我,希望能在人生路上做更多有意义的事。

感言三、关爱"空巢老人":让快乐常在身边*

由于社会人口老龄化的到来以及人们生活观念的改变,空巢老人比例越来越高,绥化市也不例外。结合空巢老人现状,学院开展了"关爱空巢老人"活动,我有幸参与其中,成为其中一员。

我们组关爱的对象是一位年近 70 岁的退休技术工人胡秉仁老人,他早年在工厂因为一次事故,使得年仅二十几岁的他成为腿部有严重残疾的一位"残疾人",这不得不使他提早退休。胡秉仁老人家里有一儿一女,但都常年在外地工作,老伴也早在前些年因病去世,只有老人独自在家生活。生活上衣食无忧,但住着空荡荡的大房子,怎么也提不起精神来。好不容易盼着长假来临,一家人可以团圆,可儿子女儿打来电话说,都要加班不回来了。老人因此心情不好,无事可干,变得焦虑不安、情绪低落。我们多次来到老人家里,倾听老人的诉说。

老人不是缺少物质上的东西,即是精神上的空虚,他不需要儿女给他买什么东西,他只希望儿女能有更多的时间来陪陪他,这比给他买珍贵的补品还要好使。

记得 2013 年夏天我们第一次来到老人的家中,看着老人独自坐在家里的椅子上时,心里有种莫名的悲伤。我们把带来的水果送到老人手中时,除了高兴以外,老人的眼中还流露出一丝惆怅。在与老人的交谈中我们了解到,老人是想自己的孙女了,老人的孙女和老人在同一座城市中,但由于孙女忙于高考,有很长时间没来看望老人了。老人行动不方便,也不能去学校看望心爱的孙女,看到我们这些与他孙女年龄相仿的孩子时,不免有丝丝的伤心。我们了解情况后,开始安慰老人,你一句我一句的,希望能减轻老人心中的惆怅。

2014 年的端午节前夕我们再次来到老人家中,在学校食堂给老人买了粽子,并且在去的路上又给老人买了些他喜欢吃的水果。知道我们要去,老人早早地在院外等着我们。在老人的家中,我剥开一个粽子给老人吃,同组的其他成员开始给老人打扫家里的卫生,有的拿着大扫帚在院里挥舞着,有的在厨房清洗灶台,我们几个女生在屋里擦玻璃,一会儿的工夫,就把老人家里打扫得干干净净。之后我们又和老人聊起了家常。聊天时老人一直面带微笑,这是老人久违的笑容了。

每次来到老人的家中都给老人带来欢乐,我们很是欣慰,虽然只是简单地和

---

* 本文作者徐佳:文学与传媒学院学生。

老人聊着家常,在我们的眼里这是一件很普通的事情,但是在老人的心中却是一件很珍贵、很奢望的事。我很开心能给老人带去欢乐,希望老人的儿女能经常回来看看老人,老人的时间是按天过的,他们珍惜与儿女在一起的每一分钟。

胡大爷是位朴实的老人,虽然腿脚不好,行动不便,但他却有着最乐观的生活态度。我们能给予他的帮助实在是太微薄了,其实,老人们的要求很低,只要有人关心他们、听他们诉说,哪怕只是一些微不足道的东西,他们就已经很满足了。一个理解的眼神,一句简单的问候,带给他们的却是我们无法体会的安慰,特别是那些行动不便的人,他们的活动范围就只是在那个屋子里,当听到他们说每天除了吃饭、睡觉,就是这么坐着,什么也做不了,那悲伤的语气令人心疼,我真的不知道要怎么安慰他们,只能用手心传递一点温暖。此时,虽然我们无法用语言表达,但我们的到来让他感到无比的高兴,眼角挂着开心的泪水。

空巢老人这样一个群体,如今面对更多的是无奈,然而我们是该同情还是该去谴责呢?似乎无法解开这里的症结。社会的发展带来人口的流动和迁徙,村县人口奔往城镇,小城市人奔向大城市,北上广打工的群体几乎要占据半数的本地人口,因此空巢老人无疑成为这个社会的产物,那么我们是该去责怪社会吗?在崇尚老有所养、老有所依的中国传统社会文化下,反其道而行之的我们将奋斗才能改变命运的大旗扛在身上的同时,哪里还顾及得上身后养育我们成人的老人是否"空巢"?所以不如说是怜悯吧,不如说是同情吧,不如把我们内心最深的歉意献给他们吧!父母一辈的老人从来不曾指望孩子们回馈些什么,他们理解孩子,体恤孩子,甚至比我们自己了解这个社会的压力和孩子们身上背负的责任,各种"奴"缠身的孩子们,老人不愿也不会再多为儿女增添一分一毫的负担。所以我们改变不了社会只能改变自己,通过付出更大的努力来回报父母,这一点似乎比谴责社会、同情他们来得更加实际吧。

参加这次志愿者活动,让我感受很多,想到了很多。我首先想到的是以前听过的一句话:知识和道德构成了一个完善的人。作为一名志愿者,面对各位领导的期望,我们必须尽心尽力,多做一些事情。我们拥有了比较好的知识结构,道德素质也应该跟进,做一个德才兼备的人,才能更好地把所有的力量应用于社会,才能更好地服务社会,竭尽所能为社会的发展多做一些贡献。用百分百的爱心和责任心,付出百分百的努力,做一名合格的志愿者。志愿者活动已经开展近一年的时间了,接下来需要我们做的更多。作为一名志愿者,我很高兴,高兴自己能够站在这么一个位置上为我们的社会做一点事,同时也深感责任重大。学校领导对我们的期望很高,也竭力给我们提供更多的帮助,在这样的条件下,我们一定会不负众望。作为我自己,一定会尽心尽力,哪怕能做的事很小,也要将这一点一滴的小事做好,这是我对自己的要求,也是我的决心。把自己的一点点贡献一份微薄之力给老人!通过这次活动也让我懂得了父爱母爱的伟大!知道了在我们生活中有这样一个需要我们关爱帮助的群体。

每天给老人们一句问候,每周看望他们一回,每月走访一次,每年为他们过一个生日。我们每个人都会老,关爱老人就是在关爱我们自己,关爱我们的明天。

我会把关爱孤寡老人的爱心持续下去,将不断为这些孤寡老人送关怀、送温暖,要通过自己的行动,让老年人体会到社会的关爱。

有首歌唱得好:"找点时间,找点空闲,领着孩子常回家看看……"希望老人每天都过得幸福快乐。

感言四、忘年交[*]

阳光明媚的日子,满脸青春气的我们在辅导员老师的组织下到敬老院看望这里的空巢老人。老人们见了我们很高兴,还和我们一块儿唱歌,给我们讲故事。老人们的热情让我们顿时产生一种亲切感。在大学里依然感受到了爷爷奶奶的关心,很多同学见了爷爷奶奶们关切的眼神听到和蔼的笑声都感动地哭了。而对我来说,这次最大的收获则是和一位老奶奶建立了深厚的感情。

老奶奶很爱笑,虽然她一直戴着口罩,但从她眉头的一紧一松间就能知道她在笑。看完节目我搀扶着老奶奶回屋,边走边问:"奶奶身体好吗、屋里暗吗、潮吗?"老奶奶笑着告诉我身体好,常锻炼;屋里也不潮,通风。还邀请我到屋里看看。

回屋的路上,同学说给我和老奶奶照一张相。老奶奶很高兴,用干枯的手很吃力地摘掉口罩,微笑着看着镜头。拍照的时间虽然不长,但我的手放在奶奶背后,明显地感觉到奶奶气喘得很急,很费力地呼吸着。拍完照奶奶马上把口罩戴上了。

我想奶奶是不是肺部有问题,心里很害怕,很担心。奶奶这么善良不要有病才好。

奶奶住的屋子确实不暗,也不潮湿,窗户很大很亮,光线透过来,让人心情很

---

[*] 本文作者李珊珊:文学与传媒学院学生。

好。在和奶奶聊天时知道了奶奶确实有很严重的哮喘病,不能闻到任何刺激气味,不然就会喘不过气来。

奶奶告诉我,虽然她已经病危三次了,但都大难不死,很感谢国家提供的医疗。她每天坚持爬楼梯,溜达着锻炼身体,虽然很艰难,但她必须锻炼,为了活着。

奶奶无儿无女,常常会在过年过节时,看见其他老人有亲人来看望而难过。我安慰奶奶说:"我奶奶也和您一个年纪,您就把我当自己孙女看待,有话有事您就告诉我。"奶奶很高兴地答应着。

中秋节的时候,我和一位同学买了一点东西来看望奶奶,聊了很多家常。奶奶身体好多了。知道我是南方人喜欢吃面条,便让我过去吃面条。

还说帮她搬家。

后来我就常到奶奶那儿去玩,奶奶把我当亲孙女,我把奶奶当亲奶奶一样看待,无话不说,无话不谈。

听奶奶说她爱听评书,我心里便记着了。奶奶告诉我,她刚来时不太习惯,以前在农村住土炕,在城市里睡床很不习惯,另外她原来和左邻右舍经常玩玩牌、串串门,现在是她孤独一个人。我有时候尽量多去看望她,每次她一见面问我"珊珊,你可来了,我正想和你说说话呢",听完我心里总有点酸。通过这样一段时间的接触,我觉得奶奶心里的感觉不是金钱和物质能填补,我感觉老奶奶受了那么多苦,现在生活好了,人也老了,身边却很少有人陪伴。

这时,我不由自主地想起了远在老家河南的奶奶,72岁却依然忙碌,喂牛,做饭,操儿女的心,一辈子都不曾给自己快乐的时间。爸爸姑姑要给奶奶过生日的时候,奶奶怎么也不同意,说儿女们忙,我过什么生日啊,净给你们添乱。只是奶奶口上这么说,她心里多么想常常看见自己的儿女子孙啊,看他们聚在一块说说笑笑。奶奶也寂寞啊!

而我却因为怕听见奶奶的唠叨,不愿意和奶奶在一起,不愿意听奶奶说话,总是躲她远远的,但奶奶还是见我很亲切地喊我的名字。

奶奶消瘦的脸庞,低低的声音那样亲切⋯⋯

我的眼睛流出了悔恨的泪水,回家一定要好好陪陪奶奶,想必奶奶已经想我了吧,又在说:"这么远,那么冷,一个女孩家,唉⋯⋯"

老奶奶看出我难过了,问我是不是想家了,我把想奶奶的话对老奶奶说了。老奶奶笑了,倒安慰我起来:"没事,你懂了奶奶的心就好,奶奶最怕没有人让她担心,关心儿女子孙对老人来说也能占一部分心思,不那么闷。回家好好和奶奶唠唠。"

听她说这些话的时候我很震撼,吃完饭我陪着老奶奶聊天,我细细地端详老奶奶,当我看到她白花花的头发、满脸皱纹的时候,我就觉得我好像这么多年,从来就没有这么认真地看过我的奶奶。我当时看她老成这样一下子就哭了,我就想老人年老了还能享多少福啊,他们把一生都献给儿女了,连幸福的日子都没过过,所以心里也很难受。

只是老奶奶心态很好,很少见她不开心,平常也会和我说很多开心的事。我也会把学校里举办了什么活动和班级里的开心事讲给她听。老奶奶很关心学校里的事,大学生的事。她认为大学生就是国家的未来,大学生都应该成为大科学家、研究家等栋梁之材。

以前很怕自己会变成老太婆,不敢想象,也不敢接受,总会问妈妈:老了该怎么办啊,不能动了,不得闷坏吗?和奶奶一样,满脸皱纹,也会很吓人的。

妈妈会说我想得多,时间也会慢慢过去的,人总会有老的一天。我幼稚地会想,老了就没什么意思了,就不活了。现在想来实在是太好笑了,老人应该会有适合自己的生活,像我的这位老奶奶,不是每天过得很开心很有意义吗?等我老了,儿女不在身边,也会有像我这样的年轻人陪着吗?也会关心年轻人的成长,关心祖国和社会的发展。

这些不都是老奶奶教给我的吗?

我告诉老奶奶,我很感谢她教会我这么多东西。老奶奶说要感谢我,我带给她很多快乐,使她少了很多寂寞和空虚。

但我还是不能天天去陪老奶奶,所以我想买个收音机送给她,但老奶奶耳朵不好,只好搁下,转念一想这样也好,老奶奶可以多出去晒晒太阳,锻炼身体,新闻趣事就听我讲了。

感言五、让夕阳更美丽[*]

"最美不过夕阳红,温馨又从容,夕阳是晚开的花,夕阳是陈年的酒,夕阳是迟到的爱,夕阳是未了的情,多少情爱化作一片夕阳红……"

每当耳边响起这首歌,我的心中都会浮现出一幅美丽的图景:黄昏中,一群老人在堤坝上锻炼身体,相互讲述着发生在自己身边的趣事,不时传出爽朗的笑声。

---

[*] 本文作者张维佳:经济管理学院学生。

每每经过他们身边,我都会被那种气氛所感染,感到人生的美满,我愿天下所有老人都幸福。

当我第一次见到周永文老奶奶的时候,却与这幅美景截然不同,心中总会有种说不出的痛、倒不出的酸。

周奶奶,她很瘦,很虚弱,每捡一根干柴,每一次蹲站,仿佛都快支持不住了,马上就要倒下的样子。是捡柴,不确切地说是摸柴。虽然满地都是树枝,可她捡起来好像都要付出生命的最后力气。由于生活压力和精神压力的双重压迫使老人双眼视网膜脱落,一直生活在模糊的世界,看着她干枯如树皮的手被树枝划得累累伤痕,这都记载着她那坎坷的经历:她和前夫都没有工作,可他们有可爱的女儿,但好景不长,前夫病逝,使她不得不带着高额的医药费另嫁他人;没多久,后来的老伴儿又病逝了,她就居住在老伴儿留下的4平米多的房子中,老伴儿的儿子多次上门索要房子,每次周奶奶都急得直哭。自己的女儿没有丈夫,也没有正式工作,在外地打工供外孙女上大学,只有她孤单的一人。看到周奶奶破旧得无法形容的家,看到满眼无助的她,看到她对我去而表现出的无比激动,我决定守在她身边,尽我所能,让她像其他老人一样度过一个幸福的晚年。

周奶奶的家,只用四个字就能概括屋内的所有陈设——"家徒四壁",你能想象它要多穷就有多穷。就一个铝锅,一个铁锅,几个碗,一张发霉的木台,一个布满霉菌的竹盖儿。最令人不忍目睹的就是那水缸的水,几个月甚至半年、一年都没有用过的水缸里,隐约浮现着令人毛骨悚然的……

看着这样破旧的房子,这样简陋的居住环境,我终于忍不住了,动员了我们系的一些同学,为周奶奶打扫房间,由于房屋实在是太简陋,而且太久没有打扫过,所以我们都觉得一时无从下手。周奶奶家的锅由于用的时间太长,所以锅的表面都凹凸不平了,凹下去的地方堆满了污垢,我们就只好用铁抹布一点一点地把脏东西抠出来,再用清水一遍一遍地清洗。周奶奶家的碗也是布满了岁月的印痕,碗边儿全是豁口,有个同学在洗碗的时候还不小心割破了手指,但他却没有吭声,怕奶奶知道了心疼,有的碗破得实在没办法用了,我们就悄悄地把它扔掉再换上新的,这也是偷偷进行的,怕周奶奶知道舍不得让我们花钱。几个女同学还帮着周奶奶把被单和脏衣服都换洗了一遍。我们又把锋利带尖的陈设都用海绵和布包了起来,以防周奶奶被伤到。由于我们大部分在家里都没有干过什么家务活,所以干起活来还有些不顺手,但是我们依然认真地干着,即使动作很慢、很笨拙,有时还会因为大意而伤到自己,但是我们也在尽自己最大的努力帮着周奶奶打扫房子。我打了盆热水,用手巾帮周奶奶擦拭身体,奶奶的脸上露出了幸福的笑容,嘴里还说："我的亲女儿也没有这样地为我擦过身体。"说完，她脸上露出了一丝忧伤，但转瞬又消失了。虽然看不清我们热火朝天地干着家务，但是她心里却能感受到我们对她的关怀，她的心依旧是暖和的！

和我们同去的一名男同学，看着周奶奶如此窘迫的生活环境，不禁流下了男儿泪，一个大男生，会在什么样的情况下流下眼泪啊？看着周奶奶生活得如此艰苦，男同学从兜里掏出了自己的生活费100元钱，塞进了周奶奶的手里，老人感动得说不出话来，只是紧紧地握住了男同学的手，那双手还在忍不住地颤抖。

回到学校，我的心情依然很沉重，我希望可以尽自己所能帮助周奶奶。我把周奶奶的事讲给了周围的同学听，同学们都十分关心，大家都觉得周奶奶一个人的生活太艰苦太不容易了，纷纷表示要伸出一双援手，帮帮周奶奶。所以同学们把吃零食、上网的钱捐了出来，让我代表他们把这份爱心送到周奶奶手中。

为了不给更多人带来负担，更为了长久地帮助周奶奶，我和同学在系里的走廊中设立了一个废品回收点，把废旧的瓶子和纸张集中地收到一起，有的同学还会主动地把喝过的饮料瓶放进回收箱里，虽然这只是一个很不起眼的捐献，但是也代表着一份爱心。我定期把卖的钱送给周奶奶，我们还给周奶奶送去了大米、白面、豆油、棉衣等生活用品。每当周奶奶接到钱和生活用品时，都泪眼汪汪地看着我们，嘴角露出感激的笑，还不停地对我们说："谢谢你们了，孩子！"

在我与周奶奶的交往过程中，感受到老人对女儿的思念，虽然老人不直接表达她对女儿有多想念，多么想让女儿回来看看她，但是那种对亲情的渴望却是无法掩盖，那种母女之间血浓于水的感情是无法替代的。后来，我从周奶奶那儿要了她女儿的联系方式，与她取得了联系，并向她说明了周奶奶现在的状况，以及对她的思念，她听了我的话，也激动地哭了，她说："我也很想我的妈妈，但是为了供女儿读书我不得不远走他乡，不能陪在母亲身边，我的心里也一直痛苦着、矛盾着。"后来，她答应我两个月回来看周奶奶一次。她回来的时候，与我取得了联系，当我再次来到周奶奶家时，正赶上她们母女相拥在一起哭的场面，那种骨肉亲情真的会让人动容。我也感动地留下了眼泪，周奶奶的脸上虽然淌着眼泪，但是嘴角依然露着笑容，那种发自内心的喜悦是任什么都无法掩盖的。此情此景，让我再次感受到了亲情的可贵。

在我去看望周奶奶的时候，发现有一个男人经常来周奶奶家，那个男人40多岁，进门后看见我和我的同学就什么都不说，转身就走。他走后奶奶总是露出不安的表情，当时我都忽略了。直到有一次，他又来了，发现就我和周奶奶在家，进门后便出口不逊，原来他是周奶奶后来老伴儿的儿子，来向周奶奶索要那仅4平米的房子,还让周奶奶交房租。我不能让周奶奶受这样的屈辱,义不容辞地扛下了为周奶奶排忧解难的大任。我与社区和派出所取得了联系,讲述了情况,经过他们出面协调和我的劝导,其子终于答应在老人有生之年不再向周奶奶索要房子了,也不收房租了,周奶奶终于不用再为房子的事担忧了,我悬着的心也终于落地了。

和周奶奶的交往中,让我深深地体会到了周奶奶的坚强、慈祥,也深深感受到了周奶奶的孤独和无助,我一定要通过我的努力,让周奶奶可以在她的晚年回忆中增添一丝美好,少一丝痛苦。希望她不再孤独和无助,希望她能健康快乐地走过余生,即使没有家人经常的陪伴,但却有我,我当她是自己的亲奶奶一样,相信周奶奶也对我产生了深厚的感情,把我当家人一样看待。

看望"空巢老人",不仅把温暖带给了老人,也让我更有信心去面对以后的艰难险阻,让我学会了用一颗慈爱的心去对待身边的人,让这个社会充满和谐。更让我知道,应该好好地孝顺父母,父母养育我们多年,不求回报,默默无闻地奉献着自己,在不知不觉中,他们的双鬓已经斑白,体力也大不如从前,该到我们回报父母的时候了,但是他们不需要我们给他们买好吃的、好穿的,更不需要住多高多宽敞的楼房,他们只希望我们可以经常地陪陪他们,聊聊天,谈谈心。看着我们都健健康康,生活得幸福,他们也就心满意足了。

其实我们可以做的有很多,只要我们每个人都献出一份爱心,那么,当这些爱心聚集在一起的时候,就会让很多人得到温暖,让那些原本很孤单寂寞的"空巢老人"不再那么凄惨。如果你的父母不在身边,那么请不要忘记,常回家看看。

请记住:只要你先付出一份爱,夕阳一定可以更美好!

感言六、用爱点亮一盏心灯[*]

有这样一群人,从诞生的那一刻起,就开始了自己独特的人生历程,他们的世界是漆黑的,他们的世界是无声的,他们的世界是孤独寂寞的,很少有人去关注他们,很少有人去理解他们,他们常常是人们耻笑奚落的对象,他们有一个共同的名字——残疾人。

2009 年,在老师的带领下我们助残志愿者来到了绥化市聋人学校,真正接触

---

[*] 本文作者刘杨:教育学院学生。

到了残疾儿童。那里共有一百多名残障儿童在学习。走进学校,我们看到了一幕幕感人的情景,学生们虽然听不到任何声音,但他们身残志不残,热爱学习的精神感动了我们所有的老师。语文课上他们打着手语向老师学习,用仅有的一点声音发自内心地有感情地朗读课文;写字课上,他们认真临摹,写的毛笔字漂亮极了,让人看了啧啧称赞;生活课上,他们用灵巧的双手精心制作了一件件精美的物品,把校园布置得整洁美丽,让我们忘记了他们是一群特殊儿童;在学前班里,我们看到了一个个可爱的小朋友,在跟着大姐姐、大哥哥认真地学说话,因为听不到,每发一个声音,都要付出非常艰辛的努力。其中最令我难以忘记的就是那一双没有忧伤的清泉——赵灵书。

一、赵灵书——一个生活在无声世界里的精灵

直到 3 岁,赵灵书才知道自己的世界与别人不一样,同龄人可以用"听声辨人"做游戏,可她与真实世界却隔着一堵无声的高墙,她只好用泪水化解无助与尴尬;别的小朋友可以升入正常的小学,而她只能进入聋哑学校,在一片孤寂的世界里生活,但赵灵书并没有因翅膀的残缺而放弃飞翔,她就像一个跳动的音符,与我们同行,用残缺的翅膀舞动奇迹……

二、用爱与行动改变世界

2009 年,我与赵灵书相识,那时的她才 9 岁。在与她正式对接前,我首先与她的任教老师和家长取得了联系,在了解了她的家庭情况、身体状况、学习情况和心理状况等方面之后,我的助残之路开始了。

赵灵书,先天性耳聋,是一个长相可爱的女孩子,父母在灵书 3 岁时就外出打工,灵书一直跟随七十几岁的爷爷奶奶生活。应该说,她家经济条件都还可以,但由于父母的长期缺位,孩子性格孤僻内向,不开朗,不愿与人交流,很少参加集体活动。

在了解灵书的特殊情况后,我想方设法地和孩子的心灵直接对话。我知道,爱不是一次两次随心所致的探望和几个小礼物,而是要以心换心。因为专业的优势,专业教师会经常安排我们见习,在绥化市特殊教育学校见习期间,我特别关注她,和她的同学沟通,和她的科任老师一起探讨,寻找孩子成绩低下的原因;放学时间,我常去她家走走,和她聊聊天,陪她看看电视,检查检查她的作业。一次两次无数次的沟通终于有了成效,我感受到孩子从一开始对我的防卫,逐渐对我有了一种期待。记得有一次她肚子疼得厉害,我知道后把她送到了医院,医生说没

什么大事,只是有虫了。回来时,我给她买打虫的药,并教育她平时要注意卫生。当时,我发现她眼角红红的。看到她红红的眼睛,我的心一阵紧,这个生活在自己世界里不懂得怎样表达自己的孩子是多么的需要爱与温暖啊!从此我坚定信念,我一定要帮助她,让她走出孤单,走向人群。

　　从赵灵书的眼睛里能够看出她对生活、对与人接触的渴望,可是她因为自己不能说话而胆怯。我把她接到我的学校来,我陪着她在我们的食堂里吃饭,陪着她去大学生俱乐部看演出,虽然她只能听到一点点声音,但是看到她稚嫩的小脸上露出兴奋的神情,我知道我做的是对的。从学校回来的路上,她告诉我:"大学可真漂亮啊,我也想上大学!"我借这个机会,告诉她,要好好学习,以后才能考上大学,在这么美丽的校园里学习。从此赵灵书比以前爱看书了,老师说她的学习成绩有了突飞猛进的进步,看到这些我的心里多了些许的安慰。为了能让她与更多的人交流,我把她带到我们的班级里,班级里的同学看到了这个小大人,都愿意逗她开心,男生表演的小节目逗得她哈哈大笑,女生就和她玩过家家的游戏,给她梳头发、化妆,把小灵书打扮得格外漂亮。经过几次的交往,她几乎和我们班的同学成了一家人,能够主动和人打招呼,还会调皮地开玩笑了。我们都说这个小人精"学坏"了。当然仅仅和这些熟悉的人相处还是不够的,要想让她真正地融入社会中,就要实实在在地和陌生人打交道。我决定让她自己去买东西,开始时她说什么都不愿意去,我先是说如果完成任务就给她买最爱吃的棒棒糖,她还是不去,后来又用激将法说她是胆小鬼,可是无论我怎么说她都是纹丝不动,最后我生气地对她说:"你现在不自立,以后怎么办?谁会管你?你就一辈子当你的哑巴吧!"听完我的话,她定在那里眼也不眨地看了我许久,然后她低着头慢慢地向食杂店走去。看到她幼小的身影,我真的想要告诉她:哥哥不是看不起你,如果现在你不能独立与人交往,以后该怎么办啊?你能不能了解哥哥的苦心啊。当我看到她一蹦一跳地跑回来时,我的心像是蜜一样甜,她一样一样把怎么买东西的所有过程都讲得详详细细,她说买东西的阿姨还夸她是个好孩子呢,说她有礼貌……看到她的第一次与人交往这样的顺利我的心似乎轻松了不少。我知道以后的路即使没有我的陪伴她也能够坚强地走下去。

　　与其说和赵灵书的相处是我帮助她的生活,不如说她给予了我心灵上的慰藉。两年的时光我们建立了深厚的友情,现在我大三了,准备进行实习,实习的去向让我失去了方向,开始迷茫起来。我每天沉浸在焦躁的状态里,突然有一天,我收到了一封信,我看到是赵灵书的字,我很纳闷,怎么这么近还用写信呢?我怀着好奇的心情打开了信,看到小灵书稚嫩的字体写着这样一段话:"哥哥你是个好人,谢谢你帮助我,我相信你一定能够找到好工作的。我会支持你的!"下面画着许多向日葵花和一个小姑娘开心的笑。看到这幅画、这些字,让我一个大男人有种说不出的感觉,只是觉得鼻子酸酸的,眼睛湿湿的。我想与其说是我在帮助她不如说是她在帮助我。是她教会我坚强,给予我力量。也可以说我们用爱共同撑起了一片蓝天。

现在我即将成为一名特殊教育老师,孩子就是我心中丝丝缕缕的牵挂,我愿用爱点亮一盏心灯,指引孩子生命的航程,让他们的生活远离灰色,让他们的生活璀璨斑斓。有一句话说:"爱自己的孩子是人,爱别人的孩子是神。"我不是神,但我愿意传递一份爱,让真爱洒遍人间。

感言七、让爱常驻心田*

残疾人在有些人的眼里是残缺的、低贱的、卑微的,甚至有人还对他们指指点点,拿他们取乐。你可知道一些微不足道的动作,给他们的心灵会带来多大的伤害吗?所以我选择加入关爱残疾人的行列,用我的努力去改变这些人对他们的看法。

从2009年起我开始走进一个又一个残疾人的家庭,了解残疾人在想什么,最关心什么,最大的困难是什么,最需要哪方面的帮助。通过权威的调查数据显示,我了解到残疾人其实是生活在我们身边非常庞大的一个群体,占我们总人口的1/20,平均每四个家庭就会有一个残疾人的家庭,他们在教育、就业、婚恋等等生活问题上都面临着许多常人难以想象的困难,甚至有许多残疾人因为家庭贫困连用来可以代步走出家门的轮椅都没有……看到他们如此窘迫的生活我无法再让自己袖手旁观。

人与人之间需要的不只是权、钱的施舍,互相关心帮助更为重要。只要你以诚待人,就同样会得到一颗来自他人的诚挚的心。在"走进社区,关爱孤寡老人"这次行动中,我无意中发现了这样一位老人,他拖着一条伤残的腿,手中提着一个热水袋,瘦弱的身体穿行在福利院的长廊里。他怎么残疾的?没有儿女吗?他要做什么?一堆的问题从我的脑海里蹦出来。我悄悄地跟随在他身后,看到他回到

---

* 本文作者王越:教育学院学生。

了自己的房间,我轻轻地敲了敲门,可是没反应,难道老人是不想理我,我告诉他我的来历,可还是没有应我。我便走了进去,这时老人看了看我,满脸的疑惑。我才发现他并不知道我在门外站了许久。这也让我意识到了他是一个聋哑人。

这时我叫来了一名特殊教育专业的学生让她用手语和老人沟通。老人明白了我的来意后,慈祥地招呼我快坐下。通过闲聊我得知老人在年轻的时候由于他先天失聪,造成意外的车祸失去了一条腿,从此便一个人艰难地走到现在。这么多年来都是由国家的补助和社会的帮助才让他坚持活到现在。看到他这种情况我难以想象在平时的生活中他有多艰难,为什么非要让这样一个身体残疾的人再受到外界更大的伤害?老人告诉我看到我们去看他,他很开心,在这里几乎没有人和他聊天,因为他听不到别人在说什么,别人也看不懂他的手语。感谢我们的学生能让他把心里话都说出来。后来我找到了养老院的院长问他像这样的老人有多少人。他回答我说也有很大一部分。回去后我想了很多,我们能给老人最大的帮助就是丰富他们的精神生活。为了让残疾老人和正常人一样可以欣赏到学生们的表演,我们利用专业特长为老人精心准备了手语小品和手语舞蹈,老人被我们的诚心深深地感动着。

每逢节日的来临,举家团聚的日子,我就组织学生去养老院探望老人。在这里,帮他打扫卫生,洗涮衣物,端茶给他喝,又陪他聊天,还表演节目给他看,刘爷爷不知有多开心,笑得连嘴都合不拢了。看着他灿烂的笑容,我有时在想,他已经老了,剩下的时日不多了,难道我们就不应该多给他点关心,多点爱护,让他老有所乐吗?如果我们能做到的话,我想他心里一定暖洋洋的!

记得那一年元旦,我和院长商量带着学生去给老人包饺子吃。到了养老院,学生们为了让老人感受到新年的气氛,给老人洗涮了一番,陪老人说一会儿话。老人们高兴得合不拢嘴。我还问老人:"过年啦,吃饺子好不好?"老人开心地说好。

据院长介绍,每逢过节,在敬老院过节的老人有一多半,全是不能自理或半自理人员。他们有的是残疾无人照料,有的是儿女不在身边。我们当即向院长保证:"在这里,我们要像照顾自己的亲人一样,让他们过一个温暖、舒心的节日。"

饺子包好了,我们一起给老人盛到碗里,院长却告诉我这样不行,因为没有牙了,在喂食前需要打碎成糊状,最终好好的饺子变成了一碗"八宝粥"。看到这种情景我心中有些酸楚,岁月把他们曾经强壮的身体一点点地打磨、削弱,而经过了岁月洗礼的他们如今却连基本的生存能力都消失殆尽了。

我给老人留下了电话,我也把养老院电话存了下来。因为爷爷耳聋,想要了解他的近况我只能向院长打听,后来,我多次给院长打电话,询问爷爷的身体状况。一次院长告诉我爷爷病了,重感冒,我心里很着急,感冒对我们来说也许是小病,但对于年近古稀的老人来说,很容易引发其他病症,尤其还是语言不通的爷爷。于是那周末我决定去看望爷爷,一进屋,一个熟悉的身影躺在床上。"爷爷,我来了。怎么感冒了呢,好些了吗?"爷爷忙坐起来,右手用力地摇着,意思告诉我没事没事。看爷爷的状况,的确比院长当天向我形容的好了许多。我把带来的感冒药给了爷爷,并倒了杯热水,让爷爷吃,爷爷见我这样,就接过药吃了下去。爷爷说他自己有药,顺手一指,我看到了他自己买的伤风感冒胶囊。

之后的几天,我每隔一两天就给院长打一次电话,直到院长说爷爷彻底好了。院长说爷爷很高兴,我这么关心他,还告诉我不用惦记他,他很好,让我好好学习回馈社会。不知不觉,我们的距离已经很近了,我甚至已经把他当作了我的亲爷爷一样,那种感觉,既温馨又快乐。

在这相处的日子中,不仅老人们发生着变化,我们自己也在成长。在关注残疾老人的同时我们也在不断地反思自己,是这次活动教会了我们做人,教会了我们感恩,教会了我们在课本上体会不到的东西。不仅仅是这位老人需要我们的关注,不仅仅是残疾人需要我们的关注,我们也应该懂得去关心我们的父母,懂得感恩于我们的父母。我们应该从内心深处学会感恩。我也期望着学弟学妹们能够把关爱残疾人的活动传承下去,让这个社会充满温暖,让祖国的未来更加充满希望。

感言八、爱·驻足*

在上大学之前,对特殊教育以及残疾人的概念很模糊,生活中也很少能接触到残疾人,偶尔会见到盲人或聋人,但都没有什么深入的接触,甚至连了解都谈不上。高考时报考特殊教育专业,也是认为毕业以后做特教老师会很轻松,也相对地比较容易就业,所以才报考了此专业。而当我真正地学习了专业知识,接触了残疾人之后,我的想法变了,我是真正地爱上了这项特殊事业,爱上了这群可爱又有残缺的人。

还记得第一次去康复中心,那是我们刚刚开学不久,一个学姐带着我们几个

---

* 本文作者董金月:教育学院学生。

大一新生，来到感统训练室，觉得一切都是那么的新奇。过了一会儿老师就带着学生们来了，那时候我什么都不会，只能在一边看着，当时的心情近乎绝望。我实在不能想象以后我每天都要跟这样的孩子一起生活，这将是我的工作，那时候，当他们接近我的时候我会下意识害怕地向后躲。随着接触次数的增多，我发现，我渐渐地爱上了这群可爱的孩子，爱上了这群折翼的天使。

我和几个同学对接的班级是启智5班，虽说是启智班，也有几个聋儿，大部分都是自闭症儿童，还有一个唐氏综合症儿童。每逢周末，两个小班就合并成一个大班，我们几个先帮老师给孩子们上课，那是一种很简单的"教"，重复了一遍又一遍，一个下午的时间我们需要重复成百上千遍的"a"或是简单地从1数到10。可是即便是这样的努力，他们却只能记住一点点，甚至1—10的排序都很难全对。我们也沮丧过，失落过。但是老师的一句话点醒了我们：他们是一群折翼天使，虽折了翼，却终究是天使，本性会飞的天使，他们需要我们来帮助他们修复那受伤的翅膀，助他们重新翱翔。

从那以后，每逢周末我们便准时来到康复中心看望他们，辅助老师为孩子们做康复训练，渐渐地在我们的精心教导下孩子们也学会了一些知识，他们能目光专注地注视我们，虽然时间很短暂，却让我们感觉很满足、很幸福，他们也会正确地背下从1到10的数字，那时的我们特别有成就感，特别开心，从那时起我便深深地爱上了这项事业，无悔于自己的选择。

每次到康复中心，简单的康复训练之余，我们还会陪孩子们做游戏，在康复中心的生活，老师只负责照看孩子不饿、不受伤，除此之外就是枯燥的康复训练，很少会有人在心灵上给予其慰藉，我们的到来也将欢乐带到了孩子中间，捉迷藏、走拱桥、贴鼻子等等，在游戏中他们可以快乐地笑，体会不一样的寄宿生活。经过近一年的接触，我们之间也建立了深厚的感情，每次离开，孩子们会恋恋不舍的抱着我们的胳膊，虽然一句话不说，我们的心还是会隐隐难受，我们要走了，只听见一个孩子轻声地说了声"再见"，我的眼泪止不住地流了下来，他那句话说的不是很清楚，在我心里却像一个烙印，久久不能忘记。因为这些孩子几乎不与人交流，跟家长也很少说话，但是就在我们要离开的时候，能对我们说上一句珍贵的再见，我们怎么能不感动。

在这群孩子中有个叫小蒙的小女孩，她得的是21三体综合症，也就是唐氏综合症。她很喜欢我，我每次去她都会拉着我的手，用很模糊的话语跟我交谈。她爱学习，我就一遍一遍不厌其烦地给她讲新知识，她就像一个勤奋的天使，是那么的用功，她会学着老师帮助其他小朋友做感统训练，帮助老师收拾、摆放训练器具。虽然她动作很笨拙，就连走路也是跌跌撞撞，但她做事认真的表情、诚恳的态度，让我不得不对一个6岁的小女孩感到敬佩。她不敢双腿跳，只有老师双手扶着她她才能跳，我扶着她，一遍一遍教她，她很认真地学着，还时不时地抬起头望上我一眼，我知道，她在表示感谢。小蒙是个坚强的孩子，即使跌倒了也不害怕，她站起来朝我笑笑，又继续练习，虽然那天直到我离开，她也没有学会，但我相信小蒙一定会学会的，不管是什么动作，她都能学会，因为她有着一颗坚强好学的心，她有着别人所没有的坚持不懈的精神。认识她我很骄傲，我不会害怕她抓脏我的衣服，踩到我的鞋，我把她当作我生活的一部分，我的一个朋友，可能她不懂，但我相信有一天她会明白。我希望，有一天她可以像正常人一样生活，我为她祈祷，祝她幸福。

偶尔在校园里走走，清晨抑或是傍晚，总能看见一位爸爸牵着一个16岁左右、步履蹒跚的儿子，我看不出儿子得了什么病，只知道他与我们不同，是一个残疾人。爸爸紧紧拉住儿子的手，还不停地跟儿子说着什么，日复一日，爸爸依然这样牵着儿子走在这个熟悉的校园里。感恩天下父母心，每个孩子都是上帝赐给父母的天使，他们无微不至地照顾着自己的孩子，自己流血流汗只为孩子能过得更好。

自从接触到特殊教育，接触到残疾人之后，我学习到了很多，也长大了许多。渐渐地我发现，我爱上了这群孩子，爱上了这项事业，我是那样的舍不得离开他们，我为我将成为一名特殊教育教师而感到无比的骄傲和自豪。我为他们点滴的进步而露出微笑，我为他们的坚强勇敢而倍感欣慰。我更会心疼人了；我更热爱生活了，我开始喜欢留心生活中的每一样事物，甚至一花一草；我所想的更多了，不再乱发脾气了，也学会了谦让。上帝已经对我很偏爱了，我要把我的爱播撒到更广博的地方，让爱生根发芽。希望所有的人都能够加入这项事业，尽自己的微薄之力，来爱护、关心这些有残缺的孩子，他们也是祖国的未来、祖国的希望！有了社会各界人士的帮助，他们才能更健康地成长。

让我们用心去聆听，用心去感受，珍爱身边的每一个人，尽我们所能帮助去帮助那些有缺陷的人们，用爱温暖他们，让他们对"生"充满希望，对"活"充满信心，帮助他们实现梦想，也实现自己的梦想，让这个世界更加美好，让爱驻足心间。

感言九、呵护心灵健康成长*

　　生命有多种成长方式,多种成长渠道。年龄的成长,身体的成长,见识的成长,智慧的成长……最重要的成长是心灵的成长,只有那些成长中的心灵懂得调整与世界的关系,与别人的关系,与宇宙万物的关系。因而,心灵成长才是需要毕生研习的课程。

　　生活中,心灵始终伴随我们的成长。被误解的时候,被打击的时候,遭遇挫折的时候……是心灵最快速成长的时候。就好像一个孩子跌倒的时候是实施激励教育最好的机会一样。成长,如果没有找到合适的契机,生命会归于平淡,一个本来可以创造奇迹的生命可能因此成为一个平庸的存在。

　　人生中只有一条路不能选择,那就是放弃的路;只有一条路不能拒绝,那就是成长的路。人类生来就被赋予了一种工作,那就是心灵的成长。任何新生事物在开始时都不过是一株幼苗,一切新生事物之宝贵,就由于在这新生的事物中,有无穷的活力在成长。有一句话是这样说的,"祈祷之于灵魂,正如食物之于身体"。只有呵护心灵,我们才能健康成长。成长的心灵会仰着头看天,更会低下头来看路。仰着头才是高贵的、向上的、执著的、无悔的、宽广的。低下头才是踏实的、冥想的、充满敬畏的、信仰的。普通的走路人是行者,也许是流浪者。懂得怎样走路的人才是成长者。心灵成长是对自己一次次的深度解读。每解读一次就有一些新的思绪在心中诞生。自己身上好像存在着很多人,很多不熟悉的个体,甚至存在着整个人类。所以真正读懂的人很少。

　　心灵成长关乎有心的人:用心的,有爱心和懂得关心的人,有敬畏心的人。既然是心灵成长,每件事情总会让这个人学到不同的功课。每个细节都会让体验者有流泪的感动。懂得静下来的人容易体会成长,比如在一个安静的室内可以聆听内心的声音,许多宗教研修人士关心的就是灵命的提升,其实就是心灵能够听懂宁静深处的歌唱。所以,他们选择在最安静的地方历练生命。懂得慢下来的人才能体会速度,真正的速度其实是一种内心的速度。太快会忽略很多东西,只有慢下来才能看清楚生命中的每个细节。

　　心灵成长不是一个漫长而痛苦的过程,而是一个充满喜悦和充实感的过程,在心灵不断成长下的生活才是最美好的生活方式。

---

　　* 本文作者王明月:教育学院学生。

感言十、呵护心灵关爱自我*

宝贵的生命对于每个人来说只有一次。它需要每个人的悉心呵护,需要全人类的共同努力,需要我们每个人从自我做起,从现在做起。

成长是人一生中必经的道路,可以走向成熟,通向成功;成长是一个五彩斑斓的梦,那么美丽,那么真实,那么令人向往;成长像是桌上的美味佳肴,酸、甜、苦、辣应有尽有;成长是痛苦中的泪水,也是初尝成功的甜蜜。

要想健康地成长,需要有阳光的心态。物质保障固然重要,但如若没有了正确的心态,人生还有什么意义。

现实社会中,面对工作的紧张压力和生活的纷繁坎坷,常常让很多人迷失自我,身心疲惫,甚至不由自主地陷入一元化成功的陷阱和圈套,他们有的以所谓的"成功人士论英雄",为追名逐利、贪图财富而不择手段,结果走进了"成功"的死胡同而不能自拔,越"成功"越烦恼,越"成功"越缺少阳光。

生活就是一面镜子,你笑,它也笑;你哭,它也哭。是的,你也许没有显赫的家庭,没有名校的学历,没有出众的外貌,没有如愿的职业。但只要拥有一颗阳光的心灵,那比什么都重要。如果你想走出烦恼,放松心情,你就要学会塑造、学会调整、学会享受阳光,让阳光心灵自由飞翔。一个人活着,不能只为了工作、事业、金钱、权力、地位等,还有比这些更重要的东西,比如健康、家庭、友情、朋友等,不要把工作上的压力和不良情绪带回家,也不要把生活中的不愉快带进工作,要学会良好的休闲方式。这样,你就会觉得原来生活是这样美好,人生是如此多彩。

在我看来,人首先应该自爱,爱自己是爱一切的开始。爱自己才能爱别人,爱集体,爱生活。作为时代的骄子、未来社会的栋梁,我们肩负着历史的重任,然而生命的困惑、成长的烦恼、失败的痛苦却如影随形,时刻困扰着我们。关注自身心理健康,增强心理健康意识,提高心理调适能力,是我们走向成熟、承担社会责任的前提和基础。因此,在心理健康周到来之际,我们向全校同学倡导这样一种生活理念:珍爱自己,关爱他人,努力构建和谐心灵,健康成长。用自己年轻的心去感受生命的活力,感受心灵的宁静,去体会人际交往的和谐,体会人间真情的温暖,去享受身心健康的快乐,享受美好的生活!

---

* 本文作者谢铭:外国语学院学生。

在晨风的吹拂里,我们迈开年轻的步子;在晨光的沐浴下,我们绽放如火的青春。所有的辛苦换来的是我们强健的体魄和阳光的心灵,所有的汗水也将明证我们的付出。是的,当挫败引来一阵又一阵非议的时候,我还是愿意相信当我们认真投入之后,我们会看到我们在时光的长跑里渐渐变得运气自如,心灵经过寒冬的磨砺,在崭新的端点再获新生,生命顽强而精彩不断,心灵依然阳光如初。我们会看到渐渐露出的阳光的笑脸。

感言十一、守护心中那份爱*

从小生活在优越家庭环境下的我,从来就不知道什么是艰辛苦难。可当我在大学里第一次接触到了这样一个特殊群体时,我被震撼了。他们从小就离开了父母温暖的怀抱,感受不到亲情的关爱,有的甚至时刻要面临辍学的危险。相比之下,我有深爱着自己的父母,充实的物质保证,优良的学习环境。之前的我不懂得如何去爱别人,不明白什么是珍惜,不知道什么是责任。但就在我与小磊弟弟相识相知的一年半里,我被这个坚强的大男孩深深地感动着。

真正与小磊沟通,是在我寄出第四封信后开始的。那天,当我从众多信件里找到那份属于我的信,看到那整齐干净的四个字:"善恒哥哥"时,我如孩子般痴痴地笑了。那是一种被人认可的感觉,我知道,我打动了他。

信中他是这样介绍自己的:我叫小磊,今年16岁,家住在张维镇。我是个不幸的孩子,爸爸妈妈在我还没有出生时便离婚了。所以在我的记忆中根本就没有爸爸的样子。妈妈也在我三岁的时候改嫁了,虽然也在绥化,但是因为已经有了自己的家,而且出去打工很忙,所以很少回来看我,少则一年,多则几年我都见不到她。所以,我从三岁开始便和姥姥姥爷相依为命。姥姥姥爷今年都70多岁了,这本该是颐养天年的岁数,但他们却为了能让我上学,把家里所有能卖的东西都卖了。去年,我们生活了15年的土坯房倒了,我们三口人便成了无家可归的人。在姥姥姥爷的祈求下,村里人看我们实在可怜,便把一间废弃的土房让给我们暂住。因为姥爷的腿脚不好,所以全家的生计就只能靠姥姥一个人捡破烂儿维持。我没有课的时候也跟着姥姥去捡,我不怕苦,不怕累,更不怕丢人,因为我知道我多捡点儿,我们就能吃得饱点儿。我想我不能再读书了,虽然我是那么想读书,但

---

* 本文作者陈善恒:信息工程学院学生。

是读书不是我这样家庭的孩子可以想的事情了,姥姥姥爷实在是太苦了,我要照顾他们,我不能让他们这样累了。(原信)

看完这封信后,我的眼泪无声无息地流了下来:我真的不敢想象这是一个年仅16岁的孩子所拥有的人生经历。他所承受的痛苦和磨难,究竟有多少,无人可知。当我读完小磊的信时,我发现自己所谓的孝道,竟然如此狭隘。也许,在物质方面,我比小磊优越得太多:我一个月的生活费是他们一家三口一年的花销。可在精神上,他对我来说,就是一个巨人,一个需要我去膜拜的真实存在的巨人。

从老师的评价中我得知,小磊是一个品学兼优的好孩子。虽然生活剥夺了他应有的天真,可却锻造了他坚韧不拔的性格。他对学习的热爱与执着、对家人的照顾都深深地打动了我。于是,我当天就把电话打到了小磊的学校说要去看他。但当他听说我要过去看他时,并没有像我想象的那样兴奋,反而有些回避。我这才发现,原来我太过自以为是,没有彻底考虑到他的感受。想到这些,我在电话里说:"对不起,弟弟,我不知道我这么莽撞地去找你会给你带来不必要的麻烦,是哥哥考虑得不够周到,你能原谅哥哥吗?你什么时候有时间,给哥哥打个电话,告诉哥哥一声。然后我再过去看你,好吗?"听到我说出"对不起"这三个字,小磊一下就哽咽了,在我说话的两分钟里,他没有发出任何声音。直到我说完后,他才控制住自己的情绪,对我说:"哥,你知道吗,我真的没有想到,你会替我考虑这么多。我一直以为你只是在参加一次活动,对不起,是我心眼太小了。你能原谅我吗?明天是周天,我们学校放假。我在家等你。我家住在张维镇……"挂断电话后,我静静地坐了好长时间。原来,对待这样的孩子,我不能以一个帮助者的角度去考虑,我们需要的是相互尊重,需要的是心灵上的沟通。因此,我呼吁数学系08级的同学们,少吃一根冰棍,少吃一点零食,把自己的零花钱捐献出一点,帮助这个坚强的男孩。仅仅一个晚上,我便收到了系里学生凑出的2258元钱,而我自己也拿出了800元钱,买了米、面、油、盐、书籍等生活学习用品,希望可以稍微改善一下他的生活。然后我用相机录了好多数学系同学对他的祝福,并且还准备了一个写满祝福的留言本。晚上回到寝室,我躺在床上,正在思考明天的行程安排,却收到了一个陌生号码的短信,上面说:"哥哥,我是小磊,这是我同学的手机号。明天你就要来看我了,我好激动,也好怕。明天可不可以少来一些人啊……"我拿着手机看了半天,然后回道:"弟弟放心,相信哥哥。"

第二天一早,我们便踏上了前往张维镇的列车,一路随行的,是我同寝室的两个同学。他们都是大庆人,家里情况都很好。我和他们说了小磊的事后,他们就一再要求和我同去。他们都给父母打了电话说明了情况,他们的父母也非常支持他们，并下了命令，要我们每人写一份感想，回家给父母看。

但当我们落足于小磊家的院子时，才黯然发现，落入眼中的画面已经不是可以用笔来撰写的，那是冲击着心灵的一种震撼。这个破旧不堪、四面透风的破库房就是村里人借给他们暂住的房子！房子50多平米，可到处堆放着柴火、苞米秆等煮饭用的东西，除此之外，供他们三人住的只有20多平米。墙面是用废旧的报纸糊的，房子里只有三样像样的东西：一铺炕，一个落满灰尘的灯泡，一张吃饭学习两用的桌子。厨房与大厅是一个房间，几乎没有落脚的地方。当我们把柴米油盐面和钱放在他姥姥姥爷面前时，两位老人和孩子竟然愣在原地，谁都没有伸手去接，两位岁数相加长达一个半世纪的老人，竟然如孩子般不知所措。我们强行把钱塞到他们手中时，小磊哭了，两位老人家也哭了。姥姥感动得说不出话来，她紧紧抓着我们的手，想说些什么，却不知如何说起。嘴里只是一直低声念叨着："谢谢，谢谢，感谢你们，感谢共产党，共产党万岁。"就是如此简单的话，却让我们哭了。为了老人家的淳朴，为了她对国家的热爱。

姥爷在一旁偷偷擦去了眼泪。他一把拽过我，然后很笃定地看着我说："你还是一个学生吧，哪来的钱买这些东西。"我说："这些都是我们系里学生一起凑出来的，我只是一个代表。"姥爷静静地看了我10秒。然后，支着拐棍站了起来，猛地一鞠躬，吓得我们马上闪开，口中说着："别，别，姥爷，我们受不起。"姥爷直起身子，很慈祥地微笑着说："我感谢的不只是你们，而是你们所有人，谢谢你们。"我们无言以对，只能和姥爷默默对视，然后扶着姥爷坐下。

我和小磊有了面对面的沟通。我没有和他握手，而是直接给了他一个拥抱。他哭着喊我哥哥。我拍着他的背，轻轻喊他弟弟。那天，我们聊了很多，他说，他直到现在还不敢相信这是真的。他很好奇地问了我很多事情，比如大学学校、学习、工作等等。他说："我是农村人，没去过大城市，不知道外面是什么样子。你们城里人真好，天天可以坐车，可以在很舒服的班级里学习。我特羡慕你们。"他的眼神是那么向往，让人感觉心里酸酸的，我说："不许说我们是城里人，更不许说自己是农村人。我们是朋友，是兄弟，只要你肯努力，我们现在拥有的，你一定也会拥有，甚至更多。"他很坚定地点了点头。看见我笑后，他才憨憨地笑了。我问他："你真的不想上学了？"他犹豫了半天，然后缓缓地点头。在他低头的瞬间，我清楚地看到两滴眼泪滴落在他的裤子上。我一把揽住他的肩膀，然后让他看着我，说："小磊，你知道你这个决定有多么愚蠢吗！你伤了我的心无所谓，可你考虑过你姥姥姥爷的感受吗？他们辛辛苦苦把你拉扯这么大，把家里所有能卖的东西都卖了，他们为了什么，难道就是为了让你在最后关头告诉他们，你要放弃吗？我很看好你，因为我感觉你比我懂事，比我有理想。可现在，我想我错了。你真的让我很失望。"不知道为什么，当我说这些话时，我竟然差点儿哭了出来。他抬起头，跟我四目相对许久，然后他一把抱住了我，放声大哭，而我只是在那里轻轻地敲打他的后背。他哭喊着："我也不想辍学，我喜欢学习。可我不想再看姥姥姥爷那么累了。我该怎么办？哥哥你告诉我，我该怎么办？"我很坚定地扶起他，看着那双流泪的眼睛，告诉他："上学，你必须上学，然后努力学习，让爱你的人过上幸福的生活。"许久后，他停止了哭泣，然后对我郑重地点了点头。

那一刻，我知道，他对学习的那腔热血又沸腾了起来。我欣慰地笑了。

临走时，小磊偷偷拽了一下我的袖子，用好像做了错事的语调对我说："哥哥，你那里有一块钱么。我昨天晚上没有钱吃饭，管同学借了一块钱。我当时真的是太饿了。我不敢告诉姥姥姥爷。所以……"我什么也没有说，从兜里拿出钱包，小磊的眼睛很尖，一下就发现我钱包里没有一块钱零钱。说："哥哥，没有就算了。我自己捡点破烂就出来了。"听到这儿，我的眼睛一下就湿润了，从钱包里拿出10元钱塞到他的手里，然后逃一样地离开。

就这样。我们结束了这次简单却神圣的旅程。汽车虽然在颠簸，却颠不断我的思绪。离别时小磊一家三口站在房门前向我们挥手告别时的情景，那感激的泪水，那佝偻的身影，一直萦绕在我的脑海之中，久久不能散去。回来后我们仍然一直通信，有时他也在外面的话吧给我打电话。渐渐地，他越来越多地和我谈学习上的困难，谈生活上的困难。我知道他已经把我当成了真正的兄弟，我也竭尽所能去关心他。小磊也没有让我失望，今年中考，他以615分的好成绩考入绥化第一中学。

接到他打来的电话时，那高兴劲儿就别提了。挂完电话，我立刻提笔给他写了一封信。信上说："小磊，恭喜你考上了绥化一中，咱俩的学校距离很近，这下我就可以经常去看你了。等你开学了，我就去你那里好不好？"我想，当他收到信时，一定会很开心。

开学那天，我们去了绥化一中，买了很多学习资料和一部手机。也是那天，我第一次看见了小磊的妈妈，一个看上去像50多岁的妇女。她也并没有我们想象中的那样干练。阿姨和小磊不知所措地站在绥化一中操场上。上学的大部分手续，都是我们帮忙张罗的。阿姨和我们说了很多，给了我们每个人一个拥抱。阿姨说："谢谢你们，阿姨不知道怎么感谢你们。小磊和他的姥姥姥爷有你们照顾，我很放心……"我们只能默默地点头。

办完所有手续后，我问小磊："你现在最想干些什么？"

他很孩子气地告诉我:"我想唱歌。"我说:"好啊,那你唱给我听吧。"小磊很害羞地告诉我:"哥哥,我除了国歌什么也不会唱。我们农村那边不教我们唱歌,等我在这里学一首歌给你唱好不好?"我说:"好。"

就这样,小磊开始了他的高中生活。可就在一个月后,我接到了他班主任的电话。老师说:"小磊的学习成绩下降了,而且不适应高中的生活和学习方式。"听完后,我们很担心,所以决定立刻去一中看望他。在中午的长谈中,我们问了小磊现在的学习状况,他说,他现在跟不上高中的学习节奏,而且在农村学到的东西和这里相比很肤浅。于是我们当即把自己的高中经验和一些学习方法倾授与他,而且跟他聊了很多关于如何对待高中三年生活的方式。一中午的时间匆匆而过,正当我们要走的时候,小磊拉住我说:"哥哥,我们班级有班歌了,老师还夸我唱得好呢。我要唱给你听。"然后,他就自顾自地唱了起来。

说实话,小磊的歌声并不好听。可那青涩的声音和单纯的情绪却是那么的让我们感动。唱完歌后,他又问我们:"哥哥,我想打篮球,他们说我个高,打篮球有优势,而且我也很想和他们学。可是,我怕耽误了学习,怕你们不高兴。如果我和他们一起玩篮球,你会不会怪我?"听完他问的问题。我很正式地告诉他:"明天中午在学校等哥哥,其实哥哥也很喜欢玩篮球,明天我们来教你,好不好?"小磊很激动地点了点头。

第二天,我们又一次来到了绥化一中,并且带来了数学系篮球队。一中午的时间里,我们教给了小磊很多,他也确实很有天赋,学得有模有样。在他阳光般的笑容下,我们又一次被这个坚强的大男孩感动。

通过关爱留守儿童这个平台,也通过小磊,我不禁检讨我自己:优越的生活条件下,我们被各种社会负面信息所影响,天天抱怨着父母不理解自己,不懂自己想要些什么,打着有"代沟"的幌子为所欲为,从不考虑父母的感受。为父母做了一些微不足道的事,便满天下宣传自己有多么孝顺。然而,又有几人能背负起小磊所背负的重担。在家中我们无疑都是父母的天,他们唯恐我们受到一点伤害,可这样的生活锻炼了我们什么? 我们只知道饿了让父母做饭、没钱了伸手要钱,生活的苦难与我们完全脱轨,一切苦难都有父母为我们扛着。感恩这两个神圣的字眼,在我们对父母的一次次不理解中,渐渐被淡忘。与小磊相比,虽然我们生活在幸福中,但我们远没有他成熟自立,更没有他的坚强孝顺,是他给我上了生动的一课。

通过这一年半的交流,小磊给了我太多的感悟,我真正体会到了留守儿童的辛酸与孤寂,看到了这些孩子的坚强与执着。命运让他们坎坷地走过,命运让他们艰难地前行,但是他们却在困苦中绽放了人性最美的花朵。我也深深地懂得了父母为我无私的付出,我会更加珍惜眼前的幸福,珍惜父母为我提供的优越的学习生活条件,努力学习,用实际行动回报父母,回报社会,报效我们的祖国。

感言十二、当爱的流星划过*

如果不是亲眼看见,我不会相信生活的艰辛困苦;如果不是亲耳听到,我不会相信岁月的磨炼砥砺,反思我一度追逐的仅仅是喧嚣的浮华。当关爱留守儿童的号角在我院高声吹响时,在青春理想的感召下,2008年我走进了"心手相牵,共享蓝天"青年志愿者的行列中。

15岁,花开有声。当妙龄的孩子还在父母师长的怜爱呵护下幸福成长,不食人间烟火的时候,海伦市东林一中初三二班的娜娜的父母因为生活的窘迫,不得不将年幼的她独自留在家中。娜娜不仅要照顾好自己的日常生活和学习,还要照顾这个冷清的家。长时间的独处让她的性格变得异常孤寂,学习成绩也差强人意。

当我看到这样的信息时,脑海里浮现出很多的画面:无助的眼神,通红的脸蛋,破败的茅草屋……只是幻想就足以让我心疼。于是当天我就写出了自己的第一封信,为了消除娜娜对陌生人的抵触心理,我尽量用轻松的语气,介绍自己,讲些关于我的事希望能取得她的信任。反复地揣摩语句,避免用一些刺眼的词语,以免勾起她孤单的记忆。结果她没有回信,我想可能是学习太忙了,我应该更主动更努力更真诚。在我寄出第三封信之后终于收到她的第一封回信,我很激动。她在信中这样写道:"我原本以为你会和她们一样只是因为活动象征性地关心我,但是没有想到你却一直在坚持……其实我很想有人听我说话……"当我握着这封沉甸甸的信件时,就感觉是担任起孩子渴求被理解的寄托。从此不管我学业有多么的繁重,通信条件有多么的恶劣,一周我都会邮上一到两封信,打上一次电话,像这样的关心从未间断过。

随着交流的日益频繁,我们已经成为无话不谈的姐妹。有一次,在娜娜的信中我隐约感觉到了她有辍学的想法,我很担心。我深知一个农村的孩子只有通过知识才能改变人生,只有走出农村才能改变命运。娜娜说她对理科有畏惧心理,

---

* 本文作者黄天雨:艺术设计学院学生。

一看见题就害怕。我就去查资料,问老师,结合我自己的经验总结之后写信给她,经常打电话告诉她一些学习方法。我还做了一个成绩直视图,每次考试后我们一起找出丢分的原因提醒她,下次一定要多注意。娜娜生病了,不敢告诉父母,我就邮药和糖果给她,关心她吃药和吃饭的情况,也会请求老师帮我多注意她的身体变化;每一次打电话我都很注意听她说话的语气,希望可以防患于未然。冬天到了,娜娜要出去补课,为了鼓励她我第一次织起了围脖。虽然织得还不是很好,但是却带着我浓浓的祝福,希望她知道不管季节怎样的变化,我对她的关心从未减少过。娜娜在回信中说:"姐姐,围脖我收到了,很漂亮,是我喜欢的颜色,戴着很温暖。姐姐也要注意身体。"其实我只是想通过自己的行动让娜娜激起对学习的兴趣,对生活的憧憬,对美好未来的向往。如果我的一句话、一封信,长期的坚持能改变一个孩子的命运,我想那才是志愿者真正的意义所在。

渐渐地,我和娜娜的事被她远在外地打工的父母知道了,他们很支持我,经常发信息关心我,感谢我。(这里有一条是2009年5月10日娜娜的母亲发给我的:天宇,我是阿姨。现在学习一定很忙吧!要多注意身体,我明天就去三江了。阿姨感谢你这一年来对你妹妹的鼓励。班主任老师这学期来电话表扬了好几次,这和你的帮助是分不开的,希望你们姐妹俩以后多联系。)我认为我所做的事情其实很小,即使是感谢,也应该是我感谢娜娜,是她让我有了一个妹妹,是她给了我一个远在海伦的家……

今年6月迎接留守儿童来绥化学院,由于娜娜中考迫在眉睫,只能是叔叔阿姨替她来,我们参观了绥化学院的很多地方,阿姨和叔叔一直说:"要是娜娜能来看看,学习学习就好了……"下午彩排的时候阿姨因为第一次登台紧张得说不出话,下来后觉得很不好意思,趁着我给娜娜取礼物的时间,她自己在休息的地方用节目单的背面写了一张演讲稿。正式演出的时候,阿姨的讲话让台下的我听得心潮澎湃,台下的掌声也是此起彼伏。演出结束后,阿姨还觉得自己说得不好,拿出稿子对照,看看有没有疏漏的地方,那时我才看见了那张充满了对我的爱的稿子(附有一份),眼泪不可抑制地流了下来……即使上面有个别的错字,但是在我眼里这就是世界上最真情的文字。这是对我,一个志愿者,最好的奖励和肯定。

阿姨叔叔偶尔也会很宠爱地喊我一声"大女儿",这时娜娜就会说:"有大姐姐就不心疼我了,不过我大姐姐更疼我。"娜娜也会因为我大学生的身份而觉得在同学面前特别的有自信。有时还会把她的照片和画的画送给我,我想这些回忆和物品都是我的无价之宝。

再也按捺不住想要亲眼看见娜娜的冲动,于是我们几个志愿者自发地前往海伦市看望这些日夜惦记的孩子,为他们带去了学习文具与礼物。听着走廊里孩子们越来越清晰的脚步声,我们都不由自主地站了起来。当孩子们跨进会议室的门,认出我们的那一瞬间他们都哭了,那是我们第一次可以紧紧地握住他们冰冷的手,第一次可以看着他们暖暖的笑容,那一刻的舒心是此刻的我无法用言语表达出来的。我强忍着激动的泪水看着娜娜,她比我想象中的高,我们坐下来谈学习,谈生活,谈理想。我们带去了志愿者的录像和绥化学院校园的风景照片,想以此激励她们好好学习,不要放弃。孩子们再一次地哭了,他们说将来也要考上大学,像我们帮助她们一样帮助其他的孩子。之后我们陪着孩子们一起上课,听着他们朗朗的读书声,看着他们想要发言不断举起的小手,那一双双明亮的眼睛里充满的是对知识的渴望。中午我们陪着他们一起吃饭,不停地给他们夹菜,恨不得把我们认为是最好的东西都分给他们。下午我们一起去娜娜家。当时恰逢农忙,阿姨正在家里务农,叔叔知道我们要来也特意从绥化赶了回来,早早地在门口迎接。刚下车阿姨就喊我的名字,看见了我就拉着我进屋坐,那样的热情是发自内心的。低矮的砖房,破烂的围墙,屋里是用报纸糊上的墙。那是我没有见过的"家",我想也正是因为这样的贫寒给了娜娜超越同龄孩子的自立。娜娜曾经在信里说出过她的疑虑,担心自己中考发挥不好,从而没有了继续上学的机会。为了能让娜娜安心地继续学习,我们同阿姨叔叔讲了很多的道理,最终阿姨说:"我们挣钱也就是为了给孩子花啊,只要她还想念书,我们一定供。"娜娜知道父母打工的艰辛,心疼父母的泪水一滴滴落在我们紧紧相扣的手上。临别前,我问叔叔有没有什么希望想对女儿说。平日里沉默寡言的父亲沉思许久后说:"希望她以后好好地……"坚强的父亲竟掩面而泣。当时在场的每一个人没有不感动的,也许这句话不如那些富裕家长给的钞票真实,也不如那些有知识的家长说的话语动听,但就是这样的一句最朴实的话语却道出了深刻的爱子深情!

分别的时候我们和留守儿童合影留念,心中默默地为这些孩子祈祷,希望他们可以重获生机。娜娜恋恋不舍地拉着我的手,流泪说出了那句"舍不得"。我紧紧地拥抱着她,那一刻我们的心离得最近。车子渐行渐远,却依稀可见孩子们挥动的手臂。

一个人对社会奉献的多少,不在于他学到了什么,而是付出过什么。付出是一种责任,更是一种心态。看望娜娜回来,我在日记本上这样写道。

为了弥补上次娜娜不能来绥化学院的遗憾,2009年的夏天,我自费将娜娜接到绥化放松几天。她下汽车第一句话就是:"姐,我想死你了,这是我第一次坐汽车。"激动的心情溢于言表。之后我们在绥化学院的每一个地方及周边都留下了姐妹深深的情谊。尤其是图书馆,娜娜看见那么多的书简直是爱不释手,我告诉她:"娜娜,你要好好学习,考上更好的学府,那里的藏书会比这里多上几十倍。"顿时她的眼里出现了喜悦的光芒。

这是娜娜第一次出门,对于绥化这个小城市充满了好奇,但是问她需要什么的时候,她总是拒绝,她说:"姐姐,我的东西还能用,你别浪费钱了……"离开的那天我坚持要送娜娜到汽车站,她目光坚定地对我说:"姐,你放心,我以后一定会更加努力地去学习,不会辜负你对我的期望……"我知道她一定能做得到。

现在的娜娜变得越来越懂事,她从被爱中懂得了去关爱别人。就在几天前她还发信息告诉我:"姐,天冷了要注意身体啊!小心别感冒了,学习忙的时候也要记得吃饭。"每一个看过这条信息的人都竖起大拇指对我说:"天宇,你做到了。"那一刻的我所享受到是任何事情都无法给予的幸福。

时光荏苒,经历了这样一年多的交流,通过娜娜的父母和同学老师的反映,娜娜的成绩进步了,朋友多了,也爱参加课外活动了。我也越发了解娜娜:她喜欢红色和白色,她喜欢打乒乓球,她喜欢学习语文……很遗憾娜娜中考的那两天我全天都是课,无法请假,加上她考试的地方离绥化有些远,我没有机会看着她进考场,但是那两天早晚我都会打电话叮嘱她,鼓励她,并且我们寝室的姐妹都在为娜娜祝福:"娜娜,加油!"在今年的中考中,娜娜以优异的成绩考入了海伦七中。虽然她现在上高中了,但是我们依然保持着联系,甚至更加地频繁,娜娜很喜欢和我一起分享她在高中的收获和进步,快乐和成长。前不久她兴奋地告诉我:"姐,我成绩又提高了9名。下次我一定还会更加努力,姐这次多亏了你,在我失利的时候给了我希望,是你对我的信任,才让我有了今天的成绩……"说着说着娜娜竟然哭了,"姐,我想你了……"我含着泪却笑着说:"娜娜,姐姐一直记得我们的诺言,一直相信你可以做得更好。姐姐也想你,但是我比你坚强,我想你的时候从来不哭。只要你一直健康快乐地成长着,我就一定会再去看你。"前不久,我去海伦看她,她一看见我就紧紧地拥抱着我。我带去了帽子和这个冬天最温暖的爱。在我的眼里现在的娜娜早已不是那个脆弱无助的留守儿童,而是一只想要振翅高飞的雏鹰,想要领略这个世界的风采。

"这些孩子是幸运的,因为有志愿者在帮助。可是还有更多的孩子正在角落里蜷缩,在期盼着光明。"听后不免让人心酸,怀着这样的心情,凭着和娜娜对接过程中积累的经验,在娜娜准备中考的时候,我主动和辅导员老师申请在系里的第二批活动中再次对接一个留守儿童,她是海伦市东林一中初一的小雪。由于父母过早地离异并重组家庭,现在都无力供养她。6岁那年开始小雪就被爸爸送到体弱多病的爷爷奶奶那儿一起住,所有的生活费用都来源于那几亩地里收获的庄稼。没有亲人的关心,没有父母的疼爱……当我打电话告诉小雪的奶奶我是绥化学院的大学生,是来帮助小雪的时候,奶奶在电话那边竟然哽咽了,许久才说:"终于有人来帮助小雪了,终于有人了……"当时我手机外音比较大,寝室的姐妹听到后都红了眼眶。那是怎样的一种祈望使一个年近半百的老人在我的面前落下了眼泪?我被震撼了,从此我的心也被小雪牵扯着。

　　小雪学习成绩不好,不爱做作业,性格也不稳定。一开始我尽量避开家庭问题,谈些她好奇的或者是新鲜的事物,希望可以以一个平等的身份和小雪沟通,不要让她产生负担和压力,在我不懈的努力下,终于打开了小雪的心扉。她在一封信中讲述了她的故事:我恨我的爸爸妈妈,当初他们离婚的时候,我三次偷偷跑回妈妈的身旁,可是她都把我送回了奶奶家,即使我还小但是我也知道妈妈不要我了……他们现在都结婚了,我也有了一个小弟弟,可是我觉得自己是多余的,学校里的男生都嘲笑我,欺负我,他们说我是没妈的孩子,就连以前对我很好的亲戚家的姐姐都不再和我说一句话……看后我哭了。一个年幼的孩子在最需要关爱的时候却过早地接受了如此冷漠的现实,有谁去心疼过她,有谁在最寒冷的夜里给过她温暖?我写信告诉小雪:小雪,你记住这个世界上没有一个爸爸妈妈是不爱自己孩子的,只是他们现在没有这个能力给你更多的爱,请你给姐姐一次机会,让我来关心你,爱护你,你不是多余的,你是我的妹妹,你比任何的孩子都有权利去得到爱。小雪,仇恨不会让一个人成长,你要学会感恩,感谢那些曾经帮助过你的人,是曾经的不幸让此刻的我们显得如此的幸福……渐渐地,小雪不再提起她的过去,而是更多地说起"我",她说她的同学再也不说她是没妈的孩子了,而且都很羡慕她有我这样的一个姐姐。她的笑声也越来越多了,就连奶奶都夸她懂事了,放学后能自己主动做作业,还能帮着做家务。上一次我打电话给她,小雪告诉我:因为今年的自然灾害很严重,地里的收成不好,爷爷为了供她读书出去打工了……她很想爷爷……孩子的声音突然变小了,我知道她很担心爷爷的身体。这时奶奶进屋了,可能是看见她在接听我电话,就要去洗碗,我听见小雪喊:"奶奶,别洗,等我和姐姐说完话我来洗。"那一刻我知道我的妹妹真的长大了,她懂得了老人的辛苦,懂得了感恩。

　　前不久,小雪告诉我她的成绩提高了,我很欣慰。但是我知道我所解决的只能是孩子的学习情况和心理状况,不能够解决小雪最基本的生活问题。虽然小雪每一次都拒绝我的礼物,每一次都说她穿得很暖过得很好,但是我知道她生活的条件十分的简朴。我希望能为她创造一个好一点的生活条件,也让年迈的爷爷奶奶不用这么的操劳。在填写希望之星申请表的时候,我告诉奶奶为了帮助小雪有更好的学习和生活环境,这一次我一定会尽全力去努力争取的。奶奶原本疲惫的声音顿时有了希望,一次次地和我说谢谢、谢谢……

上次去海伦本打算去看小雪的,但是后来因为时间紧迫,随机改变了计划,小雪知道我不能去的时候,问我的第一句话却是:"姐姐,你是不是病了?"孩子的一句关心让我的心暖暖的。我忙回答:"小雪,姐姐向你保证,我一定会去看你。"

当时我一边要照顾小雪,一边也要继续关心娜娜,担心娜娜以为我不在乎她了,所以我主动告诉娜娜我和小雪的故事。很意外,娜娜没有担忧我会分不均对她们的关心,相反她也要帮助小雪!从那以后娜娜像一个姐姐一样地关心小雪,会把她们说话的只字片语都发信息告诉我。我也经常从小雪那儿听到关于娜娜姐姐去看她的消息,她很开心又多了一个姐姐。我们用这样的一种行动把奉献的精神传递了下去。"爱出者爱返,福往者福来"。娜娜的进步,小雪的成长,让我觉得自己付出得再多都是值得的。

今天当我面对这样的一张成绩单,我可以对自己说:我实现了对自己的承诺,也实现了对孩子的誓言。

这一年多的时间里,在看着娜娜和小雪健康成长的同时,我也在回头检视自己的脚步。我懂得了真心,懂得了感恩,懂得了付出,懂得了坚持,也更加懂得了"可怜天下父母心"的含义。因为她们,我学会了节俭,我知道只要我节约一块钱,小雪的午饭就可以吃得更好。只要我节约一块钱,与娜娜的沟通时间就可以更长……与其说是我帮助了她们,不如说她们更多地感动了我。她们用自己的善良和纯洁让我知道了什么是幸福,幸福就是在你被需要、被信赖、被肯定、被感动时,那种从心底里升腾出来的暖洋洋的感觉。

"送人玫瑰,手有余香",我想这是每一个志愿者最希望看到的结果。人的一生无须如洪水一般浩大、激荡,只要像流星一样照亮在黑暗中摸索前行的人们就是人生最大的价值。不管未来的志愿者道路多么艰辛,我都会坚持走下去,只要前方还有孩子的期待,我就会尽全力在下一个转角让他们看见最美的希望。

感言十三、难以忘怀的真情故事*

时间匆匆而过,转眼间我与苗苗妹妹相识有一年多了。这一年中,带给我太多的感动、太多的回忆。我出生在城市,从小父母对我娇生惯养,把我当成宝贝,真是含在嘴里怕化了,捧在手心怕摔了。我只知道我是他们手心里的宝,从来不知道应该如何去爱别人,更不懂得什么是付出。2008年学院开展"关爱留守儿童"活动,让我第一次有机会走进这群孩子,走进他们孤独彷徨的心灵,体味他们成长的烦恼,感受他们对亲情的渴望。自己从中体会到付出的快乐,懂得了爱的真谛。

与我对接的留守儿童叫苗苗,来自青冈县劳动二中。当我收到留守儿童的资料的时候,上面写着她的家境、她的基本信息。在我脑海中不时浮现出这个缺少关爱的留守儿童正在用一双渴求关爱的眼神看着我,这更促使我要用最大的努力陪她一起走过孤独的雨季。

第一封信寄出之后,我每天忐忑地等待着回信。不知道苗苗会不会接受我,是否会向我敞开心扉。我的顾虑是多余的,当我接到回信时是那么的高兴。而我读完这封信以后,我的心情再一次落到了低谷。苗苗是单亲家庭,她的爸爸不在了,是因为杀人罪而判的死刑。苗苗的妈妈为了维持生计,照顾她和弟弟两个人的生活,已在外地打工多年,但去年也因为受伤被迫不能干重活而回到了村里,只能靠出去打短工维持家里的生活。弟弟上小学,苗苗就读于乡里的中学。这样的家庭状况把我惊呆了,我们谁都无法体会到在风雨中依然倔强生存的苗苗心里的苦。妈妈不在家的时候,她和弟弟相依为命,每天的时间几乎不能用来学习,而是干家务活。她小小的心里一直有一个信念,就是弟弟比自己小,什么事无论自己多苦,都不能让弟弟受委屈。由于没有充足的时间来学习,导致苗苗的成绩很差,她对学习渐渐失去了兴趣,也不对自己的未来抱有任何希望。唯一支撑她的就是希望自己能把弟弟照顾好,替妈妈分担一些生活的压力和痛苦。

了解到这些情况,我的心里非常的焦急。我想先帮助苗苗转变这种学习态度,再帮助她减轻生活上的压力。我将学习资料和根据自己的经验写成的学习方法一并给她邮了过去,让她知道有个姐姐在关心着她,关注着她,希望她对学习充

---
* 本文作者关宇:食品与制药工程学院学生。

满信心。我不停地给她寄信,更多地了解她在生活上的困难并及时地帮助她。我经常给她讲城市里的生活,告诉她幸福的生活要付出千倍万倍的努力才能实现,告诉她即使现在的生活自己没有办法去改变,但是我们可以通过自己的努力去改变未来的生活,只有自己努力了,今后才不会后悔;只有自己努力了,今后的生活才有可能改变,才能让弟弟有更好的学习环境,让妈妈有更好的医疗条件去治病。

在我们书来信往中,苗苗因为我的关心而更加信赖我了,有什么心里话都不会憋在心里了。有一天我接到了一个陌生的电话,一个在哭泣的熟悉的小女孩的声音在说:"姐姐,我好想爸爸,我不想上学了!"我的心突然揪了起来。苗苗一定是遇到了困难,在我的追问下,她终于肯开口说出实情。她说:"姐姐,我的学习成绩不好,弟弟年纪还小,妈妈病得很严重,家里的农活没有人打理,家里的一切把妈妈累倒了。我不想念了,我想在家里帮着妈妈干活,我不想让妈妈再这样劳累下去,我看到妈妈那劳累的面容我的心好痛!"她想辍学?这个对大学生活是如此憧憬的女孩今天做出这个决定心里肯定特别的矛盾,肯定思想挣扎了好几天!她边说着,我边想着如何劝导她不要退学。在她哭完之后,我细声细语地说道:"傻孩子,你怎么能有这样的想法呢?你现在还小,学习成绩不好我们可以再学,学一遍学不懂我们可以学千遍万遍,但你就这样轻易放弃是不是证明你已经被生活的压力与困难所击倒了呢?你想想你母亲出去打工赚钱为的是什么,不就是为了你能有个好的前程,好的明天么!你再想想你的父亲为什么会进入监狱,不就是因为他没有文化,没有知识才导致的么!孩子,不要傻,不要让姐姐失望,更不要让妈妈失望!"在我的劝导之下,她的思想发生了转变。第二天她重新回到了课堂,回到了久违的校园。在学校,她有了努力学习的念头,所以她比以前更加地努力,而她的同学们却在一旁嘲笑她,讽刺她,说她装腔作势,根本不可能学好。班级的男同学甚至说她是杀人犯的女儿。她在给我的回信中写道:"关宇姐姐,我受不了别人对我的冷眼与嘲笑,我受不了别人对我的不信任与讽刺!"当时我感到苗苗现在最缺少的就是信心,我在回信中鼓励她一定要相信自己,不要在乎别人的看法,你要做出成绩给那些不相信你、嘲笑你的人看看:我是最棒的,我是坚强的!

我与苗苗通信不久之后,由于我们彼此的思念,我做出了要到青冈去看看我可爱的苗苗妹妹的决定。当我们见面的时候我们都哭了:一个瘦瘦的女孩站在我面前,穿着破旧而单薄的衣服。我说:"苗苗,你怎么不多穿点?"她很不好意思地说:"我很暖和,不冷的!"寒冬腊月怎么会不冷?当时我无法抑制自己的感情,紧紧地把苗苗拥在怀里,我说:"你受苦了,苗苗,你承受了你这个年纪本来不应该承受的压力!"她哭着对我说:"姐姐,我的爸爸为什么不要我?他怎么那么狠心丢下我和妈妈,我恨他!"听到这话我的内心很难受。我说:"孩子,你要坚强,我们没有能力去改变我们出生在一个怎样的家庭,我们却可能通过努力改变自己的生活。生活的磨难我们咬咬牙就能挺过去,世界上最大的敌人就是我们自己,我们要相信自己,无论什么困难我们都能通过自己的努力去克服。"

回到学校,我一直惦记苗苗的学习和生活情况,真心地希望老天能眷恋这个悲惨但坚强的孩子,我跟苗苗的距离越来越近,我像是她的姐姐,更像她的朋友。我们相互关心,相互倾诉。得知我感冒时,她焦急地寄信来叮嘱我要按时吃药,照顾好自己。我感到十分欣慰。

经过不懈的努力,苗苗的成绩上升了,她在信中告诉我说:"关宇姐姐,我的成绩上来了,谢谢你对我的鼓励,如果没有你的话,我根本不可能有今天的成绩,千言万语也只能化为两个字:谢谢!"当看到这样的文字时,我高兴得蹦了起来,我真希望立刻见到苗苗,想对她说她是最棒的!

为了给她更大的鼓励,我又去青冈看望她。苗苗的成绩已经很稳定了,得知我要去看她,她早早就站在村口盼望着。她的身影还是那样瘦小,我一眼就认出了她,因为在这样炎热的天气里她依然穿着去年的那件外套。我走上去紧紧地拥抱了她,我从来没有想过,一个拥抱能代表什么,我们姐妹俩相识,让我这样一个从小就娇生惯养的孩子第一次那么近的距离感受到无法想象的人间疾苦。但我更加深信,这个拥抱带来更多的还是希望。

前几天,我又去看望了苗苗。从一下车小苗苗就一直拉着我的手不松开,她跟我说了很多班级里最近发生的事,我耐心地做她的听众。看到苗苗变得这么健谈,我由衷地感到欣慰。她说:"姐姐,我们学校出了中考状元,我们学校里的人都很骄傲呢!我也一定要好好学习,努力像她那样,给你争光,不让你失望。姐姐,每次你来都给我带礼物,我都不知道自己能为你做些什么。我真的很想为你做点什么来回报你。"我说:"傻孩子,好好学习,以后有出息走出这个村子就是你对姐姐最好的回报。"

到她家,我彻底地被眼前的一幕惊呆了,这座土房子的房顶裂了长长的一道缝子,房子歪斜地立在那里,随时都有倒塌的危险。屋子里面很潮湿,墙上糊满了报纸,屋子里面就靠两根柱子支撑着。苗苗的妈妈说:"每当下雨的时候,我们娘仨都担惊受怕,怕房子被雨水冲刷得倒了。"苗苗妈妈的话,让我感到母爱的伟大。我跟苗苗说:"妈妈一个人养育你和弟弟吃了很多苦,受了很多罪,我们一定要心疼妈妈,在家里帮她干力所能及的活。在学习上勤奋努力,将来用好的生活来回报你的母亲。"

每次见面,时间就在我们不经意的谈话中溜走,要分别的时候到了,我强忍住心中的感伤,决不让一滴眼泪从我的眼角流出,我要把坚强留下,把悲伤带走。车子渐行渐远,可车后那一个小小的身影却一直在风中挥手,直到她的身影消失。回过头,我的泪水再也抑制不住流了下来。我的心里很难过,我爱小苗苗,更真心怜爱这一群善良、淳朴、可爱的孩子。从他们的眼里我看到的是真诚和善良,看到了渴望爱的目光。

我很幸运这辈子能有这样一次机会去近距离接触、感悟这些孩子。我非常感激学院能给我这样一个机会,让我结识了苗苗,让我领悟到了改变坎坷的命运需要我们自己去努力;让我明白到了"施人玫瑰,手留余香"的真谛,懂得了用自己的爱心来温暖别人是一件多么有意义的事情;让我知道了这些像荒草一样生长的留守儿童们需要更多的人来关注,需要社会更多有爱心的人来牵起孩子们那一双双无助的手,为他们指引人生的航向!

感言十四、用爱守护你*

没有去过农村的人,无法想象那里条件的艰辛、生活的艰难;没有与孤身的老人接触过的人,无法感受到他们内心的孤独与寂寞。

自学院开展关爱留守儿童工作以后,又开展了"关爱空巢老人"的活动,而我经过系里的严格选拔,很荣幸成为志愿者中的一员,我对接的是绥化市立新社区的——孟凡志老人。

我以为老人除了是孤独一人之外,生活应该还算可以,等我们到了老人家,我的心为之一震:走进小院堆满了废品,屋里那狭小的空间,只有一个炕,几件简单的摆设,就连给我们坐的凳子都是老人跟邻居借的,再看看漆黑的厨房,除了一个炉灶以外什么都没有了,真叫人触目惊心啊!

后来在多次的交流中,我们了解到老人起初在绥化市的一家面粉厂工作,勉强还可以维持一家人的经济生活,日子虽然清苦,但还算过得去。可是"屋漏偏逢连夜雨",老人工作的面粉厂倒闭了,老人下岗了……面粉厂给了老人16000元钱,算是解除了老人与工厂的关系。老人本来想利用这些钱干些别的买卖,可是"飞来横祸",老人的老伴在一次车祸中抢救无效离孟老而去,为了安葬老伴,并查

---

* 崔海龙:文学与传媒学院。

找肇事的有关线索，老人几乎花光了所有钱，而且欠下了不少的外债……儿子在外地打工，一年也就回来一次，每月才几百元钱，自己的正常生活都困难，就不要说帮助父亲了，可谓"心有余而力不足"！

自老伴去世后，老人几乎心力交瘁，身体状况越来越差，糟糕的时候只能卧在炕上挺着，根本没钱买药，生活就仅仅是活着……只有等到天气暖和一些，身体好点的时候，老人能出去"磨菜刀"，街坊邻里的看了有时就都找他来磨刀，算是帮助这个可怜的老人。知道这些情况，我们对老人充满了同情，决定给老人送去我们的关爱，像对待自己的爷爷一样，对待孟凡志老人。我们每到节日就会去跟老人一起煮饺子，给老人送去豆奶粉、水果等慰问品，希望我们可以通过自己的方式来关心和照顾老人，开始的时候我们陪老人聊聊天、说说话，让老人的生活不再寂寞、单调。老人见到我们很高兴但是也很紧张，不知道该说什么好，甚至不知道该站着还是坐着，渐渐地，老人放松了一点，可能是我们热情、亲切的笑脸融化了老人心中"因紧张而聚起的疙瘩"，老人开始给我们讲叙他的故事，谈他现在的生活情况，而且很感激我们能够去看望他，不嫌弃他，愿意陪他聊天、说话，愿意听他讲叙自己不幸的经历，愿意理解他，宽慰他；老人还激动地说我们像可爱的"天使"，告诫我们要努力学习，到什么时候都不要放弃自己的学业……老人把我们的名字都记在一个小本子上，说这样以后就有机会报答我们，然后在我们名字的下边写上了行字，说是送给我们的，"绥化学院知识的海洋，欢迎各位同学光临"老人虽然只有小学的文化，但是听到老人说这些话，我们都动情地落了泪，我们又在小本子上写上电话号码，告诉老人如果有什么事或者是病了，可以给我们打电话，我们随叫随到。而实际上，我们根本不用老人叫我们，没事或者没课的时候，我们就主动去孟老那儿，和他聊天，温暖他的内心，让他和我们这些孙子孙女们，享受快乐的时光。在元旦的前一天晚上，导员考虑到老人一人在家肯定寂寞，于是我们就带上饺子、水果赶往老人的家里。到了老人家里天已经黑了，正是该吃饺子的时候了，可老人昏暗的小屋子里，只有老人孤独地坐着，等我们进屋的时候老人打开他平时不用的100W的灯泡给我们，那个亮堂，我们一阵感动，随后同学们拿上饺子给老人，老人哭了。我们说："大爷，今天来给您过元旦了，给您买了这么多饺子够您吃一段时间的了，大爷咱们一起煮饺子吃吧。"我们都看见大爷哭了，哭得很幸福，我们也流泪了。我们来到他狭小漆黑的厨房，拿起唯一的小铁锅给老人煮饺子，可在这时候，我们看到了不知道吃了多少顿的挂面，我们问老人平时就吃这个吗？老人说便宜，一份能吃好几顿，自己也不会做其他的，我们每个人眼泪又涌了出来，马上为大爷煮上那热腾腾的芹菜肉的饺子，饺子煮好后我们给老人端了上来,老人让我们也吃,我们都拒绝了,我们想,我们那份也留着您自己吃吧,我们吃过的好东西太多了。看见老人吃得那么幸福、那么香,我们每个人都很欣慰。走的时候我们告诉老人把那些饺子都放好了,因为买的都是冻饺子,足够老人吃一阵子了。虽然我们做得很少,但我们会尽力用我们的热情去点燃他对生活的激情……

真的很庆幸自己能够抓住这次成长历练的机会,让我收获这么多宝贵的人生财富;它带给我的不仅是一份感动,更让我明白了什么是爱,什么是真情,什么是责任!

生命给予我们每个人只有一次,然而在这有限的生命里,努力创造更多的价值是历史赋予我们每个人的伟大使命。作为当代的大学生,帮助需要帮助的人,关爱需要关爱的人,是我们义不容辞的使命与责任。也许我一个人的力量是有限的,但我会用自己微薄的力量继续温暖那一颗孤独寂寞的心,相信只要人人都献出一份爱,那么世界真的会变成一个美好的人间!

感言十五、爱注空巢*

2008年我校开展了"关爱空巢老人"活动,我们很荣幸能够参加进来,能够用我们的努力,为这个社会来贡献一份力量,用我们的爱去点亮空巢老人的黄昏。

众所周知,"空巢老人"一般是指子女离家后的中老年夫妇。随着社会老龄化程度的加深,空巢老人越来越多,已经成为一个不容忽视的社会问题。当子女由于工作、学习、结婚等原因而离家后,独守"空巢"的中老年夫妇因此而产生的心理失调症状,称为家庭"空巢"综合征。

我们小组所对接的老人是两位80多岁高龄的老人,老爷爷的身体还好,拄着拐杖自己可以走路,但是老奶奶的身体状况很不好,奶奶在几年前就患了半身不遂,瘫痪在床,一躺就再也没有起来过,奶奶的生活都是靠爷爷来照顾。

当我们走进老人家中的时候,眼前的一切都让我感觉到了一种悲伤、一种心疼、一份怜悯,家里就那么大点的地方,我们几个人就围坐在一起,听爷爷讲故事,感受那份孤独,那份由心而生的寂寞,尤其是在炕上躺着的奶奶,她一直用手指着我们,说着我们根本就听不清楚的话语。我们只能默默地看着这一切,第一

---

* 本文作者张微微:文学与传媒学院学生。

次我们感觉到了我们也很无助,因为面对眼前这一切,我们真的不知道我们能够做些什么。我们可以做些什么,我们的到来到底能够为这二位老人带来些什么,那种压抑,让我们都感觉到了失落,但是我们又明白,只有我们再努力一些,多做一些,我们才能够让老人的这份寂寞减少,让老人感觉这个社会没有抛弃他们,他们仍然可以过得很好。

空巢老人的困难不仅在于生活上的孤单和经济上的拮据,也来自心灵上,因为亲人陆续离开而产生的恐惧感和目送亲人离去却无能为力的失落感,以及突然缺乏可交心的对象的空虚感,因此我认为与老人交流要坚持"积极引导,耐心聆听"的原则。

因此我们开始与老人进行沟通,了解他们真正需要什么,他们内心里面真实的感受。老爷爷很健谈,我们的到来无疑是黑暗中的一缕阳光,我们看得到爷爷是真的很开心,说起当年的那些往事,爷爷是很激动的。他曾经受的苦,我们都听在心里,爷爷是那么得可爱,像一个孩子一样,手舞足蹈地和我们聊着,我们好开心,病榻上的奶奶也很激动,一直说着些什么,那样开心,还一直让爷爷给我们拿吃的,但是我们都知道爷爷奶奶的生活是那么的辛苦,其实好吃的是没有什么的,可是奶奶的这份开心是我们都看得到的。她还一直挣扎着要坐起来,不要一直躺着,爷爷总是把奶奶按回去,不让她起来。我们不知道能够做些什么,只能劝爷爷就让奶奶起来吧,在我们最终的劝说下,爷爷终于同意了。我们都上前去帮助爷爷把奶奶扶起来,但是被子掀开的那一刹那,我傻了,我被震惊了,更确切地说,我也被吓到了,奶奶的腿多半已经溃烂了,由于长时间地卧病在床,奶奶身体长时间地处于麻木的状态,血液的不通畅,导致了奶奶现在的这种状况。

我们真的傻眼了,就那么一瞬间,我的眼睛便湿了,我便忍住泪水,将被子重新为奶奶盖上。我的心里是那样的疼,那样的酸,那样的无助。奶奶似乎是怕了,又马上要躺下,我握着奶奶的手,感受到那份虚弱的力量正努力地想要抓住点什么,抓住一份希望吧。

在喂奶奶喝水的时候,我又一次被震撼了,那满嘴的溃疡一定很疼吧,疼在心里,疼在那最深的角落吧。爷爷已经习惯了这种生活,习惯了伺候奶奶,习惯了与奶奶一起感受痛苦,感受彼此存在。我在想:爷爷一定是认为活着就好,两个人有个伴就好,不分开就好。

当我们再一次去看老人的时候,我们意想不到的事情发生了,当我们进入屋子的那一刻,我们就都已经心照不宣地知道了些什么,我们看到原本奶奶躺的位置已经空了的时候,我就知道奶奶已经带着痛苦离开了人世。爷爷迎接了我们,那个寂寞的老人拄着拐杖迎接了我们,但是我们却无法将事情往这个方面提,爷爷看出了我们的心思,在我们坐下以后,就说了一句话,"人没了"。就这一句话,我们就都不说话了,爷爷的坚强也在这一刻顷刻瓦解,爷爷哭了,那么一个老人,就这样哭了,曾经受苦的时候,爷爷是坚强的;曾经挨饿的时候,爷爷是坚强的;曾经奶奶病倒的时候,爷爷是坚强的,而就在这一刻,爷爷哭了。我一直很坚强地在给爷爷带来快乐,而在此时,我再也坚强不起来了。我哭得一塌糊涂,以后怎么办,爷爷怎么办,我们怎么办,所有的问题都摆在眼前,一切都成为了此刻我们脆弱的时刻所想的问题,我们只能用我们微弱的力量安慰爷爷,而我们更想不到的是这一次与爷爷的相见也成为了永别。

听说爷爷是坐在外面的石头上想事情摔倒了,就再也没有起来,我们好后悔,好伤心,爷爷是在等我们吗?还是在思念奶奶,那是他这辈子的精神支柱啊!而我们是他现在的精神支柱啊!我们遗憾,遗憾我们还没有做到更多,就已经没有机会了,我们遗憾,还没有来得及为爷爷做一顿可口的饭菜!这样的结果我们没有办法承受,也必须承受,这引发了我们更多的思考,我们以后怎么办,这个社会应该怎么对待这些老人呢?我们还有机会,可是那些老人没有啊!让我们把自己的那份爱心都献给空巢老人,让空巢小家注满我们的爱。

通过了这次活动让我懂得了父爱母爱的伟大!知道了在我们生活中有这样一群需要我们关爱帮助的群体。我们要把这一问题看得更加重要,我们要更努力,用我们微薄的爱点亮老人的黄昏,不要留下太多的遗憾!让我们携起手来为这些"空巢"老人们撑起一片天空,让其能够安心、祥和地度过晚年!

感言十六、本色岁月*

2009年11月22日,我随爱心服务队的部分成员再次来到绥化市吉泰敬老院。我从老人们的语言和动作中感受到的是一种岁月沧桑下的孤寂。我也深刻地意识到这是一个怎样需要我们关注和关心的群体,每个老人记忆深处都埋藏着怎样或刻骨铭心或催人泪下的动人故事呢?我深信那本色岁月里零零散散的悲喜交加的记忆碎片一定会带给我们诸多的感动与领悟。与此同时,就是希望我的本色岁月——敬老院老人传记能让更多人了解这些爷爷奶奶,体会他们走过的

---

* 本文作者张艳坤:文学与传媒学院学生。

路、感受他们所吃的苦、关注他们如今的孤独。

今天我们的主人公是张树文奶奶。张奶奶出生于黑龙江省望奎县,一生命运多舛。张奶奶很小的时候父亲病故,母亲带着她和其他四个姐妹改嫁给一个叫梁广才的车夫。几年后她的同母异父的两个弟弟妹妹相继出生了。按奶奶的话说就是"大的疼,小的骄,最难受的是当腰"。张奶奶小时候可谓吃了不少的苦!对上面的要服从,对下面的加倍疼。17岁那年由于不小心摔伤了自己的外甥女,原本万分愧疚的张奶奶在姐姐的责骂下产生了许多人不敢想的想法——离家出走。然而真正使她迈出这一步成为她人生一个关键转折点的是旧社会的父母包办婚姻。过渡时期的中国生产力水平仍然相当低下,外加"大跃进"等不合理政策和人口的急速增长,导致"女到十七八,不能留在家"的现象。张奶奶同样没能摆脱社会旧习俗给她带来的厄运,父母强迫她嫁给一个她没相中的人。再苦的生活也比接受一个心不甘情不愿的婚姻强得多。于是张奶奶在无人支持、无人知晓的情况下离开了家,离开了父母。她是怀着一种怎样的复杂心情随着知青下乡队伍来到乡下青年点的,这个中滋味恐怕只有张奶奶自己知道吧!

乡下的日子很苦,她和农民伯伯挤在一间小茅草屋。夏天里,蝈蝈蛐蛐们时常耐不住寂寞钻进小屋为她唱歌。冬季寒风也热情地把她从睡梦中吹醒。耕作、收获,日子虽苦也甜着,嘹亮的歌声响彻一望无际的原野,在锄头镰刀下勾勒着青春画图。由于出色的文艺才能张奶奶还当上了青年点的点长。耕着郁郁青青的禾苗,唱着激昂的东方红,颂着毛主席语录,似乎这苦日子也散发了淡淡的香馨。然而这一切未能改变张奶奶多舛的命运。一位行为不端的李氏男子看上了多才多艺且颇有几分姿色的张奶奶,无论田间地头、毛道树林、河边田野都有他尾随的身影。在无法摆脱的情况下,张奶奶冒着返城将不被安置工作的危险选择返城。

回城后的张奶奶虽已25岁,但风采依旧不减当年,很快她找到了自己的如意郎君,几年后生下两个儿子,虽然张奶奶没有工作,但光靠砖厂干活的丈夫的收入已基本能够维持生活。"人们过得不快乐往往不是因为他们得到的太少而是他们计较的太多"。丈夫有了两个儿子后仍不满足这样的家庭结构,偏要张奶奶给他生个女儿。那年寒冬腊月和丈夫吵过架后心里不顺的张奶奶忽视了生病在床的小儿子跑回了娘家。然而这一遭却成了她终身的遗憾。小儿子因为生病再加上彻骨寒风的威逼永远地告别了人世,或者说他真正的人生还没有开始就已经结束了……悔恨、痛苦、难过一时间所有悲凉的情感交织在张奶奶心中,她甚至有些精神失常了。她也因此更加痛恨她身边这个间接害死她儿子的男人。一波未平,一波又起,可恶的灾难接踵而来,张奶奶的另一个儿子在车祸中丧生。这一次张奶奶终于没能承受住生活的再一次打击而患上了精神病。婚姻自然破碎,丧子的她无依无靠。这时远在沈阳的姐姐得知妹妹的悲惨遭遇,把她接到了自己身边并安排她做一份清洁工的工作。

2003年奶奶被送回家乡,这一次重归故里早已不是当年返城追求自由、追求个性的女青年了。经历了岁月沧桑洗礼,而今的张奶奶虽只有65岁却已经是满头银白了。在我第一次随队来吉泰敬老院慰问演出的时候,活跃的张奶奶就给我留下很深的印象。当时,我帮她校正扣错了的扣子,她嘴里不停地念着"年轻、美丽、大方",这三个词经她老人家一说就产生了莫名的"笑"果。然而我却不知道张奶奶是在夸我们学院学生还是回忆起当年的光辉呢!后来听院长说张奶奶不光歌唱得好而且心善手巧,敬老院缝个东西、织个袜子、编个帘子什么的非张奶奶不能胜任的。

就是这样心地善良、心灵手巧的张奶奶却因悲苦的命运而精神失常,或许这样可以减轻她对过去痛苦的回忆吧。因为毕竟现在我们看到的张奶奶是快乐的,像个孩子一样。或许她童年的乐趣注定要在夕阳余晖下以这种方式找回吧!然而快乐就是真理,又何必计较出于什么原因呢!就让我们真心祝愿我们的张奶奶就这样如同孩子般快乐地度过她所谓"无忧无虑"的晚年吧!

感言十七、伸出双手让我们一起关爱残疾人[*]

上帝让我们来到世间,与之一起的还有一颗爱心,而有爱就有奉献,正是奉献的无私,才铸造出了大爱的无疆。当我们庆幸自己的健全时,会忽然发现在我们身边还是有那么多的、与健全失之交臂的不幸的人。对于成年人来说,或许看得开些,但对于孩子而言,心灵上无疑是个巨大的创伤。

有这样一群特殊的儿童,在西方被称为"星星的孩子"——像星星一样,孤独地闪烁在另一个世界。他们目光澄亮,却对人视而不见;听觉灵敏,却对父母的呼唤充耳不闻;发声正常,却不与他人交流;他们或被认为智障,却常在部分领域能力超常……他们就是自闭症儿童。

大一的时候,我们来到了初阳聋儿自闭症中心,在那里我们看到那些可爱的孩子们。同时我也遇到了我人生中见到的第一个自闭症儿童李云哲,他纯真的脸

---

[*] 本文作者袁梅玲:教育学院学生。

庞、美丽的笑容深深刻在了我的心里,让我感到了生命的悸动。他是那个班里最大的,我刚进屋就被他拉住手,我以为他一是为了和我玩,这么热情,没想到他把我的手放在积木上让我拿,让我给他搭积木,可是他自始至终都没说一句话,我要是累了,不搭了,他就会生气地拿起我的手去搭,让我很生气。在他的眼中我看不见自己的影子,他的眼里只有那堆积木,他就一直瞅着我玩,我曾经尝试和他说话,可是他就像没听见一样,让我很不理解。我问他的老师,他的老师说,他就那样,不说话,有时说句话也不知说的什么,他妈妈还说在家还唱歌呢,到这儿连话都听不懂。我很好奇他怎么就变成这样呢?带着这个疑问,我努力学习,想知道自闭症的一些知识。

后来,我通过老师的讲解才渐渐了解到,原来自闭症的症状就是这样,沉溺在自己的世界,不与外界接触交流,有时还会发脾气,有情绪障碍的表现,也有智力障碍的表现,但其最主要的特点就是刻板行为。知道了这些后,我对他又有了一份关心和同情。即使他不知道怎么和人交流,但我从他的表现中知道,他还是喜欢我的,想和我一起玩。他让我对自闭症产生了浓厚的兴趣,对自闭症也慢慢了解起来。

后来我去过很多次自闭症康复中心去和他玩,他也慢慢和我熟了起来。有一次,我们俩一起玩串珠时,他很听话,我给他一个,他串一个,不像以前那样,只让我玩了,我俩的关系也一天天密切起来。我在那儿待了很久没过几天就去一次,有一天,我们玩着玩着,他突然不和我玩了,让我抱着他,他很舒服地待在我怀里,像一个婴儿一样安静,充满了幸福。我的眼泪就止不住掉了下来,我知道他一定想妈妈了,可是他自己都不知道他在干什么想什么,真得很替他伤心。他自己都不能向妈妈说,我想你了,妈妈。有的只是安静,好希望他可以慢慢康复,可以有一天叫一声妈妈。

我和他一起玩,帮助他学习辨别颜色、数字及各种日常生活所用的物品图片。但他始终不和我说一句话,我问他的老师,他怎么就不能像班里其他孩子一样说话呢?老师说,他被送来时年龄就很大了,已经超过了儿童言语发展的关键期,很难再培养他的言语水平,且拥有了自己的意识,不听老师教导,怎么逼他都不好使。这样让我伤心了很久,也明白了"早发现,早诊断,早治疗"这句话的内涵。我看见过老师对他的训练,在发水果时,老师叫他的名字,他没有反应,老师用手指着他,他才知道。老师让他指鼻子、嘴唇、耳朵,他都指不准,老师说天天提问这个还记不住。我就知道了他不理解别人的话,也什么东西都不知道,有智力发展的问题。

也许他一辈子都不会说话,但我知道他的父母不会放弃,老师也不会放弃,所以我也不会放弃,我知道会有那么一天,他会开口叫我一声姐姐。

大二的时候,经过一个暑假的军训,我变得勇敢了一些。当我再去看他的时候,他却像不认识我一样,对我置之不理,也不主动来牵我的手了,即使经历了军训,我也忍不住伤心了。我抱怨地对老师说,他怎么不理我了啊?老师说特殊小孩就是这样,你一段时间不来他就把你忘了,你如果一直来,他就能认识你了。这让我懊悔不已,好不容易建立起来的感情就这样没了。我和他又要从头开始了,而且这次他不主动理我,需要我去走近他了,这让我很是为难,不知道该怎么下手,老师让我回去查查资料看看如何与特殊儿童交流。

接下来的日子里,我上网、上图书馆查阅了大量的资料,知道了自闭症儿童心理上更渴望被关注,有时他们甚至以闯祸的形式来引起关注,眼神的交流在任何一种交流中都很重要,尤其是认可的眼神。还有点头,微笑,称赞,都会让孩子觉得被肯定;要带着关心的眼神去关爱他们,因为他们的心理很脆弱,任何一个善意的举动,都能给他们莫大的鼓励。我们要从每个小细节中了解和肯定他们,经常得到鼓励的孩子会很自信,他们也会很愿意和你继续交流,鼓励确实能让他们自信起来,所以我们不要吝惜自己的鼓励和夸奖;不要说让孩子妒忌的话,要从点滴、从自己开始。

就这样我带着自己学习的沟通技巧去了康复中心,刚开始他还不愿意和我玩,后来经过我的不懈努力,他终于肯和我一起动手玩游戏了,还抬起了他纯真的笑脸,乐呵呵地和我玩。我也被他快乐的情绪感染了,忘记了自己是个二十多岁的大学生和他玩起了手拍手,直到放学铃响起,我们才结束了游戏,虽然他不会玩,但我知道他很开心,这也是我第一次和他达到心与心的沟通。

还有一次我给他们班的同学带去了香肠,别的同学都狼吞虎咽的,几口就吃完了,只有他慢慢地咀嚼着,好像是在品尝一件珍品,极有鉴赏家的气质。但是也引发了别的同学的关注,都过来抢他的香肠,他举得高高的,就是不给别人吃,这时候我觉得他们和正常孩子一样,互相打闹,抢东西吃,也许这才是他们的本性吧,作为一个孩子的天性。

此后,我一有空就去看他,看着他一天天长大,其实也是一种幸福,我知道他的父母也是这样想的。他还像以前一样没有什么进步,我知道教育自闭症的过程是缓慢的,也许需要好多年,他才能说出一句话,但那也是值得的。他的老师李婷婷应该和我想的一样,所以她才不懈努力地去教他,盼望的就是那一天,那个收获果实的一天。

我和他的关系又像以前一样好了,他还会和我玩游戏,让我抱他,我们也许会一直这样下去。但我终有毕业的一天,我希望在我毕业,要离开这个地方时,他可以叫我一声大姐姐,这样我就满足了,也不枉我们认识一回。

自闭症的孩子们是天上的星星,只是不小心落入了人间。他们有着星光般清澈的眼睛,他们有着天使般甜美的笑容,只是他们很少和别人分享自己的快乐或悲伤,只是安静地独坐在墙角一隅,沉浸在自己的世界里,一个人玩。我觉得这些老师很伟大,可以用自己的包容和爱疼爱这些孩子。其实自闭症儿童他们并不可怕,他们和正常孩子一样喜欢玩耍,喜欢和别人亲近,他们的心灵更加纯洁。衷心地希望有更多的人能关注自闭症,关爱残疾人,让中国的土地上飘满爱的味道。

感言十八、还聋童一片天空*

为了充实我的大学生活,为了更加深入了解残障儿童,为了不让自己局限于课本知识,为了可以更好地理论联系实际,让自己增长知识和技能以后更好地服务社会,我积极参加了学校组织的大学生志愿助残活动,。

和我对接的男孩叫王碧斌,今年6岁,到他家时他奶奶正在给他洗脚,我跟他打招呼,他不理我躲到了奶奶的身后,紧紧地拽着奶奶的胳膊。我知道他是怕见生人了,我希望可以博得他的信任,好好地了解他,我跟他的奶奶说我来给他洗吧,他奶奶说不用,快洗完了。我看了一下房间的摆设,非常简单,打开的柜门里我看见了几件他的衣服,他并不像一些孩子有许多漂亮的衣服,很多一看就是不合身的,他奶奶洗完给他拿玩具说让我陪他玩,我问他奶奶,这都是他的衣服吗?他奶奶说多数都是亲朋家孩子不穿的,我对这个孩子加了一份喜爱,他很懂事啊,不挑吃穿。我问奶奶他出生就耳聋吗?他奶奶说他出生得了心脏病,从小就打针吃药,后来药物影响得致聋了,这孩子命苦,当时看他一把一把吃药,定时打针,我真希望这一切的一切都发生在我身上,反正我这么大岁数了,不怕疼更不怕死亡,不知我这辈子做错了什么,让我的孙子从小就受尽折磨,不但要吃药打针,还夺取了他一生的听力,越说越激动。我用手语问王碧斌,吃药苦吗?他说不苦。我问打针疼吗?他说不疼。我不由得在心里想爱护这个孩子,我跟他一起玩游戏,玩一个拼棋子游戏时,需要将一个放棋子的长方形中间空塑料板插于它的底座上,

---

* 本文作者王蕾:教育学院学生。

底座上有两个固定点,要将长方形塑料板中间空隙插入这两个固定点,我以前在康复中心时跟一个自闭症儿童玩过,当时我演示了三遍将一个放棋子的长方形中间空塑料板插于它的底座上,他还是不明白,而这个孩子很轻易地就将一个放棋子的长方形中间空塑料板插于它的底座上,从而可以证明聋儿的智力是正常的。

奶奶说给我俩去洗苹果,他看见奶奶走了,就追了过去,奶奶拿那个苹果比划比划,随即他就抢过苹果,推奶奶进屋,让奶奶休息,洗完他大方地给了我一个,我看他的纯真懂事的样子,真不像一个6岁的孩子,他真的好可怜,从小就受尽病痛的折磨,还夺取了他一生的听力,他再也听不见大自然的美妙乐音、放松心情的音乐,这将影响他一生的学习和社会交往的能力。

奶奶教我怎样教他练舌头,有很多个方法进行练习,我学习到了很多。一个特殊儿童的康复,不仅依赖学校、老师,更重要的是家长,在练习发音时,我了解到聋儿相对而言要比自闭症儿童好教,简言之便是聋儿相对对于事物有更高的思维能力,有更高的求知欲。

回到家我深刻反思让这些已经残疾的孩子接受教育、汲取知识、提高素质,这几乎是他们改变坎坷人生的唯一途径。为了同样充满渴望与梦想的这群孩子,为了由于聋哑障碍而被隔绝在这个色彩缤纷多姿多彩的世界之外的这群孩子,他们需要我们的帮助!我们也有责任去帮助他们!全社会的"爱心行动"起来,关心我们身边的聋哑孩子们,让崎岖的生命放飞出五彩奇光。

上帝让我们来到世间,与之一起的还有一颗爱心,而有爱就有奉献,正是奉献的无私,才铸造出了大爱的无疆。当我们庆幸自己的健全时,会忽然发现在我们身边还是有那么多的、与健全失之交臂的不幸的人。对于成年人来说,或许看得开些,但对于孩子而言,心灵无疑是个巨大的创伤。

在我们的身边,生活着一些不幸的残疾人士,身体的残疾让他们无法享受人生的快乐,他们有的永远生活在黑暗的世界里,不知道世界如此多彩而美丽;有的永远生活在无声的世界里,从没听过小鸟欢快的叫声,不能用话语表达自己的愿望,更不能用歌声表达自己的快乐;有的因双腿残疾而无法快乐地游戏,有的因双手残疾无法正常地生活。走进残障儿童中心,我们看到了一幕幕感人的情景,孩子们虽然身体有各种残疾,但他们身残志不残,热爱学习的精神感动了所有人。他们有的虽然说话能力有残障,语文课上打着手语向老师学习,用仅有的一点声音发自内心地有感情地朗读课文;写字课上,有的孩子虽然只能用一只手,但他们认真临摹,写的毛笔字漂亮极了,让人看了啧啧称赞;生活课上,他们用灵巧的双手精心制作了一件件精美的物品,把校园布置得整洁美丽。我们都已经忘记了他们是残障儿童。

我们可以在自己不忙时去残障中心当义工,也可以把自己不要的旧衣服、玩具捐给他们,实实在在地去为他们做一些事情,让他们活得更快乐一些。通过这些活动,许多人都深刻认识到:在我们身边,离我们很近的地方,就有许多需要我们帮助的群体,有时候我们一个很小的行为,就能带给他们很大的帮助,爱心在行动,公益在身边,让我们携起手,共筑残障儿童美好的明天。

记得有这样一句话,"有爱就有办法",只要人人都献出一点爱,我们的世界将成为一个美好的人间。我们也祝愿所有的残障朋友能够自立自强,勇敢地面对生活当中的风风雨雨。人生就好比是一条船,而掌舵的水手就是我们自己,人生当中难免有苦有痛,但是这点痛不算什么,毕竟我们还有梦。

虽然每年都有像助残日等帮助弱势人群的纪念日,但我们社会和舆论往往是到了那两天才集中关注一下这些特殊的人群,来去匆匆,没有形成持续性。要彻底帮助这些特殊人士,就需要形成一种社会风气,就像特奥会的精神那样,人人都是参与者,人人都是胜利者。我们正常人应该有能力、有责任让特殊人群生活得更幸福。

作为当代的大学生应把"锻炼自身,服务社会"作为一项必不可少的准则中的准则,就应该将知识运用于实践之中,融理论于实践之中,并造福于社会,为社会和人民做出自己的贡献和尽自己的一份力量。同时,要号召社会更多得关注这些弱势群体,做出实际的事情来帮助这些需要帮扶的人。

随着年龄的增长,我逐渐清晰了自己的生命意义,拥有这么美丽的生命,四肢健全的我,更应该实现服务社会。帮助需要帮助的人,多做有意义的事,生命一次,美丽一次。为生活倾注活力,为别人奉献爱心。

我们今生如果只为自己而活,那么今生的快乐与充实只能达到十分之一,如今人们之间的冷漠与自私处处可见,可是我相信,每个人内心都有一杆他们自己的道德标称,我们要学会互相关爱,我们应关爱残障群体,热心服务社会。

感言十九、进门一盏灯*

我不知道你有没有和残障人沟通过,他的热情是否让你温暖如三月骄阳;我不知道你有没有看过他们劳作,那种坚强是否给予过你莫大的勇气,我也不知道

---

* 本文作者毛雪婷:教育学院学生。

你有没有试着走进他们的生活,那一刻你是否发现爱可以战胜一切。

首先我很荣幸成为一名志愿者,以至于有机会靠近这些特殊人,走进这些特殊人的生活。我和五名同学组成了一个爱心团队,走进了残障叔叔——孙月清的家,他很热情地迎接我们,不断地用手比画,他不算高,还有着严重的驼背,无比的瘦弱,站在那里甚至还会摇晃,我忍不住在想一阵风会不会就把他刮倒,还有他的手黑黝黝的,手背苍起来,像是冻疮,他脸上的皱纹很深,那应该是时间留下的镌刻吧。他的屋子很小,地上还有未干的水渍。屋里的陈设很少,一张床,一间衣橱,还有堆了满地的废品。他看见我们诧异的眼神不好意思地笑笑,用手比画一下,然后猛然想起什么似的去找了一张纸、一根铅笔,在纸上写下:"让你们笑话了"。原来他还会写字。

我们的交流就只有一张纸和一根笔,他说他并不是先天残疾的,他在很小的时候父亲发生了一场车祸,为了抢救父亲花光了家里所有的积蓄,甚至还欠了很多外债,他的母亲不甘于这种生活离家出走了,而父亲最终也没能再站起来。他一直由爷爷奶奶抚养,过着日出而作、日落而息的生活。爷爷奶奶为了生活无奈去捡垃圾、捡废品进行变卖,然而"屋漏偏逢连阴雨",他得了一场严重的流感,家庭的经济负担太重,他只吃了一些药挺着,在这场流感的高烧中,他失去了正常人的听力,听不见任何声音的他也没有再说过话。爷爷奶奶相继去世了,他依然以捡垃圾、捡废品为生。

知道这些情况,我们对叔叔充满了同情,决定给叔叔送去我们的关爱,像对待自己的家人一样,对待叔叔。我们每到节日就会去跟叔叔一起煮饺子,吃饺子,给叔叔送去燕麦片、水果等慰问品,希望我们可以通过自己的方式来关心和照顾叔叔,因为学习了手语,我们可以通过手语陪叔叔聊聊天,说说话,让叔叔的生活不再寂寞、单调。我们每一次的看望都给叔叔带去了欢乐,我们很欣慰,虽然只是简单和叔叔聊着家常,但是在叔叔的心中却是一件无比珍贵的事情。我很开心能为叔叔做些事情。渐渐地我们开始帮叔叔做些家务,扫地、倒水、擦玻璃、整理衣橱,能干的尽量都干,希望能减轻叔叔的生活负担。叔叔的生活用品很简陋,甚至没有一个完整的碗,碗边儿全是豁口,锅由于用的时间太长,所以锅的表面都凹凸不平了,凹下去的地方堆满了污垢,我们就只好一点一点地把脏东西抠出来,再用清水一遍一遍地清洗。收拾后的屋子焕然一新,叔叔很开心,手舞足蹈着,看着叔叔的样子,我们也不知道为什么浑身都是劲儿,一点都不觉得累。走的时候还把叔叔的脏衣服拿回来清洗,回到学校,我们还会帮叔叔收集废纸和瓶子,用袋子装给叔叔。我们将自己喝过的瓶子积攒起来,不仅如此,每天晚上熄灯以后,我们还会去卫生间的垃圾桶里拾塑料瓶子和纸盒,每晚捡瓶子的过程是幸福的也是辛酸的,幸福的是我们要是多捡一个瓶子,叔叔的生活就能好过一点;辛酸的是就是那些微不足道的小瓶子竟然在支撑着一个特殊叔叔的垂暮之年,我们努力地做着我们所能做到的。生活中有太多值得我们珍惜的事。现在我明白了每个人都有亮点,对于世界,我们是渺小的,但当你伸出你的双手为别人服务时,你便会发现,原来你也能为他人带来幸福。看着自己辛勤劳动的成果,心里感到满足。我们有辛酸,有疲惫,但正因为如此,我们才能成长。

就这样,只要有时间我们就去看望这位叔叔,尽自己的所能帮助他。今年元旦的时候,大二的师姐很担心叔叔自己会孤单寂寞,所以就联系了我们一起去看叔叔。叔叔看见我们很惊讶,一直双手作揖,嘴角咧开大大的弧度,我们和叔叔一起包了饺子,面粉弄得满天飞,每个人的脸看起来都像一只大花猫。吃饺子的时候叔叔吃到了裹着硬币的饺子,我们在纸上给叔叔写下五个大字"您真有福气",他憨憨地笑了。吃完饺子后我们又办了一个小小的联欢会,和叔叔一起做游戏,由于叔叔失聪,我们决定在纸上写下一些动物或者成语,然后用身体比划,猜的人再把自己猜到的写在另一张纸上。我们玩得很开心。林雪冬还为叔叔变了魔术,看着叔叔脸上的笑容,好像一切的事情都美好了起来。这些忙碌了一辈子的叔叔,在本该享受天伦之乐的时候还过着孤单无靠的生活,我真的很想为他们做一些事情。虽然不能每时每刻、无微不至地关怀他们,但至少在我们的空余时间让他们感受到真情的存在,感受到爱的无疆。他们让我有一种家的感觉,心中说不出的温暖。

在离开叔叔家的时候,他紧紧拉着我们的手依依不舍地把我们送出了门口,从他那布满皱纹的眼角中我能看出他心底的那份渴望与孤独。当岁月的车轮在他们身上碾过时,斑白的发迹见证了他们的人生价值。他们用坚强与勇敢建造了一堵围墙,让他们的灵魂高高在上。面对特殊人群的我们显得那么幸福,却也那么渺小,我不禁呼吁社会,多给他们一点关怀,多给他们一些温暖,让阳光普照大地。

回校的路上我的眼泪止不住地流,通过这次活动,我学到了很多东西,我感受到了温暖的力量,那种蓬勃,好似三月的骄阳在寒冬后给人带来希望;我感受到了坚强的力量,那种挺拔,如同劲松不畏寒冬酷暑,不畏风霜雨雪。我感受到了希尔泰那句话,"爱可以战胜一切"。

我想我不会忘记残障叔叔,不会忘记那个有着憨憨的笑容,但眼神里充满孤独的叔叔,那个有着无数心酸却坚强生活的叔叔,我不会忘记手无足措比画的叔叔,还有那间简陋的房子,那双被时间刻满印痕的双手,还有那已经佝偻的背给我的莫大震撼。是他使我懂得了如何以一颗感恩的心去生活。我盼望着社会上更多有爱心的人,能来关注这些残障人士,帮助这些残障人士,使这些残障人士的生活充满希望的阳光。让我们一同守护他们的这片蓝天吧。

感言二十、呵护心灵关注成长*

　　身体健康就如打开一扇有形之窗去接受大自然的阳光之浴,而心灵则是一扇无形的窗同样需要呵护,需要阳光的沐浴才能健康成长。

　　每个人的心理既有阳光的一面,同时也有不透明之处。当阳光之处多于不透明处时,我们依然是可以自控或者可以说我们依然是明辨是非善恶,但当心灵普遍被黑暗笼罩时,恐怕我们自己都不敢想象那会是怎样一个后果。因此,我们要时时注意自己的身心健康状况,多让其接受阳光的沐浴,好好地呵护,只有这样我们才不会走向一条不归路。

　　首先,树立正确的世界观、人生观、价值观。正确的世界观、人生观、价值观能够使大学生正确地认识事物发展规律,认识自己的社会责任,从而为大学生提供人生导向,为其心理活动提供"定位系统",能够使大学生在困难时看到成绩,化被动为主动。

　　其次,掌握应对心理问题的科学方法。人一旦遇到问题尤其是心理问题,应敢于正视它们,切不可采取逃避应付的态度;马加爵的悲剧再一次深深教育了我们一定要勇于面对各种问题。逃避和懦弱是不能解决问题的,相反还会助长各种心理问题的进一步加深。凡事都要冷静思考,沉着面对,我想这恐怕是圣人的境界,我们都是普通人,大可不必。但只要我们能够合理调整和宣泄自己的情绪,同样也是保持身心健康的大众路径。有的同学失恋了,就一蹶不振,感到对人生彻底失去信心,有的甚至为此还犯下了令其永生后悔不已的错。前一段时间不是有一件案例是说中国人民大学一名法学院学生拿刀捅死教授一事吗?这位学生也是失恋之后一时难以接受做下的糊涂事!

　　最后,多与他人交往和沟通。刚走进大学校园一切都是陌生的,这时我们就更需要多与同学交流。封闭自己只会让自己更加孤立无援,更加孤独,这样我们

---

* 本文作者王晓伟:电气工程学院学生。

的思想和心理就无法敞开,一旦遇到难以解决的问题就有可能走向死胡同。马加爵就是最好的例子,他平时与别人沟通并不多,即使沟通也是不够真诚的,不愿吐露真实的心声,这样别人就无法为他指点迷津。最终他带着遗憾走向了死亡,令人痛惜。

每个人的心灵都有属于自己的一座小花园。它需要阳光的温暖,雨水的滋润,虫儿的陪伴,蝴蝶的青睐,没有它们,心灵的花园将会是一座枯园,就会滋生各种杂草和虫兽。所以,我们要小心地去修剪,用心去呵护,方能使其开出美丽圣洁的花儿,散发出沁人心脾的幽香,让我们健康成长。

感言二十一、给爱一双翅膀*

我一直认为孩子的眼神应该是最清澈的,可是当他们的眼中写满了对家的渴望时,谁看了不会心酸?我一直以为孩子的笑脸应该是最明媚的,可是当那张脸上充满了对爱的祈求时,谁看了不会心痛?我一直认为孩子的语言是最纯粹的,可是当那话语里充满了对父母的呼唤时,谁听了不会怜惜?可是就有这样的一些孩子,他们脸上挂满泪珠,声声呼唤着远去打工的父母,渴望着一个家。他们就是留守儿童。

与我对接的是个叫作小明的小男孩,她的妈妈身高不足一米五,基本上没有什么劳动能力。由于他家是后来去的那个名叫三吉台的村子所以也没有地,一家人的生活开销基本上就是靠父亲一个人打点零工来维持。300元是他家几个月的生活费,而且他的父母感情不和,他从小就生活在家庭暴力的阴影下,这使得他幼小的心灵受到严重的创伤。他自闭、多疑,又形成了错误的价值观。他曾经给他的老师发恐怖信息,认为这是在沟通、在以示友好,结果吓得老师好久不敢睡觉。老师找他谈话,他却不理解,他觉得他的好心没有被别人理解和接受。他的父母出去打工后,他开始住校,但又养成了很多恶劣的习惯:逃课、上网,学习成绩一落千丈。这样的孩子,这样的情况,让我既感心酸,又觉心痛。我告诉自己,一定要正确地引导他,帮助他建立正确的价值观、人生观,让他重新拥有积极向上的心态,在阳光下快乐地生活。

我明白要想让他听进我说的话,必须要建立起他对我的信任,我要以朋友的

---

* 本文作者夏宛琦:文学与传媒学院学生。

身份去面对他,不能以教育的口吻,那样他会对我心生戒备。考虑了好久,斟酌了好久,我才给他写了第一封信,也许是我的诚意打动了他,也许是他真的很孤单,想找个信任的朋友。在他的回信里,他说愿意把我当作可以说知心话的姐姐。这着实令我兴奋了好一阵。于是我们之间的信任也就随着书信的增多而加厚了。当他第一次对我说他没有朋友的烦恼,想念父母的心情,学习下降的困惑时,我知道他已经完全信任我了。有一次他在信中对我说:"姐姐,父母不在身边,我觉得好孤单。"看完这句话,我的心也酸酸的。还有一次马上要考试了,他很无助,很害怕,他说他不知道该怎么学习,我通过一封又一封的信安慰他,鼓励他,教他学习的方法,告诉他外面世界的美好。我能感受到他那颗受伤的心已经开始感受阳光的温暖了。

我们的感情持续升温,但是天气却日趋寒冷了,我放心不下他,担心他会不会冻着,挂念他最近过得好不好。于是精心挑选了几样礼物,带着我的热情、关心去探望他了。虽然早知道他生活的环境艰苦,但是真正身临其境的时候,还是让我大吃一惊。破旧的教室、食堂、潮湿的寝室都令我诧异。我去到他们班级的时候他正在上课,我不想打扰他,就去他的班主任老师那儿想更多地了解一下他的情况。他的班主任很热情地接待了我。他满眼真挚地对我说,真的应该有个人好好地帮助他,否则这个孩子就完了。我听了心里说不上是心酸还是心疼。我真的想做那个帮助他的人。不知不觉间时间就在和老师的谈话间过去。等我走出办公室的时候他们已经下课了。我没有看到小明,可是看到了他们班级很热心的同学,我说我想去小明家去看看,那个孩子对我说:"姐姐,他家的房子已经卖了。"我说那就去他曾经的家去看看吧。当我在孩子的带领下来到他曾经的家时,眼前的情景真的刺伤了我的心:那是一间破败的茅草屋,墙上已经长满了青苔,但这对小明来说至少也是个家啊!可是现在连这样的一个家他也不再拥有了,家这个名词带给他的应该不是温暖而是阵阵心痛吧。想着这些我的眼泪不知不觉地流了下来,我是真的心疼他。正当我们返回学校的时候,我旁边的小女孩回头喊了一声"小明"!我回过头,首先映入我眼帘的是一辆高大的破旧自行车,之所以说它高大是因为那个男孩子几乎已经完全被挡住了。这个瘦小的男孩子就是那个让我挂念的弟弟。我问他你为什么不叫我啊,他放好自行车,很羞涩地走到我的面前说:"姐姐,我已经在你们后面跟了你好久了。我知道你来了,放学就一直找你,可是我不敢叫你。"看着眼前这个有点羞涩有点可爱又有点自卑的孩子,我的心好像被什么东西撞了一下,那么疼,那么疼。令我高兴的是我们之间的感觉很亲切,不像是第一次见面。我们聊了很多,我把礼物给他,告诉他每一件礼物的希望:围巾和帽子是希望他知道还有很多人关心他、惦记他,让他感受到温暖,告诉他正确的表达关心的方式;篮球是希望他知道团结的力量,要融入集体;书籍是希望他明白知识的重要性。我还对他说,父母不在身边并不是不爱你,正是因为爱你,想给你更好的生活,才选择去外面打工。他望着我说:"姐姐,真希望你能做我一辈子的姐姐。"听完他的话,我知道我这次没有白来,我说的他都懂。

记得曾经有一次,他对我说他可能要辍学的原因是他逃课上网。当时我真是气极了,气他的不懂事,气他的不上进,我赶忙给他打了个电话询问具体的情况。他感觉到了我的焦急和心痛,他告诉我说:"姐姐你不用担心,我去求老师原谅我,我一定会继续读书的。"后来他给我发过来信息说:"姐姐,老师原谅我了。"虽然只是几个字,但却让我揪着的一颗心终于放下了。而现在我面前的这个男孩用坚定的语气对我说:"姐姐,我一定会做一个听话的孩子,弥补你对我的失望。"感受着这份转变,我知道我的努力没有白费。因为有了他,我的生活中便多了一份牵挂,一份期待。

可能是因为他有了转变,让家里看到了希望,他的妈妈想让他有一个更好的学习环境,希望他能有一个更好的前途,所以决定让他转到绥棱四中上学。家里条件不好,妈妈就租房子在那儿陪读。可是我们之间的联系并没有因为空间的变化而中断,相反我们变得更加要好了,我鼓励他继续努力在学习上不要松懈,告诉他父母的不容易和父母在他身上所寄予的希望,告诉他要想改变家庭的现状,让爸爸妈妈过上好日子,他现在唯一能做的就是好好学习。他很坚定地说:"姐姐,相信我,看我的行动吧!"转学之后考完第一次试他给我发信息告诉我说他考了班级第一年级第十。我非常高兴,看着他自信的样子,看着他的上进,我好欣慰。记得有一次考完试之后好久没有他的消息,我很担心便打去电话询问,他很惭愧地说:"这次没考好,只考了第九名。"他怕我失望,自己惭愧自责得不知道该怎么办。想着这个懂事的孩子,我的眼泪溢满了眼眶。我鼓励他说不要紧,只要不放弃就有希望,我永远相信他支持他,做他最坚实的后盾!我由衷地为他的上进心和责任心感到高兴。他告诉我说:"不因虚度年华而悔恨,不因碌碌无为而悔恨,坚持走自己的路,哪怕磨烂双脚。姐姐,我会努力的,我不会说大话,看我成绩,行动是最能有说服力的。"他真的没有食言。前两天我又接到他的信息,他说他在考试中又一次考了班级第一,在年级也进了前三名。我看后,心里都开了花,比自己考好时还兴奋。我鼓励他继续努力,不要懈怠,他自信地回答说:"姐姐,我明白自己现在做的一切都是为了自己的未来,你不用担心了。"看着他的回答,我知道我这个弟弟是真的长大了,懂事了,更让我欣慰的是他现在知道如何正确地表达他的心意了,他会在天冷的时候告诉我要多穿衣服,注意身体;会在节日的时候给我祝福;会在失落的时候想到我的安慰,更会和我说姐姐好久没联系,真的好想你。感受着这份浓浓的信赖与依恋,让我的心很温暖。我告诉自己我是真的拥有了一个弟弟,更重要的是这个弟弟再也不是以前的那个有着错误的价值观和偏执的思想的问题少年,而是长在阳光下的花朵:积极、向上。

不知不觉间我们已经接触了有一年的时间了,这一年中他带给我太多的惊喜和感动,他的每一点进步都是一次蜕变,让我期待,给我感动。现在我们之间已经不仅仅是一个活动而建立的关系,我们真正地走进了彼此的生活,感受着彼此的精彩,我们的感情会一直持续下去,因为我们已经把这份感情升华为亲情,感谢他给了我这样一份没有血缘关系的亲情。

这一路收藏着他带给我的感动,我也改变了好多。他让我成长,让我在自己人生的坐标中找到了正确的定位。我知道我的身上除了承载着爱还承载着责任,对家人的责任,对社会的责任。我懂得了我们在收获的同时要更懂得付出。现在我比以前更爱我的父母,更珍惜他们给予我的不管是精神上还是物质上的关心,更容易满足,更容易感动,这样的生活让我觉得我是那么幸福。在享受这份幸福的同时想到还有更多的孩子渴望着这份温暖,难免让我心酸。而正是这些心酸给了我最执着的动力,正是那些感动给了我最温暖的后盾。在活动中我学到了太多,收获了太多,这些都是书本上无法传达的东西,那些不是我们只能理解的理论,而是触手可及的事实,而这样的事实更能够触动我的心灵,更能让我成长。

通过与小明的接触,我想我或许真的能帮到他们,小明给了我这个信心,我想关爱更多的孩子,所以我又对接了一个名叫小婷的女孩,虽然她的爸爸去世了,母亲也不在身边,但是她的乐观总是能深深地打动我。现在我们之间的感情也很深,她总是甜甜地叫我姐姐,让我觉得那么温暖那么幸福。我总是幸福地对我身边的朋友说,我现在很富有、很幸福,因为我又多了一个弟弟和一个妹妹。

我曾经想过去支教,仅仅是因为能够让自己得到锻炼,想到支教的环境很苦,我又犹豫不绝。但是自从和他们接触之后我是发自内心地想去争取支教,因为我想接触更多的留守儿童,把我的爱给更多的孩子。如果说社会的爱是阳光,家庭的爱是月光,那我想用我的一点点星光给他们带去温暖,带去希望。

感言二十二、让生命充满感动*

经历过才会了解什么是难言的艰辛,经历过才会体会什么是感动的快乐,经历过才会领悟什么是奋斗的人生。在与留守儿童通信的一年多的时间里,我真正理解了难言的艰辛,体会了感动的快乐,体悟到了奋斗的人生。

与我对接的是双河一中的莹莹同学,她家住在农村,有父亲、母亲、哥哥和年迈的奶奶。家中人口多,土地少,奶奶身体状况不好,常年需要药物治疗,为了支付一家人的生活费用,父母被迫到外打工留下年迈的奶奶,一边照顾莹莹兄妹的生活,一边还要像年轻人一样做着农活儿。而莹莹自身有严重的自闭症,平时基本上不会主动与任何人说话,对学习也没有太大的兴趣,长期的寂寞孤独让她产生了辍学的念头。了解到这些情况,我知道她现在的处境极其危险,真的很为她着急,虽然还没有见过面,但是凭一个人的基本常识,我知道,倘若现在得不到正确引导,我不知道她将来面临的会是什么。我暗下决心,一定要尽自己最大的努力来帮她树立正确的人生观、价值观。让她也能像其他孩子一样在亲人的陪伴下健康茁壮地成长!

当我收到她第一封回信时,简短的几句话让我依然记忆犹新:"我可以叫你姐姐吗?姐姐,我身边没有什么朋友,从我懂事起,就很少见到爸爸妈妈,爸爸妈妈的形象在我的记忆里已经模糊,我好羡慕我的同学,他们每天都能见到自己的父母,而我,只能拿着他们的照片默默地看着,默默地流泪。我不想让别人知道,可是,我真的好想他们,是不是他们不要我了?奶奶只知道在生活上关心我,却不懂我的心,我真的感觉好孤独,生活好无聊!"

看到这些,我不禁一颤,一个正值年少的孩子,竟然对生活如此消极,一个只有十五六岁的孩子竟然还要承受这么多本不该属于她的寂寞孤独!我发现生活并不是像我们想象中的那样简单!我赶紧写了回信,我对她说:"妹妹,其实生活是美好的,当你学会生活时你会发现它是很美好的!就像朋友之间的友谊是需要彼此的信任才建立起来的,试着多和身边的人说话,友好对待他人你会发现他们也会把你当朋友看待!这样心事也可以有人倾诉了,心情自然也会好了!"她曾多次对我说她想念父母,我告诉她说:我和她有同样的感受,我也曾远离父母独自在

---

* 本文作者王秋阳:信息工程学院学生。

外求学，所以她的心情我十分理解！深深知道她那种离开父母，亲人不能相见，没有朋友老师关心的痛楚，每次想家时我不知道哭了多少回！现在想想当时的情况我还觉得有点难受。然而，我有朋友和老师的关心，在他们的帮助下，我把思念化作了学习的动力。而她什么也没有，一个人又怎能承受住呢？我不想让她就这样孤独下去，于是我对她说，"其实父母到外打工为的是让你和哥哥有更好的学习生活环境！他们不是不爱你，其实是更想让你和哥哥过上好的生活不得不离开你，所以我们要学会理解他们的苦衷！奶奶是爱你的，只是奶奶注重的是对你外在的关爱，却忽略了你的内心感受，所以，你要懂事，好好与奶奶相处。"

然而事情并不是那样顺利，一封意外的来信让我再次陷入了沉思。她是这样说的："姐，我自从上初中以来压力一直很大，一想到学习就觉得头疼，我学习成绩差，老师根本就不重视我，姐，我不想上学了！以后也不用给我写信了。"我的心顿时疼了起来，一种难以形容的酸痛，为什么好好的就不想念书了呢？满脑子全是问号。我难以想象这个年龄的孩子不去上学还能做些什么，难以想象没有知识将来的路要怎样走，难以想象到底是什么让她产生辍学的念头。带着疑问和焦急的心情我赶紧写了回信，我告诉她学习一定要有恒心并把我的一套学习方法和她说了一番，告诉了她学习的重要性以及学习的目的，学习是为了自己将来能改善现有的生活，所以一定要坚持学习，那样才会对得起父母的一片苦心！信寄了出去，我还是有点放心不下，每天都在盼着她的回信，然而等了好久却一直没有她的消息！我感到事情有点不对劲，随后又打了一个电话，却没有人接电话，当时我真的好害怕，心里想肯定是出什么事了！

第二天我独自一个人打车去了她家，一路上的颠簸让我的心情久久难以平静，真想快点见到她，见到这个让我如此揪心的妹妹，透过车窗看到外面飘落的树叶，心真的好冷！莹莹现在过得好不好？一个多小时的颠簸终于抵达她家，如果不是亲眼看见，我真不敢相信农村还有这么破的房子，一间矮矮的小土房，窗外还贴着塑料纸。一进去有种黑黑的感觉，一个年迈的老人坐在炕的一头，在炕的另一头蜷缩着一个表情漠然的小女孩，蜡黄的小脸，粗糙的小手，瘦瘦的身体，让你第一眼见到就有种心疼的感觉！她就是妹妹吗？奶奶热情地招呼我，给我倒水，我告诉她我是特意来看妹妹的，奶奶二话没说，握着我的手，竟然半天没说出一句话来。我问奶奶妹妹的情况，奶奶无奈地说："她都好几天不去上学了，我这个做奶奶的真的是没办法了，孩子，真的希望你能好好劝劝她，她要是不念书了以后可咋办？"我明白一个老人说出这句话的含义，我对奶奶说："放心，我不会看着妹妹不管的！"过了一会儿，我发现在我和奶奶说话时妹妹会偷偷地看我，我主动和她说话,开始时无论我怎么问她,她都不吱声,可我没放弃,当和她谈到她父母时,她似乎不再沉默,我说:"妹妹,想想爸爸妈妈到外打工为的是啥呢?不就是为了让一家人有好日子过吗?和父母为我们付出的辛苦相比,学习算是难事吗?学习是我们这些农村孩子唯一的出路,好好学习将来才会对得起为我们的生活劳碌奔波的父母,才会对得起那些关心我们的人!"她沉默地点点头。"只要我们努力,学习并不是难事。"沉默了许久,她低声对我说:"姐姐我没想到你能来看我,我以为我是这个世上最孤独的人呢,从来都没有人这样关心我,现在想想我还有姐姐你!姐姐,你会一直关心我吗?"我很高兴她能对我说这些,我激动地点点头,眼中含着泪花用哽咽的声音对她说:"我会的!以后无论遇到什么问题,都要在第一时间告诉姐姐好吗?姐姐在什么时候都会支持你的!"清楚地记得一句话:"姐你真好,我会的!以后你就当我的亲姐姐好吗?"我听到这里真的控制不住了,泪水在眼眶里打转,我想这次我没白来,因为我得到了这个孩子那颗纯真的心!由于时间比较晚,奶奶不放心我一个人回学校,留我在她家住下了,正好明天把妹妹送回学校后再回去,这里没有舒适的床,没有可口的饭菜,但吃着奶奶精心准备的饭菜我却感到很温馨!这是我吃过最好吃的饭菜!即使屋里再冷,睡在炕上时心里却是暖暖的!晚上睡觉时我们聊到深夜,我们姐妹之间的感情就在这冰冷的冬季里慢慢升温!

  第二天我把她送回学校,真的舍不得离开,嘱咐她好好学习,太多的话想对她说,她的泪水让我再次说不出话来!紧紧把她抱在怀里,好心痛!"姐,我会听话的!"我多想就这样一直把她抱在怀里,再也不让她一个人承受这么多!奶奶握着我的手,一个劲儿地说谢谢,这二字所带来更多的是责任。放心我会照顾好妹妹的!我看到她的转变心里别提有多高兴,临别前,奶奶依依不舍地把我送上车,看到风中摇曳的落叶,奶奶真的越显瘦弱,真的不想离开这里,一个年迈的奶奶的真诚,深深让我感受到真情的温度,这个冬天我不会再感到寒冷!

  接下来的日子我每周都会写一封信给她,询问她的学习情况,她和我说她的变化,谈论身边的事情,有时也会问我一些学习上的问题,我耐心地给她写讲解,看到她学习兴趣渐渐浓厚的样子,我深深地为她高兴!还有更好的消息,她告诉我,她考到班级的前十五名了,这次进步了20名,听到这个消息要比我自己获得奖学金还要振奋!我的努力终于没有白费,她真的把我的劝告放在心里,我也感到很幸福,因为她是在第一时间把消息告诉我的,我在她心中位置已不仅仅是一个朋友的身份那么简单,她已真正把我当成她的亲人看待,我从内心里高兴,那种从未有过的快乐!我明白在她进步的过程我也该好好学习,所以一有时间就会到图书馆学习,这与以前的我简直是判若两人,真不敢相信这就是我!每次想玩的时候都会努力控制,我该给莹莹树立一个好的榜样,我们要一起加油!想到这些,好像自从上次从她家回来就好长时间没去看莹莹了,真的有点想她了,她现在过得好不好,学习跟得上吗?

  我利用军训期间仅有的一天假日来到双河一中看望她,带着精心准备的礼物,我和其他一些志愿者出发了。学校很破,教室也很简陋,可是就是在这样的环境下,我的妹妹仍然坚持学习,而我,生活在优越的环境下,却……好惭愧!以前的我错误地认为只要上了大学就什么也不用学了,然而我发现我完全错了,我在某种意义上还不如一个孩子!是她让我重新认识我自己,我该树立正确的人生方向,我明确了我上学的目的。这次当她看到我的那一刻时她亲切地叫我姐姐,已经完全没有上次见面时的拘谨,当我把礼物送到她手里时,她没有说话,只是给了我一个深深的拥抱,我深深感受到这个又黑又瘦的小女孩那渴望关心的眼神。从她的谈话中我感到她已不再是以前那个内向的小女孩,她似乎从以前的阴影中走了出来,亲切地叫着姐姐,叫得我心里暖暖的。她还自豪地领我到处参观,没有一丝疲惫,从她的眼神中看到的是对未来的渴望,我该好好向她学习了,她的身上真的还有很多闪光点值得我学习!然而时间过得好快,与她在一起的时间还是觉得很短暂,我们不得不说再见,就在我们准备离开时,奶奶的出现却让我非常震惊,一个年迈的老人走了那么远的路,为的就是感谢我们大学生,奶奶紧紧握着我的手哭了起来,她对我们说,"谢谢你们这帮孩子了,我一个农村老太太,不会说啥,我替孩子的父母谢谢你了!"随后又向我们深深地鞠了一躬,真的有点承受不起这么大的礼,那一躬让我看到的是孩子家长对我们的信任,就是那句很淳朴的一句话让我们这帮大学生都落下了眼泪,我们所做的是那么微不足道,可孩子看到的却是希望;我们尽的只是我们的一份职责,一份对孩子做出的承诺,可得到的却是信任!我们有信心把这件事做得更好!真的好想把时间就定格在那一刻,孩子们恋恋不舍地拉着我们的手,一张张可爱的小脸,看到他们的眼泪,我真的舍不得离开这些淳朴的孩子,我们彼此约定,一有时间一定会领他们到学院参观。车开了,路旁的树木渐渐远去,但依稀看见他们挥舞的小手,就像风中摇曳的树叶,我的心却好难受,一种说不出来的痛楚。妹妹,不要哭,我们一定会再来看望你们的!

  这一年多的时间,她让我有太多太多的感触,她的懂事让我知道懂得父母一直以来对我含辛茹苦的付出;她的纯真、可爱更让我学会怎样将爱传递下去,我们之间这份没有血缘的亲情让我这一辈子都会好好珍惜,不管未来的路有多么遥远,我都会一直陪她走下去!感谢她给我这份亲情,它让我懂得了什么是幸福,什么是责任,什么是人生的真谛。在未来的人生道路上,我会怀着一颗感恩的心,带着这份真诚的爱勇敢地去面对人生的风雨!

感言二十三、用爱勾勒质朴的人生[*]

我有幸在 2008 年 10 月份加入"心手相牵,共享蓝天"关注留守儿童志愿者的行列中,我不会豪言壮语,只想用朴实的行动来帮助那些孩子们,我仿佛看到了他们对爱渴望的眼神,仿佛听到那真情的呼喊。

与我对接的是海伦东林一中的小雷同学,通过老师和支教师哥师姐我了解到小雷的一些基本情况:父母长年在天津打工,不得不把小雷留在家里和爷爷奶奶一起生活,小雷与父母在一起的时间可谓微乎其微,他不仅要照顾自己的学习生活,还要照顾那年迈体弱多病的爷爷奶奶,本来就很年幼,加上缺少父母的关爱,长时间的冷漠让他的性格变得内向、孤僻,从而导致他的成绩逐渐下降。当我了解了这些情况后,深思了许久,作为一个当代的大学生,我有责任、有义务去帮助这个孩子。不为别的,只为那一颗纯洁的心灵,我会竭尽所能与他一起在阳光下健康成长;只为他那天真的眼神,我会奉献我所有的爱心与他一起走向美好的明天。

于是,我小心翼翼地写出了第一封信。为了尽量让他减少抵触心理,我反复揣摩他的心理,字斟句酌,生怕有刺激性的语言会触及到他那幼小的心灵,生怕他会认为我是为了参加活动才写信给他,我只希望他能把我当成一个知心朋友一样接受我。在寄出第一封信后,将近一个月的时间,一直都没有收到回信,这并没有消减我的积极性,我也没有因此而放弃,接下来的一个月时间,我一次又一次地寄去问候与关心,把自己介绍给他,因为我坚信:在他坚强的外表下,有一颗脆弱的心,我的真诚一定会得到回应。终于有一天我从支教师姐那儿收到了一封小雷的回信,虽然他只是随便敷衍地回复了我几句,但就这样也让我很激动。也就在这个时候我联系到远在天津打工的小雷父母,我想从他们那儿进一步地了解小雷。那时小雷的父母也不接受我,担心我只是为了校里的活动,会影响小雷的学习。经过我不懈的努力,每天下课给他发信息,关心小雷:你现在在做什么呢? 吃得饱吗? 会不会冷呢? 是不是学习压力大啊……小雷和他的父母被我的真诚所打动,

---

[*] 本文作者康雪瑜:艺术设计学院学生。

终于接受我了，渐渐地小雷向我敞开了心扉。我发现小雷身上存在与他年龄不相符的一些毛病：不喜欢听爷爷奶奶的话，总爱胡思乱想。他告诉我：很小的时候父母就不在身边，遇到什么问题也没人可以诉说，有什么困惑也没人可以解答，爷爷奶奶只是照顾我的生活，给我洗衣做饭，每天回到家以后学习上也没有人督促、辅导。渐渐地自己对自己也就放松了要求，不喜欢多说话了，整天只知道贪玩。他的话深深地触动了我的心，我告诉他，我从小也生活在一个比较偏远的农村，家里也很困难，那时一家四口以两亩多田地为生，每天和姐姐都得去几里地以外的一所学校上学，如今考上大学，对于农村的生活我依然历历在目、深有体会。我说："小雷，好好读书，考上大学，和哥哥一样走出农村，有机会把咱父母也带出来。"我让他感觉到虽然父母不在身边依然还有我这个哥哥可以依靠，会把他当作亲弟弟一样看待。在他不开心的时候，我想尽一切办法逗他开心，让他感受到生活的快乐；在他失落的时候，我给他勇气，给他活力，让他感受到春天般的生机与活力；在他学习上遇到难题的时候，我去图书馆或上网查资料给他一个最容易接受的解题方法，尽量给他带来更多的轻松与方便。有时我也会给他邮去我大学生活的照片，经常向他介绍大学生活的丰富多彩，让他对知识充满渴望，让他对大学充满期望，让他对生活充满希望。

上学期有一次周末我给他打电话的时候感觉他支支吾吾的，想说什么又咽下去，我的心马上沉下来，我知道他一定有什么困难了，但却不知道该不该和我说。在我再三地劝说下，他终于肯和我说了：期中考试他数学只得了59分，他觉得分数很低，不敢与任何人说，不敢与远在天津打工的爸爸妈妈说，他觉得有点对不起在外打工受苦的父母；也不敢告诉爷爷奶奶，怕惹爷爷奶奶生气，所以他只是自己憋在心里着急，每次和朋友玩耍的时候想到数学成绩就开心不起来。当时我就告诉他：要坚强，一次失败还有下一次，只要自己尽力了，爸妈也都会理解你的；只要你不气馁，哥哥我会一直陪着你，哥哥相信你能行的。我能感觉得到那时他也很着急。那天晚上我很久都没睡着，在想该怎样帮他一起渡过这个难关，于是我就和寝室的几个学理科的同学一起讨论该如何轻松地学好数学。第二天一早又去图书馆查了一些关于学习数学的书，把我觉得适用的方法记录下来，并结合自己记忆里老师总结的经验和从同学那儿听到的学习方法写成信件邮给小雷，还特意买了一个数学笔记本邮给他，方便小雷整理和复习。小雷每天回家都会按照我教他的学习方法比其他同学多花半个小时在数学功课上。小雷在中考前的第一次月考数学提高了近20分。如今小雷不仅成绩提高了不少，他在放学的路上再也不玩耍了，而是早早地回到家，帮着爷爷奶奶做家务，变得很懂事了。

记忆最深的是我们志愿者去东林一中看望留守儿童,因为这是我们的第一次见面,我们带去了准备很久的学习和生活用品,把我们的真心话录制成视频作为见面礼物,我们在视频里说了我们最想对他们说的真心话。那天在他们学校唯一的现代化机房里播放着视频,我对小雷说的第一句话是:"别人和你比父母,你和别人比明天。"慢慢地你会明白,没有父母在家的生活,会让你经受生活的磨炼,是你奠定人生远大理想的最好开端,我想以此激励他好好学习。依然记得当时在场的孩子们都纷纷掉下眼泪,我也无法控制自己的情绪,有种想哭的冲动。虽然小雷没有和别的孩子一样放声大哭,但他眼角的泪花早已模糊了视线。那一天我们一起面对面地交流、一起上课、一起吃饭、一起谈心、一起游戏……我们像亲兄弟一样舍不得分开。小雷班主任告诉我:小雷进步了不少,不但学习成绩上去了,做什么也比以前积极了,再也不让我操心了。听到这些话,抬头看到阳光是那么的明亮,我想这仅仅是我们爱的旅程的开始,是心灵与心灵互动的美好见证,也是我们作为当代大学生应该值得做的事。当我们离开的时候,小雷一直站在车窗那儿,一句话也没说,我能感受得到他内心的种种不舍。车越来越远了,我看见他依然站在原地望着我们的车子,我知道他在控制自己内心的伤感,不想让我看到他脆弱的一面。我不敢再看他了,我不想看到我一个男孩子的泪水,虽然我尽量控制我想哭的冲动,但我的眼泪早已开始泛滥,我真的舍不得离开他,我真的想让这一天永远的停下来,让我们兄弟俩多待一会儿,一起谈谈心,享受这宝贵的时光。

我们沟通半年后的一天,突然接到一个从天津打过来的陌生电话号码,他们告诉我说是小雷的父母,叔叔说:"小康,谢谢你,谢谢你帮助了小雷,希望小雷和你一样考上大学,走出农村,希望你们兄弟两个能好好的……"我回复叔叔:"相信小雷一定行的,这也都是我该做的,你们在外工作多注意身体,小雷你们就放心好了。"他们特意打电话对我一年多来对小雷的开导和关注表示感谢,真心希望我们学校举办的活动能一直举办下去,并给予我精神上最大的支持。他们告诉我说:"小雷懂事了,家长会的时候班主任老师还特意表扬了他,如今每逢周末小雷还会主动给父母打去电话,这些我们都看在眼里……谢谢你!"听到这些话我激动得睡不着觉,我能感受到小雷父母那感激的笑容,那种无法用语言来形容的谢意,我想这是对我的最大肯定。

我一直坚持电话、书信、信息来鼓励他、引导他,要他坚强、自信、树立目标。告诉他:只有努力学习,才能对得起在外打工受苦的父母。记得小雷来信中说道:"我绝不会辜负哥哥对我的关爱与帮助,我会以我的成绩报答关爱我的人。感谢你!雪瑜哥哥,是你教会我坚强、教会我自信……"这是我最值得收藏的话,这是让我一辈子都应珍藏的话,他让我感受到了一个留守儿童心灵的真情呼唤。

人生的每一次经历都是收获,相信这段志愿者的生活将会是我一生中最大的转折点,在这一年多时间里,我学会了给予别人关心、鼓励,给予别人信心,也懂得了感恩父母,知道了生活的艰辛。更让我体会到了成长的路上重要的是自己面对生活的心态。我会继续带着这份爱去勾勒质朴的人生,带着这份激情勇敢地搏击人生的风浪。

感言二十四、真心付出用爱铸造祖孙情*

父母哺育我们,教育我们,含辛茹苦地把我们拉扯大,当他们老了,我们要如何照顾好他们,走近他们的心灵,关心他们需要什么,这是我们值得深思的问题,而这样的思考却是在我与一位老人近三年的点点滴滴中渐渐产生的。

大一的下学期,我加入了学子爱心服务队。这是一个由志愿从事爱心服务活动的学生自发组成的小分队,队员们还分成好几个组,每组专门负责一项爱心活动,有的负责聋哑学校,有的负责敬老院,有的负责环保宣传,而我非常幸运地被分到北林区吉泰敬老院为那些孤寡老人提供爱心帮助。与我对接的是已经79岁高龄的高学金爷爷,他是一位老革命,曾经参加过抗美援朝战争,他的儿子因为意外去世了,高爷爷在敬老院已有六七个年头。

在没去敬老院之前,我一直在心里勾画它的模样,觉得那里应该是窗明几净的公寓楼,有一个小花园,每个房间里都有干净的床铺和电视机,老人们可以下棋聊天,在那里安享晚年。可等到我真的来到敬老院的时候,却被眼前的景象震惊了,它与我的想象有着天壤之别。原来敬老院真的只是个院子而已,那里不过几间破旧的小平房,一个堆放着杂物和种着蔬菜的院子,老人们的房间更是小得可怜,两三个人挤在10平方米的小空间,褶皱泛黄的床单被罩也应该很久没有洗过了,而全院只有一台破旧的电视机,那是老人们唯一的娱乐设施。看着这样的环境,我的心里阵阵酸楚,很不是滋味。

更让我揪心的是那些无依无靠的老人,他们苍老的面容、破旧的衣服、蹒跚的脚步,每一处都牵动着我的心。人都有老的一天,我的父母也在一天天地老去,当他们老了的时候,我是无论如何也不会让他们这般凄惨的。我们帮助老人打扫了

---

* 本文作者张月:文学与传媒学院学生。

房间,擦了玻璃,还凑钱帮老人们买了新的床单和被罩。我们知道,我们改变不了这里的环境,但是我们想竭尽全力让这里变得整洁,让老人在这里住得舒适一些。有些年龄大的老人生活自理有些困难,我们就帮助老人剪指甲、刮胡子。我们还会在节日期间组织同学表演文艺节目,同老人们一起欢度佳节,每当看到老人们慈祥的面容上绽放的笑容,我就越发觉得自己的努力是有价值的。

我们每次去敬老院表演节目,高爷爷都会参加,可又不会太靠前,总是坐在后排或者站在旁边看一会儿就离开,很少与我们面对面地交流。我们主动上前问候,他就只是对我们笑笑,我们问他问题同他聊天,他也只是说不了两句就借口离开了,我们的爱心服务在高爷爷这里遇到了难关。后来我们通过院长了解到,高爷爷原来是一名老革命,曾经参加过抗美援朝战争,他的肋骨还有一块突起,那是他参加抗美援朝后留下的永久记忆。从那以后每次去敬老院,我们都给高爷爷带去《党的生活》杂志,他看书上的字费力,我们就一点点念给他听,还给他讲现在党的政策给我们生活带来的巨大变化,渐渐地拉近了我们之间的距离。

当我们跟高爷爷越来越熟悉后,我们就经常几个人围坐在高爷爷身边,让他给我们讲述他在抗美援朝中的亲身经历,那时条件的艰苦、战争的惨烈是我们想象不到的,很多细节也是我们在书本和电视上根本看不到的。记得高爷爷给我们讲他在上甘岭战役的故事,我们的志愿军是如何用小米加步枪打败敌军的,军需运不来供不上,他们就每天靠硬邦邦的苞米粒充饥;人家的武器先进,一连能打好几发,我们打一枪还得重新装弹才能开第二枪;他们在一人高的战壕下作战,感受子弹在自己的头上飞过。高爷爷对我们说,这胜仗就是用人堆出来的,一批倒下了,后面的人就马上冲过去。听着高爷爷的描述,突然发现血流成河这个词是多么的形象,我们今天的幸福生活又是多么的来之不易,我们若是荒废时间不好好学习,又怎么对得起那些用自己的生命为我们换取美好生活的人呢。经过一次次的精神洗礼,我们不禁对这位老人产生了深深的敬佩之情。后来高爷爷还主动走上台给更多的同学讲述那些我们不知晓的光辉岁月,鼓舞激励同学们要好好学习,为祖国贡献自己的一份力量。在党的生日那天,我们去敬老院表演节目的时候,高爷爷还跟同学们一起合唱了好几首革命歌曲。

高爷爷其实是一位很乐观的老人,他对待生活的态度很淡然,很少见他抱怨,也没听他嫌弃过敬老院的条件差,他说人老了,有个遮风避雨的地儿就行了。他还跟我们说,国外打完仗就不管那些兵了,只有我们国家会管,他说我们的国家好,我们的共产党好。那种真挚的眼神、诚恳的话语,我知道这绝不是什么虚伪的空话套话,而是高爷爷的真心话。但高爷爷一直有个心愿,就是找到他的孙女。

他的儿子过世后,孙女跟妈妈生活在一起,后来不知道什么原因与高爷爷失去了联系。高爷爷一直特别想念他的孙女,有一次看到我们的一位学生志愿者跟他的孙女有几分神似,他便向我们打听那个学生的情况。我一直记得当我们核实清楚,告诉高爷爷那个女孩不是他孙女时高爷爷失望的神情,他低着头喃喃地说:"其实我也想到她不是了,名字都不一样,可是她也可能跟着妈妈以后改了名字呀……"我听着高爷爷说话的声音越来越小,我的心里也越来越酸,我蹲在爷爷旁边,握着他的手跟他说:"爷爷,您别难过,虽然您孙女不在您身边,但我们可以代替她照顾您,我就是您的亲孙女。"后来每次去敬老院,我都会陪高爷爷多聊一会儿,给他讲笑话逗他开心,帮他按摩、剪指甲。记得第一次帮爷爷剪指甲,我握着那满是皱纹和老茧的手,只觉得心酸,不自觉地手就抖起来。爷爷的指甲很硬,我又是第一次给别人剪指甲,特别地小心,也不敢用力,剪得特别慢。爷爷坐的时间长了,也没跟我抱怨一句,还对我说别着急。好不容易剪完了,看着剪得参差不齐的指甲,我直觉得脸在发烧,赶忙又蹲下来要帮爷爷再修修,爷爷却对我说,"不用不用。"看着我剪得指甲,笑着对我说:"这不挺好的嘛!挺好!"我顿时觉得心里暖暖的,可如果我曾经做过类似的事就不会有这么尴尬了。想来觉得羞愧,自己居然从来没有给爸爸妈妈剪过一次指甲。记得电视上有个广告,是一个几岁的小男孩摇摇晃晃地给妈妈端洗脚水,可我活了20多年,却不曾给妈妈洗过一次脚。第一次觉得自己竟是这样的不孝,暗暗在心里告诉自己,以后回家一定要给爸爸妈妈剪剪指甲、揉揉肩。

后来,我还发现了高爷爷的一个小秘密。有一次我到高爷爷的房间去找他聊天,发现他的枕头不平,有一块鼓鼓的。就对高爷爷说:"爷爷,怎么不把枕头放平呢,这样睡觉容易落枕的。"起身帮爷爷弄平枕头的时候,发现枕头下鼓鼓的那一块竟然是一个小闹钟。我不解地拿起闹钟问爷爷:"把这个放在下面多硌得慌啊。"高爷爷有些不好意思地对我说:"我就喜欢听这表咔嗒咔嗒的声音……"我还是不明白,高爷爷就继续说:"晚上睡不着的时候,听着这个,有个响,就不觉得是一个人了……"听完这些话,我突然觉得自己的心好像被人挖走了一块,空落落的。爷爷原来是这么的害怕孤单,而我那工作一天回到家的父母是不是也像爷爷一样感到孤单呢?自从上了大学,只觉得自己终于摆脱父母的束缚,可以自由飞翔了。只有在月末没钱的时候才会想起往家里打个电话,却不曾想过我就是他们生活的动力和快乐的源泉,我一个问候的电话也许正是他们的期盼。后来每个星期我都会给爸爸妈妈打个电话,告诉他们我在学校过得很好,要他们放心,希望他们注意身体。起初爸爸妈妈接起电话没说两句就会问我是不是又没钱了,还担心我是因为没钱又不好意思直接说。但渐渐地,我终于让爸爸妈妈明白,我只是想让他们知道,不论我身在何地,他们永远是我的牵挂。

随着时间的推移,我和高爷爷的感情越来越深,高爷爷盼着我们去敬老院看他。现在每次我们去敬老院探望,他不仅会出门来迎接我们,走的时候还会依依不舍地送我们老远。最让我感动的是有一次我感冒了,服务队的同学们去敬老院看望老人我没能去上。高爷爷看到我没有去,便向同学们打听我的状况,知道我感冒后便把我的电话号码要走了。同学们回来告诉我高爷爷很惦记我,还把我的电话号码要走了,我当时也没有多想,只寻思等病好了一定要去看望他。结果第二天就有一个陌生的号码打来,居然是高爷爷打过来问我的身体怎么样了,要我按时吃药,早点好起来。我突然觉得自己好幸福,我知道我的努力没有白费,高爷爷是真心地接纳了我,他真的把我当作亲孙女来对待。

高爷爷教会了我很多,从他的身上我深切地体会到今天幸福生活的来之不易,我还学会了做人要知足常乐,懂得感恩,生活要宽容一点,潇洒一点。特别是通过对高爷爷的帮助,让我懂得了要孝顺父母,与父母进行心与心地交流。现在我已经是一名大三的学生了,我从爱心服务队的参与者变成了组织者,我带领学弟学妹继续着这项爱心活动,我希望在我离开学校的时候这些老人依旧有人关心照料,希望我的学弟学妹也能像我一样从中收获着幸福和感动,更希望我们真心付出、用爱铸造的祖孙情能一直延续下去。

感言二十五、让爱温暖世界*

在我的周围有这样一个真实的故事,一位年近80的老奶奶,因儿女不在身边,自己不小心跌倒在地,幸亏儿女回来得及时,老人才脱险。类似的意外事故也时有发生,有一位七旬老人独自在家做饭时被烟熏晕,倒在厨房,一直处于昏迷状态,幸亏居委会抢救及时才脱离生命危险。还有一位老人死在家中一个星期,竟无人知晓。这一连串的"意外"事故,向全社会敲响了警钟:"空巢老人"的问题,需要社会的高度重视。

空巢老人身体状况不好,行走不太方便,缺少细心的呵护和关爱,他们作为社会的弱势群体,随时会因为各种原因而发生危险和意外。

---

* 本文作者肖拓:文学与传媒学院学生。

今年暑假,我揣着激动的心情,又一次来到王奶奶家。王奶奶家里就只有她一个人,虽然没有什么文化,但是她特别善良,什么事情都为儿女考虑。她的孩子在外打工很少回家,王奶奶每天都静静地面对眼前的一切,伴随她的只有那些已经落上灰尘的家具和电视,还有那部很少响起的、冷冰冰的电话机。我能感觉到王奶奶很孤单、很忧郁,她的目光凝重而呆滞,脸上很少露出微笑。

刚到王奶奶家,我就开始忙活了,扫地、倒水、擦玻璃、整理衣柜,能干的尽量都干,希望能减轻老人的生活负担。我也不知道为什么浑身都是劲儿,一点都不觉得累。王奶奶愉快的心情溢于言表,她一遍又一遍地告诉我说:"歇会儿吧,别累着,一会儿再干。"看着王奶奶脸上挂着微笑,我也非常高兴,毕竟给别人带来快乐的同时,自己也会随着快乐。我想这点活狼,比起王奶奶几十年的辛勤付出,又算得了什么呢?我连忙回答:"奶奶,我不累,一点都不累。"不一会儿该打扫的地方都打扫干净了,看着洁净如新的家具,我的心也为之一亮。

干完活儿,我坐在王奶奶身旁和她聊天,我聚精会神地听她说自己的人生经历,说她家里的故事,说完她心情好多了,完全放松了,心底的石头也不再重重地压着她了,我也觉得释放了好多。王奶奶虽然是长辈,但她就像我的好朋友一样,我可以和她讲在学校发生的有趣的故事,倾诉我成长中的烦恼,王奶奶紧紧地握着我的手,我们聊得很投入。奶奶说话慢,耳朵也不太好使,我就大声地说每一句话。我能做的就是除去她心中的孤独和忧郁,缓解她的心情。

想到这位忙碌了一辈子的老人,她为儿女操碎了心也磨破了嘴,很少给儿女添麻烦,有个头疼脑热的小毛病都挺着,有什么大的毛病更是瞒着儿女,怕他们惦记,王奶奶实在是为孩子做了太多,也想了太多。可就在她本该享受天伦之乐的时候,却过着孤单寂寞的生活,真叫人于心不忍。我真的很想为她做点什么,尽上自己的一份力量,我的心也能好受点。虽然我不能时时刻刻陪在她身边,不能每天都无微不至地关怀她,但是至少在我空余的时间来看看她,让她感到亲情的存在,感受到子女的关怀。

以后只要有时间,我都会去看望王奶奶,用自己的爱温暖老人的心扉,尽一份子女应尽的孝道。

世界上最伟大的爱就是父母的爱,他们含辛茹苦,把全部的心血都注入到子女身上,他们会为孩子取得的成就而高兴,也为孩子的失败而鼓劲。

我们每个人都有做父母的一天,也会有老的一天,去关心和爱护身边的老人,也是在为自己积累一笔爱的财富。有句话说得好:赠人以鲜花,手留余香。其实,给人以力所能及的帮助和关爱,很简单的举动,同样会收获很多。这样的收获比吃什么山珍海味都幸福,我的内心充满了无声的感动,和被温暖包围的充实感。

空巢老人的困难不仅在于身弱多病和经济上的拮据,更来自于心灵深处的空虚。他们多么希望儿女能陪在身边说说话,多么渴望儿女还能像小时候那样撒撒娇,多么想看到活蹦乱跳的孙子、孙女,盼望着听他们唱支歌,哪怕是走调的歌,都会使老人心潮澎湃,然而这些对于一些老人来说都是一种奢望!儿女因为工作忙,忽略了老人,只是打几个电话问候几句,轻描淡写不起多大的作用,老人真正渴望得到的是:能看到日思夜想的孩子的身影,希望看到健康的孩子,这样就足够了。

在关爱空巢老人的活动中,我的社交能力得到了锻炼,同时提高了我的语言表达能力,我学会了站在别人的角度看问题,还学会了感恩,感恩父母,感恩身边的每一个曾经温暖我的人,我也深深体会到了父母之爱的伟大和深沉,我要加倍努力去回报父母的这份恩情。

一片绿叶饱含着它对根的情谊,作为绿叶的我们,都要把全部的爱给予我们的父母和长辈,特别是那些需要关心的空巢老人,用自己的身体为树根遮风挡雨。让我们携手前行,传递关爱与温暖,让阳光普照大地,让爱洒满人间。

感言二十六、用四年的时间种一棵树——记重阳节探望空巢老人*

2010年我来到绥化学院文学与传媒学院后,得知系里有一个长期坚持的活动——关爱空巢老人,于是一直积极打听关于这个活动的消息。我很想走进"空巢老人"这个特殊的群体,很多次我从媒体上看到对关爱空巢老人的呼吁,总会萌生去看一看他们的想法,哪怕自己只有很小很小的力量,也想去温暖他们。

这一年的重阳节,我和爱心服务队的其他成员一起去到敬老院,那里聚集了很多不能与子女家人一同过节的空巢老人,我们带着水果和满心的期盼与热情去探望他们。

到了敬老院,我们遇到很多热情的老人,他们向我们挥手打招呼,脸上的笑容如灿然花开。当我们一一将他们接到一同聚会的大厅时,一双双青春的手与写满岁月沧桑的手握在了一起,他们轻拍我们的手,言语中满是对我们到来的欣慰与

---

* 本文作者铁晓蓓:文学与传媒学院学生。

感谢。我看着他们的苍苍白发,抚摸着他们手上沟壑般深深浅浅的皱纹,忽然感到一些心酸。如果我真的能够成为他们的家人该多好,我可以拥有那么多的爷爷奶奶,可以好好地关心他们,照顾他们。他们得到的温暖也许真的太少,所以那么容易满足。

接下来我们进行了一个多小时的联欢,联欢会是愉快而充实的,我们也准备了很多精彩的节目,相声、戏剧、山歌,大厅里的掌声和欢笑声此起彼伏,老人们对我们的表演赞不绝口。其实老人们的要求很简单,他们只是希望获得精神上的安慰与满足,这是多么简单的要求,但这也恰恰是空巢老人们最缺少的东西。我们在带给老人们欢乐的同时,也收获了老人们带来的礼物,这些空巢老人也在现场纷纷展示自己的才艺。一位老大爷,他一口气唱了好几首老歌,一字一句铿锵有力,让人看不出半分老态,可以想象这位老大爷年轻时候的歌声是多么的动听。而另一位奶奶说起顺口溜和相声更是有趣,甚至有很多是她年轻时自编的。面对着我们这些观众,她毫不吝啬地展示她的才华,带着一些小姑娘一样的害羞和骄傲,仿佛回到了少女时代。曾几何时,他们也是与我们一样,充满朝气与活力,虽然岁月不饶人,但是我能感觉得到,他们还有一颗年轻的心。

快要离开的时候,我们将带来的水果分发给了老人们,他们在接过水果时脸上充满了慈爱甚至带着一点天真的笑容,不知是不舍还是愧疚,看到这样的场景我忽然觉得眼睛酸酸的。

作为当代大学生,我们肩负着社会的希望,肩负着振兴祖国的历史使命,这些活动更加增强了我们的社会责任感。空巢老人很多都是为祖国的建设事业做出贡献的人,然而由于各种原因现在他们孤身一人,得不到家庭的呵护与温暖,我们身为当代大学生,有责任有义务为这些空巢老人送来家的关怀与社会的温暖。我们能做的真的太少了,但是我相信我们所做的一切会带动更多的大学生,更多社会的有心人来关爱空巢老人,关爱这些曾经为祖国的社会主义建设做出过很多贡献的老前辈们。我只能在长长的时光里偶尔抽出那么一点时间来看望他们,去想念他们,我所能付出的关爱那么微不足道。但就是这样微不足道的关怀汇聚起来才能够成江成河,汇聚成社会共同关爱弱势群体的大潮流,这是我们当代大学生以及整个社会共同的心愿。

哪怕只能带来一缕阳光,我想我也会在大学这四年里用心种好这棵关爱之树;哪怕这只是生命中的一瞬,也会在这短短的一瞬当中做到最好,让我们共同努力,共同携手,去关爱空巢老人,关爱弱势群体。

感言二十七、有感动就有幸福*

"感动无处不在,仿佛泉水,能滋养生命。但是,我们却匆匆走过,忍受着干渴。"因为他们不能用声音来大声宣泄,不能用真挚的双眼看清世界,不能用有力的臂膀撑起自己的天空,甚至不能在自己的人生轨迹上印满属于自己的足迹,他们就是——残疾人,常常躲在寂静的角落里悉数悲伤,用自己仅存的力量,顽强拼搏着,他们是感动的代表,是幸福的代表,请不要忽视这份感动,这份幸福。

幸福是什么?

2009 年,懵懂的我在追逐幸福是什么? 她——云朵朵给了我答案,幸福是心中向往的那一片蔚蓝的云彩,还有那一片纯净的心海;幸福需要在自强不息的奋斗中憧憬。当时的我被深深地震撼了,更被深深的感动了,因为云朵朵是上帝遗漏的宠儿,失去了心灵的窗口——后天造成双目失明,但从她毫无光感的眼神中我明白,她不是用眼睛来捕捉世界的美,她是用心灵去感受世界,去感受身边的点点滴滴。

一、拨开云朵见日出

云朵朵,女,12 岁,就读于绥化市聋儿康复中心。她的故事发生在温柔壮美的草地上 6 岁那年因高烧,耽误了治疗,虽保住了性命,却从此失去了发现美的眼睛,从此生活的苦海浪潮向她袭来。朵朵的母亲经受不住这惨剧的打击,撒手人寰,将朵朵独自一人扔到漆黑的世界里。

失去双眼的朵朵再也不能够像以前那样在草地上自由地放风筝了,再也不能够像以前那样生活一切都由自己做主了。断了线的风筝是得到了自由还是得到了毁灭? 我不知道,但是对于执线的朵朵来说她的生活并没有毁灭,坚强让她重新站了起来,坚强让她学会了承担,坚强让她试着去靠自己的双手双脚做其他人双眼能够做的事,坚强让她慢慢走出了失去双眼的阴影——拨开云朵看见日出。

二、传递爱心牵手同行

朵朵的故事是不平凡的,认识朵朵并与朵朵牵手同行互帮互助更是不平凡中

---

* 本文作者马立雪:教育学院学生。

的不平凡。

　　朵朵的故事令我感动，更让我体会到了一种刻骨铭心的幸福，所以我竭尽全力地帮助她，让她知道，她并不孤单，她有我和老师同学们的关怀，让她重拾学习的信心，像其他同学一样心中装着考取大学的梦想。

　　但是事情并不像想象中的那样简单、那样顺利，一开始朵朵处处排斥我，处处与我为敌，多少次的关心，多少次的问候，多少次的接近，都被她冰冷的举止和空洞的眼神拒绝于千里之外，但是我并没有放弃……

　　我是学学前教育专业的，对特殊教育中的手语和盲文一窍不通，但是我没有退缩，我为自己设立好目标，每天抽出大量时间学习手语，学习盲文，积极参加盲文社团，参加"关爱残疾人""助残晚会"等活动，就是为了与他们近距离接触，了解他们，并能很好地和他们进行交流，以便复习自己自学的盲文，就这样2个月的时间过去了……在这2个月里我没有和小朵朵说过一句话，只是远远地观望她，远远地想念她，现在终于有能力可以来到她身边了，但是怎样能让她接受我，而不排斥我呢？我和校长商量让我作为她们班兼职教师，这样小朵朵就可以对我敞开心扉，就不会觉得我在同情她、可怜她了，就这样我以教师的身份来到了朵朵的身边，我们之间的故事便开始了……

　　每周二、周五以及周六、周日我会准时来到康复中心上课，其实我的课程不是教会他们多少知识，而是让他们尽情地放松，尽情的玩耍，以便放下心中的枷锁，恢复他们这个年龄段中该有的幸福笑容，就这样我很快和他们成了很好的朋友，他们都称我为"知心姐姐"，特别是小朵朵，我还利用双休日的时间常常带着朵朵去公园散步、去商场购物、去吃肯德基等等，有时我真的觉得我们是亲姐妹，真的觉得自己有责任让朵朵像正常孩子一样有健全的思想、感情和梦想……但是快乐的时光总是短暂的，朵朵发现了我的秘密，发现了"知心姐姐"就是原来的我，她伤心了，因为我欺骗了她，她说她恨我，恨我掏空了她的思想，当时的我傻了，整个人犹如被抽干了……不知怎样来应对这突如其来的变故，以后在我的课堂上再也没有朵朵的身影了，那个位置总会是空着，有时我好像觉得那空座上还飘浮着朵朵的笑容，我知道这是我的幻想，但是我好希望就这样一直幻想下去……

　　元旦去看望朵朵的时候，因为我当时高烧加之没有吃早饭，刚看见朵朵就迷迷糊糊地晕倒了，醒来时只听见一声声的哭泣，那仿佛是朵朵。我努力地睁开眼睛，看见的是朵朵哭红的双眼，和一声声断断续续的话："姐姐你醒醒，朵朵喜欢你，朵朵爱你，朵朵不恨你，朵朵只是一时想不通才会说讨厌你的话，现在朵朵想通了，你是为了我好，你是关心我，爱护我才会那样做的，姐姐你醒醒吧！"看到这一幕,听到这真切的心声,我泪如雨下,与朵朵真情相拥,从此我们真的成了好姐妹,我们互相激励,互相帮助,真的成了无话不谈的朋友。

时间是一剂良药,和朵朵相处了近两年的时间,她慢慢地接受了我,每次去看她我都会给她带去她最爱吃的棒棒糖,她总说甜甜的,就像姐姐的爱,暖暖的。朵朵告诉我,她也想上大学,像我一样走进大学的殿堂实现人生理想。我告诉朵朵:只要努力认真,铁杵磨成针。我相信她一定能考入自己理想的大学的。现在的朵朵,学习很认真,我想她的付出一定会有收获的,因为她是一个善良努力认真的孩子,上帝一定会眷顾她的,不会再让她伤心失落……

像云朵朵这样一群人从失明的一刻起,就开始了自己独特的人生历程,像云朵朵这样一群人是我们这个社会里常常见到的一员,上帝虽然折断了他们的翅膀,但是他们却依靠坚强的意志为自己推开了另一扇窗,给了自己欣赏独特风景的机会。通过与朵朵牵手同行,让我懂得了什么是坚强,什么是自立自强,什么是坚韧毅力。再想想我们这些健全人,从小就拥有美好生活的青年,我们又懂得了什么呢?我们的不满,我们的埋怨,我们的牢骚几乎无时不在。但是朵朵却能够在逆境中勇敢坚持下来,朵朵让我想起了美国的海伦凯勒,一位又盲又聋的女孩,通过自己的努力与坚强终于成为了一个伟大的作家。他们都是我们应该学习的榜样,他们都应该让我们感动,我们也都应该记住这份感动,并将这份感动传承下去。

感言二十八、助残,我们在行动*

随着我国的政治、经济、文化、教育的发展以及传媒行业的迅猛推进,民生问题逐渐吸引着人们的眼球,政府部门把百姓的生活、健康等问题也纳入到规划发展的范畴之中。然而在关注百姓健康的这一系列问题之中,有这样一个群体尤为受到政府的关注——残疾人群体。也正是由于国家、社会、政府对残疾人关注程度的不断提高,学院对此项活动非常重视,我系更是积极响应学院的号召,多次在系、校举办各类助残活动,让残疾人感受到无限的快乐。我系还特别组织了助残服务小分队,深入到社会之中,深入到残疾人之中,为他们带去关怀,带去温暖。

记得2008年刚刚步入大学的我,对这里的环境、这里的人都感觉到十分陌

---

* 本文作者王彦斌:教育学院学生。

生,多亏老师与同学们的帮助,让我很快地融入大学生活,那时内心当中充满着好奇,充满着激情。当时正值系里成立助残服务小分队,起初由于好奇就踊跃报名参加,的确没想到自己能坚持这项助残活动三年之久,可能是这份真情和爱心在一直牵动着我。

系内将助残服务小分队分成两个部分十组,一部分人深入敬老院、康复中心,一部分人则走街串户关注残疾人群体。我被分到了第二个部分,由于是第一次参加助残服务小分队,我们这些队里的新成员与一些残疾人群体必须要搭成对子,时常沟通,用我们的心去温暖这些残疾人群体孤寂的心。

我们的小组第一次深入到的是大有社区办事处张奶奶的家中,张奶奶为人很亲和,她是一个很乐观的人,从那时起我们就时常联系和沟通,我们把张奶奶当作自己的亲奶奶看待,张奶奶对我们也如自己的家人,彼此产生了深厚的感情。

还记得第一次来到张奶奶家中,是一个大雪纷飞的冬天,天气甚是寒冷,张奶奶家住的是一个破旧的房子,屋里时常会滴漏下雪水。我们来到张奶奶家中时,张奶奶正在外边挑煤核,张奶奶的腿瘸且有脑血栓,由于张奶奶顽强的性格、乐观的心态,现在恢复得还算不错。我们主动上前介绍了这次前往她家的目的,张奶奶听后十分高兴并且热情地把我们迎进了屋内,走进屋内一片漆黑,可能是因为房子年久失修,屋内十分简陋,摆设也甚是微少。我们前去的一共是七个人,都挤在了这屋内仅有的沙发上,这时奶奶急忙说:"你们看,我们家也没有水果来给你们吃,真不好意思。"从奶奶的眼神和话语中,我们能清楚地感觉到奶奶对没能给我们水果而感到特别的惭愧和内疚。就这样,我们在不知不觉中拉近了彼此的感情,进行着深入的聊天。我们放眼看去,可以看到炕上躺着一位中年男士,这让我们充满了疑问,在随后与奶奶聊天的过程中,我们把话题拉到了这位中年男士的身上。奶奶一听到这个话题似乎有些哽咽但又面带微笑地讲述着属于她的故事,其实躺着的那位中年男士是张奶奶仅有的一个患有精神疾病的儿子。起初儿子很正常,后来由于工作和婚姻的双重打击,让儿子得了这病。这么多年,就他们母子俩相依为命,平时的生活也是靠政府的补助。此时,泪水已经在奶奶的眼球中打转。我的同学看到奶奶这个状态就机智地把话题拉到了要帮奶奶打扫卫生上来,顿时让奶奶的心情有了些许的转变,奶奶急忙说:"不用了,孩子们,你们来一次我就很高兴了。"等奶奶说完这话时,我们都已经动手开始打扫了。说实话,奶奶的这屋内由于很久都没人收拾,确实很脏,我们七个人整整打扫了两个小时。不过收拾后的屋子很让奶奶满意,此时笑容遍布了奶奶的整个脸上,可以清晰地看到她年老的皱纹。之后,我们带着对奶奶的同情和能为她做一些力所能及的事情而高兴地离开了她家,奶奶站在门口一直看着我们走出她家的巷口,我们深刻地体会到了奶奶对我们的依依不舍之情。从那时起,我们就下决心要经常去奶奶家陪她聊天,为她做一些力所能及的事情,为她带去爱,带去温暖。

自从那次去张奶奶家中之后,我们就不定期地经常去她家看望她,当我们跟张奶奶越来越熟悉后,我们经常和奶奶坐在一起聊天,我们了解了张奶奶的很多故事。其实张奶奶是一个很懂知识的人,她经常给我们讲述关于抗美援朝的故事,有些故事情节我们在书中是看不到的,有些激动人心的时刻我们是感受不到的,我们从张奶奶那儿学到了很多知识。同时张奶奶也是个很会唱歌的人,当然她所唱的都是她生活的那个年代的歌曲,每当我们聊得开心的时候,我们都鼓掌让张奶奶唱一首,张奶奶也毫不退缩地唱了起来,我们也时常不自觉地和张奶奶一起哼哼起来,顿时整个气氛变得十分融洽、十分和谐。总之,我们和张奶奶在一起真的很开心。

我们和张奶奶一起度过了三年,这三年中,我们共同诉说着彼此的酸甜苦辣、彼此的感人故事。或许我们之间的真情会永远地持续下去。

说实话,我很佩服张奶奶,面对生活的艰辛,面对身体的残疾,面对儿女的患病,她依旧笑着面对、勇敢承担。我为她拥有这样的心态而敬佩,为他拥有这样的顽强而佩服,为她拥有这样的毅力而高兴。

对于我们这个爱心服务队,我想,我们所要关注的不仅仅是张奶奶,和张奶奶有类似遭遇或相同遭遇的人还有许多许多,我们会秉承学院的宗旨,继续深入地关注残疾人群体,让他们感受到社会这个大家庭为他们带去的快乐、温暖和幸福。

我们会大声高喊:"助残,我们在行动。"

感言二十九、相同天空　相爱相扶*

从没有想过自己会这样近距离地和这些不会说话脑子不太"灵光"的人相处这么久;从没有想过自己能够选择这样一份事业并长期地坚持、无悔地付出;我更加没有想过在这短短的三年时光里我能够多了些许的成熟,多了些许的责任。谢谢我的专业让我拥有了这些,谢谢我的学校——绥化学院让我有机会接触到这些,更加谢谢我身边的人们所谓的"残疾人",是他们教会了我勇敢与坚强。

---

* 本文作者王明玥:教育学院学生。

大一的时候,专业老师对于我们常常说的只有一句话:"要做一个特教人,就要有三心——爱心、耐心和责任心。"有时候把这句话听了千遍万遍就觉得有些不耐烦了。总是觉得老师们的话是那么的理论化,不能真正地理解这三心的真正意义到底是什么。一直到我参加了大学生志愿助残阳光活动,才让我一点点深入到这个群体,了解了到底什么是"三心"。

我第一次接触到残疾孩子是学校组织的关爱残疾人活动,那时我们一直与绥化市特殊教育学校的一些残障儿童保持着联系。记得第一次到绥化市特殊教育学校,那时我们全班同学都兴奋极了,想象着向平常上课时老师们描绘的特殊教育学校一样:整洁的教室,各种各样的教具,充满童趣的布置,还有可爱的孩子和和蔼的老师……

但是我们错了,我想我们刚刚进去的那一幕会永远留在我们每一个心里:东北的三九天本来就冷得出奇,学校里厚厚的无人打扫的积雪被呼啸的北风吹得到处乱飞,让我们都有些睁不开眼,斑驳的墙体上看不出一丝丝的欢愉。两个很胖的孩子手拉着手只穿着单衣坐在冰冷的台阶上朝着我们傻傻地笑。我们把他们扶起来问:"冷不冷?"他们笑笑,鼻涕都淌了出来却说:"不冷、不冷。"

就在那天我看到和我对接的儿童,她是一个叫刘爽的女孩,很漂亮,她明明能够发音但是在我面前却一言不发,不敢说话也不打手语,我和她只是通过纸条交流。我说下周还会来看她,她笑笑说好的,简短的谈话结束了。可是在一周后,我接到了莫名的短信,问我为什么没去看她?我很好奇,就问她是谁?原来是刘爽!原来我一句简单的敷衍的话,成了她这一周的盼望,我头一次感到了深深的自责,从那以后我坚持和她见面、通信,在学习上帮助她把题弄懂……就是这样的点点滴滴让我收获了感动。那是在我过生日的那天我收到一封信,信里是一幅画,画着两个人手牵着手,一个写着刘爽,一个写着我的名字。那一刻我哭了,我仅仅是一点点的小付出换来的竟是信任和感激,我想说与其说是我在帮助她,不如说是她在教会我成长。

大二的时候我们的见习地点改在了绥化市初阳聋儿自闭症康复中心,在康复中心主要有三类儿童:聋儿、智力障碍、自闭症。这些孩子根据类型和程度的不同进行分班,而我们带着我们大一的问题和一年来学习的知识在渐渐寻找着自己想要的答案。

我带的班级是自闭症小班,这些孩子大从6岁到8岁,但是看上去只有四五岁大,有的很可爱,你看他的时候他会很高兴地对你笑,笑得很灿烂,甚至有时你会忘记他们就是那些没有语言、没有目光追视、几乎没有社会交往能力的残疾人。

299

我的主要任务就是给一个叫盼盼的孩子做个别化训练,训练的主要任务就是语言。

开始时,就是教盼盼发音,我对着他:"啊、啊、啊、啊……"可是他只是用眼神偶尔地看我一眼,然后就去摆弄起他自己感兴趣的东西,没有办法,我只能把他推到墙角扳过他的脸对着他"啊啊啊",希望他能模仿。这样一连好几天的时间,我的嗓子都喊哑了,他却始终都不开口,后来,我只能掰开他的嘴用压舌板强迫他发音,孩子在"痛苦"中终于能发出 a,说实话我不知道当时自己是什么感觉,有开心,有辛酸。我们的教学还在继续,一般在成功发音后就是教妈妈、爸爸等。每一天我就是对着孩子"妈妈妈妈妈妈……"这个词都不知道重复了多少遍、多少天,可是孩子还是发不出"妈妈",有时候真的想打孩子几下,你为什么这么笨,为什么连妈妈都不会叫?但是老师告诉我,这只是万里长征的第一步,你现在开始厌烦孩子,孩子就会排斥你,以后的教学就会变得更难了。

听了老师的话,我开始静下心来把这个词放在生活里,每时每刻地说,帮孩子做口舌操,终于有一天,孩子在我说完之后,模仿着我的话,含含糊糊地说出了"妈妈"。那一刻我的心一紧,有一种想哭的感觉,像是自己的孩子学会说话了一样,也有辛酸,自己的付出终于得到了回报。后来,孩子的妈妈来了,孩子对着妈妈说出:"妈妈",他的妈妈竟然像电视里一样抱着孩子哭了,看得出她的眼里有感动,有甜蜜,也有辛酸。这一幕让我想起了书中的话:"上帝给我一个任务,叫我牵一只蜗牛去散步。我不能走得太快,蜗牛已经尽力爬,每次只是往前挪那么一点点。我催它,我唬它,我责备它,蜗牛用抱歉的眼光看着我,仿佛说:'人家已经尽了全力!'"回去的路上我闻到花香,原来这边有个花园。我感到微风吹来,原来夜里的风这么温柔。

虽然这些日子有些辛苦,但是每当看到孩子能够一点点发出 chi/he/baba 这些看似简单的音节,我的心都有一种充实与满足,我想我教会他的仅仅只是发音、交往,但是孩子却让我找到了问题的答案——踏踏实实工作,认认真真地帮助那些需要帮助的人。送人玫瑰,手有余香,能给别人送去帮助的同时给自己带来一份快乐,是一种善良,是一种美德,更是一种精神,和这些残疾人在一起的日子让我了解了责任与感恩,让我明白了人是要相互依靠、相互支撑的,生命之所以有趣,皆因我们虽失去很多东西,但亦得到很多东西,有欢欣雀跃的时刻,亦有神伤魂断的日子。有一些人他们身体上的残缺并不代表心灵上的空洞,帮助他们亦是帮助我们自己,同在一片蓝天下,相扶相爱才能走向美好的明天。

感言三十、心灵的光辉从未退*

有人说,世界上最深沉、最辽阔博大的是心灵;有人说,世界上最美丽、最变幻无穷的是心灵。在历史的年轮上,总会留下那一道道震撼人心的痕迹,总会刻下坚韧伟大的伤痕。

当母亲在岳飞那块中原般宽厚的脊背上刻下"精忠报国"的时候,岳飞没有想到报国路是如此的崎岖不平、险象环生。战场上,一次次你死我活的厮杀,换来的却是一场杀身之祸;肉体上,一道道血迹斑斑的伤痕,得到的却是皇帝的一纸斩杀令。于是,英雄沉默了,没有丝毫反抗,却有一丝的壮烈与凄凉。欲将心事付瑶琴,知音少,弦断有谁听。肉体上的伤可以忘却,但心灵上的呢?满怀抱负,浑身功夫,却身在一个无可救药的时代,面对的是一张张狰狞的面庞。

无人拂去他的英雄泪,无人去安慰那颗受伤的心。朝廷上,佞臣当道,金銮殿的尔虞我诈,波云诡谲,纵然是战场上的以死相拼,也逃不过佞臣不带回钩的暗器;纵然他千辛万苦大破金军的"铁浮图",却也敌不过秦桧的奸诈狡猾。泪,只能是一种宣泄,屠刀落下,疼得不是伤口,而是心里的悲恸。臣子恨,何时灭!

颐和园河畔,王国维大师投水自尽。因为清文化的泯灭,因为清王朝的灭亡,他殉情而死。遗书言曰:"五十之年,唯欠一死,经此事变,义无再辱!"当自己所热爱的文化泯灭,当自己所追求的精神不复存在,那么心灵也会受伤的,但谁会呵护那颗受伤的心呢?

当一个人沉溺在无穷诗性的心灵中时,他必定会追逐最寒冷最孤独的空间,他的眸子里总会盛满最致命的悲哀。故清文化是王国维心灵的寄托,也许是他生命的一部分,不,一定会是。他投水而死,也许河水之下,有追求的澄澈,有他心灵的殿堂,有他故清文化的典雅与高尚。

岳飞信仰着"精忠报国"以选择坚强;王国维雕塑着至死不渝以选择忠贞……于是英雄演绎着千年不灭的精魂,智者谱写着忠贞不渝的信仰。人因心灵的圣洁而伟大,在这片最深沉、最辽阔的土地上,他们心灵上的光辉从未消褪过,在历史的年轮上,他们刻下心灵最完美的诠释,随着时光的流转源远流长。

---

* 本文作者霍明月:外国语学院学生。

第十一章

实践教育推广应用成果选摘

一、绥化学院实践教育标志性成果推广

1. 2006年6月6日,黑龙江省委高校工委、省教育厅印发工作简报,肯定了绥化学院坚持从劳动实践入手,从日常生活抓起,培养学生吃苦耐劳的作风和节俭勤奋的习惯的做法。

2. 2007年11月29日,黑龙江省高等师范院校实习支教工作研讨会在哈尔滨师范大学召开,会议中心内容就是研究绥化学院实习支教的做法,完善绥化学院的操作思路,推广到全省各师范类院校,时任绥化学院院长庄严在会上作典型经验介绍。哈尔滨师范大学、齐齐哈尔大学、佳木斯大学、牡丹江师范学院、绥化学院等8所本科师范院校及齐齐哈尔师范高等专科学校、鹤岗师范高等专科学校等9所专科院校参加。

3. 2008年1月16日,黑龙江省高等师范院校实习支教工作第二次研讨会在绥化学院召开,研究进一步贯彻落实第一次研讨会和有关领导指示精神,加快推进实习支教工作。哈尔滨师范大学、齐齐哈尔大学、佳木斯大学、哈尔滨学院、大庆师范学院、绥化学院等7所本科师范院校和省教育学院、齐齐哈尔师范高等专科学校、鹤岗师范高等专科学校等7所专科院校参加。

4. 2008年5月14日,新华通讯社在《国内动态清样》第1692期以《绥化学院让师范生到农村实习支教收效明显》为题,对绥化学院实习支教工作进行报道。

5. 2008年6月10日,教育部办公厅印发工作简报(增刊〔2008〕第63期)以《黑龙江绥化学院积极开展师范生实习支教工作》为题刊发了绥化学院实习支教工作。

6. 2008年8月,绥化学院实践教育读本《放飞学习——绥化学院大学生实习支教撷萃》,庄严等,黑龙江大学出版社出版。

7. 2008年9月,绥化学院首批实习支教队被中共绥化市委宣传部授予全市"和谐楷模"荣誉称号,并成为唯一集体获奖的单位。

8. 2008年12月,绥化学院首批实习支教队入选2008年"感动龙江"年度群体提名奖。

9. 2009年9月,绥化学院"五练一熟,顶岗支教,服务农村"地方院校师范生培养模式的创新与实践荣获2009年第六届国家高等教育教学成果二等奖,同时荣获黑龙江省教学成果一等奖。

10. 2009年11月8日,黑龙江省青少年发展基金会理事长谷为、副秘书长刘静一行来绥化学院对关爱农村留守儿童工作进行调研。

11. 2009年10月25日下午,《特教档案》摄制组特邀北京联合大学特殊教育学院特殊教育系主任、中国心理卫生协会儿童心理卫生委员会主任刘全礼一行来到绥化学院,对绥化学院"关爱残疾孩子、关注特殊教育"实践教育情况进行专题采访。

12. 2009年11月27日,省教育厅学生处正处级调研员高铁春、副处长袁伟、东北农业大学金长城教授、黑龙江大学杨斌教授一行来院就思想政治理论课改革情况进行调研。绥化学院对大学生思想政治理论课课程结构进行了系统的改革,采取了课堂教学+实践教育的模式,即学生在接受系统、全面的思想政治理论教育的同时必须参加实践教育环节,实践项目包括实习支教、关爱留守儿童、关爱空巢老人三个大项及到公益场所担任义工、见义勇为等若干小项。通过教改,绥化学院思政课真正成为学生真心喜欢,终身受益的一门课程。

13. 2009年12月,《托举希望成就梦想——黑龙江省师范学生实习支教优秀征文集》出版,收录了《绥化学院"接力式"顶岗支教介绍》《关于绥化学院推进师范生实习支教工作情况报告(节选)》以及荣毅等32篇我校支教生事迹。

14. 2010年1月4日,黑龙江省高校工委、教育厅办公室以"绥化学院创新思想政治教育模式的做法值得推广"为题,通过《黑龙江省教育简报》对绥化学院思政课课改、实习支教和留守儿童等工作进行了报道。

15. 2010年4月,绥化学院实践教育读本《心手相牵共享蓝天——绥化学院关爱留守儿童活动纪实》,庄严、刘晓霞等,黑龙江大学出版社出版。

16. 2010年6月30日,《内参选编》第25期以《大学生关爱留守儿童"双向教育"成效显著——黑龙江省绥化学院创新高校思想政治教育新实践》为题,对关爱农村留守儿童活动进行了报道。

17. 2010年8月，绥化学院实践教育指导性教材《大学生实践教育指南》，庄严，刘绍武，董广芝等，黑龙江大学出版社出版。

18. 2010年10月20日上午，由绥化市关工委、绥化学院关工委、绥化市教育局关工委主办的"关爱留守儿童"工作联席会议在绥化学院召开。

19. 2010年10月23日下午，教育部社科司副团长、时任思政司思政处徐艳国处长到绥化学院指导学生工作，并为全校辅导员机关干部、宿舍导师、学生干部代表作了大学生思想政治教育专题讲座。

20. 2010年11月11日，全省高校"顶岗实习支教、关爱留守儿童"研讨会在绥化学院召开。省教育厅高教处处长张民、副处长刘洪明、时任绥化学院院长庄严、副院长刘绍武、董广芝及黑河学院、齐齐哈尔大学、大庆师范学院、牡丹江大学、鸡西大学、黑龙江幼专等12所高校相关领导出席研讨会。

21. 2010年12月，绥化学院关爱农村留守儿童大学生志愿者团队获2010"感动龙江"年度群体提名奖。

22. 2010年12月，《心手相牵，共享蓝天——绥化学院大学生志愿者关爱农村留守儿童》项目荣获全国高校校园文化建设优秀成果二等奖。

23. 2011年1月4日，黑龙江省委高校工委、省教育厅办公室以"新建本科大学提升教育教学质量另辟蹊径——绥化学院连续两年获得教育部表彰奖励"为题，通过《黑龙江省教育简报（高教强省建设专刊）》对绥化学院连续两年获得教育部表彰进行了报道。

24. 2011年3月，绥化学院实践教育读本《关爱空巢老人——孝道与感恩教育》，庄严，董广芝等，黑龙江大学出版社出版。

25. 2011年3月，绥化学院实践教育指导性教材《大学生思想政治教育教学模式——"三论式"教学法实践探索》，庄严，刘绍武等，黑龙江大学出版社出版。

26. 2011年4月12日，黑龙江省大学生实践教育现场会在绥化学院召开。黑龙江省委高校工委副书记、省教育厅党组织成员李东明对绥化学院大学生社会实践工作给予高度评价。会后，省教育厅推广绥化学院社会实践教育创新经验，引导高校结合自身办学特色开展社会实践活动，让大学生切实在实践中受到锻炼，接受教育，不断提高高校思想政治教育实效。

27. 2011年6月，绥化学院以绿色生态协会为依托，深化大学生实践教育"志愿服务"的特色项目"关爱自然"，开展环境保护宣传，被黑龙江省环境保护厅授予全省环境保护宣传教育"六进"工作先进单位。

28. 2011年9月25日，黑龙江省暨绥化市2011年重阳关爱空巢老人活动启动仪式在绥化学院举行,黑龙江省文明办专职副主任袁克敏、省文明办副主任王政玺、省文明办调研处处长杜丹、绥化市委常委、宣传部长吴仲秋、市文明办主任陈艳春,绥化学院党委书记顾建高、时任副书记何玉洁、时任副校长董广芝及全校5000余名志愿者参加启动仪式。

29. 2011年11月,绥化学院被黑龙江省环境保护厅确立为环境保护宣传教育基地,是全省高校中唯一一处环保宣教基地。

30. 2011年11月,在2011年黑龙江省开展的志愿服务"五个一百"先进集体和个人评选活动中,绥化学院关爱空巢老人志愿服务队荣获"全省十佳志愿服务队";绥化市万名大学生志愿者关爱千名空巢老人活动荣获"全省优秀志愿服务活动品牌"称号;绥化学院关爱留守儿童志愿服务活动荣获"全省优秀志愿服务活动品牌"称号;绥化学院顶岗支教志愿服务活动荣获"全省优秀志愿服务活动品牌"称号;绥化学院社区志愿服务工作站荣获"全省优秀社区志愿服务工作站"称号,绥化学院被授予"全省优秀志愿服务组织"。

31. 2011年12月,"依托专业,突出主体,注重实效——高校思政课'三论式'教学模式改革与实践",庄严等,获黑龙江省高等教育教学成果一等奖。

32. 2012年3月27日,黑龙江省环境教育基地管理工作会议在绥化学院召开。来自全省13个地市环保局领导和15个环境教育基地领导与省环保厅宣教处处长林强、绥化市环保局局长侯显志、副局长李绍辉、绥化学院时任副院长董广芝及党委委员、宣传统战部长李淑慧、团委书记关江宏一同参加了座谈会。会议由省环保厅宣教处副处长佟铁英主持。

33. 2012年5月12日,黑龙江省思想政治理论课建设专项检查汇报会在绥化学院召开,省委高校工委、省教育厅思想政治理论课检查组组长、哈尔滨师范大学原党委副书记王忠桥,时任省委高校工委宣传部调研员、副部长裘杰等一行四人莅临绥化学院,对思想政治理论课建设情况进行了专项检查。检查组尤其对绥化学院"三论式"教学模式给予了充分肯定,对别具特色的实践教学给予了高度评价。

34. 2012年5月14至15日,黑龙江省关工委常务副主任姜鹏、副主任吴春江,省教育厅关工委主任王普庆及绥化市关工委负责同志到绥化学院调研关爱农村留守儿童工作,调研组充分肯定我校的关爱农村留守儿童工作。

35. 2012年12月,绥化学院组织开展大学生志愿者道"十八大"精神进基层,被树立为黑龙江省高校落实的十八大精神进教材、进课堂、进学生头脑工作先进者,在全省得到推广。

二、绥化学院实践教育经验报告选摘

报告一、绥化学院关爱留守儿童工作的探讨与思考

2008年4月我校启动了"大学生志愿者与农村留守儿童友情1+1共享蓝天"活动,先后有2030多名志愿者与4250多名农村留守儿童友情牵手,校关工委同志们积极参与其中,深入到乡村中小学校进行情况调研及联系对接点,在校内组织10余场志愿者培训讲座。活动开展三年来,有效地解决了留守儿童问题,探索出了大学生思想政治教育新渠道,现就我校开展的关爱留守儿童工作的一些做法及通过工作产生的一些想法予以介绍。

(一)关爱留守儿童活动的基本情况介绍

1. 深入开展调研,掌握农村留守儿童的基本状况

我校自2007年下半年开始开展"接力式"顶岗支教,许多支教学生反映他们所带班级的一些留守儿童有的自卑自闭、敏感多疑,有的学习成绩较差,叛逆极端,教育管理起来很困难,他们就对这些孩子给予了特别的关心,付出了真爱,但是留守儿童太多,一对一地关爱很困难。了解到这些情况后,为了全面掌握绥化市留守儿童这个特殊群体的基本情况,2007年底,我校针对绥化市留守儿童情况组织相关工作人员进行了调查,深入到绥化市下辖8个市县区的72所中小学校,共发出学校问卷72份,有效问卷72份;发出学生问卷3000份,收回2900余份,有效问卷2692份;深入到庆安县、绥棱县、海伦市等县市开展6次座谈,访谈地方政府人员和学校教师31位,到12户留守儿童家里走访,与留守儿童单独访谈23例。另外发放心理调查专项问卷300份,收回300份,有效问卷296份。调查结果使我们对农村留守儿童的学习、心理状况产生了更多的担忧。

(1)生活上缺少关心。近80%的留守儿童家庭生活较为贫困,海伦市联发中学的老师说,这些孩子多半一年都吃不上几次肉。同时,由于监护人年龄普遍偏大,这些孩子即便离学校路途较远,甚至很晚回家也无力照顾,有的孩子甚至生病也硬撑着,这种情况对女童尤为不利。

(2)学习上缺少热情。留守儿童中有69.7%的孩子回到家里基本上不复习功课,也有34.9%的留守儿童学习上无人指导监督,祖辈的监护人多半文化水平有限,加之过分宠爱,一般不敢深管,甚至认为父母不在身边,管深了孩子出事交不了差。

(3)行为上缺少引导。调查结果显示,30.5%的孩子很少有机会与父母联系,22.6%的孩子觉得自己孤独无助,不愿意与监护人沟通,由于诸多原因,导致留守

儿童对事物认识的偏激和偏差。一些孩子甚至有小偷小摸的行为,在海伦市某乡调研期间,我们就遇到了这样一件事,三名留守儿童撬开了教师寝室的窗户,偷走了老师的箱子,当发现箱子里除了衣物用品并无他需后,便将箱子连同物品一炬焚毁。

(4)心理问题缺少疏导。被调查的留守儿童中,与父母一年以上见一次面的有55.8%,一年以下半年以上的有28.1%,半年以下一个月以上的仅占16.1%。由于父母长期不在身边,亲情缺失使37.18%的留守儿童出现不同程度的自我封闭。庆安新春中学一名留守儿童的奶奶说:"这孩子只和我亲,他爸妈无论是回来还是打电话,从来都不那样热乎。"65.6%的孩子朋友很少甚至没有朋友。20.93%的留守儿童孤僻内向,害怕与人交往。

2. 组织大学生志愿者与农村留守儿童"心手相牵,共享蓝天"

我校将调研反映出的问题进行了综合分析,由学工部团委工作人员与各院系结合大学生思想政治教育工作共同组织开展了关爱留守儿童工作,具体工作主要分为以下几个阶段:

(1)宣传发动,引导志愿奉献。在充分掌握了农村留守儿童状况的基础上,我们结合留守儿童存在的问题,抓住青年团员有朝气、有热情、有活力,以及其与留守儿童年龄差距小容易沟通等特点,首先以校团委的名义下发了《绥化学院团委关于开展大学生与农村留守儿童"心手相牵,共享蓝天"活动实施方案》,细化了活动的指导思想、具体目标以及活动内容,同时在全院范围内进行广泛的宣传动员,并采取层层选拔的方式确定了第一批大学生志愿者。4月11日正式举行了"绥化学院大学生志愿者与农村留守儿童友情1+1共享蓝天活动"启动仪式,心理咨询中心教师培训了志愿者,并且为每个需要帮助的留守儿童建立了基本情况档案。

(2)信函对接,友爱之手热情相牵。经过宣传动员,精心选拔,组织培训后,第一批大学生志愿者向留守儿童发出了一封封热情洋溢的信函,同时邮出的还有孩子复信用的信封和邮票。作为关爱活动的开端,在老师们的积极鼓励下,有的大学生志愿者连续发出了四五封信才得到回音,不断的信函联系,使留守儿童们开始向大哥哥、大姐姐敞开了心扉,请教学习方法、倾诉心理烦恼,甚至个人秘密,大学生们用真诚的心让一双双友爱之手热情地牵了起来。陈静小朋友把志愿者陈茂娜同学当作了朋友,在回信中说:"姐姐,你的学习成绩真不错,比我强多了,姐姐,现在我对自己充满了信心,我要鼓起勇气,坚强地面对一切,充分地学习知识,我有什么事情一定会和你说的。"海伦联发中学三年二班留守学生宗金月在作文中写到"通过两个月的通信,我觉得自己在学习方面有了一定的提高,他们像一股无形的力量,促使我进步,相信通过他们的帮助,我以后的学习会更加努力,也希望自己能通过不懈的努力将来有一天能跨进大学的校门"。

(3)见面相识,纯真友情不断升华。经过一段时期的沟通与交流,大学生志愿者与留守儿童之间成了无话不谈的好朋友,许多孩子一旦有了难以解决的问题,就迫不及待地给大哥哥、大姐姐们写信商量,逐渐地他们之间产生了见面的渴望,学校马上组织志愿者们编排了文艺节目,在各院系党团干部的带领下,大学生带着各自的礼物,先后深入到青岗县劳动二中、明水县崇德中学、海伦市东林一中、庆安县新春中学、北林区张维镇中心小学、绥棱县三吉台中学等30多所乡村中校学校去与留守儿童联欢、对接畅谈,见面相识活动不仅加深了他们彼此间的友谊,还促进了这种纯真友情的升华。

(4)请进校园,成材热情再度激发。为了让留守儿童感受大学校园里浓郁的文化氛围和优雅的学习环境,从而激发他们奋发进取的热情,学校还将许多留守儿童及临时监护人代表请进校园,组织他们参加大学生升国旗仪式,参观图书馆、校史馆、物理实验室、计算机房、美术学生的画室及音乐学生的琴房。志愿者还与孩子们精心编排了节目,同台演出让现场观众一次次落泪。志愿者与孩子们同吃食堂、同住宿舍,体验大学生活的美好,还特别邀请留守儿童吃了他们人生中的第一次肯德基,大学生志愿者的关爱之情以及他们的举止与风采,点燃了留守儿童奋发向上的理想和希望。

(5)探亲回访,心灵交汇真情相依。在关爱农村留守儿童过程中,除学校组织的集体回访以外,更多的是大学生与孩子的个别交流和家访活动,尽管回访的时间只有短短的几个小时,却更加牢固了他们之间的友谊。志愿者们还没到来,留守儿童们早已迎出了很远。当大手与小手再次紧紧握着的时候,他们的心灵也在交流着。在志愿者乘车即将离开的时候,留守儿童们紧随着客车,跑哇!追呀!大家都流出了依依不舍的热泪,志愿者们流泪朝着窗外喊:"我们一定会再来的……"留守儿童则挥着双手、流着热泪不能自已。志愿者在回来的感言中写道:"感谢他给了我这份没有血缘的亲情,我会永远地帮助他。"

(6)协手通力,教育因素共赢明天。在信函沟通的基础上,学校还倡导同学们充分利用电话连线、手机短信、电脑网络等快捷方式来弥补通信周期长、信件易丢失的不足,鼓励志愿者积极主动与留守儿童的班主任老师和留守儿童的家长以及监护人建立联系,同时学校还抽调心理学、教育学的资深教师、关工委老同志到乡村学校为监护人进行现场辅导讲解,讲解青少年儿童常见的心理现象,共同研究成长期孩子的教育方法和留守儿童容易出现的心理问题,让各种教育因素协手互动,形成关爱合力,共同承担起对这一特殊群体的教育职责。联发中学留守儿童于曼的姑姑说:"多亏了绥化学院老师来帮忙辅导,要不,我们这些农村人除了知道让孩子吃饱穿暖外可真不知道对孩子进行心理教育的重要。"

(7)建立机制,加强自我教育。我校将这项活动纳入了高校思想政治理论课的课程改革范围,占总学分的1/3,出台了《绥化学院关爱农村留守儿童的课程改革方案》,纳入了学生素质的综合测评,制定了关爱活动工作程序,由关工委老同志负责对学生进行前期培训及活动的督促指导,保证了各个环节的严密。让学生通过写心得感受、总结事迹、召开表彰奖励大会等方式,使学生在活动中能够自悟自醒,自我教育,懂得了担当,增强了责任感和使命感。

3. 关爱农村留守儿童的工作效果

关爱农村留守儿童活动开展近两年来,应该说在一定程度上帮助农民工排解了后顾之忧,促进了留守儿童的健康成长,同时作为高校我们也在不断总结着这项活动带给新农村建设,以及大学生思想政治教育的收获。青年志愿者用自己火热的激情,用温暖的亲情关爱着这些农村留守儿童,活动开展近三年来,使这些孤独自卑的孩子打开了心门,心里充满了阳光,健康快乐地成长。同时我们的青年志愿者也提升了素质,懂得了感恩,尤其是增强了责任感。

(1)农村留守儿童不仅找到了倾诉的知音,也觅到了成材的榜样

知识经济时代,人们渴求文化知识的心理是相通的,农村留守儿童也不例外。但是,他们与外出打工的父母能有多少交流?而祖辈的影响就更可想而知了。关爱活动让留守儿童找到了可以沟通、交流与倾诉的知音。"姐姐,看见你的信,我心里敞亮多了,现在我不恨爸爸妈妈了,我要做一个坚强的男子汉,以后我有什么事情一定会和你说的。"这是陈静小朋友在给志愿者陈茂娜同学回信中写的;大伟哥哥:上次物理考试我只得了50分,怎么学也不行,能告诉我方法吗?红梅姐姐:上次你教我的办法真灵,不理我的那个同学又和我好了。逐渐地一些平时厌学、沉默寡言及自闭的孩子,在通信中向大学生请教学习方法了;开始与身边的人交流、沟通了。座谈会上监护人一致反映说:以前孩子放学回家就是看电视,现在是先写作业,然后是帮我干活,懂事了、爱学习了,这些大哥哥、大姐姐的话比我们好使唤!

留守儿童中有许多孩子不努力学习,甚至时常蹦出辍学的念头。大学生志愿者为他们讲述外面精彩的世界,讲述知识改变命运的事例,并用各种方法鼓励他们用奋斗去创造自身美好的未来。尤其通过一系列请进大学和探亲回访活动,孩子们潜在的愿望与激情被点燃起来。小雪小朋友在信中写道:"桐桐大哥哥,你真

了不起！已经是大学生了，大学一定非常美好，外面的世界也一定很美丽吧，我一定向你学习，考上大学。"他们甚至把志愿者的教诲作为精神寄托，记在心里，落实在行动上。莹莹小朋友很少见到爸爸妈妈，她说："爸爸妈妈的形象在我的记忆里已经模糊，我好羡慕我的同学，他们每天都能见到自己的父母，而我，只有拿着他们的照片默默地看着，默默地流泪，奶奶只知道在生活上关心我，却不懂我的心，我感觉真的好孤独，生活好无聊！我不想念了。"志愿者王秋阳知道这件事，马上写信开导她，没收到回信，她又打车去了莹莹家，后来又把莹莹接到了学院，让她感受美好的大学生活，还给她讲了许多励志的故事。在王秋阳的耐心开导下，莹莹终于笑了，她说："姐姐，你放心，我再也不去想辍学的事了，我会努力的，不学习不仅对不起父母和姥姥，也对不起一直关心自己的大哥哥和大姐姐，我会用行动证明给你看的。"

(2) 大学生不仅懂得了感恩与回报，也感受并接纳着社会责任

今天的大学生，深层次地感受农村和农民，更多的是通过网络和媒体。志愿者与留守儿童沟通联系后，亲眼目睹了他们家境的贫寒、生活的拮据，包括孩子们的纯真与刻苦后，这些吃不得苦、受不了累的"90后"，思想受到了极大的触动，他们似乎第一次感觉到自己的生活很幸福！并开始自我反思。志愿者赵子瑜在座谈会上动情地说："如果谈收获，关爱留守儿童活动让我懂得了感恩！以前我对父母和学校更多的是抱怨，甚至是指责！近距离地接触了农民、农村，尤其是接触了那些留守儿童，我发自内心地感谢一直以来给我无微不至关怀的父母，给我优越学习环境的学校！我甚至觉得自己今天无论怎么做都无以回报。"

责任，在理论上对于当代大学生来说并不陌生，但自己对这个社会应承担些什么却很少去想。作为大学生志愿者从他们参加关爱活动的那一天起，就等于已经承担起了一种社会责任。他们要面对留守儿童学习、生活、心理上的各种问题，尽管志愿者个人的能力有限，但是他们都无私地尽自己所能。从学习方法的传授、心理问题的疏导，到为人处世的劝导等，不懂不会的就去请教同学、老师，他们向对待自己亲人那样惦记着对接帮扶的孩子。有的志愿者为了帮助留守儿童，还经常与孩子的父母沟通研究，有的志愿者还给家庭特别困难的留守儿童捐款。制药与化学工程系志愿者钱欢欢了解到自己对接的孩子得了阑尾炎，便专程带上礼物乘车去看望他，走进破旧的土房，看见自己写的信被整整齐齐地一张挨一张地贴在墙上，他内心产生了一种从未有过的感动。座谈会上他深情地说："那一刻让我第一次感受到自己的价值，同时产生了一种强烈的社会责任感，深深地感觉到那个孩子就是我的亲弟弟。"

从形式上看,关爱活动似乎只是一种单向爱心传递,实际上,大学生在与留守儿童接触交往的过程中,受到的启迪、得到的教育是在校园里、在课堂上学不到的。用志愿者自己的话说:收获了终身受用的精神财富。

(二)在关爱留守儿童过程中的一些思考及建议

我校关爱留守儿童活动虽然取得了一定的成绩,受到了媒体的关注,产生了良好的社会影响,但在推进过程中,还是遇到了一些令我们困惑,而凭我们的力量又难以解决的问题。

1. 农村留守儿童所在学校是否重视的问题。近三年来,我校关爱留守儿童这项工作真正落到实处,除了我们特别重视、大学生志愿者付出真情外,最重要的是农村留守儿童所在学校给予了高度的重视和配合。因此,为了让更多的农村学校理解和支持这项工作,共同研究落实推进这项惠及子孙成长发展的工作,我们还专门成立了关爱留守儿童辅导站,我校各院系党总支书记担任站长,副站长是农村学校的教导主任或副校长。但实际情况是,尽管我们做了大量细致周到的工作,但并不是所有的农村学校都能认识到这项工作对于农村留守儿童健康成长的重要性,都能对这项工作给予全方位的支持。结果是农村学校给予支持的,这项工作开展得有声有色,反之,我们的努力往往没有什么结果。

2. 农村基层组织没有专人关注这些孩子。由于升学的压力,农村学校把更多的精力放在了孩子的升学考试上,没有人重视或关注留守儿童的问题。而我们的大学生志愿者,是用一份真诚的心去关爱这些孩子,但由于留守儿童所在的学校都在农村,距离近的也有几十公里,因此,除了定期地探亲回访外,大学生志愿者大多以信函或短信等方式对这些孩子进行关爱。有我们支教生的学校,就由支教生负责来往信函的统计、收发及整理,但由于有的学校没有我们的支教生,农村学校也没有专人关心关注这些孩子,导致大学生志愿者与留守儿童之间的信函没有专人负责整理、收发,有时一个月才能通上一封信,还经常出现信函丢失的事情,影响了大学生志愿者与留守儿童之间情感的沟通与交流,甚至经常出现联系中断的情况。

我校过去三年来一直紧密跟踪参与关爱留守儿童活动,认识到:如果由地方院校和农村基层取得联系,协同工作,共同推进这项"一项活动教育两代人"的工作,会取得更好的实际效果。

(注:本文系在绥化市关爱留守儿童工作联席会议上绥化学院典型汇报)

报告二、寻求特色发展,推进内涵建设,积极落实服务计划

绥化学院自 2004 年 5 月成立以来,以科学发展观为指导,积极落实高教强省战略,走特色发展之路,注重内涵建设,获得 6 类共 11 项省教学质量工程奖项,以"顶岗式实习支教"为核心的师范生培养新模式获得了省级教学成果一等奖,并喜获国家教学成果二等奖,受到社会各界好评。与此同时,学院紧密结合地方经济社会发展需要和社会热点难点问题,积极实施高教强省服务计划,在发展特殊教育事业的基础上,近期服务的侧重点落在"一老一小"上,即走进社区,关注空巢老人,以实习支教为依托,关爱留守儿童,取得了阶段性成果,为解决这两个社会问题和大学生思想教育工作开辟了新途径,积累了宝贵经验。

关爱留守儿童友情 1+1 共享蓝天

近年来,留守儿童群体成为显著的社会问题,这一群体在生活上缺少关心,学习上缺少热情,行为上缺少引导,心理问题缺少疏导。在充分掌握了农村留守儿童状况的基础上,绥化学院以实习支教为依托,于 2008 年 4 月启动了"与农村留守儿童,友情 1+1 共享蓝天"活动,先后有 1780 多名大学生志愿者与农村留守儿童友情牵手。活动开展一年多来,收到了良好的教育效果,受到了社会各界的广泛认可,学院在实践中积累了宝贵而丰富的关爱留守儿童经验。

宣传发动,引导志愿奉献。学院为每个需要帮助的留守儿童建立了基本情况档案,在全院范围内选拔确定了第一批大学生志愿者,还特别请学院的教育学、心理学教师对志愿者进行了相应知识的培训,为志愿者后来的关爱行动奠定了坚实的基础。

信函对接,两地友情互动。2008 年 4 月,第一批大学生志愿者向小朋友们发出了一封封热情洋溢的信,正式展开了大学生志愿者与农村留守儿童的"友情互动"。信函对接,作为关爱活动的开端,大学生们用真诚与留守儿童友情牵手。

见面相识,促进感情交流。随着活动的开展,他们相互间都产生了见面的渴望,学院组织志愿者到农村去与对接的留守儿童见面相识,通过联欢、畅谈、捐助学习用品等方式,大学生志愿者的关爱之情,以及他们的举止与风采,也点燃了留守儿童奋发向上的理想和希望。

请进大学,高扬理想风帆。今年 6 月,学院将留守儿童代表以及他们的家长、临时监护人请进了学院,组织他们参加大学生升国旗仪式,参观图书馆、校史馆、物理实验室、计算机房、画室、琴房。

探亲回访,牵引友情升华。学院开展了大学生志愿者到留守儿童学校和家中回访探亲活动。回访有集体活动,更多的个别交流、包括家访等,进一步升华了留守儿童与大学生志愿者之间的感情。

拓宽渠道,形成关爱合力。在信函沟通的基础上,学院提倡同学们充分利用电话、短信等方式,积极与留守儿童监护人及家长联系,共同研究教育引导孩子的方法。并且学院还抽调心理学、教育学的资深教师到农村开办监护人培训班,讲解青少年儿童常见的心理现象,同时针对成长期孩子的教育方法和容易出现的问题给临时监护人和家长提出了意见建议。

建立机制,加强自我教育。学院将这项活动纳入了高校思想政治理论课的课程改革范围,纳入了学生素质的综合测评,制定了关爱活动工作程序。让学生通过写心得感受、总结事迹、召开表彰奖励大会等方式,使学生在活动中能够反思醒悟,懂得感恩,树立起正确的人生观、价值观,增强责任感和使命感,担负起社会赋予的责任。

留守儿童在与大学生志愿者对接联系后,在心灵上找到了可以沟通、倾诉的对象,他们逐渐敞开了心扉,心理积压的问题也慢慢地得到了释放和疏导,他们从大学生身上觅到了学习的榜样,点燃了向上的希望。尤其通过见面相识和请进大学活动,孩子们真正领略了大学、领略了大学生志愿者后,潜在的愿望与激情被点燃起来,对大学生而言,通过关爱留守儿童了解了农村和农民,懂得了感恩与回报,学会了关心与关爱,培养了社会担当,大学生们纷纷感言关爱活动让他们有生第一次感受到自己生存的社会价值,为社会发展、祖国腾飞学习奋斗的尽头更足了。

在关爱活动中,学院收获颇丰。一是探索出了大学生思想政治教育的新渠道。学院的大学生思想教育的课堂不仅在学校,还拓展到广阔的农村和丰富的社会。大学生在深入地了解国情的过程中所产生切实的热情、所引发的自我教育的强烈愿望是校园里的思想政治活动无法替代的。二是深化了高校思想政治理论课的改革的问题。通过这项活动的系统组织实施,对学生实行了有效的考核和纳入了课程学分,可使高校的思想政治理论课有效地进行。三是形成了高校中的教育管理者、两课教师、学工部、学生处、团委等相关人员和部门的教育合力。

关爱空巢老人送去温暖和亲情

"空巢"的老人指的是当今社会因子女工作、学习繁忙等因素不在身边而独自生活的群体。据统计,我国已有65岁以上的"空巢老人"2340多万,全国城市空巢家庭高达49.7%,个别老城区已达70%。这一群体大多生活上少人照料,情感上孤独无依,有的经济来源没有保障,成为建设和谐社会进程中必须认真加以解决的社会问题。绥化学院率先担起社会责任,秉承中华传统孝文化,组织近千名大学生志愿者深入绥化市北林区多个社区关爱空巢老人,力行敬老、爱老之风,在给予空巢老人生活照料、精神慰藉、经济帮助的同时,彰显了当代大学生健康向上的精神风貌,也为强化大学生思想政治工作的实效性闯出了一条新路,在多方面取得了阶段性成果。

学院制订了关爱空巢老人方案,成立以院长庄严为组长、相关部门参加的关爱空巢老人活动领导小组,为推进此项工作提供了规划保障。学院关爱空巢老人方案由四阶段组成:在动员排查阶段,各系组织召开动员及培训大会,初步了解绥化市各社区空巢老人情况;在分组调查阶段,以系为单位调查统计,收集有关空巢老人数据和存在的问题及矛盾;在集中化解阶段,实行"谁对接、谁负责"的原则,为空巢老人排忧解难,帮助他们解决在生活中遇到的困难和问题;在检查总结阶段,各系进行经验交流,全面总结提高,形成经验,建立机制,并将相关材料归档立卷。学院关爱空巢老人的四个阶段有机相连,根据志愿者了解的动态实时跟进,使关爱活动更富有人本性、针对性、灵活性。

学院关爱空巢老人活动内容丰富,为提高关爱活动质量,避免一些志愿者做过场和形式,学院要求各系及大学生志愿者在活动中坚持五个必须:一是必须建立空巢老人信息档案。学院指导志愿者要了解空巢老人的生活状况、经济来源状况、健康状况、心理及精神状况、子女扶助情况、社会救助情况、当前急需解决的问题等,掌握最真实的第一手资料。二是必须结成一帮一帮扶对子。各系根据收集到的空巢老人信息,进行深入分析和调查,确定重点救助的空巢老人,并结成一帮一的帮扶对子。三是必须帮助空巢老人做家务。志愿者定期上门为空巢老人做家务劳动,比如打扫卫生、拆洗被褥、缝补衣服、购买生活用品、预约生活设施维修等。四是必须给空巢老人精神慰藉。学院引导大学生志愿者在家庭访问时,应帮助老人做顿饭、陪老人看电视、聊天、散步、外出采购、表演文艺节目等,消除老人孤独感。同时,与老人保持经常性电话联系,并向他们介绍学校的最新发展情况以及国际国内时事新闻,还可以引导他们通过网络更加便捷地了解外界,丰富内心世界。五是必须定期陪同"空巢老人"到医院检查身体、看病并协助买药。

汉语言文学系师生为敬老院的"空巢"老人带去了水果等慰问品,并聘请金鹏社区书记为校外辅导员。同学们抢着为老人分发水果,给老人剥橘子、瓜子,亲切地称呼老人为爷爷奶奶,围坐在老人身边嘘寒问暖,为老人揉肩、捶背,还为老人们表演精彩的文艺节目,在寒冷冬日温暖了老人们的心。

制药与化学工程系在活动中形成了长期的帮扶链条,以分组分批形式慰问嘉福老年公寓20位老人,随时记录老人的身体状况和生活中的问题,提高帮扶的针对性。

外国语系的志愿者们深入北林区康怡社区,经常为老人们送上生活必需品,深情款款地称其为爷爷奶奶。他们悉心照料86岁高龄的抗美援朝英雄王明久老人生活起居,耐心倾听老人家讲述战斗的岁月,虚心接受老人对他们过好大学生活的建议和良好祝愿。

学院注重因势利导,在关爱活动的同时,引导大学生提高自我教育的能力。为此,学院各系及时总结关爱空巢老人的经验,要求志愿者根据工作开展情况撰写心得,共同研究提高关爱活动的方法与途径。同学们在奉献爱心的同时,收获了更多的精神财富。空巢老人们乐观向上的生活态度,简朴的生活作风,坚定的人生信仰,极大教育了大学生们。参加关爱活动的同学倍觉亲情的可贵,表示父母之恩不可忘,自己唯有成长成才,才能对得起父母的辛劳。一位参加关爱的同学在给母亲的信中写道:"妈妈,我觉得自己不是为了一个人活着,尽了责任和义务之后,我的幸福呈几何级上涨……"学生管理人员发现,过去以自我为中心的学生少了,讲团结、讲爱心、讲责任的同学多了,参加关爱活动的学生更加阳光了,更懂得了关心他人和集体了,学生自我教育的能力显著增强了。学生们在关爱空巢老人的活动中,锤炼了道德品质,提升了道德境界,对改革开放以来的社会结构有了感性认识、理性思考,激发了他们热爱家庭、社会、祖国的热情,促进了大学生的成熟、成长。

为呼吁市民关爱空巢老人,学院印发了上万份敬老爱老倡议书,发放到联谊的居民社区居民手里。同时,通过开展关爱空巢老人活动、办社区板报、悬挂宣传标语等形式,加大敬老爱老的宣传力度,大力弘扬尊老爱幼的传统美德,营造敬老爱老的良好氛围,使全社会都来关爱老人、尊敬老人、扶助老人。

推进"接力式"顶岗支教,完善师范生培养新模式

绥化学院于2004年在绥化师范专科学校的基础升为本科以来,学校积极探索师范生培养模式,形成了"理论+技能+实践"一体两翼的师范生培养模式,其含义是以专业基础知识、从业基本理论教学为主体,以校内教学基本功训练和校外实习基地的教育教学实践为两翼。2007年7月,学院将原来面向市县的集中实习改为现在面向广大农村进行"接力式"顶岗支教。"接力式"顶岗实习支教的具体做法是:通过调整师范教育专业培养方案,实行部分课程滚动开设,同专业2名学生分上下学期"接力式"完成支教学校全年的教学任务,以此类推下届2名学生续接。从2007年8月至今,学院先后派出1060名师范生到绥化、黑河和伊春地区的176所农村中小学进行"接力式"顶岗支教,同时,免费培训农村教师247名。

学院本着因材施教、个性培养的原则,针对师范生,实行 $2.5+0.5a+0.5b+0.5$ 的教学模式,克服了学校教育与社会实践脱节的现象,对学生实践能力的培养以及对学生系统知识的掌握都具有非常重要的作用。

学院以顶岗支教带动思想政治理论课的改革,将顶岗支教这一实践教学环节纳入思想政治理论课。实践证明,顶岗支教使理论与实践相结合,是强化师范生实践教学、提高教师培养质量的有效措施。"接力式"顶岗支教工作给大学生上了一堂生动鲜活的思想政治课,锻炼了青年大学生的意志品质,对促进其正确世界观、人生观和价值观的形成发挥了重要作用。"接力式"顶岗实习支教显著增强了师范生的教师从业能力,缓解了农村中小学师资紧缺的状况,也为高等院校服务农村基础教育进行了有益的探索。

从2007年至今,学院开展的师范生"接力式"顶岗支教工作取得了丰硕的成果:省委常委、宣传部长衣俊卿作出批示,省教育厅两次召开专门会议,在全省推广绥化学院顶岗支教工作经验,中国教育报、光明日报、黑龙江电视台等多家媒体进行报道,2008年12月获首届"感动龙江群体"提名奖。2009年,这一实践教学成果——"五练一熟、顶岗支教、服务农村",获黑龙江省高等教育教学成果一等奖,同年,获第六届高等教育国家级教学成果二等奖。

创办特殊教育专业服务残疾人教育

学院的特殊教育专业创办于2007年,填补了全省高校培养特教本科师资的空白,并在全国继北京联合大学之后免费培养特殊教育本科师资,是全省特殊教育师资培训基地。目前有本专科特殊教育专业在校生82人,专业教师8人,其中具有副高以上职称3人,硕士研究生4人。该专业开办以来,得到了省教育厅的大力支持和社会各界的高度重视。

学院不断采取政策倾斜和资金支持等有力措施,大力扶持并推进该专业的建设与发展,在师资引进、教师在职进修、图书资料、基础设施建设等予以重点支持。按照高起点、高标准的原则,保障特殊教育专业实验室具有科学性、合理性、超前意识,在保证"特殊教育综合实验室"等基础实验室建设的同时,学院正积极推进手语实训室、发展性障碍资源室等高端实验室建设,正在建设教研一体的康复中心,努力增强服务社会能力。

黑陶研究,弘扬寒地黑土文化保护民族文化遗产

为保护绥棱黑陶制作技艺这一省级首批非物质文化遗产,绥化学院充分发挥高校的人才和科研优势,扎实推进了绥棱黑陶制作技艺的保护、传承和发展,为全省乃至全国的黑陶研究做出了贡献。学院的主要做法是:

以项目为依托,加大经费投入,进一步深化黑陶文化研究。2008年,学院设立寒地黑土文化研究项目,投入经费,致力于地方非物质文化遗产的保护研究。先后立项支持"绥棱黑陶设计理念及艺术特点研究"等项目的研究。学院有2项课题获批省哲学社会科学规划项目、2009年省文化艺术规划重点课题。"绥棱黑陶工艺制备技术与应用"研究,获2009年绥化市科技进步一等奖。

通过举办黑陶研讨会等学术活动,不断提升黑陶研究层次。2008年10月16日,"中国·绥棱黑陶工艺美术研讨会"在绥化学院举行。国内著名陶瓷专家杨永善教授、陈若菊教授等专家从不同视角,就黑陶文化产业定位与发展、黑陶的现代价值与美学意义等方面,进行了比较深入集中的交流与探讨。此次研讨会对明晰黑陶产业发展思路起到了积极的指导和促进作用。

发挥人才和智力聚集优势,积极投身传统手工技艺的传承和保护。学院聘请黑龙江工艺美术大师、绥棱黑陶代表性传承人寇维军为绥化学院客座教授;成立了绥化学院陶艺研究所,引进了绥棱黑陶制作技艺代表性传承人尹伊君为所长,整合美术专业师资,形成了绥棱黑陶研究的科研合力。学院教师已在《中国工艺美术》《美术大观》《学术交流》等学术期刊公开发表论文7篇,对黑陶文化内涵、工艺特点、陶土配制及非物质文化遗产保护对策等进行了比较深入的研究。

早在2006年,学院的民间美术研究室多次深入绥棱黑陶文化艺术有限公司,对绥棱黑陶的工艺改进提出了可行建议,以校企合作的方式推进新产品的研发。学院教师参与了对熏烟渗透碳技术、陶土配方和烧制技术、雕刻工艺等方面的改进,解决了黑陶强度不够、黑色度不够、开裂、年久掉皮脱落、成品率低、品种单一等难题,陶器黑色度和硬度明显改观,破损率降低。改良后的黑陶工艺品广受欢迎,绥棱黑陶企业新开发新产品和年生产能力大为增强,获奖率和销售收入逐年递增。

建立学生实习基地,促进教学实践。学院在绥棱黑陶产地建起了200多平方米的实践基地,可容纳20人观摩黑陶生产、制作的流程。同时,学院投资5万元建设的黑陶生产实验室将在近期建成,届时美术专业学生可实现在校内零距离接触黑陶生产流程。

(注:本文系《黑龙江日报》在全省高校"三型校园"建设推进中对绥化学院的报道)

三、绥化学院及学生获奖情况

（一）国家级奖励

1. 绥化学院外国语学院学生白国华在2006年全国大学生英语竞赛中，荣获国家级二等奖，2006.5

2. 绥化学院"五练一熟，顶岗支教，服务农村"地方院校师范生培养模式的创新与实践荣获2009年第六届高等教育国家级教学成果二等奖，2009.9

3. 绥化学院外国语学院学生田玉凤在2010年全国大学生英语竞赛（NECCS）中荣获一等奖，2010.5

4. 在2010年第五届的"毕昇杯"全国电子创新设计竞赛中，我校电气工程学院学生完成的《基于GSM网络的家居自动控制系统》在全国本科组215支参赛队伍中脱颖而出，夺得全国唯一的特等奖，2010.7

5.《心手相牵，共享蓝天——绥化学院大学生志愿者关爱农村留守儿童》项目荣获全国高校校园文化建设优秀成果二等奖，2010.12

6. 绥化学院在第八届中国青年志愿者优秀个人奖、组织奖、项目奖评选表彰活动中荣获"优秀项目奖"，2010.12

7. 在第六届"毕昇杯"全国电子创新设计竞赛中，电气工程学院的《基于Cortex-M3的农业大棚自动控制系统》获得本科组一等奖，《水产养殖箱的自动控制系统》获得本科组二等奖，《基于TCS230的颜色分类装置》《基于GSM网络粮库自动控制系统》《酒店智能点餐收费系统》获得本科组三等奖，2011.5

8. 绥化学院艺术设计学院师生的雪雕作品《和谐旋律》获2012年第四届国际大学生雪雕大赛三等奖，2012.2

9. 绥化学院大学生社会实践教育获得教育部全国高校校园文化建设优秀成果二等奖，2012.12

（二）省级奖励

1. 绥化学院数学与信息科学学院6个参赛小组在全国大学生数学建模竞赛中分别荣获黑龙江赛区两个一等奖、一个二等奖和三个成功参赛奖，2010.6

2. 绥化学院外国语学院学生宋承蛟在2007年"中国移动杯"黑龙江省广播主持人大赛鹤岗赛区，荣获业余组一等奖，2007.9

3. 绥化学院外国语学院学生宋承蛟在2007年"中国移动杯"黑龙江省广播主持人大赛总赛区，荣获业余组新人奖，2007.10

4. 绥化学院首批实习支教队入选2008年"感动龙江"年度群体提名

奖,2008.12

5. 深化教育教学改革培养师范院校大学生的创新能力,刘颁获第十三届黑龙江省社会科学优秀科研成果佳作奖,2008.12

6. 绥化学院"五练一熟,顶岗支教,服务农村"师范生人才培养模式荣获黑龙江省教学成果一等奖,2009.9

7. 绥化学院数学与信息科学学院学生张佰晶、张汉宇、宋艳秋在第一届全国大学生数学竞赛(数学类)中,分别荣获黑龙江省级一等奖、一等奖和二等奖,2009.11

8. 绥化学院数学与信息科学学院6个参赛小组在东北三省数学建模联赛中分别荣获两个一等奖和四个三等奖,2010.6

9. 绥化学院关爱农村留守儿童大学生志愿者团队获2010年"感动龙江"年度群体提名奖,2010.12

10. 绥化学院数学与信息科学学院5个参赛小组在东北三省数学建模大赛中分别荣获两个二等奖和三个三等奖,2010.6

11. 绥化学院电气工程学院2个参赛小组在全国大学生电子设计竞赛中,均荣获黑龙江赛区三等奖,2010.9

12. 绥化学院音乐学院舞蹈专业的33名学生在"在灿烂的阳光下——纪念中国共产党成立90周年黑龙江省高校舞蹈大赛"中,《刘胡兰》《守望的日子》摘得金奖,《春蚕》《出走》获得银奖,《红旗礼赞》获得铜奖,并且获得了优秀组织奖,2011.7

13. 在纪念建党九十周年黑龙江省首届大学生DV大赛上,绥化学院文学与传媒学院曹亮等同学的作品《坚强》获新闻类一等奖,肖丽卓同学的作品《乡村支教大舞台》,潘鑫、毛炜等同学的作品《关爱留守儿童》获专题类二等奖,计算机学院王大宁同学的作品《关爱之空巢》获公益广告类三等奖,同时,文学与传媒学院教师雒有谋、朱旭辉获优秀指导教师奖,我校荣获优秀组织奖,2011.9

14. 绥化学院"寒地黑土"文化艺术创意传播团队在"中国移动杯"首届黑龙江省大学生创业大赛中荣获"优秀奖",2011.9

15. 第六届全国大学生"飞思卡尔"杯智能车竞赛中,绥化学院电气工程学院的"才雀队"和"新浪队"选手分别获得摄像头组和光电组东北赛区三等奖,并获得教育部高等学校自动化专业教学指导委员会颁发的获奖证书,2011.9

16. 在黑龙江省教育电视协会2011年年会暨第二届全体会员大会上,绥化学院参评的《乡村支教大舞台——绥化学院顶岗实习支教纪实》获第三届黑龙江省优秀教育电视节目专题类一等奖,《心手相牵共享蓝天——绥化学院关爱留守儿

童纪实》获专题类二等奖,2011.10

17. "依托专业,突出主体,注重实效——高校思政课'三论式'教学模式改革与实践",庄严等,获黑龙江省高等教育教学成果一等奖,2011.12

18. 在2011年黑龙江省开展的志愿服务"五个一百"先进集体和个人评选活动中,绥化学院关爱空巢老人志愿服务队荣获"全省十佳志愿服务队";绥化市万名大学生志愿者关爱千名空巢老人活动荣获"全省优秀志愿服务活动品牌"称号;绥化学院关爱留守儿童志愿服务活动荣获"全省优秀志愿服务活动品牌"称号;绥化学院顶岗支教志愿服务活动荣获"全省优秀志愿服务活动品牌"称号;绥化学院社区志愿服务工作站荣获"全省优秀社区志愿服务工作站"称号,绥化学院被授予"全省优秀志愿服务组织",2011.11

19. 绥化学院艺术设计学院学生的冰雕作品《民间舞艺》和《焕发青春》在第9届黑龙江省大学生冰雕比赛上分别获得银奖和铜奖,2011.12

20. 绥化学院大学生实践教育模式构建研究项目获黑龙江第十五届社会科学成果一等奖,2013.12

21. 绥化学院大学生社会实践教育"五个关爱"情感实践教育获2013年黑龙江省高校校园文化建设优秀成果一等奖,2013.12

(三)地厅级奖励

1. 绥化学院被绥化市环境保护委员会授予2007年度"环境保护工作先进单位"的荣誉称号,2008.3

2. 绥化学院首批实习支教队被中共绥化市委宣传部授予全市"和谐楷模"荣誉称号,并成为唯一集体获奖的单位,2008.9

3. 《师范生实习支教工作的研究与实践》,张佐娟等,获绥化学院2008年度优秀教学成果实践类特等奖,2008.10

4. 《大学生实践教育研究》,孙俊超等,项目获2010年绥化学院高等教育教学成果一等奖,2011.5

5. 绥化学院以绿色生态协会为依托,践行绥化学院大学生实践教育"志愿服务"的特色项目"关爱自然",开展环境保护宣传,被省环境保护厅授予全省环境保护宣传教育"六进"工作先进单位,2011.6

6. 绥化学院被省环境保护厅确立为环境保护宣传教育基地,这是全省高校中唯一一处环保宣教基地,2011.11

7. 《留守儿童问题研究》,刘晓霞,董广芝等,项目获第三届校级优秀科研成果一等奖,2012.5

第十二章

实践教育社会评价成果选摘

一、新闻媒体对绥化学院实践教育成果报道

报道一、绥化学院大学生万余信函温暖留守儿童——500天手拉手坚定社会责任诚心服务换得真心赞誉(《中国教育报》2009年8月1日第一版)

本报讯(记者郭萍)7月末的一天,在黑龙江省海伦市联发乡中学,暑假里寂静的校园里响起了欢声笑语,教师、学生和家长们都焦急地等待着,他们要迎接一支特殊的"探亲队伍"——黑龙江绥化学院的大学生们。

家住张维镇永勤村的程金玲,长得瘦瘦小小,她的爸爸妈妈带着她的两个妹妹在哈尔滨打工,她自己住在姑姑家。2008年,黑龙江绥化学院从在农村实习支教的学生那里得知,在农村中学,有许多留守儿童在生活、学习、心理、情感等各方面都存在不少问题。于是,学院派人深入绥化市72所农村中学进行调查,了解到绥化地区目前有2万多名农村留守儿童,其中,80%的留守儿童家庭生活贫困,69%的留守儿童学习热情不高,30%的留守儿童很少与父母或监护人沟通,93%的留守儿童存在各种各样的心理压力——担心在外务工的父母会出事,担心自己辜负家长期望,担心被别人轻视。

学院领导敏锐地意识到,关爱留守儿童,可以作为开展大学生社会实践、服务新农村建设的一个有力抓手,在扎实开展社会实践的过程中,不但能通过大学生帮助留守儿童健康成长,同时,也能使大学生增强社会责任感,提高实践能力。

从2008年5月起,学院开始实施"关爱留守儿童,1+1共享蓝天"行动。1780名大学生志愿者与农村留守儿童手牵手,结成了对子。

"姐姐,你写信告诉我,东西丢了要告诉老师,我记住了,这次东西丢了就告诉老师了。老师帮助我找到了,还说了他,他也知道错了,姐姐你知道吗,后来我们成了最要好的朋友。""你好！看到你回信说你丢的东西找到了，还结交了一位好朋友，姐姐很高兴。以后再遇到什么困难就和姐姐说，姐姐一定尽最大努力帮助你。"

每个周末，实习支教的大学生把孩子们的信件从农村学校带到绥化学院，周一再把大学生的回信带过来，由班主任送到班级。孩子们从班主任手中接过信的时候就像过节一样。这些平常孤独自卑的留守孩子，现在让其他同学羡慕不已。"把你的信给我看看好吗？"教室里，这样的央求经常可以听到。

频繁来往的信函搭起了一座心桥，几乎每周，每对结对子的大学生和留守儿童都要互通信函。据学院的初步估算，一年多时间，来往信函近 2 万封。留守儿童变了，过去放下书包就是玩，现在知道先写作业了；过去，整天没有笑模样，现在开朗了。

在送去关爱的同时，大学生也受到了教育，更加懂得感恩、懂得责任了。2008 年的冬天快要到了，中文系的夏婉琪特别惦记与自己牵手的小胡。小胡的爸爸在外打工，妈妈是残疾人，生活特别困难。小胡还好吗？越想越放心不下，夏婉琪买了字帖、手套、书本等，经过 4 个小时的颠簸去看小胡。站在小胡家那间破败的小草房前，她既吃惊又心酸。小胡说："姐姐，真希望你给我当一辈子姐姐。"一瞬间，夏婉琪觉得所有的付出都是值得的。

现在，绥化学院的大学生们在一起最常谈的话题是：怎么打开孩子们的心扉？怎么更好地帮助他们？如今，关爱农村留守儿童，在绥化学院成了潮流，仅中文系一年里就曾 4 次给留守儿童捐款捐物。

绥化的农村学校也特别支持这项活动。据了解，联发乡中学专门开通了"亲情电话"，让留守儿童和牵手的大学生哥哥姐姐每周能够通一次电话。该校副校长陆太斌告诉记者，全校有 85 名留守儿童，有 70 多个已经和绥化学院学生牵手结对子。

据介绍，绥化学院启动牵手农村留守儿童的活动后，不仅给实习支教的学生每人每月发放 300 元的生活费，还要承担与农村留守儿童往来信函费用，赠送的学习用品、大学生下乡看望留守儿童的租车费用等，总计每年达 300 多万元。这对于一所办在农业地区、多数学生来自农村的地方院校来说，确实是一笔不小的开支。但是，学院院长庄严说："开展 1+1 共享蓝天活动，不仅有助于农村留守儿童这个特殊群体的成长，而且也有助于大学生认识农村、认识社会，增强社会责任感。这样的教育是无法用金钱衡量的。"

诚心服务换得真心赞誉，暑假期间，黑龙江绥化学院的师生们组成"探亲队伍",探望留守儿童。留守儿童小王的外祖父胡广太向绥化学院的师生们恭恭敬敬地鞠了一躬说:"感谢绥化学院关爱留守儿童,祝绥化学院兴旺发达。"朴实的语言表达了民意。

报道二、精神上关爱,心灵上沟通——绥化学院大学生与留守儿童共成长(《光明日报》2009年8月16日)

"姐姐,你的学习成绩真不错,比我强多了,姐姐我现在对我自己也充满了信心,我要鼓起勇气,坚强地面对一切,努力地学习知识,我有什么事情一定会和你说的。"这是留守儿童陈静给黑龙江绥化学院志愿者陈茂娜同学回信中的话。记者今天在此间获悉,绥化学院自2008年4月开启关爱留守儿童的"友情1+1,共享蓝天"的活动至今,先后已经有1780名大学生参与其中,整个活动覆盖了绥化市80多所乡村的中小学校。

黑龙江绥化学院是一所省属本科院校,也是开展大学生到乡村中小学支教活动较早、效果很好的高校之一。

2008年,支教生们向学校反映,在农村大部分留守儿童不同程度地存在着内向、自卑、孤僻等倾向。听到同学的反映后,学院认为关爱这个特殊群体可能成为大学生社会实践、服务新农村建设的一条可行的路径。于是,支教大学生们在老师的带领下深入到绥化市下辖8个市县区的72所中小学校,发放调查问卷,与地方政府人员和学校教师座谈,与留守儿童单独访谈,对留守儿童的思想、生活、学习、心理、行为等方面进行了全面摸底。

通过调查,绥化学院的师生发现有69.7%的孩子回到家后基本上不复习功课,对学习没有兴趣,有93.2%的留守儿童不同程度地担心父母在外打工会出事,63.2%的留守儿童对自己做事或学习缺乏自信,65.6%的孩子朋友很少甚至没有朋友,自卑、孤僻等心理问题非常突出。而社会对留守儿童的关爱存在的主要问题是:物质资助多,精神关爱少;短期措施多,长效机制少。对此,绥化学院的师生们认为精神上的关爱,心灵上的沟通对留守儿童更重要,于是确立了以大学生与留守儿童互相通信为主要形式的关爱活动。支教生们成了沟通志愿者与留守儿童的信使,一年多来,通信一万多封。在信函沟通的基础上,学院又鼓励同学们用电话、短信等方式进行沟通,进一步拓宽了沟通的渠道,随着活动的开展,志愿者和留守儿童都有了见面的渴望,学院又组织志愿者与对接的留守儿童见面相识,并通过联欢、畅谈、捐书及捐学习用品等活动,拉近了与留守儿童的距离。并邀请留守儿童来学校参观感受大学校园里浓郁的学习氛围,优雅的学习环境,从而激发他们奋发进取的激情。为使留守儿童能够受到全方位的教育引导,学院还邀请心理老师在支教地举办监护人培训班。

通过活动,留守儿童和大学生都得到了健康成长,对留守儿童而言,通过跟大学生的交流,他们不仅觅到了知音找到了榜样,更重要的是重新燃起了理想与希望。留守儿童申海萍回信中写道:"姐,我好羡慕你,都已经是大学生了……我会努力的,因为,还有姐姐你支持我。"对大学生而言,他们通过感受农村而感知国情,懂得了感恩,尤其是增强了社会责任感。志愿者赵子瑜说:"看到那些留守儿童,感觉自己对家庭多了一份感恩,对学校多了一份感谢,感谢父母一直以来的无限的关爱,感谢学院提供的优越的教育条件。"

据了解,为支持支教和关爱留守儿童的活动,绥化学院每年要花费300多万元。但院长庄严表示:有助于大学生认识农村、认识社会,增强社会责任感。这样的教育是无法用金钱衡量的。学院在不断巩固现阶段成果的同时,确立了让已经对接的志愿者无论毕业与否,都要继续关爱这些孩子,使其顺利升入高中。并从今年开始,每年新生入学便积极组织大学生报名,从中遴选优秀的大学生填充到关爱留守儿童志愿者的队伍中来,每学期都要以中小学校为单位开展留守儿童监护人及家长培训班。学院预计用几年时间做到绥化市范围内的留守儿童人人有学院大学生志愿者对接,监护人及家长人人接受至少一次培训。做到坚持不懈,形成长效机制。

报道三、一群特殊的"亲人"——绥化学院开展大学生志愿服务活动纪实(《光明日报》2012年2月20日)

早就听说在黑龙江省绥化市活跃着一群由"90后"大学生组成的志愿服务队伍,而且他们都来自同一所学校——绥化学院。日前,记者来到这所学校采访,体会最深的就是这群大学生志愿者在寒冬中带给人们的温暖和感动;感受最多的是这所坐落在东北边陲、名不见经传的小学校在当地的大作为。

"你就是我的亲姐姐"

"姐姐,你最近忙吗?""忙,我们马上就要期末考试了,正在抓紧复习,小鹤,最近学习怎么样,叔叔阿姨是否都好……"只要有时间,绥化学院外语系学生丁飞都要给自己的"妹妹"打个电话,聊聊近况。而这个在电话里亲切地叫她姐姐的人其实是绥化市东富乡中学的一名留守儿童。自从参加学校开展的关爱留守儿童志愿服务活动以来,丁飞和小鹤由陌生到熟悉、由排斥到接受,现在两个人已经像两姐妹那样亲了。丁飞告诉记者,由于小鹤的父母常年在外地打工,她和爷爷相依为命,因此她性格有些内向,很自卑,经过丁飞的鼓励和开导,现在变得开朗多了。

据绥化学院党委书记顾建高介绍,自2008年学校开展"大学生志愿者关爱农村留守儿童"活动以来,已有4000余名大学生参与关爱5000余名留守儿童。

"他们就是我的亲孙子、亲孙女"

今年元旦之前,绥化学院经济系学生崔海龙和同学们商量着到空巢老人孟爷爷家去看看他,提前给他过个节。大家伙儿把自己的零花钱凑在一起给老人买了些水果、糖果、瓜子。听说孩子们要来,老人家起了个大早,将家里收拾干净。做好这一切后,老人便到路口等着、盼着、张望着,那样子像是在迎接自己远归的孩子。

谈起2009年第一次来到孟繁志老人家里的情景,同学们记忆犹新,不足十平方米的小屋里黑漆漆的,屋里堆放着各种捡来的废品,还散发着怪味。当了解到老人的儿子常年在外打工,自己依靠低保维持生活时,同学们心里暗暗决定一定要帮助、照顾孟爷爷。而这一照顾就是三年。现在同学们已经和老人成为了亲人,只要有时间,同学们都会去看看老人,陪老人聊聊天。逢年过节,他们都会想着老人。看着这些孩子,孟繁志老人感慨万千:"这些孩子从不嫌弃我这脏老头,帮我劈木头,洗床单,给我剪指甲,我儿子、孙子都在外地打工,一年回不来几趟。这些孩子,就像我的亲孙子、亲孙女一样!"

与记者同去空巢老人家探访的绥化学院经济管理学院书记陈江告诉记者,从2009年开展关爱空巢老人活动至今,已有300余名老人从中受益,全校共有1000多名学生参加了此次活动。现在,绥化学院的大学生们已经把参加志愿服务活动当成了大学生活的一个重要组成部分,参加社会实践不再是学校的组织要求,已经成为一种自觉的行动。

"这是一所教学生如何做人的学校"

绥化市北林区朝阳社区是贫困家庭较多的棚户区,这里住的大多是下岗职工、残疾人和低保户,由于家庭贫困,住在这里的学生虽然渴求知识,却没钱参加辅导班、请家教。绥化学院了解此事后,于2007年暑期组织学生成立公益课堂,每年利用寒暑假和周末为家庭困难学生分阶段、分年级义务补习功课。五年多来,累计有100多名志愿者为社区孩子义务补习1400多人次。

谈及绥化学院,该社区德育教师刘淑文竖起大拇指,赞不绝口:"这所大学耗费了大量人力、物力、财力搭建各种平台让学生广泛参与公益活动,帮助社会上最需要帮助的弱势群体,让我很受感动。这是一所教学生如何做人的学校,这是一所值得家长托付的学校,这是一所赢得社会认可的学校。"当刘老师提出担心这项活动未来能否一直坚持下去的时候,陪记者一同采访的学校副院长董广芝当即表态:"您放心吧,只要学校办下去,公益课堂就会一直开课。"

在绥化学院办公室的走廊，记者看到这样一组数据：仅有一万人的绥化学院四年参加各类志愿服务活动累计达到两万余人次。每名学生至少承担着两个志愿服务项目，其中关爱农村留守儿童的 5100 多人、关爱空巢老人的 3300 多人、实习支教的 1700 余人、环保志愿者 1200 多人、参加社区公益课堂的 300 多人，另外，全校大学生每人参加社会义工时长均超过了 100 小时。

为什么这所学校要在大学生志愿服务上下大功夫、花大力气？院长庄严的话解开了记者的疑惑。"我们的人才培养除了教会学生知识和能力外，更重要的是如何育人，塑造学生的健全人格，通过志愿服务能更好地使学生在大学期间认知社会、了解社会，能够激发大学生内心的热情和闪光点，这样当学生走向社会时才能够真正融入社会、适应社会、关爱社会。"

据了解，学校开展志愿服务活动以来，学生志愿到农场等艰苦环境、基层单位就业比例提高 49%，涌现出张瑞光、莫青青、崔丽莎等一批基层就业先进典型；在校生、毕业生参军入伍人数近百人，志愿服务西部、参加"村村大学生计划"学生 240 余人。学校连续争得了国家教学成果二等奖、全国高校校园文化建设优秀成果二等奖、全国文明单位等多项荣誉。

报道四、元宵节和空巢老人共团圆（《黑龙江日报》2011 年 2 月 18 日）

元宵节的前一天，记者陪着专程从海伦赶到绥化市的绥化学院学生崔海龙，一起来到空巢老人孟繁志家，去履行他和老人的约定——过个团圆节。

听说孩子们要来，孟大爷起了个大早，将孩子们上次送来自己没舍得吃的瓜子、糖果摆上了桌，还细心地将家里的板凳都套上了棉坐垫。做好这一切后，老人便到路口等着、盼着、张望着，那样子像是在迎接自己远归的孩子。

从 2009 年开始，崔海龙便和同学们一起照顾孟繁志老人。老人的经历很坎坷，刚从工厂下岗后，就失去了老伴。老伴死于车祸，肇事者跑了，老人几乎花光了所有的钱查找肇事者，但仍一无所获。老人因此深受打击，精神一度有些失常。老人住在一个租来的平房里，日子过得孤零零的，家里几乎没有一件像样的家用电器，每天就靠最便宜的面条充饥。回想往事，老人感叹说："在我觉得都快要活不下去的时候，幸好这些孩子及时出现在我的生活中，挤出时间来看我，帮我干活、陪我聊天，给了我不少安慰。没有他们，我的病恢复不了这么快。我儿子在大连打工，好几年都回不来一趟。有时我看见这些孩子，比我儿子回来还高兴呢。"

同一天，在崭新的廉租房里，绥化学院的学生任立亮和同学们也在张罗着为另一位老人关秀荣过元宵节。记者进屋时，发现同学们已经给老人拿来了水果、元宵和豆油，任立亮拿着一块小抹布蹲在地上把屋里的地砖擦得锃亮。关大妈看着任立亮心疼地说:"你们还没赚钱呢,下回来可千万别买东西了,到我家也别总忙着干活,大妈能看见你们,心里就特别感动、特别高兴!"

关大妈的生活负担特别重,要照顾失明的儿子,还要照顾智障的孙女。与记者同去空巢老人家探访的绥化学院副院长董广芝告诉记者,从2009年开展关爱空巢老人活动至今,已有300余名老人从中受益,全校共有1000多名学生参加了此次活动。目前,学校已将关爱空巢老人活动列为思想政治课的重要实践内容,学生坚持关爱空巢老人一学年,会获得4个学分。通过这项活动,学校在关注社会热点问题的同时对学生进行了孝道和感恩教育。更为难得的是,我们发现,在这个过程中,学生与老人双方都收获着巨大的感动和快乐。

报道五、走进乡村给留守儿童一片彩虹(《黑龙江日报》2009年9月16日)

9月5日,星期六。虽然雨淅淅沥沥下了一上午,但海伦市联发乡中学门前依旧像过节一样热闹。11点刚过,15名农村留守儿童和他们的监护人终于盼来了绥化学院的大学生和老师们。

"绥化学院与联发中学留守儿童新学期、新目标、新起点主题班会现在开始","大部分留守儿童都有不同程度的心理问题,作为监护人,无论是爷爷、奶奶还是其他亲属都要格外关心他们……"在学校两间相隔不远的教室里,大学生与留守儿童联谊会、学院心理咨询老师与监护人座谈会同时举行。

友情1+1 爱心在行动

留守儿童:一定努力学习,用知识去改变命运

14岁的男孩儿苏阳从小父母离异,爸爸又去外地打工了,是个典型的单亲+留守儿童。"多亏了这些大学生,要不小阳就说啥不念书了,哪还能提高考试成绩,"苏阳的奶奶拉着记者的手说,"我没念过书,也不会说啥。能有大学生帮我规矩规矩孩子、嘱咐嘱咐他,真挺感谢的。"

联发中学初二·一班班主任米占欣说,从今年3月到现在,绥化学院已有两批大学生和班里12名留守儿童当面结成了帮扶对子。"在大学生的帮助下,留守儿童最大的变化就是变得自信了,学习动力明显提高。要退学的少了,想好好学习考大学的多了。"

大学生志愿者张德松结对子的留守儿童是绥棱四中的刘宇,在通信中得知,他的父亲车祸去世,母亲在外打工,留下他和爷爷奶奶还有妹妹共同生活。生活的窘迫使他沉默寡言,不相信别人,不喜欢上学,并已经申请了退学。了解这些情况后,张德松坚持每天往学校打电话、每周通信开导刘宇。他还三次到绥棱四中看望、鼓励刘宇,并带去了学习用品和围巾。张德松对刘宇说,"妈妈离开你和妹

妹去打工，是要给你们创造更好的生活环境。爷爷奶奶的唠叨也是希望你能好好长大。"在张德松的不懈努力下，现在的刘宇开朗成熟了许多。他在信中说，"我现在理解妈妈、爷爷和奶奶了，他们是爱我的。我一定好好学习。"

胡继明是绥棱县三吉台中学的留守儿童，帮扶他的志愿者是夏婉琪。胡继明的父母长期在外打工，形成了他自闭、多疑的性格。逃课、上网，他学习成绩每况愈下。得知胡继明要辍学，夏婉琪在第一时间赶到三吉台中学，面对面地与他谈心、交流，还带去了礼物。胡继明戴着大姐姐送他的帽子手套，拿着篮球爱不释手，眼含泪水地说，"长这么大，除了我妈，没有人这么关心我，爱护我。""我一定努力学习，用知识去改变命运，希望能和姐姐做一辈子的朋友。"上学期期末考试，胡继明考了全班第一，年组第十。

"三型校园"建设延伸至乡村

留守儿童：如果没有大姐姐的帮助，我现在可能还生活在自卑和怨恨里

绥化学院是2008年4月启动大学生志愿者与农村留守儿童友情"1＋1"共享蓝天活动的。一年多来，先后有2000多名大学生志愿者参与其中，整个活动覆盖了绥化市80多所乡村中小学校，通信近2万封。400多人次与留守儿童见面，并结成了帮扶对子。

"我现在觉得和别人说话、交流是一件很快乐的事。"于曼是联发中学初二·三班的14岁女孩儿，记者见到她满脸阳光灿烂的样子，很难想象一年前她还是个胆小、内向、整天不愿意说话的孩子。自从4岁时父母到哈尔滨打工，于曼就只能和爷爷奶奶一起生活了。"和爸爸妈妈最多一周通一次电话，也就一两分钟。说的内容大多是给家里寄钱、交上学费用什么的。"于曼说，"看到别的同学都能得到父母的爱护，而我却很少，爷爷奶奶又不理解，自卑是我不愿意说话的直接原因。"

大学生志愿者于红是2008年4月开始和于曼互相写信的，现在已经通信20多封。在信中，于曼一股脑儿把自己十年来的孤单和无助都向大姐姐倾诉了。而于红则劝她多与父母和爷爷奶奶沟通，多和同学交流，消除隔膜，勇敢面对现实，通过努力学习、积极参与班级活动增强自信心，走出缺少父母关心的阴影。如今，已经担任班长的于曼说："如果没有大姐姐的帮助，我现在可能还生活在自卑和怨恨里。"

"关爱农村留守儿童活动，是我们继顶岗实习支教之后，建设节约型、关爱型、文化型校园的新载体，是'三型校园'建设的深化，是让'80后''90'后大学生了解国情省情，了解农村的新途径。"绥化学院院长庄严说，"主动服务地方经济社会发展是高校的责任。如果说实习支教是从知识上支援农村教育，那么关爱留守儿童是想从思想上支援新农村建设。"

对比中学会了珍惜

大学生:继续努力将爱心传递到每一个需要关爱的孩子心中

"实际上,留守儿童是以自身失去父母的关爱,来为社会转型和进步做出贡献的。"庄严说,"全社会都应该主动承担责任和义务,为孩子们缺失的亲情买单,减轻他们成长中的缺憾。"

为了让留守儿童走出乡村,走进城市,感受大学校园里浓郁的学习氛围,激发他们奋发进取的热情,今年6月,绥化学院将留守儿童代表以及他们的家长、监护人请到了学院。为了让孩子们感受城市生活气息,志愿者还带领孩子们吃了人生中吃的第一次"肯德基",看着孩子们脸上露出天真烂漫的笑容时,大学生们说:"我们心中更多感受到的是责任与使命。"

"如果不是那次与留守儿童见面,我可能永远都不知道在我生活的这片土地上,还有这样一些孤单、贫苦,急需我们帮助的孩子……"这是大学生志愿者赵于瑜写在日记里的心里话。"通过与留守儿童结对子,让我感受了农村,感知国情。贫困落后的农村使我的心灵受到了震撼,更在对比中学会了珍惜。"

志愿者于红说:"与留守儿童结对子使我知道了自己现在生活条件是多么优越,生活是多么幸福。感觉自己对家庭多了一份感恩,对学校多了一份感谢。感恩父母一直以来的无限的关爱,感谢学院提供的良好的学习条件。"

想尽办法了解孩子的情况,尽自己所能用各种形式与留守儿童沟通,积极主动地解决这些孩子思想上、心理上、学习上存在的问题。志愿者刘成说:"我会继续努力地行动下去,关注更多的留守儿童,将这份爱心传递到每一个需要关爱的孩子的心中……"

链接

我省6~14岁留守儿童约为20万,仅绥化市就有2万余名。海伦市联发乡中学共有学生683名,本学期留守儿童有95名,最多时达124名。留守儿童存在的主要问题表现为:生存环境堪忧。近80%的留守儿童家庭生活较为贫困。学习热情不高,行为需要引导。思想压力较大,做事或学习缺乏自信,心理问题突出。孤僻内向,害怕与人交往。社会上对留守儿童物质资助多,精神关爱较少。

二、绥化学院实践教育成果得到充分肯定

(一)国家及教育部领导评价

1. 2008年6月10日,教育部简报载《黑龙江绥化学院积极开展师范生实习支教工作》;

2. 教育部思政司原司长厦门大学党委书记杨振斌在 2010 年全国高校校园文化建设优秀成果奖颁奖典礼上与绥化学院副院长董广芝合影,并对绥化学院多年来坚持实践育人取得的成果予以了高度评价。

(二) 省级领导批示

1. 在 2010 年 6 月时任中共中央政治局常委李长春同志视察黑龙江期间,时任黑龙江省委书记吉炳轩同志汇报黑龙江贯彻落实中央 16 号文件精神,加强和改进大学生思想政治教育工作时,在过去五年多来的主要成效中两次提到了绥化学院实践育人经验和推广情况。

2. 黑龙江省政协主席、时任省委副书记杜宇新同志在 2010 年 9 月全省加强和改进大学生思想政治教育工作座谈会上的讲话中,对绥化学院强化实践育人工作予以肯定,并明确要求全省高校都要强化实践育人工作。

3. 原中央编译局局长、时任省委常委、宣传部部长衣俊卿同志撰文《闪光的起点》,对绥化学院大学生实习支教成果予以高度评价。

4. 省委常委、常务副省长、时任省委秘书长刘国中在听取我校关爱留守儿童工作汇报后,予以充分肯定,并指示省关工委组织对我校工作予以大力支持;省关工委主任孙维本、常务副主任谢勇高度重视,责成省关工委有关人员专门听取了我校汇报;省关工委副主任姜鹏、陈荣吉专门组织省关工委、省教育厅关工委、绥化市关工委有关同志共同听取了汇报,予以高度评价。

5. 省委常委、宣传部部长张效廉同志在 2011 年 12 月全省农村精神文明建设工作经验交流会上充分肯定绥化学院发挥资源优势,支持、辐射和带动农村精神文明建设。

6. 原省委高校工委书记、省教育厅厅长张永洲同志撰文《奉献与收获》,对绥化学院大学生实践教育成果予以高度评价。

7. 省委高校工委副书记李东明同志在全省大学生社会实践教育绥化学院现场会上对绥化学院实践教育工作给予高度评价。

8. 黑龙江省文明办副主任袁克敏同志在全省重阳关爱空巢老人志愿服务活动启动仪式上,对绥化学院开展大学生志愿者关爱空巢老人活动予以了高度评价。绥化市委常委、宣传部部长吴仲秋同志出席启动仪式并对绥化学院大学生实践活动予以高度评价。

9. 绥化市人民政府副市长韩慧峰同志在绥化市、绥化学院关爱农村留守儿童联席会议上高度评价绥化学院多年来服务地方、实践育人工作。

后 记

为深入学习贯彻党的十八大精神和习近平总书记系列讲话精神,展示中央16号文件颁发以来各地各高校加强和改进高校德育工作的新实践、新探索,教育部思想政治工作司组织出版《高校德育成果文库》,汇集各地高校的成果和经验,搭建交流研究成果、展示工作经验、促进成果转化的有效平台,相信会对进一步促进高校德育工作的创新发展起到重要的推动作用。

本书是《高校德育成果文库》入选书目之一,本书的编写过程是一个二次升华的过程,也为绥化学院继续做好大学生情感实践教育工作带来了许多新的启示,更加让我们通过编写过程全面地查找了育人过程中存在的不足。与其说这是一本书,不如说这是一部行进中的教育事业的中期作业,我们将其交付给党和国家审阅、交付给人民审核、交付给我们的万千学生和家长审查,这是我们用心在做的事业,我们感到能成为其中的一分子与有荣焉。

这本书是在绥化学院所有参与大学生情感实践教育的同志们共同参与下完成的,内容上可能缺少了更加深刻的理论叙述,更多地偏重于经验的总结和调研的认知,但是确是我们实践的全视角展示,我们希望通过这样一本书让大家更多地了解到情感实践教育对于当代大学生成长成才的积极意义,对于我们培养社会主义事业的合格建设者和可靠接班人的积极作用。

在全书的编写中,我们借鉴了许多理论界巨擘的理论论著,在书中有些进行了标注,但依然有一些内容因为诸多原因没能进行标注,还有就是在实践中探索的几个篇目中,对许多绥化学院老师的论文、著作的内容我们进行了摘选,这里我们向所有人表示感谢!还要感谢所有评审的老师,你们对我们全书的编写提出了许多中肯的建议,给了我们将这本书出版的机会,让我们这样一所新建地方应用技术本科大学有这样一个平台来与全国的同仁们交流探索思路、弥补诸多不足!也向帮助我们、指导我们的编辑老师、设计老师表示感谢,是你们给我们呈现了这样一本实体书,让我们能够向更多的人立体地展示我们的成果,推介我们的经验,交流我们的心得!

  这本书是由绥化学院党委副书记董广芝教授和绥化学院党委学生工作部部长佟延春副教授主编,全书的编写体例、提纲和目录是由董广芝和佟延春共同研究确定的,由董广芝和佟延春统一领导、刘晓霞和孙俊超协助,万吉春、王子鸣、王东明、齐岩、杨凤霞、刘文文、胡美玲、夏艳霞、梁广东、崔茁、隋建华等同志分工完成的。教育部思想政治工作司对《高校德育成果文库》的编选给予了关心和指导。本书在编写和出版过程中,得到了中国书籍出版社、中联华文(北京)社科图书咨询中心的大力支持,在此表示衷心的感谢。

本书编写组

2014年12月